生猪产业技术体系北京市创新团队
Beijing Innovation Consortium of Swine Research System

中国农业科学技术出版社

北京市生猪产业技术研究进展（2016—2021）

薛振华　陈少康　云　鹏　主编

U0306170

中国农业科学技术出版社

图书在版编目（CIP）数据

北京市生猪产业技术研究进展：2016—2021 / 薛振华，陈少康，云鹏主编 . --北京：中国农业科学技术出版社，2023.11

ISBN 978-7-5116-5896-8

Ⅰ.①北…　Ⅱ.①薛…②陈…③云…　Ⅲ.①养猪业-产业发展-研究-北京　Ⅳ.①F326.33

中国版本图书馆 CIP 数据核字（2022）第 161755 号

责任编辑	朱　绯
责任校对	李向荣
责任印制	姜义伟　王思文

出 版 者	中国农业科学技术出版社
	北京市中关村南大街 12 号　邮编：100081
电　　话	（010）82109707（编辑室）　　（010）82109702（发行部）
	（010）82109709（读者服务部）
网　　址	https://castp.caas.cn
经 销 者	各地新华书店
印 刷 者	北京建宏印刷有限公司
开　　本	210 mm×297 mm　1/16
印　　张	20.75
字　　数	702 千字
版　　次	2023 年 11 月第 1 版　2023 年 11 月第 1 次印刷
定　　价	120.00 元

现代农业产业技术体系北京市创新团队资金
资助出版

《北京市生猪产业技术研究进展(2016—2021)》
编 委 会

《北京市生猪产业技术研究进展（2016—2021）》
编写人员名单

主　编：薛振华　陈少康　云　鹏
副主编：王爱玲　谢实勇　王晓凤　李　爽　魏荣贵
参　编（按姓氏笔画排序）：

于　泽	马小军	王　瑜	王玉田	王四新
王红梅	王秀芹	王美芝	王楚端	亢文华
田见晖	史文清	皮秀霜	朱晓静	乔　娟
任发政	刘　康	刘金兰	孙春清	李　琴
李文祥	李晓霞	李海宾	杨　林	杨凤娟
吴克亮	吴迪梅	张　炎	张乃锋	张永红
张卓毅	张喜成	张景齐	罗光建	罗昊澍
季海峰	赵　有	赵春颖	秦泽荣	袁　山
高　敏	黄　镇	常　卓	崔德凤	梁自广
慕菁华	谯仕彦	翟丽维	潘　腾	潘兴亮

前　言

按照原北京市农业局、北京市财政局《关于印发〈现代农业产业技术体系北京市创新团队建设实施方案（试行）〉的通知》（京农发〔2009〕44号）文件要求，2009年4月组建并启动生猪产业技术体系北京市创新团队。团队在圆满完成第一个五年规划后，又开启了下一个征程。团队通过开展涵盖生猪产业链各个环节的需求调研，确立了以"环保、高效、安全"为主的三大技术攻关方向，按照畜牧业发展集约化、规模化、标准化的发展方向，把工作重点放在京东北平谷、顺义、密云、怀柔，京西北昌平、延庆，京南房山、大兴、通州三个产业片区，兼顾其他非重点产业区域，以规模猪场作为工作主要对象，以打造种猪业为工作重点内容，大力开展各种技术的研发、示范与推广，经过团队的协同攻关，圆满完成了"十三五"任务书规定的各项工作，取得了一大批科技成果，有效促进了生猪产业健康稳定发展，为确保北京市生猪安全供应和应急保障作出积极贡献，受到了各级领导的广泛认可和社会的高度关注。

为了更好地梳理取得的成果，总结开展技术的研究进展，特编写此书。本书共分为6篇17章。

因时间仓促，书中可能存在遗漏或不完整之处，还请读者见谅。还有部分技术成果没有纳入本书，我们将在后续工作中不断完善并续写，以飨读者。

本书编委会
2023年3月

目　录

第三篇　营养与饲料

第四篇　健康养殖与环境控制

第五篇　产品加工与流通

第六篇　产业经济

绪　　论

　　猪是在大约距今 10 000 年的近东和中国地区被人类最早驯化的动物之一。一经驯化，猪迅速融入人类文明发展的进程，猪肉成为最重要的动物蛋白来源之一。我国幅员辽阔，地形地貌复杂、气候多样，且民族众多，各民族间的文化差异较大，造就了我国家猪以及其他畜禽品种遗传资源的丰富多样。据统计，中国拥有 76 个地方猪品种（王林云，2011），约占世界地方猪品种总数（543 个地方品种）（FAO，2014）的 14.0%，是世界上拥有最丰富的猪遗传资源的国家。并且这些中国地方猪遗传资源具有独特的种质特点，例如，繁殖力强、抗逆性强、肉质好、性情温顺、耐粗饲等（王林云，2011）。因此，猪作为畜牧业生产非常重要的经济动物，具有很高的研究价值。

　　我国是畜牧业大国，目前畜牧总产值每年稳定在约 3 万亿元。2016 年国务院发布《全国农业现代化规划（2016—2020）》（以下简称《规划》）明确提出，到 2020 年畜牧业产值在农业总产值占比要超过 30%，而 2018 年我国畜牧业总产值仅占农业总产值的 25.27%。同时《规划》提出要推进以生猪和草食畜牧业为重点的畜牧业结构调整，形成规模化、集约化为主导的产业发展格局。

　　生猪养殖是我国畜牧第一大产业，长期以来生猪饲养总值占畜禽饲养总值的 50% 以上。我国也是世界最大的养猪国和猪肉消费国（图 1，图 2），生猪养殖量占世界生猪养殖总量的 56%，猪肉消费量占世界猪肉消费量的 50%，猪肉产量长期占据我国肉类总产量的 60% 以上，稳定生猪生产发展，对保障人民群众的生活、稳定物价、保持经济平稳运行和社会大局稳定都具有重要的意义。2019 年我国全年猪肉产量 4 113 万吨，而每年我国猪肉需求量约为 5 500 万吨，猪肉需求存在 25.2% 的缺口。

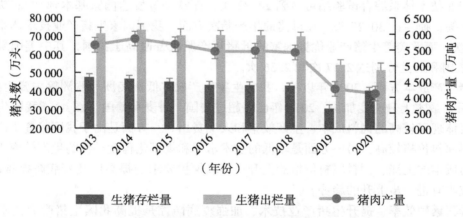

图 1　2013—2020 年我国生猪和猪肉产量（数据来源：国家统计局）

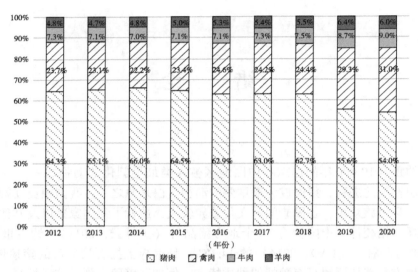

图2 2012—2020年我国猪肉占比（数据来源：农业农村部）

我国生猪产业面临的挑战

我国是世界养猪大国，居世界首位，但不是养猪强国，生猪产业技术与欧美发达国家存在较大差距，繁殖效率低，生产成本高，约25%猪肉依赖进口，随着养猪产业结构升级和非洲猪瘟疫情的暴发，我国生猪和能繁母猪存栏下降。

母猪繁殖效率低、生产成本高

我国生猪产业技术与欧美发达国家比存在较大差距（表1，图3）。作为一个综合性的指标，每头母猪年提供上市猪头数表示了生猪产业总体的技术水平，2017年，我国的平均值是15.45头，代表较高技术水平的国家生猪产业技术体系综合试验站的这一指标为22.27头，而欧美生猪产业优势国家大部分在25头以上，丹麦达到了31.26头。每头母猪年提供断奶仔猪头数在我国国家生猪产业技术体系综合试验站可达到24.82头，而欧美等发达国家基本都在26头以上，丹麦达33.29头，荷兰达30.25头。在母猪的年产胎次方面，我国国家生猪产业技术体系综合试验站为2.29次，而欧美等生猪产业优势国家的母猪年产胎次普遍高于我国，其中美国最高，达到2.44次，法国和荷兰分别达2.37次和2.36次。

在生猪生产成本方面，2008年以前，我国生猪生产成本低于美洲和欧洲等主要生猪生产国，2008年以后，成本上升速度加快，2014年已经超过美国、丹麦和德国（图4）。我国生猪生产成本偏高主要体现于较高的饲料成本、生产效率和人工费用。一方面是由于我国粮食生产效率较低导致的饲料原料价格较高，另一方面是较低的技术水平和规模化程度导致的生产效率不高。随着我国劳动力成本的上涨、饲料原料价格的上升、环境保护要求的提高以及疫病防控难度的增加，生猪生产成本有进一步上升的趋势。

提高母猪繁殖效率、提升生猪产业技术、加强疫病防控是提高我国生猪产业技术的重要方法，定时输精—批次化生产可以实现猪场的高效管理、提高生猪养殖生产效率、提升猪场生物安全、降低生产成本。

表1　2017 年世界部分国家和地区生猪产业效率指标

国家（地区）	每头母猪年提供上市猪头数（头）	每头母猪年提供断奶仔猪头数（头）	母猪年产胎次（次）	育肥期日增重（g）	育肥期饲料转化率
中国（综合试验站）	22.27	24.82	2.29	809	2.65
中国（平均）	15.45	—	—	676	3.06
奥地利	23.71	24.90	2.29	810	2.86
比利时	27.75	29.83	2.34	694	2.76
巴西	26.27	27.40	2.41	831	2.60
丹麦	31.26	33.29	2.28	971	2.66
法国	26.41	28.19	2.37	815	2.72
德国	27.96	29.66	2.33	832	2.81
英国	24.09	25.75	2.29	833	2.86
爱尔兰	27.01	28.45	2.36	866	2.66
意大利	23.15	24.77	2.25	687	3.75
荷兰	28.78	30.25	2.36	822	2.58
西班牙	25.06	26.98	2.31	701	2.46
瑞典	25.67	26.62	2.24	941	2.87
美国	24.15	26.43	2.44	857	2.71
欧盟	26.20	27.79	2.30	819	2.83

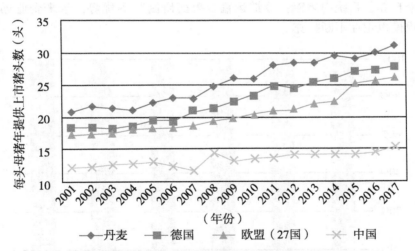

图3　2001—2017 年欧洲与中国的每头母猪年提供上市猪头数

养猪产业结构升级

　　中华人民共和国成立以来，我国畜牧业发生了巨大改变，从家庭自给自足、中小散户养殖到集约化、规模化养殖。国家也在鼓励、指导和推进畜禽标准化规模养殖，生猪规模养殖发展步伐

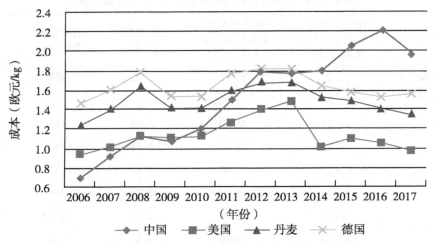

图4 2006—2017年4个国家的生猪生产成本变化趋势

明显加快。尤其在2016年，农业部颁布《全国生猪生产发展规划（2016—2020年）》，生猪养殖产业踏上现代化高质量发展的进程。

自2014年，我国生猪养殖产业结构已经发生了巨变（图5），规模养猪企业（年出栏500头以上）占比不断增加，尤其集团公司占比快速增加，而散养户受制于养殖收益低、环保水平不达标、抗病抗疫情能力差等原因正在逐步退出市场。目前非洲猪瘟疫情尚无有效疫苗，上市龙头公司生物安全防控能力较强，受非洲猪瘟负面影响小。

养猪产业结构改变与非洲猪瘟疫情的影响，对养殖企业的专业能力要求也越来越高，只有具备规模化、现代化、一体化优势的养猪企业才能长足发展，需要在自繁自养的同时，就地宰杀才能有效减少生猪调运，降低非洲猪瘟感染概率。集团化企业因具备"资金充足，跨多省扩张，自产饲料，自繁自养，系统内屠宰，冷链运输，兽药研制"等优势，未来企业远景较好，龙头集团企业经营规模也正在不断扩充。

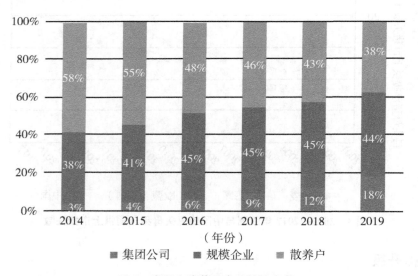

图5 我国生猪养殖产业结构变化

加速生猪复产

2019 年以前每年生猪出栏数在 7 亿头左右，生猪年存栏数在 4 亿头以上，能繁母猪年存栏数在 4 000 万头以上。2018 年 8 月暴发的非洲猪瘟疫情严重影响了我国生猪市场，2019 年生猪存栏量已由 2012 年的 47 592.24 万头减至 31 041 万头，2020 年恢复至 40 650 头，能繁母猪由 2016 年的 4 456.18 万头减至 2 029 万头，2020 年底恢复至 4 161 万头。2020 年，我国猪出栏 52 704 万头，猪肉年产量为 4 113 万吨，生猪生产和能繁母猪繁殖效率有待提高。

生猪存栏不足，猪肉紧缺，猪价随之上升，2018 年之前，全国猪肉平均价格约为 18 元/kg；2021 年 4 月，全国猪肉平均价格 37.78 元/kg，是 2018 年的 2.10 倍（图 6）。

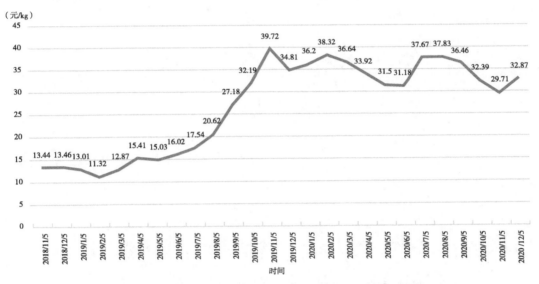

图 6　2018 年以来全国猪肉平均价格（数据来源：中国种猪信息网）

上市猪肉的短缺和猪价的频繁上升，已经引起国家的高度重视，要求全国各地恢复生猪生产。国务院常务会议、农业农村部、财政部、国家发展改革委、商务部等国家部门和各地政府先后出台了一系列文件和各类优惠政策以加快生猪生产的恢复发展，包括取消法律、法规的生猪禁养、限养规定，发展和鼓励规模养殖，完善养殖场补助经费发放，允许使用一般耕地作为生猪养殖用地，年出栏 5 000 头以下的生猪养殖项目无须办理环评审批等。规模化的生猪养殖公司（包括但不限于温氏股份、牧原股份、正邦科技、新希望、天邦股份、大北农、傲农生物、天康生物、唐人神）也快速布局养猪。温氏股份在全国各地持续加码养殖项目扩张，如拟在云南省曲靖市建设 500 万头生猪产业化暨种猪繁育基地；在四川乐山、凉山和宜宾等地建设 350 万头一体化生猪养殖项目。牧原股份拟定增 50 亿元扩大生猪养殖规模。

参考文献（略）

第一篇
遗传育种与繁育

1 遗传育种技术研究进展

1.1 种猪精准测定技术

1.1.1 技术简介

性能测定是种猪育种工作中最基础的工作，是遗传评估与选种的依据。测定数据的准确性与测定规模是现代科学育种的前提。目前国内在生猪上使用的体重秤与饲料采食的计量秤精确度不高且测定效率低，严重制约了生猪的遗传改良进程。

在进行生长性能测定时，活体猪称重和采食量测定存在较大计量误差，主要表现在：一是活体称重动态数据抓取上，二是电子食槽供料计料装置的计量设计上。针对上述问题，北京市生猪创新团队联合育种岗位成员自主研发了系列精准种猪生产性能测定设备。在广泛借鉴国内外同类产品优点的基础上，不断地改进设计、优化结构，研发出种猪活体体重称量动态误差不大于1‰、电子饲喂站的供料系统误差不大于3%，计料系统误差不大于1%的种猪生长性能测定系统，它解决了市场上活体动物称不准以及容积式供料装置给料为主的供料系统计料估算不准的问题，这两项成果均优于市场上销售的国内外同类产品，达到了国际领先水平，并实现了实时监测、数据实时传输。该套种猪性能测定系统的研发与应用，提高了种猪乃至其他畜禽生长性能测定及检测的准确性和精确性，在畜牧业的低碳减排、精细育种及精准营养等方面起到巨大推进作用。

1.1.2 研究进展

1.1.2.1 解决了活体动物称不准技术难题，开发了系列活体动物称重装置

针对活体动物无规律运动，岗位成员设计了一种新的采样计算方法（专利号为 ZL 201110149635.4），使称重误差从1%降低到1‰。在此基础上开发了种猪性能检测装置，用于后备猪准确称量体重，并辅助背膘厚的测定，已经过了小试与中试。该设备最大量程500 kg，秤栏内尺寸：2 000 mm×530 mm×1 500 mm，目前已经推广至全国10多个省市的种猪生产企业与科研院所，该设备目前的外观见图1-1。

种猪性能检测装置具有如下优点。

① 秤栏内设有方便可调的侧保定装置，用以限制猪的活动空间，身体不产生侧弯，使得背膘厚与眼肌面积测定数据准确可靠。

② 仪表定格显示，获得准确数据后仪表屏幕闪烁3次后定格，方便记录。

③ 超低的底盘，高度不大于5 cm，基本解决了猪只上秤难的问题。

④ 称重传感器上置，避免了猪粪尿的侵蚀，提高了传感器的寿命。

⑤ 主体结构全部采用304不锈钢，防止锈蚀，保证设备安全使用，延长使用寿命。

⑥ 称重仪表内置电池，充一次电可以连续工作6 h以上。

图 1-1　经过多轮改进的第五代种猪性能检测装置外观

⑦ 用户可根据需要选择如下两项扩展功能：一是安装电子耳标识读器和电脑，称重数据可以自动生成存入电脑，避免"笔下错"和"指下错"；二是配备无线传输装置，检测数据可以传送到办公室电脑上，实现数据远程传输。

以猪活体称重算法为核心技术，在研发成功猪生长性能检测装置后，又先后开发了适用于不同动物［巴马猪（香猪）、羊、牛、鸡等］的系列活体动物称重装置（图 1-2 至图 1-6），广泛应用于中国科学院、中国农业科学院、中国农业大学等科研院所的科研生产活动中，并获得高度认可。另外，我们为新希望六和股份有限公司、正大集团、首农集团北京养猪育种中心、北京顺鑫农业股份有限公司、北京六马科技股份有限公司等国内大型种猪生产企业先后提供了 50 台以上的种猪性能检测装置，在猪育种工作上发挥了重要作用。

图 1-2　中国农业科学院饲料研究所南口中试基地制作的大种羊称重装置

1.1.2.2　解决大规模性能测定技术瓶颈，开发了种猪自动化测定系统

以计算机为平台的信息化技术逐渐深入农牧业生产的各个领域，自动化生产管理是实现养猪

图1-3 中国农业科学院饲料研究所江苏实验基地制作的羔羊称重装置

图1-4 中国农业科学院饲料研究所设计制造的种羊体重秤
为适应羊的好动，四周用光滑挡板，防止羊腿外伸；上面用
活动挡板，防止羊头碰到秤外。上面的活动挡板可以打开，
方便给羊注射等其他活动。

目标的有力保障，是养猪业今后发展的必然趋势。全自动种猪性能测定系统是我们的研发重点，在保证精准度的前提下，解决大规模性能测定的技术瓶颈，经过多年的潜心研究，样机已经基本定型，达到了推广水平。种猪自动化测定系统包括2个系列，一种是一批测定10~15头的小群种猪自动测定系统；另一种是一批能测定几百头的大圈群养种猪自动测定管理系统，由自动检测分拣主机和电子食槽辅机两部分组成，首台样机包括一台自动分拣装置和8套自动饲喂电子食槽。小群种猪自动测定系统测试猪场在北京顺鑫农业股份有限公司茶棚种猪场，大圈群养种猪自动测定管理系统测试猪场在北京天鹏兴旺养殖有限公司，均完成了3轮以上的测试（图1-7至图1-13）。

到目前为止，小群种猪自动测定系统与大圈群养种猪自动测定管理系统均已完成定型，进入大规模测试与批量生产阶段。我们研发的种猪自动测定系统具有如下优势。

（1）计量准确性高 "活体动物称重方法和装置"专利技术比国外的精度提高了一个数量

图1-5　中国农业科学院饲料研究所设计制造的奶牛（90日龄前）体重秤

图1-6　北京市农林科学院设计制作的鸡体重秤

级，即误差可以达到1‰。这是目前世界上所有其他种猪称量装置达不到的。

"自动饲喂设备的供料计料装置"专利技术，也是国际领先水平。一般误差不大于1%。国外同类设备的供料是容积法，由于饲料的密度不均匀，容积法的精度太低。一般误差会超出10%。

（2）设备的利用率高　我们的又一项专利——驱赶装置，经过多次改进，目前其有效性可达100%，这项成果目前在世界上也是处于领先水平，尤其在群养的自动化设备中，安装该设备能大大提高设备的利用效率。

（3）数据采集实时传输　国外同类设备的数据采集和处理落后。一是采集信息单一，二是数据存储量小，三是每隔2~3天，就必须到养殖现场导取数据，否则前面测定数据就得被覆盖，不能实现实时传输。我们的在线监测系统可收集数据信息量大、准确，并实现无线传输，在世界

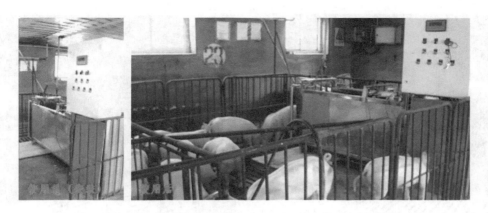

图1-7　小群种猪自动测定系统第一轮测试（地点：北京顺鑫农业股份有限公司茶棚种猪场）

图1-8　小群种猪自动测定系统第二轮测试（地点：北京顺鑫农业股份有限公司茶棚种猪场）

图1-9　小群种猪自动测定系统第三轮测试（地点：北京市种猪性能测定中心，延庆）

的任何地方都可以看到现场数据。

（4）落地料大大减少　采用"圆形加厚食槽+不锈钢围边"设计不仅结实耐用，也大大减少了落地料，并防止边角料残余导致的饲料发霉现象。

（5）设备成本较低　主要是控制箱的成本下降了一半以上，整台设备比同类设备不仅功能多，性能优越，成本也可控制在较低水平。

图 1-10　大圈群养种猪自动测定管理系统实际布局

图 1-11　大圈群养种猪自动测定管理系统设备安装前讨论与安装后现场调试
（地点：北京天鹏兴旺养殖有限公司）

图 1-12　大圈群养种猪自动测定管理系统第二轮测试（地点：北京天鹏兴旺养殖有限公司）

图 1-13　大圈群养种猪自动测定管理系统第三轮和第四轮测试
（地点：北京天鹏兴旺养殖有限公司）

1.2　基因组选择技术

1.2.1　技术简介

现代育种的核心是选择，基因组选择是常规表型选择的发展。基因组选择（Genomic selection，GS）是目前动植物育种领域最具革命性、创造性、里程碑式的技术，该技术于 2001 年由挪威科学家 Meuwissen 等首次提出，其实质是全基因组范围内的标记辅助选择，利用覆盖全基因组与性状连锁的标记信息，通过标记效应的求解和加和，得到个体的基因组估计育种值（Genomic estimated breeding value，GEBV），从而达到畜禽个体进行准确选择的目的。GS 技术可以大幅度提高育种值估计的准确性，缩短世代间隔，并减少群体的近交水平增长速度，而对于传统育种受限的性状，如低遗传力的性状和难以测量的性状，GS 更加具有优势。

GS 一般包括以下步骤：首先建立参考群（Reference population），参考群中每个个体都有已知的表型和基因型，通过合适的统计模型可以估计出每个 SNP 或不同染色体片段的效应值；然后对候选群（Candidate population）每个个体进行基因分型，利用参考群估计得到的 SNP 效应值来计算候选群中每个个体的 GEBV；最后，根据 GEBV 排名对个体进行选留，待选留个体完成性能测定后，这些个体又可以被放入参考群，用于重新估计 SNP 的效应值，如此反复。

1.2.2　研究进展

1.2.2.1　北京市范围内推广基因组选择技术

为持续提高北京市种猪的选育水平与种猪质量，提高种猪企业的市场竞争力，采取以"点"带"面"，"点""面"结合方式在全市范围内进行基因组遗传评估技术推广工作。

（1）"点"：选择示范场开展基因组选择育种工作　基因组选择是利用覆盖畜禽全基因组的 SNP 标记进行选择，是一种最新的、高效的选种方法。其基本过程如下。① 建立参考群：获得个体的性状表型→测定个体的 SNP 基因型→建立基因组育种值预测方程；② 在选择群体中进行基因组选择：测定个体 SNP 基因型→根据合适的模型计算个体 GEBV→根据 GEBV 进行选择。与传统的方法选择相比，由个体芯片数据经过 BLUP 计算所得到的 GEBV 比传统系谱信息经过 BLUP 计算得到的 EBV 选择准确性提高，尤其在低遗传力性状，如饲料转化效率、繁殖性状等方面效果明显。同时，基因组选择能够减少选种过程中造成的近交，使群体保持一定的遗传变异，加快育种工作每年的遗传进展。

1）制定工作流程

① 取样：在仔猪出生一周内采集本窝体重最大、乳头质量最佳的仔猪作为检测个体，每窝挑选2公2母采集耳组织样。

② 样本送检：样品数量达到24的整数倍时，将采集的耳组织样及样本清单寄往芯片检测公司，同时发送样品耳号清单（电子版）给遗传评估人员。

③ 样品芯片检测：芯片检测公司收到样品在10个工作日内完成所有样品的DNA提取和SNP芯片检测，同时完成芯片数据的质控处理，并将数据及时反馈给评估人员。

④ 基因组评估与应用：利用最新的表型和基因组数据，基于单步法进行基因的评估并将基于基因组评估的选留、选配方案反馈给育种场，育种场根据育种值开展后备种猪的选留、选配与种猪淘汰等工作。

2）基因组选择遗传进展　2017年，开始启动基因组选择育种工作，经过近3年的持续选育，示范场基因组育种工作取得明显成效，每年的年度遗传进展整体呈上升趋势（图1-14），且2017年之后的2018—2019年，年度遗传进展上涨趋势明显比前4年加快。特别是在非洲猪瘟造成生猪产业缩减这样的特殊年份，绝大多数种猪场育种工作停滞或倒退，示范场由于坚持基因组选择育种，年度遗传进展仍然保持上升势头，特别振奋人心，大大增强了育种场和育种人员坚持基因组选择的信心和力度。

遗传进展

$y = 0.0344x + 0.262$
$R^2 = 0.9046$

基因组选择，2014，0.315229
基因组选择，2015，0.336673
基因组选择，2016，0.344652
基因组选择，2017，0.371479
基因组选择，2018，0.433255
基因组选择，2019，0.492403

EBV

2014　2015　2016　2017　2018　2019
年份

基因组选择　　　线性（基因组选择）

图1-14　年度遗传进展

（2）"面"：举办北京市种猪基因组遗传评估技术培训班　为了保证育种工作的连续性，并紧跟国际与国内育种新技术，2019年10月19—20日，在北京顺义宾馆举办了北京市种猪基因组遗传评估技术培训班。培训内容包括种猪性能测定技术、基因组选择技术和遗传评估与选育技术。由于种猪性能测定技术培训班在过去10年已经举办了9期，培训了400余名种猪性能测定技术员，该次培训主要采用电子教学片的形式进行培训；基因组遗传评估技术包括基因组选择应用简介、基因组选择模型构建和算法概述、基于R语言的基因组选择应用实践等，由中国农业大学周磊老师主讲；猪遗传评估与选育技术包括育种的核心工作——遗传评估、常规遗传评估技术、常规与分子技术相结合——基因组选择技术、育种价值的实现——选配、对育种一线人员的几点建议等内容，由中国农业大学刘剑锋老师主讲。参加培训的人数达50人，从事种猪生产的人员40人，来自20家种猪企业，以北京市三家国家生猪核心场技术人员为主（图1-15）。此外，根据参加培训人员的需求，对目前出台的相关生猪产业政策进行了解读，大部分学员对生猪复养政策特别关注，在培训期间就此话题进行了深入交流，反响热烈。

图1-15　北京市种猪基因组遗传评估技术培训班培训现场

1.2.2.2　开展京津冀基因组联合育种

（1）起草《京津冀种猪基因组联合育种技术方案》　在北京市、天津市、河北省生猪创新团队首席专家、首席办与育种岗位专家的努力下，京津冀三地种猪联合育种工作正式启动，三方在京津冀联合育种协作框架下，按照《京津冀种猪基因组联合育种技术方案（试行）》开展相关工作，共用评估平台，共享技术与数据。

（2）构建京津冀种猪基因组联合育种平台　在现有遗传评估软件的基础上，对其进行遗传评估算法优化和网站构建。基于课题组开发的PIBLUP软件，构建京津冀基因组联合评估平台，对用户上传数据进行即时快速评估，包括PBLUP、GBLUP、SSBLUP。

登录界面见图1-16。

系统管理模块（管理员专属）见图1-17。

基本设置模块：该模块用于配置模型效应、性状分类，包括具体的评估品种、评估性状和模型设定（图1-18）。

参数配置模块：该模块用于设置场内专属的基因型信息和评估模型（图1-19，图1-20）。

（3）举办京津冀种猪基因组联合育种技术线上培训　为了加快推进京津冀基因组联合育种工作，京津冀种猪基因组联合育种技术线上培训于2020年8月27日成功举办，来自京津冀三地的种猪生产企业、各级畜牧技术推广部门等相关技术人员与管理人员近50人参加了该培训，3

图 1-16 登录界面

图 1-17 系统管理模块（管理员专属）

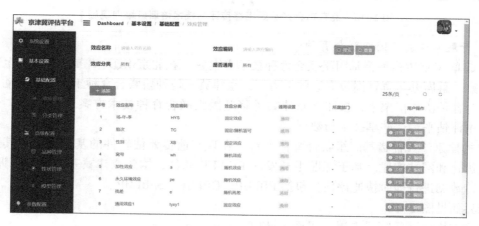

图 1-18 基本设置模块

个团队的首席专家参加了培训并在开幕会上致辞（图 1-21）。

该培训是京津冀种猪联合育种正式启动后首次面向三地的系统技术培训，培训内容包括基因组联合育种的核心技术——基因组选择技术的背景与概况；京津冀基因组联合育种流程与各环节具体技术内容；方案实施过程中问题探讨。会议现场气氛活跃，授课老师与学员间的互动贯穿整个培训过程中。该培训为继续推进京津冀联合育种工作提供了明确的方向与具体操作规程。

图 1-19　参数配置模块

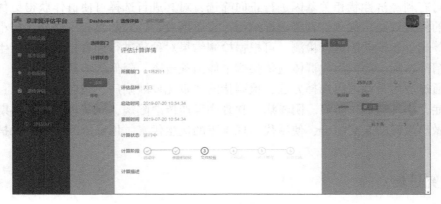

图 1-20　评估模型

图 1-21　京津冀种猪基因组联合育种技术线上培训

（4）组织联盟成员开展基因组联合育种工作　采取自愿的原则，在京津冀选择国家核心场作为示范场开展基因组联合育种工作，目前京津冀联合育种联盟已经有7家成员单位，均为国家核心场，其中，北京2家、天津2家、河北3家，已建立参考群4 300多头。目前的重点工作是参考群的组建与表型数据库的构建。

1.3　种猪遗传缺陷致病基因检测技术

1.3.1　技术简介

随着基因组研究的深入，对猪遗传疾病的重要候选基因，国内外已经开展了许多挖掘工作，寻找到了许多与遗传疾病相关的因果变异位点。基因组检测不仅可以用于淘汰具遗传疾病的个体，还可以对有利经济性状相关基因进行正向筛选，对其进行选择可使群体获得更优的性状，从而获得更大的经济效益。优化扩繁群选配结构，提质增效。针对阴囊疝、脐疝、矮小症、小耳畸形、软骨病等出生遗传缺陷进行检测，可根据检测结果对种猪进行选育，对商品猪生产体系中与配亲本实现精准选配，降低后代群体遗传疾病个体出现概率，降低劣势基因频率。

本技术通过应用全基因组选择方法，检测猪的严重免疫缺陷病、猪应激综合征、酸肉、氟烷敏感、矮小症、小耳畸形、脐疝、阴囊疝、软骨病等遗传缺陷病，对父母代进行早期诊断和提前淘汰，较早做出最优的杂交组合，使后代实现真正的优生优育。用最低的成本，保护企业最好的种猪。

1.3.2　研究进展

1.3.2.1　芯片研发

根据文献与数据库，筛选出66个SNP位点可用于选配芯片。通过芯片优化与分型验证，最终从66个SNP位点中确定了40个可靠的SNP位点，具体信息如表1-1所示。目前，研发的选配芯片可以检测15种遗传缺陷疾病及筛查9个生产性状，获得每个性状对应的基因型信息，今后利用本款猪小型遗传缺陷选配SNP芯片可以直接用于鉴定猪的疾病性状，利用这些SNP标记进行基因组育种、早期诊断，减少遗传缺陷给生产带来的经济损失，获取更健康的后代。

表1-1　选配芯片信息

编号	功能	编号	功能
ZL4	氟烷敏感（恶性高热）	ZL2	严重免疫缺陷病
ZL6	酸肉	ZL3	矮小症
ZL17	脐疝	ZL5	酸肉
ZL20、22	软骨病	ZL11	猪应激综合征
ZL23	阴囊疝	ZL12	高胆固醇血症
ZL26	抗ETEC（产肠毒素大肠杆菌）腹泻	ZL13	Ⅱ型膜性增生性肾小球炎（致密沉积病）

（续表）

编号	功能	编号	功能
ZL32	双肌臀	ZL14	小耳畸形
ZL37、40	生长速度	ZL18	脐疝
ZL42、43	肉色、系水力	ZL19	肛门闭锁
ZL45	脂肪酸合成	ZL24	阴囊疝
ZL56	产仔数	ZL25	八字腿
ZL1	严重免疫缺陷病	ZL27	抗 ETEC 腹泻
ZL9	短尾精子	ZL29、30	背膘厚
ZL35	生长速度	ZL34、38	生长速度
ZL41	胴体重与肉色	ZL49	脂肪沉积
ZL51	脂肪沉积	ZL52	死胎率
ZL58	产仔数	ZL53	产仔数
ZL54	产仔数、死胎率		

之后对猪遗传缺陷检测芯片进行了优化与升级，主要做了如下优化：一是通过多重 PCR 技术和进一步优化引物设计，提高检测的准确性，使成本降至 50 元以下；增加了乳头内陷新缺陷发现位点 2 个，PEDV（猪流行性腹泻病毒）易感候选位点 2 个；增加了部分地方品种特异性位点和群体特异性位点，可进行资源初步鉴定；增加了基因组结构性位点，可用于群体遗传关系评价和亲属系谱鉴定。

1.3.2.2　猪遗传缺陷数据管理系统开发

遗传缺陷数据库包括实体数据库和电子数据库。针对种猪场遗传缺陷的海量系谱数据、表型数据，为猪场提供信息管理系统，实现对生产数据的全面数字化管理，开发了猪遗传缺陷数据管理系统，该系统适用于遗传机制/主效基因已知的隐性遗传缺陷（如猪应激综合征、阴囊疝、脐疝、肛门闭锁等疾病）。

该系统具有两种功能。功能 1：系谱查询与亲缘、近交系数的计算。输入拟查询个体的耳号，生成该个体的简明系谱，并给出系谱内个体的近交系数、个体间的亲缘系数。功能 2：输入拟配种的父本、母本耳号，给出父本、母本为携带者的概率；并给出若二者配种，仔猪的患病概率，为选种选配提供参考依据（图 1-22）。

1.3.2.3　遗传缺陷性状的选留标准

表 1-2 为初步设计的针对不同类型遗传缺陷性状的选留标准。其中，对于单基因控制的遗传缺陷，芯片检测发现的纯合子（致病）或携带者直接进行淘汰（不做种用）；对于多基因控制的遗传缺陷，根据每个性状和多个多基因性状的综合得分（基因型得分）决定选留。

图 1-22　猪遗传缺陷数据管理系统功能展示

表 1-2　遗传缺陷芯片检测种猪的选留标准

缺陷类型	典型性状	SNP 数目	选留策略
单基因控制	氟烷应激；精子断尾	1~2 个 SNP/性状	纯合子（致病）或携带者直接淘汰
多基因控制	脐疝；八字腿；乳头内陷等	1~10 个 SNP/性状	每个性状 0~10 分*（10 分最优）；单个性状≤2 分（淘汰）；多基因控制性状平均得分≤5 分（淘汰）

注：* 每个性状总分 10 分，每个标记的分值＝10/该性状的 SNP 标记数，同一性状不同标记具有相同的权重。

1.3.2.4　猪遗传缺陷致病基因检测技术应用

为了节省成本并充分利用现有资源，首先在工作基础条件较好的北京顺鑫农业茶棚原种猪场开展遗传缺陷检测技术应用工作，样本来自每窝按比例采集的用于芯片检测后剩余的 DNA，共计 1 266 份，检测完成后，统计分析该场常见遗传缺陷病致病基因的分布频率，并在此基础上制定切实可行的选种选配方案，尽可能将遗传缺陷个体的出生频率降至最低，减少缺陷后代造成的经济损失。

1.4 猪遗传标记辅助选择技术

1.4.1 技术简介

揭示了一种与太湖猪高繁殖性状相关的基因和 SNP 分子标记及应用。该基因为 *BMPR1B* 基因，其核苷酸序列如 SEQ ID NO.1 所示，位于太湖猪的 8 号染色体上，其第一个内含子包括一个保守的 ESR1 结合区，ESR1 结合区中含有雌激素应答元件，所述雌激素应答元件与 ESR1 的产物 ER-α 结合，影响 *BMPR1B* 基因的表达水平以及子宫内膜腺体的发育情况，影响所述雌激素应答元件与 ESR1 的产物 ER-α 结合的 SNP 位点位于 8 号染色体第 134 093 159 位。

1.4.2 研究进展

本研究基于全基因组重测序，应用特定生物信息学分析方法，筛选出与太湖猪种质特性相关联的基因组区段，进一步锚定太湖猪代表性种质特性——"高繁殖力"，定位影响太湖猪高繁殖力性状的新基因 *BMPR1B*，并通过比较基因组学分析、*BMPR1B* 基因的结构分析、序列保守性分析以及 Encode 表观基因组注释信息，锚定位于 *BMPR1B* 基因第一内含子内的一段太湖猪特有的单倍型，该区域存在能与 ESR1 相结合的雌激素受体反应元件（ERE），进一步对猪的 *BMPR1B* 基因功能的系统解析，验证 BMPR1B 基因调控太湖猪的繁殖力分子机制是通过其第一内含子中 ESR1 结合 chr8：134 093 159 位点影响 ERE ESR1 的结合能力，从而影响太湖猪孕期子宫内膜 BMPR1B 基因的表达及太湖猪孕期子宫内膜腺体的发育，为辅助后期保种、育种工作奠定基础。

目前已针对太湖猪（二花脸猪和枫泾猪）、滇南小耳猪、藏猪、杜洛克猪和长白猪进行全基因组重测序，筛选到 BMPR1B 基因与太湖猪的高繁性状相关，共计测序 48 头，其中二花脸猪 6 头，枫泾猪 6 头，滇南小耳猪 6 头，藏猪 6 头，杜洛克猪 12 头，长白猪 12 头。目前本成果已经申报国家专利，有望成为一个高窝产仔的遗传学检测方法。

1.5 后备母猪现场选择与培育技术

1.5.1 技术简介

养猪生产已经步入专业化、规模化的现代养猪生产阶段，养猪生产企业从生产的产品类型来分，可以简单地区分为种猪生产和商品猪生产两种。种猪生产以生产种猪或二元繁殖母猪以及公猪的精液为主要产品，其中核心工作是通过遗传育种的手段，生产优质的种猪资源。种猪的遗传改良是提高种猪质量的核心技术，种猪的现场选择是种猪改良的重要手段。

后备母猪质量高低直接关系母猪的繁殖性能和养猪生产水平，因此后备母猪的培育是养猪生产中的关键技术环节之一。

后备母猪通常是指经过选择作为繁殖使用至配种期间的青年母猪，其日龄阶段是指 150~160 日龄时经过选择确定作为繁殖使用，至 200~220 日龄的青年母猪在第 2 或第 3 情期进行配种，大约 2 个月的时间。后备母猪的质量、性成熟日龄、繁殖生产性能、在群的生产时间以及后续作为经产母猪的生产性能与该阶段后备母猪所采用的一系列培育技术措施密切相关。

1.5.1.1 后备母猪培育的重要性

后备母猪的生产与培育对现代养猪生产企业的母猪繁殖生产性能及经济效益的影响巨大。

① 现代养猪生产企业中，若猪场繁殖母猪的年更新率为 40%~50%，后备母猪群体是猪场最大的群体，占 15%~20%，猪场每年产仔数有 20%~25% 是来自初产母猪。图 1-23 是年更新率为 45% 时的适宜繁殖母猪胎次结构，后备母猪所占的比例最大。根据研究报道和养猪生产实际情况调查，发现初产母猪通常窝产仔数少，断奶发情间隔时间较长，因此后备母猪的培育程度和质量高低直接关系养猪生产企业的生产水平和经济效益。② 后备母猪的培育与其在群生产时间密切相关，繁殖母猪的生产性能大约是正态的钟形结构，繁殖母猪在 3~5 胎时其生产性能处于高峰状态，对于养猪生产企业，在群的繁殖母猪平均年龄为 3~4 胎，淘汰繁殖母猪群体的在群时间要求为 5 胎以上，提供断奶仔猪数须在 55 头以上，养猪生产性能和生产成本才能达到理想的水平。③ 高繁后备母猪需要进行相关的培育环节，后备母猪经过长年的生长速度以及向瘦肉型方向的选育，与 30 年前相比呈现新的特点，表现为生长速度更快，繁殖性能更高，繁殖障碍发生机会增加，如隐性发情、乏情以及难产等现象更加普遍，直接导致繁殖母猪以及后备母猪的淘汰率升高，加强后备母猪的培育有利于该问题有效解决。④ 缩小国内外后备母猪培育的差距，养猪生产水平高的国家对后备母猪的培育环节非常重视，成为养猪生产工艺的独立环节，即后备母猪池（Gilt pool）或后备母猪培育单元（Gilt development unit，GDU），在巴西被称为 4S。⑤ 完善可操作性强的后备母猪培育技术（Gilt development technique），可以提高后备母猪的质量。

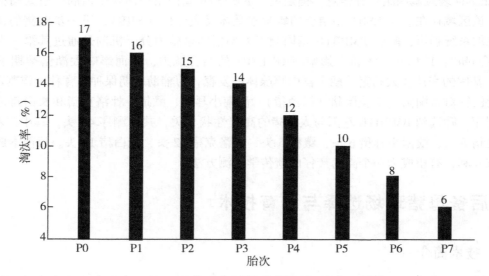

图 1-23　基于 45% 淘汰率的适宜繁殖母猪群体胎次结构

　　由于后备母猪的培育在国内并未引起重视，相关的研究和报道较少，且我国在养猪生产实践中一直存在"重选择，轻培育"的现象，这或许是我国与国外养猪先进国家就养猪生产水平存在差距的重要原因之一。

1.5.1.2　后备母猪培育的目标

　　后备母猪在培育阶段，总体目标应该是通过性成熟诱发培育技术，初次发情日龄较早，配种时体成熟达到一定的程度，从而实现繁殖母猪的繁殖生产性能达到最佳水平。具体的指标，其中发情率在 90% 以上，后备母猪达到配种时体重为 130~135 kg，具体的培育过程中应达到的指标及指标值见表 1-3。

表1-3 后备母猪培育期望指标

指标	指标值
分娩率	92% 以上
窝产仔数	11.8 头以上
前3胎在群率	75%以上
培育的合格率	95%以上
全程提供的断奶仔猪数	55 头以上

1.5.2 研究进展

现代种猪场的育种工作已经是一个日常的工作，融入了现代养猪的生产工艺流程中，如图 1-24 所示，种猪育种工作是养猪生产流程配种、妊娠、分娩、保育以及生长育成等生产环节中的一个日常工作。

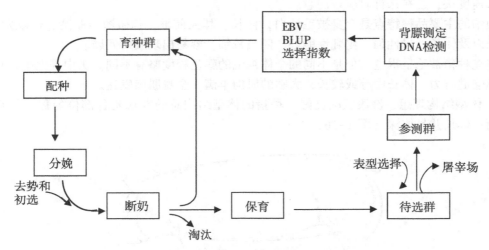

图1-24 养猪生产与猪育种工作流程

现代种猪场的育种工作一般是通过种猪的性能测定，测定种猪的背膘厚度、达 100 kg 体重的日龄以及窝产仔数，然后通过 BLUP 方法计算性状的 EBV 值，通过一定的加权，计算出选择指数，根据种猪的选择指数进行种猪的选择。但是在种猪的性能测定之前，一般需要对种猪的外貌体型进行鉴定，只有外貌评定符合要求的种猪才能进行性能测定以及育种值和选择指数的计算。

1.5.2.1 后备母猪现场选种

种猪的现场选择主要技术指标包括：种猪的品种特征、总体的体型结构（图1-25）以及乳头数量和结构、生殖器结构、肢蹄结构、有无遗传缺陷。

（1）品种的特征 种猪生产主要是进行纯种生产，所以选种首先要求选择的种猪品种特性明显，现在国内种猪生产的主流品种是大白、长白和杜洛克三大品种，每个品种都有其品种的特征，选种时必须根据各个品种的特点进行选种。如大白猪，全身被毛洁白，耳小直立，这是主要的品种特征，选种时应该高度重视，值得注意的是一个品种有不同的品系，如英系的大白猪，一般四肢粗壮结实、体宽；北美系（美国、加拿大）大白猪，体型外貌与英系大白相比，显得清

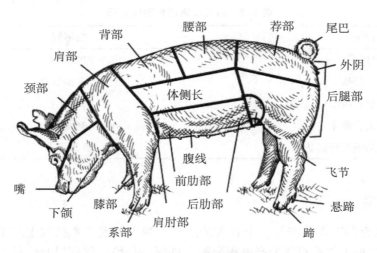

图1-25　种猪体型结构及名称

秀、生长速度快，这在选种时应该注意。

长白猪的主要品种特点是全身被毛洁白，体长、耳大前垂，稍微覆盖眼睛，体躯发育良好，要求胸长以及体长。母性强、泌乳性能好，四肢较细，容易出现肢蹄问题。

杜洛克种猪被毛呈褐色，但是不同的个体被毛的颜色程度略有不同。头中等大小，耳小且奄拉；体躯强健有力，体长中等或较长，大腿的肌肉丰满，全身肌肉发达。

（2）体型结构理想、健康状况良好　种猪的体型结构总的要求是各部位匀称，相互连接平滑、平衡；体长并且体深（图1-26）。

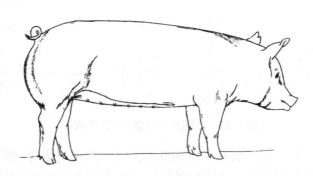

图1-26　理想的种猪体型

不同用途的种猪，体型外貌的要求略有不同，例如，对于父系种公猪，除了种猪的总体要求以外，还特别要求体格健壮结实，对于母系种猪，则更加要求种猪个体体型适当、结构合理，具有较强的协调性。

（3）理想的外生殖器　种猪生殖器官与种猪的繁殖性能密切相关，种猪生殖器官也是可遗传的性状，所以外生殖器的形状、大小对于种猪的选择非常重要。

种公猪要求睾丸大，并且两侧对称，防止包皮积液以及软鞭等影响公猪配种行为的性状。

母猪的选择要求外阴大小适中，防止幼儿外阴、上翘外阴，这些外阴表现往往预示母猪的繁殖性能比较低，会出现一些繁殖障碍。

（4）乳头结构、数量符合要求　种猪的腹线（即乳房和乳头）对于种猪来说十分重要，它与种猪的繁殖性能，尤其是种猪的哺乳能力和泌乳性能密切相关。腹线的评价根据乳头的数目、位置、形状以及有无缺陷等几个方面进行。

种猪的有效乳头数量一般要求在 6~7 对，结构要求大小适中，与铅笔的橡皮擦相似，并均匀排列于腹线的两侧、乳头相互之间的空间距离均匀且充足（图 1-27）。防止瞎乳头、小乳头、反转乳头等异常的乳头。

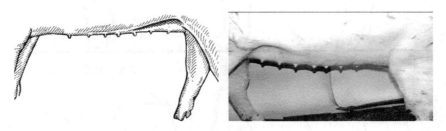

图 1-27　种猪理想腹线

在实际的育种工作中，对母系种猪，腹线的评价需要更加严格，因为良好的腹线，种猪的泌乳性能会更好，即母猪能够提供更多、更好的哺乳和断乳仔猪，从而提高母猪的断奶生产力。对于父系种猪，常规的腹线评定就能满足现场选种的要求。

（5）正确的肢蹄结构　种猪的肢蹄结构评价是种猪外貌评定和现场选种的最为重要方面，良好的肢蹄结构是种猪健康强健的重要体现，也是提高种猪使用年限的关键因素，因为种猪淘汰的重要因素之一就是种猪的肢蹄问题，高繁殖性能的种猪肢蹄结构往往会出现跛行等问题的概率比较高。

种猪的肢蹄结构总体要求是四肢呈自然姿态，表现为行走的姿态自然，防止卧系、曲腿等不良的四肢结构（图 1-28）。

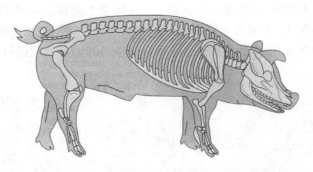

图 1-28　后备母猪理想骨骼结构和肢蹄结构

在实际的育种工作中，肢蹄结构的评价比较复杂，分前后、肢、系与蹄等部分分别进行评价。理想型的前肢应该是从肩部到蹄部呈直线形，膝盖处有一定的角度（图 1-29）。应该防止"O"形或"X"形等有缺陷的肢形。系部应该自然，有一定的曲线，防止系部过度直立，这样会形成蹄尖走路，同时也防止系部过卧，形成卧系。理想的蹄部应该是蹄趾均匀、形状正常、位置合理且两蹄间无过大的裂隙。防止蹄趾不匀、两蹄间裂隙过大或蹄部过长等缺陷。

（6）实际应用

1）国际种猪育种公司的现场选种　种猪的现场选种是当今国际大型育种企业常用的技术手段，加拿大海波尔种猪育种公司（Hypor Inc. Canada）制定现场选择的标准。该标准根据海波尔种猪特点，按照前肢和系部、后肢和系部、四肢的蹄部、腿臀部、背腰部、肩部、体长、体高、腹部以及理想型种猪等 10 项指标对种猪的体型外貌进行评分，根据评分结果进行种猪的现场

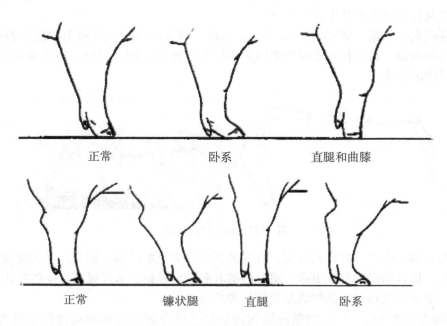

正常　　　　　　　卧系　　　　　　直腿和曲膝

正常　　　　镰状腿　　　直腿　　　卧系

图 1-29　常见前肢与后肢的结构

选择。

该现场选种的各项指标都采用评分的方式，严重缺陷为 1 分，轻度缺陷为 2 分，一般情况为 3 分，结构较好为 4 分，完美的为 5 分，然后根据评分的高低作为现场选种的依据。

2）我国种猪的现场选种　种猪的现场选种在我国种猪生产企业也同样受到重视，北京生猪生产创新团队制定了"种猪外貌等级评定标准"，该标准主要包括品种特性、躯体、生殖器官、性格四大项，头部特性等 11 个细目，采用评分的方式进行种猪的现场选种（图 1-30）。

该等级评定标准也是采用 5 分评级制，然后根据项目的重要程度进行加权得到最后的评分的分值。

图 1-30　种猪外貌评定现场

1.5.2.2　后备母猪培育及其配套技术措施

后备母猪的培育与繁殖母猪群体的胎次结构、群体繁殖效率密切相关，在现代养猪生产体系中，后备母猪的培育已经成为一个独立的生产环节。

（1）后备母猪培育场地、设备以及培育方式　现代养猪生产的发展趋势，使得后备母猪的培育逐渐成为了一个独立的技术和生产环节。后备母猪培育舍，通常要求与公猪舍分离，舍内设备按照小群饲养方式进行设计，地板采用全漏风地板，尽可能地配备室外运动场。

小群饲养的培养方式，理想状况是 10~12 头为一个饲养单位，每头猪需要的空间是 $1.2~m^2$，在培育期间即从 180 d 开始，每天的光照时间为 16 h，光照强度为 200 lx。

后备母猪的性成熟日龄为 200~220 d，判别的标准是母猪的第一次发情与排卵以及步入周期性的发情阶段，即母猪具备了繁殖生产能力。性成熟并且能够进行周期性发情的后备母猪又称为待配性成熟后备母猪（Cyclic gilt），待配种的后备母猪转群至配种舍，进行配种前的适应性训练，在第 2 或第 3 情期进行配种，从而完成整个后备母猪培育的生产和技术环节。

（2）公猪诱导培育技术　后备母猪培育的目标之一是使后备母猪尽快达到性成熟，即后备母猪的性成熟日龄小，会提高母猪的终生繁殖生产性能。公猪诱导技术（Boar exposure technique）是使后备母猪提前达到性成熟日龄（Age of first oestrus），并在相对集中时间区间达到性成熟，从而减少繁殖母猪群体的非生产天数（NPD），达到提高繁殖母猪生产效率的目的。

试情公猪（Vasectomized boar）一般要求是：输精管结扎的成年公猪。公猪刺激后备母猪提早发情的机制主要是通过视觉、触觉、嗅觉和听觉的联合作用，分子机制主要是代谢信号中的 *ob* 基因编码 leptin，促进母猪血液中催乳素（Prolactin）水平上升（嗅觉和触觉的作用），导致子宫和输卵管收缩，同时也导致 $PGF_{2\alpha}$ 的分泌。

公猪诱导技术的方式有多种，如隔栏接触型、后备母猪到公猪圈舍、诱导公猪与后备母猪至共同的圈舍以及公猪舍与母猪舍毗邻饲养。实际的操作方法是后备母猪转群在 150~180 d 时，与公猪每天接触 15~20 min，长期接触会导致隐性发情现象产生。

（3）后备母猪生长速度和体况的控制技术　现代后备母猪大多是大白、长白及其二元杂交母猪，经过长期生长速度的选择，其体脂肪含量均比较低，因此对于满足其繁殖需要如妊娠、泌乳等方面提出更高的要求，对于后备母猪的饲养以及相关的配套培育措施就更为重要。饲养策略有 2 种：① 增加后备母猪性成熟前体脂肪的含量；② 降低日粮中蛋白的含量，从而使后备母猪瘦肉组织的生长速度减慢。

全程 ADG 是衡量后备母猪培育生长的新指标，最佳的 ADG 是 682~773 g，在选择后备母猪时需要避免全程 ADG 超过 818 g 或低于 591 g，根据研究发现达到目标体重的日龄（Age to weight）越短，后备母猪的生长速度越快，其发情症状呈现隐性发情的概率就增加，即母猪发情的静立反应难于观察。

配种时后备母猪的背膘厚度达到 16 mm 较为适宜，一般需控制在 14~18 mm。后备母猪的背膘厚度是影响后备母猪发情的内在因素。

（4）饲养技术措施　现代猪育种的方向是提高猪的瘦肉组织生长速度，降低体脂肪的含量，这也导致后备母猪的性成熟日龄延后，与之相关的后续生长、妊娠、哺乳所需的能量储存不足。控制猪在性成熟之前（Prepubertal period）日粮的消化蛋白量，能够增加后备母猪的体脂肪储存量。

限制饲养，饲养量为自由采食的 80%，实际的操作是每头母猪的饲养量为 3 kg/d。饲养的浓度，不能饲喂肥育猪日粮，可饲喂哺乳母猪或仔猪的日粮，每千克日粮含 3 000 cal（1 cal 约合 4.18 J）（Metabolisable energy，ME），粗蛋白 16%，赖氨酸 0.85%~1%，此外对微量元素和维生素有一些特殊的要求。

后备母猪饲养与管理技术措施，现代的高繁品系母猪对饲养管理要求较高，具有食欲低以及指数性的生长速度等特点（与20年前相比）。饲养特点是自由采食、能量较低；技术要求是适当降低生长速度，以满足适宜的体成熟体重，也防止肢蹄问题及体况过于肥胖。较高的维生素 A、维生素 E、钙、磷、硒、锌以及氯等元素，同时生物素、叶酸、胆碱，以及钙磷的含量，通常妊娠母猪料即可提供。

在配种前2~3周应进行自由采食。配种前的饲养技术被称为"flushing effect"。配种后的4~7 d 应限制饲喂，否则会增加胚胎的死亡率。

（5）后备母猪配种时间的控制技术

配种情期的选择：大多数生产者对后备母猪采用 HNS 技术（Heat-no-serve），即第一次发情采用不配种技术，在第2或第3情期进行配种，建议的配种时间32周龄（7.5月龄），体重130 kg。对200日龄以上的后备母猪采用第一情期配种技术。

根据研究发现后备母猪的配种日龄早，初产母猪以及后续经产母猪的繁殖性能会受到影响，繁殖母猪的在群时间即繁殖母猪的使用年限会降低。

配种时间的确定：配种的成功率取决于交配时间与排卵时间的契合。卵子在输卵管的存活时间为8~10 h，理论上讲在排卵后8 h 进行交配或授精，受精卵的质量最好。根据研究发现后备母猪的发情持续期52.6 h，排卵发生在发情后44 h，一般在发情持续期的2/3 的时间点进行配种，配种率和妊娠率会达到一个较高的水平。

在实际的养猪生产中，母猪大约在发情持续期85% 的时间点进行排卵，经产母猪大约在发情持续期的70% 时间点进行排卵，经产母猪的交配时间是在排卵时间前0~24 h，后备母猪的交配时间点是在排卵前的0~12 h，配种一般是2次，第二次配种或授精是在第一次配种后的12~24 h。

（6）防疫管理　为了后备母猪在孕期的安全生产以及维持最佳的健康状态，在后备母猪培育期间需要进行必要的疫苗免疫。常见的疫病主要有猪瘟、猪丹毒、细小病毒病、乙型脑炎、链球菌病、仔猪黄白痢等传染病，其中细小病毒、乙型脑炎等传染性较强，对公、母猪繁殖性能影响大，应严格进行免疫。具体的免疫程序应该根据猪场所在地域的相关流行病状况而定，在北京地区一般需要进行猪瘟三联苗、细小病毒疫苗等疫苗的注射。

（7）对于问题后备母猪的处理技术　后备母猪在培育期间90%~95%都会正常发情配种而进入繁殖母猪群体，对于少部分的问题母猪，我们可以采用一定的技术措施，增加培育工作效率。

混群、换栏和运动：对于达到一定日龄，还未发情的后备母猪，我们可以采用混群、增加运动、转换栏舍等技术措施，刺激或诱发后备母猪进入发情状态。根据研究报道，采用这些技术措施，在3~10 d 有10%~30% 的久未发情的后备母猪进入同期发情状态，这种效应被称为"转运现象"（Transport phenomenon）。

外源生殖激素的应用：对于一些问题后备母猪，可以采取注射外源生殖激素的方法，刺激后备母猪进入发情状态，一般国际采用 PG600，其原理与同期发情的原理一致（图1-31）。

后备母猪的培育是提高繁殖母猪群体生产效率的重要技术环节，国外对于后备母猪的培育相对重视，形成了配套的培育技术，并将后备母猪的培育作为养猪生产工艺中的一个相对独立的技术环节，即后备母猪培育单位（GDU）。我国现代化养猪生产对此重视程度较低，这是我国养猪生产效率和 PSY 指标相对较低的原因之一。

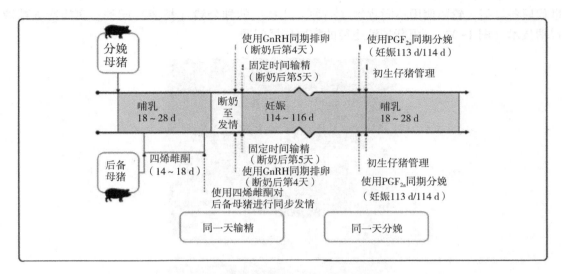

图1-31　同步配种和同步分娩模式

1.6　安全高效生猪杂交繁育技术

1.6.1　技术简介

瘦肉型商品仔猪通过轮回杂交模式或者终端轮回模式生产，保障促进猪群的健康并实现持续的改良（图1-32）。避免后备母猪的持续引进，降低疫病风险；每个世代引入最优秀的公猪精液，使遗传潜力稳步提高；减少繁育体系的层次，提高遗传扩散速度；自产后备母猪，降低成本。技术关键点如下。

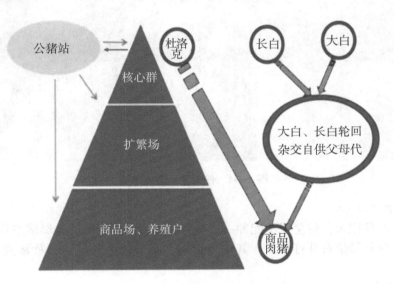

图1-32　轮回杂交和终端轮回杂交

1.6.1.1　种公猪要严格把关挑

选遗传性能优秀的种公猪，特别强调长白、大白的繁殖性能优秀；挑选健康的种公猪；对于各世代后备母猪，轮回使用不同背景（品种、品系）的种公猪（精液）配种；实施冷冻精液人工授精技术（图1-33），阻断精液途径的病原传播问题。

图1-33 猪冷冻精液库

1.6.1.2 后备母猪的挑选

候选猪从大窝里挑大个仔猪作为后备母猪；从健康的窝里挑后备母猪；不从出现过疫病的窝里挑后备猪；不从出现遗传缺陷的窝里挑后备猪（图1-34）；后备母猪单独饲养；对后备母猪进行体型外貌评定（图1-35）

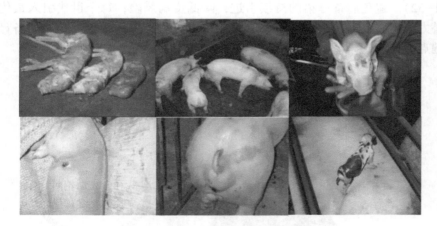

图1-34 仔猪常见遗传缺陷

1.6.1.3 后备母猪的标识

做好配种和产仔记录，避免混精配种；大白公猪配种后生产的后备母猪左耳打缺口；长白公猪配种后生产的后备母猪右耳打缺口；其他小母猪、小公猪不打缺口；杜洛克配种的后代不打缺口。

1.6.1.4 配种管理

需要繁殖后备猪时，左耳缺口母猪必须用长白公猪（精液）配种；右耳缺口母猪必须用大白公猪（精液）配种。不需要繁殖后备猪时用杜洛克（精液）配种，生产后代不打耳缺，全部育肥出栏。

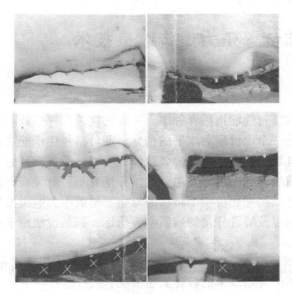

图1-35 正常乳头和异常乳头

1.6.2 研究进展

生猪杂交繁育体系主要包括原种猪场、祖代猪场、父母代猪场、商品猪场及人工授精站等"四场一站"组成（图1-36）。目前，我国生猪产业中商品猪的繁育主要采用终端杂交繁育方法，典型的杂交组合包括杜长大、皮杜长大等。在这种终端杂交繁育体系中，各类猪场层次清楚，且商品猪繁殖相对简单，但缺点也非常明显：商品仔猪扩繁场需定期频繁引进后备母猪，对各商品猪扩繁场造成巨大生物安全风险；繁育体系层次多，遗传进展传递速度较慢；引种成本高、工作量大。特别是在非洲猪瘟疫情肆虐的情形下，这种杂交模式对商品猪的可持续生产经营活动造成巨大的困扰。团队繁育功能研究室根据这种情形，提出一种安全高效生猪杂交繁育技术，并开展多批次的培训。特别是在2018年非洲猪瘟疫情暴发后，该项技术的应用，为北京市生猪恢复生产、稳产保供发挥了应有的作用。

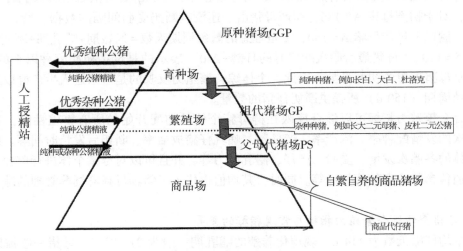

图1-36 生猪繁育系统

1.7 母猪个体综合繁殖力遗传改良技术

1.7.1 技术简介

当前，在提高母猪的繁殖性能指标育种中，一般用窝总产仔数或者窝产活仔数，而反映母猪综合繁殖能力的指标则是一个评价猪群水平的指标，即母猪年生产能力的指标，但是这个指标并不能反映母猪个体的综合繁殖能力。母猪的繁殖性能反映从后备猪开始累积的综合生物过程，也反映母猪机体平衡的繁殖生理代谢过程，单一的指标选育不可避免会导致顾此失彼。在现实生产中，母猪年生产力指标可以用来评价一个猪场的母猪繁殖效率，通过简单推导还可以得出基础母猪群平均的断奶受胎间隔以及哺乳仔猪的成活率等指标，但是没法用于母猪个体繁殖性能的评价及选育，原因如下。

（1）母猪年生产力指标着重于某一时间间隔内的母猪群体生产水平，而遗传评估所需要的数据应该是母猪个体从初产开始以来的综合繁殖情况。

（2）初产母猪因特殊生理状况和对初次分娩、哺乳和产后失重的不适应，会造成产仔数减少和断奶至发情间隔时间延长，因此不适宜进行生产能力评价。

（3）为了得到数据需要个体胎次的相应记录，工作量大，容易出现偏差。

综上，母猪年生产力这一指标只能反映一个猪场的平均水平，而不能比较猪只之间的繁殖力水平差异。因此，提出母猪个体综合繁殖力的概念。

母猪个体综合繁殖力指标体现出母猪进入繁殖阶段后，平均每个繁殖周期能够提供的断奶仔猪数量。可以体现母猪发情配种、妊娠分娩、哺乳断奶及产后恢复的综合性能。

1.7.2 研究进展

1.7.2.1 母猪个体综合繁殖力公式

母猪个体综合繁殖力是指母猪初配日龄开始到统计时最后一胎次断奶的期间平均每个理想繁殖周期生产的断奶仔猪头数。公式如下：

个体综合繁殖力＝母猪所有胎次所产断奶仔猪总和/（母猪最后胎次断奶时的日龄−240）×A

这里，对于初产母猪 A＝135，初产母猪由于还没有断奶受胎间隔的数据，所以 A＝135。对于二胎及二胎以上经产母猪 A＝150，A 是理想的繁殖周期天数＝妊娠期+哺乳期+断奶受胎间隔＝114+21+15＝150。"母猪最后胎次断奶时的日龄−240"表示的是母猪初次配种以来的生产天数。其中 240 是母猪理想的初配日龄。因此，个体综合繁殖力反映的是母猪进入生产群以来，平均每个理想繁殖周期（150 d）所提供断奶仔猪的数量。

个体综合繁殖力指标可以综合反映在群母猪个体从初配开始的所有繁殖性能，包括初配日龄、各胎次的发情配种率、流产率、产仔数、哺乳仔猪成活率、断奶后发情时间等。能够综合反映母猪个体的各胎次发情、受胎、产仔、泌乳能力等，并且可以对母猪个体进行单独计算，这样才能开展遗传参数及育种值估计等。同时，其均值也代表了猪场母猪群饲养管理的综合繁殖性能指标。

1.7.2.2 母猪个体综合繁殖力指标与常规指标的差异

母猪平均妊娠天数为 114 d，规模化养殖的哺乳期一般为 21~28 d，母猪一般被期望在断奶后 7 d 能够再次配种。因此，本指标设定一个繁殖周期等于 150 d。另外，本指标规定母猪总生产日为母猪终产日龄减去母猪初配日龄。母猪繁殖周期数即为母猪总生产日除以 150 d。按胎次平均的母猪综合繁殖指标受母猪自身生物属性影响较大，是反映母猪自身生产能力的综合指标；而按周期平均的母猪综合繁殖指标受规模化猪场管理模式及管理水平影响较大，是反映规模化猪场母猪生产效率的综合指标。根据公式可以看出，母猪个体综合繁殖能力的 10 个指标都是计算后的均值，反映的是母猪在其使用年限内的综合指标。与常规指标不同，这些指标受到母猪初次配种日龄、母猪使用年限、母猪使用次数、母猪平均繁殖周期、窝产仔数、窝产活仔数、窝重以及断奶活仔数、断奶窝重等多个因素影响，可以当作数量指标而对其进行遗传参数的估计。并且，影响这些指标的因素中初次配种日龄、母猪使用年限等因素又与猪场生产管理水平息息相关，所以，它们也是衡量一个猪场母猪综合生产水平的有效指标。因此，母猪个体综合繁殖能力是一个概括母猪各个繁殖指标以及猪场实际管理水平的概念，这 10 个指标也是一个全面考虑规模化猪场母猪生产力实际的综合指标。

1.7.2.3 个体综合繁殖力在示范场应用结果

开展期间共完成了包括北京顺鑫农业茶棚种猪场在内的 3 家示范场，通过应用种猪个体登记技术、种猪生产性能测定技术、瘦肉型猪育种技术等常规育种技术，开展了母猪个体综合繁殖力的技术宣传、指导与应用工作，并收集了有关繁殖性能方面的数据，结果如表 1-4 所示，为科学评定母猪的繁殖能力，猪场的群体遗传改良、科学选种选配及母猪群的饲养管理提供技术依据。

表 1-4 母猪个体综合繁殖力应用结果

示范场	测定初	测定结束	个体综合繁殖力提高（%）
北京顺鑫农业小店种猪分公司	10.87	11.20	3.04
北京顺鑫农业杜洛克原种猪场	10.78	11.11	3.06
北京顺鑫农业茶棚种猪场	10.80	11.13	3.05

繁殖性状方差组分及遗传参数估计结果如表 1-5 所示：总产仔数、产活仔数、初生窝重、死胎数的遗传力分别为 0.078、0.069、0.073、0.04，可以看出，繁殖性状的遗传力相对较低，均在 0.1 以下。

表 1-5 主要繁殖性状方差组分和遗传参数

方差组分	总产仔数	产活仔数	初生窝重	死胎数
σ_a^2	0.6119	0.5285	1.0917	0.0444
σ_{pe}^2	0.6663	0.6765	1.261	0.0123
σ_e^2	6.6142	6.4639	12.6254	1.0484
σ_p^2	7.8924	7.6689	14.9781	1.1051
h^2	0.078	0.069	0.073	0.04
SE	0.00093	0.00087	0.0018	0.0001

注：σ_a^2=加性遗传方差，σ_{pe}^2=永久环境效应，σ_e^2=残差方差，σ_p^2=表型方差，h^2（SE）=遗传力（标准误）

繁殖性状间遗传相关与表型相关如表 1-6 所示，可以看出，总产仔数与产活仔数、总产仔数与初生窝重、产活仔数与初生窝重之间的遗传相关高，分别为 0.96、0.69、0.77，三者之间的表型相关也相对较高，分别为 0.93、0.79、0.87。因此，在育种实践中，可以减少选择性状来进行选育，简化育种工作。

表 1-6　主要繁殖性状遗传相关及表型相关

性状	总产仔数	产活仔数	初生窝重	死胎数
总产仔数		0.96（0.00067）	0.69（0.0063）	0.39（0.0032）
产活仔数	0.93		0.77（0.005）	0.13（0.0038）
初生窝重	0.79	0.87		-0.08（0.0055）
死胎数	0.23	-0.14	-0.17	

注：遗传相关系数在对角线上方，表型相关系数在对角线下方，括号内表示的数值是标准误。

从表中可以看出，死胎数与总产仔数及产活仔数呈正相关，随着出生仔猪数的增加，死胎数也在增加。为提高猪场经济效益，我们既要关注产仔数的多少，同时也要做好对死胎数的统计。

参考文献（略）

（王楚端团队、吴克亮团队、王晓凤团队提供）

2 繁殖技术研究进展

2.1 低剂量深部输精技术

2.1.1 技术简介

常规人工输精技术是用普通输精管将 80~100 mL 精液输送到母猪子宫颈内，每个发情周期输精 2~3 次。生产中使用该技术虽操作简单，但输精后 1 h 内会有 30%~40%精子通过生殖道回流的方式损失，造成精液浪费、繁殖生产效益降低。

低剂量深部输精技术是通过特制的输精枪，将低于常规输精量的精子输送到母猪子宫角的一种输精技术。与常规输精技术相比，深部输精技术更接近母猪卵子受精的位置，缩短了精子与卵子结合的距离和时间，增加到达受精部位的有效精子数，防止精液倒流，提高受胎率。同时该技术可节省精液用量 60%，减少配种成本 40%，输精时间短，降低配种劳动强度，提高优质公猪的利用率，加快选种选育，提升后代猪的遗传性能。

2.1.2 研究进展

"十二五"期间，本岗位在北京各郊县开展了母猪低剂量深部输精技术的示范推广等工作，并取得较好的生产效果。同时自主研制出 1 套低剂量深部输精枪，于 2013 年获得实用新型专利 1 项，并在 2020 年 5 月取得技术成果转化 1 项。

为更好发挥低剂量深部输精技术在养猪业工业化发展进程的关键作用，提高该技术应用的繁殖生产效率，"十三五"期间本岗位对低剂量深部输精剂量、输精管深入的长度及输精时间等开展了探索性研究。

2.1.2.1 输精管插入的深度

深部输精枪设计原理就是将内管向前插入 10 cm 左右到达子宫体，但是生产中不同胎次、不同品种的经产母猪，由于生理状态和解剖结构的差别，在操作时内管插入长度是不同的。插入过长则可导致内管进入一侧子宫角，使一侧子宫角输精量大，最后引起单侧受孕；如果插入过短则达不到真正深部输精的效果。为此，本岗位统计分析了低剂量深部输精的经产健康母猪的输精管内管插入长度，发现 3 胎以上经产母猪的内管插入长度明显高于 3 胎以下，可能是由于随着胎次的增加母猪生殖道的生理结构发生了变化。品种不同也会影响内管的插入长度，大白内管插入深度最短，平均深度为 11.5 cm，长白与二元母猪内管插入深度较为接近，平均深度为 12.3 cm。鉴于不同胎次与不同品种深部输精内管插入的深度不同（表 2-1），生产过程中不应参照单一的深度标准，而应根据母猪的品种、生理状态、体态等因素选取具体的输精操作参数，保证母猪良好的繁殖成绩。

表 2-1 不同胎次不同品种母猪低剂量输精枪内管插入长度

项目		处理数量（头）	内管长度（cm）
不同胎次二元母猪	1~3 胎	205	11.64±1.32[b]
	3 胎以上	80	12.37±1.25[a]
不同品种 3 胎以上母猪	大白	50	11.47±1.38[b]
	二元	169	12.36±1.37[a]
	长白	24	12.32±1.28[a]

注：同行肩标字母不相同表示差异显著（$P<0.05$）。

2.1.2.2 输精剂量及有效精子数

国内常规输精剂量一般参照国家标准即地方品种输精剂量为 40~50 mL，其他为 80~100 mL，每剂要求直线前进运动精子数≥25 亿个。深部低剂量输精技术在国外已大范围推广使用，可节省精液用量，降低配种成本。中国目前也在推广该技术，但因饲养管理、母猪生理状态等不同，合适的输精量及输精密度一直在探索中。将体况良好、无繁殖障碍记录、无生殖疾病的 500 头经产母猪随机平均分为 5 组。1 个对照组（常规输精），输精量及密度是 80 mL 30 亿个；4 个低剂量输精组：输精量及密度分别是 80 mL 15 亿个、40 mL 15 亿个、40 mL 7.5 亿个、40 mL 5 亿个（表 2-2）。5 组试验母猪的胎次平均分别为 3.54、3.34、3.46、3.81、3.82，胎次无显著差异。

表 2-2 输精量与精子密度对经产母猪繁殖性能的影响

统计项目	处理数量（头）	妊娠数量（头）	受胎率（%）	产仔数量（头）	分娩率（%）	死亡数量（头）	流产数量（头）	淘汰数量（头）	窝均产仔数量（头）	窝均活仔数量（头）	窝均健仔数量（头）	活仔率（%）	健仔率（%）
常规输精	100	93	93[a]	86	86[a]	2	4	1	11.37±1.69[b]	10.29±1.87[b]	10.12±1.76[b]	90.5	88.96[a]
80 mL 15 亿个	100	91	91[ab]	86	86[a]	3	1	1	12.05±1.90[a]	11.53±1.93[a]	10.44±1.56[a]	95.53	86.64[b]
40 mL 15 亿个	100	95	95[a]	88	88[a]	3	3	1	11.76±1.33[ab]	11.03±1.39[a]	10.58±1.24[a]	93.82	89.95[a]
40 mL 7.5 亿个	100	94	94[a]	89	89[a]	0	3	2	11.81±1.55[a]	11.14±1.84[a]	10.86±1.69[a]	92.2	89.91[a]
40 mL 5 亿个	100	87	87[b]	80	80[b]	4	4	1	12.25±2.12[a]	10.65±2.3[b]	9.88±2.04[b]	86.94	80.61[b]

低剂量深部输精组 80 mL 15 亿个、40 mL 15 亿个、40 mL 7.5 亿个对经产母猪妊娠率没有影响，40 mL 15 亿个、40 mL 7.5 亿个对妊娠率有所提高，但是低剂量深部输精 40 mL 5 亿个组由于精液密度的原因造成妊娠率较低，达不到生产上的要求。统计发现，低剂量深部输精未提高淘汰母猪的比例。低剂量深部输精对于经产母猪的窝均产仔数有明显提高，且对健仔数没有显著影响。

低剂量深部输精 80 mL 15 亿个、40 mL 15 亿个、40 mL 7.5 亿个满足生产上对妊娠率的要求，说明通过深部输精技术，将低剂量精液直接输送到子宫体中，可以与常规输精 80 mL 30 亿个精子的精液密度达到同样的妊娠效果，该部分试验证明，深部输精可以将输精密度降低到 40 mL 7.5 亿个不会影响妊娠率。深部输精 40 mL 5 亿个低剂量精液没有达到理想的生产效果，主要原因是精液密度过低，不能保证足够的精子数到达输卵管与卵子结合完成受精过程。

2.1.2.3 输精时间

为了检测不同输精时间对精子活力的影响，将 80 mL 精液分别利用 15 s、30 s、60 s、90 s、120 s 通过输精管内管来检测精子活力。如图 2-1 所示，输精时间为 15 s 的精子活力较低，与对照组和其他时间组差异显著。输精时间过快导致精子活力下降，80 mL 精液输精时间应保证在 30 s 以上。

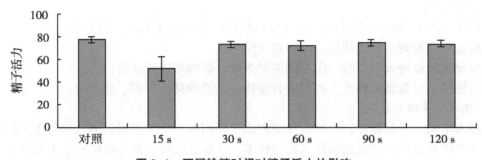

图 2-1　不同输精时间对精子活力的影响

综上，低剂量深部输精技术的输精时间不低于 30 s，输精剂量及密度最低可为 40 mL 7.5 亿个。

2.1.2.4 技术操作规程

（1）配种具体时间　经产母猪正常时间断奶：断奶后 6 d 之内发情的经产母猪，出现压背反射后（或接受公猪爬跨）8~122 h 进行首次输精，12 h 内进行第二次输精；断奶后 7 d 及以上发情的经产母猪出现静立反射后马上输精，12 h 内进行第二次输精。

后备母猪首次出现发情一般不参加配种，但必须记录发情时间，看下一次发情是否正常，第二次发情出现压背反射后（或接受公猪爬跨）8~12 h 进行首次输精，12 h 内进行第二次输精。

（2）低剂量深部输精技术操作方法

①查阅发情观察记录，确定发情母猪号。

②饲养员保定待配母猪，并抓着猪尾巴。

③输精前，配种员先清洁双手并消毒，然后对母猪外阴及邻近部位进行清洗（0.1% 高锰酸钾、0.1% 新洁尔灭），清洁纸擦干净；用装有 75% 酒精的小喷壶喷 1~2 下。

④取出输精管，撕开密封袋，露出输精管海绵头部，在海绵头前端涂抹润滑剂（如输精管已经润滑液处理，可省略）。然后，用手轻轻分开外阴，将输精管外套管沿 45°角斜向上插入母猪生殖道内，并保证内导管头部位于外套管内。当感觉海绵头被子宫颈锁定时，暂停操作 2~3 min，使母猪子宫颈充分放松。为尽量避免输精管被环境污染，在输精管慢慢插入的过程中逐渐除去输精管外包装袋。

⑤分次轻轻向前推动内导管，每次推入长度不宜超过 2 cm，前行如遇阻力，可轻微外拉或旋转再继续插入。当内导管前插阻力消失时，表明内导管前端已经抵达子宫体，继续向前轻轻插入，再次感觉到阻力时，证明内导管前端已抵达子宫壁，应停止插入，回撤 2 cm 左右，用锁扣固定内导管，准备输精。

⑥从精液贮存箱中取出备好的精液瓶（或袋），确认公猪品种、耳号等信息后，缓慢颠倒混匀精液，掰开瓶嘴（或撕开袋口），将精液瓶嘴（或袋口）连接至内导管末端输精口，确保精液能够进入输精管。

⑦挤压输精瓶（或袋）使精液输入子宫体，一般可在 30 s 内完成输精；如遇挤压困难，应略微外拉内导管或使母猪放松 1~2 min，再次挤压输精瓶（或袋），以完成输精。每次输精需 10

亿~15 亿有效精子数，输精量 30~40 mL。

⑧当精液瓶（或袋）中精液排空后，先将内导管缓慢撤到外套管内，让输精管在生殖道内滞留 5 min 以上，待其慢慢滑落后拉出体外。

⑨输精过程中，精液避免强光直射和剧烈震动。记录输精情况，标记母猪耳号、胎次等信息；配种后的母猪进入精心照料期，直至确定妊娠或返情。

（3）注意事项

①猪群中有 5%~10% 的母猪使用低剂量输精枪时会出现插不进去的情况；

②低剂量输精枪为一次性使用，不得重复使用；

③低剂量输精枪进入子宫时一定不能伸得太深，影响母猪产仔数；

④拽出输精枪时观察海绵头上的阴道分泌物（清亮液体、黏稠、脓汁等），并记录。

2.1.2.5　技术示范推广情况

通过技术培训、示范跟踪、入户指导等方式，利用本岗位自主研发的低剂量深部输精枪，在北京周边 9 个区县推广母猪低剂量深部输精技术。共发放低剂量深部输精枪 3.1 万余支，推广母猪 4.55 万头次。

另外，本团队与全国畜牧总站合作，联合国内优势单位对原农业部行业标准《猪人工授精技术规程》进行了修订，将低剂量深部输精技术列为重要修订内容。目前该规程已通过国家标准化管理委员会组织的技术评审，进入行政审批发布环节。

受非洲猪瘟及新冠肺炎疫情的影响，目前生猪生产中精液供给紧张且价格偏高，此时生产中急需高效、高产等相关技术来缓解燃眉之急。低剂量深部输精技术的高效推广优势较明显，可解决人工输精过程中精液损失严重的问题，减少精液用量 60%，节省配种成本，提高精液利用率。按照目前精液价格，初步统计每头次母猪可节省精液成本 25 元，结合推广的母猪头数 4.55 万头次，共计节省精液成本 113.75 万元。

2.2　低剂量深部输精联合缩宫素技术

2.2.1　技术简介

人工授精后母猪体内的精子流动主要取决于重力和子宫肌层的活力。在自然交配时，母猪受公猪刺激自身会分泌大量的缩宫素，同时子宫活力也提高。缩宫素作为一种神经内分泌激素，不仅可刺激子宫平滑肌收缩，推动精子在生殖道前行，使更多精子快速到达输卵管的受精部位；而且可刺激卵巢平滑肌收缩并排卵，使精子遇到更多卵子，便于更多的受精卵着床。在人工授精时，与自然交配相比公猪刺激明显减少，母猪体内缩宫素分泌量显著降低，进而影响了母猪的受胎。输精前在精液中加入催产素一方面可提高精子的运动速度，另一方面刺激子宫平滑肌活动，使到达输卵管的精子数量增加。有研究表明，在常规输精条件下 100 mL 精液中添加 5 IU 的缩宫素，可有效提高母猪受胎率及产仔数。

2.2.2　研究进展

为推广示范低剂量深部输精技术取得更好的繁殖效果，在低剂量输精技术的基础上，输精前在精液中添加 10 IU 的缩宫素，比较分析母猪产仔性能，发现低剂量深部输精技术添加缩宫素后，减少精液用量 60% 以上，缩短配种时间 80%，在提高精液利用率同时增加了母猪的总产仔数和活产仔数，窝产仔数提高 1 头以上，如表 2-3 所示。

表 2-3 精液中添加缩宫素对经产母猪产仔数的影响

品系	输精方式	分组	总产仔数	活产仔数
长白 ♂×大白 ♀	常规输精	缩宫素 (N=9)	13.22±2.59	11.78±2.39[a]
		对照组 (N=65)	11.12±3.24	9.78±2.89[b]
长白 ♂×大白 ♀	深部输精	缩宫素 (N=137)	12.38±2.77	10.72±2.28[a]
		对照组 (N=21)	11.38±2.84	9.33±3.58[b]
大白	深部输精	缩宫素 (N=27)	13.63±1.86[a]	12.07±2.15
		对照组 (N=6)	12.00±2.10[b]	10.67±1.37

注：同列不同字母表示差异显著（$P<0.05$），下表同。

在示范场陆续开展了低剂量深部输精结合缩宫素技术示范，累计示范 1 290 头次（表 2-4）。其中 1~2 胎母猪 510 头，总产仔数平均 11.24 头，健仔数 9.69 头；3~8 胎母猪 780 头，总产仔数平均 11.59 头，健仔数 9.95 头。

表 2-4 低剂量深部输精结合缩宫素技术示范的生产数据

母猪胎次	母猪头数	总产仔数	健仔数	死胎数	木乃伊数	弱仔数
1~2 胎	510	11.24±2.57	9.69±2.70	0.91±1.50	0.10±0.45	0.54±1.00
3~8 胎	780	11.59±2.71	9.95±2.49	1.00±1.38	0.13±0.72	0.52±0.89

2018—2020 年，在前期的工作基础上，集成优化低剂量深部输精联合缩宫素技术，通过入户示范指导、线下培训、线上指导、微信文稿、技术咨询等多种方式结合，开展低剂量深部输精联合缩宫素技术推广工作，陆续在北京中育种猪有限责任公司、北京华都种猪繁育有限责任公司、承德三元中育畜产有限责任公司、河北张家口市华德集团养殖场、内蒙古大好河山化德农牧、天津大成猪场等多个规模化猪场推广，共计推广母猪 11.25 万头次。

2.3 诱导母猪同期分娩技术

2.3.1 技术简介

同期分娩技术是基于分娩机理模拟启动分娩时的激素变化，利用外源激素人为调控分娩进程，使母猪在预定的时间段内集中分娩的技术。生产中多用氯前列醇钠或缩宫素诱导母猪同期分娩，有研究表明肌内注射 $PGF_{2\alpha}$ 或其类似物 36 h 后，有 80% 的妊娠母猪进入分娩进程。氯前列醇钠的作用是溶解黄体、刺激平滑肌收缩（没有缩宫素强烈）。缩宫素的作用是促进子宫平滑肌收缩，止血、疏通乳管的作用。

同期分娩技术不仅可实现母猪集中护理，减少难产，而且可集中进行新生仔猪护理和寄养，提高仔猪成活率，同时还将大大节省员工工作量，提高工作效率。此外，母猪同期分娩可充分提高产床利用率，并有利于后续断奶、配种、再次分娩的同步化，为猪群"全进全出"打下基础。

2.3.2 研究进展

自然状态下，70% 的母猪在夜间产仔，不利于接产及初生仔猪的护理，同时也增加了工人夜间劳动量，难产母猪也无法得到及时治疗，对仔猪成活率造成一定影响。为解决生产这一难题，研究了诱导母猪同期分娩技术。对妊娠期 112~114 d 的母猪上午 8:00—9:00 集中注射 0.2 mg 的氯前列醇钠注射液，诱导母猪在注射后第 2 天的白天同期分娩。共处理母猪 140 头，对照 69 头。经氯前列醇钠处理后，母猪在 6:00—18:00 产仔的比例从 50.7% 提高至 97.9%（提高 47.2%），试验组与对照组的窝产活仔数受激素处理的影响较小。该技术处理后将母猪产仔的时间相对集中在白天上班时间，有利于分娩监护和新生仔猪护理、寄养、并窝等工作，为母猪的"全进全出"、工厂化生产管理提供技术保障。

表 2-5 母猪同期分娩技术结果

组别	母猪头数	6:00—18:00 母猪分娩比例	窝产活仔数
对照组	69	50.7%	9.12
试验组	140	97.9%	9.95

用氯前列醇钠诱导母猪同期分娩时需注意事项：① 用氯前列醇钠注射液时要统计猪场母猪的平均妊娠期，并对预产期做好记录，以免造成早产或者流产，增加仔猪死亡率。② 若使用缩宫素时，确保母猪的子宫颈口完全打开，或者至少有一头仔猪已经顺利产出方可使用，对于子宫颈口狭窄的母猪不建议使用。③ 在妊娠期过早使用前列腺素，仔猪将早产，可能会降低生存能力。

诱导母猪同期分娩技术得以实施的关键，还需要一种调控药物，即卡贝缩宫素。卡贝缩宫素为同期分娩技术的关键药物，是一种合成的具有激动剂性质的长效缩宫素类似物，通过选择性结合到子宫平滑肌纤维上的特异性受体，刺激钙离子流入和抑制 ATP-依赖钙离子流出，从而来改善其收缩性，使不规律的弱宫缩变成有规律的强宫缩。主要应用于治疗母畜产后子宫收缩乏力，预防母猪胎衣不下，缩短母猪产程和产仔间隔。此外，卡贝缩宫素可以作用于乳腺，促进腺泡和小乳腺管周围的肌上皮细胞收缩，同时使乳头括约肌松弛，促进排乳。其稳定性优于缩宫素，其半衰期为 41 min，长于缩宫素的 1~5 min，临床效果也较缩宫素更持久。用药方便，仅需一次注射即可在整个生产过程中促进子宫节律性收缩。母猪分娩至少一头仔猪后注射 1 mL 可在实际生产环节有效避免缩宫素多次注射的烦琐步骤，一方面极大提高了产房工作人员的工作效率，另一方面显著缩短了母猪产程及产仔间隔，降低死胎率，便于调节母猪分娩行为。

卡贝缩宫素在德国、法国等国家的先进集约化猪场已普遍采用，并取得理想疗效，但国内未见相关产品在生产上应用。为此，繁殖岗位团队联合宁波三生生物科技有限公司，通过创新合成工艺，提高制剂稳定性和生物利用度，率先在国内创制了卡贝缩宫素，其药效及安全性评价与进口受试药物相当，于 2020 年 9 月获得我国首个卡贝缩宫素［（2020）新兽药证字 43 号］二类新兽药证书（图 2-2）。卡贝缩宫素这一药物在国内上市，将填补这一产品在国内的空白，作为一种高效的繁殖管理调控药物，将为母畜分娩阶段的劳动力、接产护理及集约化饲养管理提供有利条件。

2.4 母猪定时输精技术

2.4.1 技术简介

母猪的定时输精技术是利用外源性生殖激素人为调控母猪发情与排卵，使之在预计的时间内

图 2-2 卡贝缩宫素兽药注册证书

集中发情、排卵，进而实现同期输精的繁殖技术。结合同期分娩技术，可促使猪场实现"全进全出"和批次化生产。欧美等畜牧业发达国家的猪场早在 20 世纪 60 年代即开始对母猪定时输精技术进行研究，德国诺贝尔舒茨猪场从 20 世纪 80 年代开始应用定时输精技术，并在此基础上实施了批次化生产管理。但由于市场、技术等诸多原因，这一技术并没有得到更广泛的推广应用。近几年，随着全球生猪养殖效益的下滑，如何进一步提高劳动生产效率、保障工人劳动福利，成为世界养猪业关注的焦点。传统养猪业向以机械化、自动化、信息化为特征的工业化方向转变可以大幅提高劳动生产效率，降低养殖成本。然而，如何保证猪群繁殖行为整齐划一，就成了向工业化转变的主要制约因素。采用定时输精技术以及同期分娩技术可以实现猪群的同期发情、同期排卵以及同期分娩，以保证繁殖行为的整齐划一。

近年来，国内外不少大学、科研院所以及企业开展了母猪定时输精与批次化生产技术试验，证实对提高母猪配种利用率、降低淘汰率、节约成本、改善工人福利等方面具有重要作用，这对于解决未来我国养猪缺人的问题也具有重要的借鉴与参考价值。但该技术在生猪产业商业化应用仍然存在一定问题：定时输精程序效果不稳定、激素药效不稳定、定时输精程序处理后母猪排卵虽增加但妊娠率下降、精液供应不足、母猪卵巢囊肿率增加等问题；影响母猪定时输精效果的因素较多，尤其是我国猪场存在的问题与国外不尽相同。因此，尽快建立适合中国的定时输精技术体系和批次化生产模式尤为必要。

2.4.2 研究进展

2.4.2.1 优化定时输精程序

实现母猪定时输精技术的 4 个关键环节。① 性周期同期化。生产中后备母猪通常采取连续饲喂 20 mg 烯丙孕素 18 d，抑制性周期活动，使后备母猪性周期停滞于黄体期后期。对经产母猪而言，断奶就是发情同步化。② 卵泡发育同期化。生产上通常采用注射孕马血清促性腺激素（PMSG，国内商品名为血促）来促进母猪卵泡发育。国外在应用定时输精技术过程中，后备母猪肌注 PMSG 剂量通常为 800~1 000 IU，经产母猪注射剂量为 600~1 000 IU。由于国内同类产品活性或生产标准不同，后备和经产母猪目前推荐注射剂量均为 1 000 IU。③ 排卵同期化。注射戈那瑞林（国内商品名称为生源）可促使母猪在同一时间段内集中进行排卵。国内后备和经产母猪目前推荐注射剂量 100 μg。④ 配种同期化。在注射戈那瑞林后 24 h、40 h 分别输精一次，可有效使母猪成功受孕。

因后备母猪和经产母猪生殖内分泌的差异，初步优化筛选出后备母猪及经产母猪各自的定时输精程序。对于后备母猪的处理，分为简式定时输精程序与精准定时输精程序。

后备母猪精准定时输精程序见图2-3。该程序突出优点是处理后，后备母猪的发情与排卵较集中，便于开展批次化生产，更有利于提高劳动生产效率。此外，对后备母猪也可仅采用烯丙孕素处理，即后备母猪简式定时输精程序。如图2-4所示，连续饲喂烯丙孕素14~18 d，停止饲喂烯丙孕素后，按照常规配种方案查情配种。该方案需进行常规发情鉴定，且母猪发情和排卵集中度均低于精准定时输精方案，适用于已发现有性周期的后备母猪。尽管精准定时输精激素处理成本高于简式定时输精，但避免了因后备母猪隐性发情造成的漏配情况。

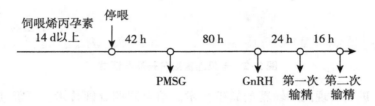

图2-3　后备母猪精准定时输精程序

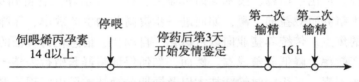

图2-4　后备母猪简式定时输精程序

经产母猪可通过同期断奶初步实现性周期同步化，生产中为进一步提高同步化率，在母猪断奶后24 h注射PMSG促进母猪同期发情；56~72 h后注射GnRH促进排卵（此时对出现静立反应的经产母猪可进行人工授精处理），注射GnRH后24 h第1次输精，间隔16 h第2次输精。注射PMSG和GnRH的间隔时间依据哺乳时间长短而定，一般哺乳时间大于等于4周时，间隔时间为56 h；哺乳时间小于4周时，间隔时间为72 h。具体程序见图2-5。

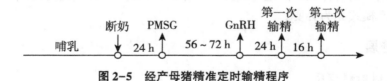

图2-5　经产母猪精准定时输精程序

在示范推广上述输精方案过程中发现，后备母猪妊娠率偏低，且部分程序不符合生产实际需求，因此在后备母猪精准定时输精程序的基础上根据后备母猪生理特点、猪场人员开展输精技术的便利性等方面对程序进行了优化，建立了1套符合我国母猪生产的定时输精技术即诱导发情促排实时输精技术，完善后的输精程序更有利于我国规模化猪场母猪的管理及实际操作（图2-6）。对比分析可知，优化后的输精技术相比于精准定时输精技术，妊娠率、分娩率分别平均显著提高9.5%、14.3%，窝均产仔数及窝均断奶重也明显提高；与自然发情组的生产效果相当（表2-6）。另外，该程序可有效降低母猪卵巢囊肿率，提高猪群利用率。该程序的建立在完善我国生猪批次化生产技术体系的同时，对非洲猪瘟期间解决我国三元育肥母猪留作繁殖母猪时存在发情率低、隐性发情率高、配种妊娠率低的难题具有重要生产意义。

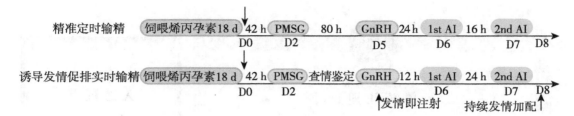

图 2-6　母猪诱导发情促排实时输精方案

表 2-6　不同输精方式对母猪妊娠分娩及产仔性能的影响

组别	配种（妊娠数）	妊娠率（%）	分娩窝数	分娩率（%）	窝均产仔（头）	窝均断奶数（头）	窝均断奶重（kg）
自然发情	481/422	87.7[a]	401	83.4[a]	12.20±0.15[ab]	11.27±0.08	64.23±2.35[a]
精准定时输精	2134/1702	79.7[b]	1545	72.4[b]	11.70±0.13[b]	10.98±0.12	59.03±0.66[b]
诱导发情促排实时输精	910/812	89.2[a]	789	86.7[a]	12.26±0.19[a]	11.23±0.08	67.77±1.31[a]

2.4.2.2　调控药物研发

烯丙孕素为定时输精技术的关键药物，是一种孕激素类似物，具有天然孕激素的活性，可促使后备母猪性周期同步化。母猪口服 20 mg 烯丙孕素 14~18 d，使母猪处于性周期的黄体期，抑制了母猪发情。停喂之后，母猪便同时开始重新启动性周期，可消除不同母猪发情的个体差异，使猪群处于相同繁殖生理状态，达到使母猪性周期同步化的效果。烯丙孕素除了孕激素活性外，还有少量雌激素作用，能促进子宫发育，增加子宫容积，有利于提高产仔数。

国内长期缺乏自主研发药物，进口药物存在价格高昂、药效和安全性不稳定等问题。面对这一困局，繁殖岗位团队联合宁波三生生物科技有限公司，通过创新合成工艺，提高制剂稳定性和生物利用度，率先在国内创制了烯丙孕素，药效及安全性评价与进口受试药物相当，于 2018 年 2 月获得我国首个烯丙孕素 [（2018）新兽药证字 6 号] 二类新兽药。烯丙孕素的研发实现了我国母猪定时输精药物从无到有跨越，破解了母猪定时输精药物依赖进口的瓶颈，为母猪批次化生产工艺建立奠定了坚实基础。烯丙孕素产品孕力宝自 2018 年 6 月上市以来，已推广使用 800 万头份，占全国母猪存栏 15% 以上，可有效缓解非洲猪瘟疫情引发的种猪供应紧缺的局面，为推动生猪复产提供重要支撑。2020 年该产品入选"中国农业农村重大新技术新产品新装备——十大新产品"（图 2-7）。

2.4.2.3　技术示范推广情况

2019—2020 年，繁殖岗位团队成员先后在北京、河北、内蒙古等地的 10 多家企业中大范围推广优化后的母猪定时输精技术，累计示范推广母猪共计 67 600 头次，建立了 2 个母猪高效扩繁生产示范基地。本岗位成员与推广企业联手助力当地生猪养殖企业和养殖大户成功复产，大幅提高了母猪繁殖效率，明显加快母猪补栏速度，对助力该地区猪场增产增效，实现生猪批次化、集约化生产的转型升级有很大的促进作用。

另外，以同期排卵定时输精技术为基础，集成母猪同期分娩技术、批次化生产工艺等，撰写了母猪批次化生产技术规程，初步形成了企业标准 1 项；正在组织申报农业农村部行业标准，初稿已初步通过第一轮专家论证。

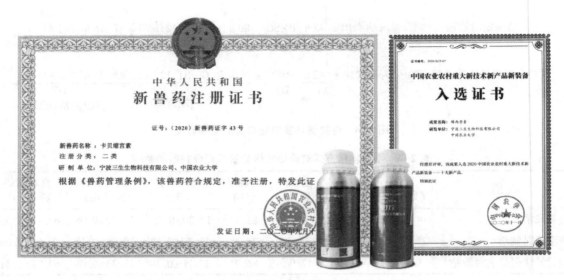

图 2-7　烯丙孕素产品孕力宝兽药注册证书及入选证书

2.5　N-乙酰半胱氨酸（NAC）结合定时输精技术提高后备母猪繁殖性能

2.5.1　技术简介

　　母猪定时输精技术不仅可减少技术人员的发情鉴定工作量，而且能解决母猪隐性发情、乏情等问题，提高母猪利用率和繁殖性能。但有研究发现母猪经定时输精程序处理后，妊娠率比自然发情低 10%~20%，胚胎存活率甚至下降达 30% 以上。这一技术问题阻碍了定时输精技术的大规模推广应用。

　　N-乙酰半胱氨酸（N-acetylcysteine，NAC）是天然氨基酸 L-半胱氨酸与还原型谷胱甘肽（glutathione，GSH）的前体物质，在动物机体抗氧化功能中发挥重要作用，可提高卵母细胞发育和促进仔猪生长等。本团队前期研究显示，在同期排卵定时输精条件下，添加适量的 NAC 药物可有效提高母鼠受胎率和窝产仔数。为此，本团队在母猪上也开展了类似研究。

2.5.2　研究进展

　　分别在两个示范场开展 NAC 结合定时输精技术提高母猪繁殖性能试验研究。参与试验的后备母猪共 968 头。后备母猪在烯丙孕素饲喂结束后，分别开始饲喂浓度为 0、1、3、9 g/kg 的 NAC 日粮。饲喂方案见图 2-8。

　　试验后备母猪同期化处理后，配种率达 100%，母猪利用率达到 83%（表 2-7）。试验结果显示，定时输精技术处理组的母猪经过 NAC 预处理后，妊娠率和分娩率都有所提高，其中当饲料中 NAC 浓度为 3 g/kg 时，配种率、妊娠率及总产仔数都显著高于对照组，且窝产活仔数有提高的趋势。同时统计结果显示仔猪初生重不受影响（表 2-8）。该结果初步表明 NAC 可以提高定时输精程序处理后母猪的产仔性能。具体的改善机制等还需进一步研究。

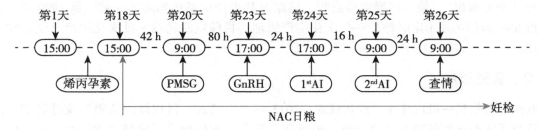

图 2-8　后备母猪 NAC 饲喂方案

表 2-7　饲料添加不同浓度 NAC 对后备母猪配种妊娠率的影响　　　　　（单位：%）

组别	妊娠率	分娩率
对照组	73.71（$n=175$）	75.00（$n=39$）
1 g/kg	77.85（$n=158$）	93.10（$n=42$）
3 g/kg	83.33*（$n=204$）	96.55*（$n=42$）
9 g/kg	79.19（$n=148$）	85.18（$n=40$）

*表示与对照组相比差异显著（$P<0.05$）；下表同。

表 2-8　饲料添加不同浓度 NAC 对后备母猪产仔性能的影响　　　　　（单位：头）

检测指标	对照组（$n=76$）	1 g/kg（$n=104$）	3 g/kg（$n=116$）	9 g/kg（$n=97$）
窝产总仔数	10.43±2.47	11.05±2.44	11.22±2.33*	11.23±2.58*
窝产活仔数	10.29±2.47	10.78±2.48	10.97±2.34	11.03±2.70
窝产健仔数	10.07±2.40	10.35±2.77	10.71±2.52	10.68±2.79
死胎数	0.18	0.42	0.39	0.38
木乃伊数	0.07	0.1	0.03	0.02
弱仔数	0.13	0.18	0.16	0.13
活仔窝重（kg）	13.62±3.55	13.70±3.22	14.52±3.75	14.49±2.96
活仔均重（kg）	1.33±0.21	1.33±0.21	1.37±0.28	1.37±0.18
断奶均重（kg）	5.39±0.37	5.22±0.73	5.46±0.79	6.03±0.64

2.6　定时输精—批次化生产技术

2.6.1　技术简介

　　母猪的批次化生产是根据母猪批与批的间隔进行分群，同时按计划补充后备母猪，并利用生物技术，实现同批后备母猪和经产母猪的同期配种和同期分娩，是一种高效可控的管理体系。与传统连续生产（每天配种、分娩、断奶、销售）相比，批次化生产可以做到均衡引种、配种、分娩，优化生产流程，从技术上保障生产有序进行、工作上有序安排，最终达到提高生产水平和工作效率目的。批次化生产的技术核心是母猪的定时输精。

　　早在 1974 年，德国人 Hunter 在东欧开始采用定时输精—批次化生产技术作为管理措施，实现猪场"全进全出"，使母猪群繁殖进程、健康及其免疫状态达到基本一致，至 1990 年，德国已有近 86% 的猪场采用定时输精—批次化生产管理。目前定时输精—批次化生产已经在欧洲广泛应用。

2.6.2 研究进展

我国定时输精—批次化生产起步较晚，2013 年"十二五"科技部"快繁"支撑计划的部分内容进行了定时输精的初步试验研究，2015 年，进行了规模化定时输精技术试验，初步应用定时输精技术，2016 年成立全国母猪定时输精技术的开发与产业化应用协作组，以致力于我国母猪精准定时输精技术的研究。随着我国养猪产业结构的调整和非洲猪瘟疫情的暴发，养猪集约化程度增加，生产效率低、人力成本高、疫病防控难度大等问题突出，越来越多的养猪企业关注并采用定时输精—批次化生产。

2.6.2.1 实现"全进全出"

与传统连续生产（每天配种、分娩、断奶、销售）相比，批次化生产可以实现"全进全出"，也就是配种、产仔、断奶、保育、育肥以及出栏等处于同一时间线，可实现猪场高效管理。

2.6.2.2 提升猪场生物安全防控

在非洲猪瘟疫情下，集团猪场以及中小猪场都不遗余力地加强生物安全防控。批次化生产可以帮助猪场大大减少病毒污染的风险，提升生物安全，一方面可以实现猪群的全进全出，有效阻断疾病的传播，另一方面，体重和日龄接近的猪群抗体水平整齐度也较高，可提高猪群的平均抗病力。

猪场生物安全，包括外部生物安全和内部生物安全。非洲猪瘟疫情下，猪场内物料与场外物料的接触是猪群感染非洲猪瘟病毒的一个途径，与连续化生产相比，批次化生产可以更好地降低猪场与外界的接触频率。批次化生产仔猪出生、断奶、育肥等的日龄相近，猪群集中出栏和上市，可以降低猪场与外部运猪车辆的接触频率，可以人为地将生产分为规律性的生产高峰期和非生产高峰期，减少猪场与人员的接触，可以实现物料的批次化集中采购、消毒和使用，减少了物料转运及消毒频次，可以实现物料的"全进全出"，便于对物料集中消毒和生物安全管理。

连续生产模式，由于生产具有连续性，猪舍很难做到真正的全进全出，这样会影响猪舍的冲洗消毒效果，消毒不彻底可能会导致细菌或病毒在不同群体间交叉感染。批次化生产，同一时间空栏、消毒等可以有效阻断病毒的传播，减少传染的可能性。

猪的体质和大小不同，猪群免疫后，疫苗产生的免疫效果也有很大差别，批次化生产下，生猪日龄相近，可以统一注射疫苗，疫苗免疫效果更好，防止水平感染，传统的连续生产同一猪舍大、中、小不同日龄的 3 批猪疫苗的保护率只达 48%，而批次化生产可以达到 80% 以上。并且日龄、体重相近的仔猪对疫苗或药品所产生的免疫应答水平也接近，从而提升批次猪群的抵抗力。最终使每头育肥猪节省 36.5～182.5 元的成本。

2.6.2.3 提高猪场生产效率、节约成本

批次化生产，配种、分娩等工作可以集中于短时间完成，可以集中饲养员的劳动力，可以显著提高员工的劳动生产效率，降低劳动强度、减少用人数量，降低人工成本。生产人员更容易安排空闲时间，可大规模彻底进行畜舍硬件的维修、清洗及消毒。

饲料成本占生猪养殖成本的 70% 以上，批次化生产下，仔猪所进食饲料，不需要转换成免疫物资，蛋白质可完全消化吸收，改善饲料效率。批次化生产因生产较为集中，且单次批次群体量较大，猪场可以精准给予适当的营养，从而提高饲料利用率，减少饲料浪费，节约饲料成本。

以示范场为例，该猪场母猪存栏 423 头，基础母猪 377 头，批次化生产前，猪群排列较乱，

各个生长阶段母猪饲喂量难以把控，而且哺乳料跟进不及时，健仔率和出生仔猪均匀度较差；同时猪群内"偷懒"母猪（配种失败、阴性流产、空怀等）难以发现，增加了母猪非生产天数，生产效率难以提高。批次化生产调整后，母猪分区域管理，每 18 d 一个批次，仔猪出生重从原来的 1.32 kg 提升至 1.45 kg，弱仔率降低，出生仔猪均匀度也得到改善。分娩率由 86.3%提升到 89.8%，增加了 3.5 个百分点，窝均产仔数也增加了 0.5 头，尤其是窝均健仔数由原来的 9.73 头增加到现在的 10.6 头，增加了 0.87 头。最终达到 PSY 提升 3.9 头，20 kg 仔猪成本（元/头）由原来的 429 元降到 401 元，降低 28 元。由于该场以出售 20 kg 仔猪为主，因此一头母猪一年可以节约的成本为 24.3×28＝680.4 元，该场基础母猪头数为 377 头，故生产指标的提高一年就可以为该场创造 256 511 元的隐性利润。批次化生产彻底改变了以往"零零星星"总有分娩的情况，分娩舍由原来的 3 名生产人员减为 2 人，因仔猪同时批量生产，保育舍员工由 2 名减为 1 名，共减员 2 人，月人工费节省了 7 500 元，全年节省 90 000 元。

表 2-9 批次化生产前后的生产指标对比

年份	分娩率（%）	窝均产仔数（头）	窝均健仔数（头）	PSY（头）	20 kg 仔猪成本（元/头）
2017 年	86.3	11.3	9.73	20.4	429
2019 年	89.8	11.8	10.6	24.3	401
差异	3.5	0.5	0.87	3.9	−28

注：PSY 是指每头母猪每年所能提供的断奶仔猪头数，是衡量猪场效益和母猪繁殖成绩的重要指标；PSY 的计算方法，PSY＝母猪年产胎次×母猪平均窝产活仔数×哺乳仔猪成活率。

2.7 应用外源生殖激素技术

2.7.1 技术简介

提高能繁母猪的繁殖效率，运用先进的定时输精-批次化生产，提升猪场生物安全，降低生产成本，是目前增加生猪存栏和恢复生猪产业的重要措施。使用外源促性腺激素，诱导母猪正常发情、排卵和配种，提高能繁母猪的繁殖利用率，缩短断奶母猪的发情间隔，减少断奶母猪的非生产天数，是增加母猪年产仔数的重要技术支持。外源促性腺激素也是定时输精—批次化生产的物质基础。

2.7.2 研究进展

2.7.2.1 提高母猪繁殖效率

提高能繁母猪的繁殖效率，增加年产仔数是增加生猪存栏量和恢复生猪产业的基础，能繁母猪包括后备母猪和断奶母猪（初产和经产母猪）。使用外源生殖激素可以诱导母猪正常发情、排卵、配种和产仔，提高后备母猪的繁殖利用率，减少断奶母猪的非生产天数，提高母猪的年生产力。外源促性腺激素也是定时输精—批次化生产的基础，定时输精技术的实现离不开生殖激素的使用。

（1）提高后备母猪的繁殖效率 养猪生产中，为了持续改善和提高猪群的生产性能，需要挑选优质良种后备母猪进群。后备母猪的发情率是受胎的重要表现，一般在 6.5~7 月龄进入初情期，8~9 月龄进行配种。目前因疫病（母猪繁殖与呼吸综合征、子宫内膜炎等）、营养（过瘦或过肥）和饲养管理（饲养密度偏大、公猪诱情力度不够等）等因素，后备母猪乏情是猪场普遍存在的问题，在很多猪场后备母猪不发情率已达20%~50%，个别猪场甚至超过50%。此外随着非洲猪瘟疫情的暴发，我国能繁母猪存栏减少，为了恢复生猪生产，很多猪场选择性状优良的三元母猪作为后备母猪留种使用，但是三元母猪存在发情不明显、配种成功率低、返情严重等发情缺点。

生殖激素可以诱导后备母猪发情，对6.5月龄初情期前母猪注射生殖激素诱导发情，引导母猪进入初情期，在第2、第3情期配种；对7~7.5月龄未发情的母猪，注射促性腺激素，可以诱导母猪发情，发情即配种。生殖激素可以提高后备母猪的发情率，使后备母猪成功进入生产母猪群体，进而提高后备母猪的繁殖利用率。

（2）提高经产母猪的繁殖效率　母猪断奶后大多数会在3~7 d内自然发情，从断奶至发情的间隔时间平均为7 d。断奶至母猪发情受孕是母猪的非生产时间，缩短断奶至受孕的间隔，可以减少母猪的非生产天数，提高母猪的年产活仔数（PSY）。

然而规模化猪场因各种因素出现断奶后不发情现象。影响断奶母猪发情的因素包括如下几项。

① 饲养管理因素：哺乳期喂养不足，导致母猪失重过多，抑制断奶后母猪雌激素和LH的分泌，进而延迟断奶母猪发情。其中断奶后体重的过度减少也是母猪二胎综合征的主要原因；喂养过多，断奶后体重不减或减量太少，太肥的母猪卵巢被脂肪浸润，也容易造成卵泡发育停滞而不发情。

② 季节因素：夏季持续高温降低母猪的采食量以及体内LH和黄体酮的分泌，进而影响母猪的生殖性能，延长断奶至发情的间隔时间。

③ 疾病因素：产仔时产道受损、胎衣残存等引起的生殖道疾病和蓝耳病病毒、细小病毒、伪狂犬等引起的繁殖障碍性疾病。这些因素导致断奶母猪断奶后延迟发情、假发情、长期乏情，一些猪场母猪断奶后乏情比例高达30%。

生殖激素可以诱导断奶后母猪发情，对母猪断奶后24 h注射1 000 IU PMSG可以避免高温对初产母猪发情的负面影响，可以诱导90%以上的经产母猪发情配种。对哺乳母猪断奶前注射PG600（含有400IU PMSG和200IU hCG）可以缩短母猪断奶至发情的时间。

2.7.2.2　常用的生殖激素药物

后备母猪一般在6.5~7月龄进入初情期，8~9月龄进行配种。母猪断奶后大多数会在3~7 d内自然发情。猪场因饲养、季节、疾病等因素常出现后备母猪和断奶母猪不发情、延迟发情、假发情等问题，需要使用外源生殖激素诱导母猪正常发情和排卵。在定时输精技术中，须使用外源生殖激素人为调控母猪的性周期，诱导母猪发情和排卵。表2-10是诱导母猪发情排卵的常见药物。

表2-10　诱导母猪发情、卵泡发育和排卵的常用药物

类别	代表药物	状态
促性腺激素释放激素及其类似物	戈那瑞林	上市
促性腺类激素	孕马血清、猪垂体促卵泡素、绒促性素	上市
甾体类性激素	烯丙孕素、苯甲酸雌二醇、黄体酮	上市
前列腺素（PG）及其类似物	氯前列醇钠、氨基丁三醇前列腺素F2α、	上市

（1）促性腺激素释放激素（GnRH）及其类似物　GnRH 是动物下丘脑特异性神经核合成和分泌的促性腺激素释放激素，是一个十肽分子。主要促进垂体前叶分泌促卵泡素（FSH）和促黄体素（LH），其中以促 LH 释放为主，因此在动物繁殖与疾病治疗中，GnRH 及其类似物可以刺激母畜生殖器官的发育，加快性成熟；诱导母畜发情排卵，提高受胎率；胚胎移植中进行超数排卵以及母畜生殖疾病的治疗（卵巢囊肿、卵巢机能不全、卵泡发育停滞等）。动物体内 GnRH 具有高度保守性，哺乳动物的 GnRH 序列相同，为：pGlu-His-Trp-Ser-Tyr-Gly-Leu-Arg-Pro-Gly-NH$_2$。天然 GnRH 不稳定，对 GnRH 的氨基酸进行替换或化学修饰可以得到稳定的 GnRH 类似物。

戈那瑞林（Gonadorelin）是人工合成的 GnRH 类似物，国外已批准上市的注射用戈那瑞林（双乙酸四水合物）有 Cystorelin（Merial）、Fertagyl（Intervet）和 Ovacyst（RXV）、盐酸戈那瑞林注射液溶液-Factrel（Wyeth-Ayerst）。2010 年 11 月 8 日农业部第 1476 号公告批准了我国研制的 GnRH 原料药及其制剂为国家第三类新兽药，用于治疗奶牛的卵巢机能停止，诱导奶牛同期发情。临床使用剂量是 100~200 μg/头牛。在母牛的同期发情和定时输精中，常与前列腺素联合使用。常用的程序是：第 1 次注射 GnRH，7 d 后，注射 0.5 mg/头前列腺素，溶解新形成的黄体；48 h 后，注射第 2 针 GnRH，之后 16~24 h 后定时人工输精。

戈那瑞林作为小分子多肽，容易被蛋白酶水解，一般需肌内注射。安全性高、没有残留。但长时间或大剂量应用 GnRH 及其高活性类似物，会出现抗生育作用，即抑制排卵、延缓胚胎附殖、阻碍妊娠甚至引起性腺萎缩。因此近年来使用 GnRH 类似物存在剂量上升趋势。

（2）促性腺类生殖蛋白激素　促性腺激素是调节脊椎动物性腺发育、促进性激素合成和分泌的糖蛋白激素，主要包括垂体前叶分泌的促卵泡素（FSH）和促黄体素（LH）、胎盘分泌的孕马血清促性腺激素（PMSG）、绒毛膜促性腺激素（hCG）和促乳素（PRL）。除了 PRL，上述其他的促性腺激素作用于性腺（卵巢和睾丸），促进卵巢卵泡发育和排卵，诱导类固醇类性激素（雌激素、孕酮、睾酮等）的合成和分泌。目前市售的兽药主要有 PMSG、垂体猪促卵泡素（垂体 pFSH）和 hCG。促性腺激素是蛋白类药品，口服可被胃液降解，临床使用中需要注射，常用的注射方式是肌内注射。

PMSG 是受孕母马的血清提取物，主要有效成分是 eCG（马绒毛膜促性腺激素），兼有 FSH 和 LH 活性。在母畜繁殖领域，常用于诱导母畜发情，促进母畜卵泡发育和排卵。eCG 具有丰富的糖基化，半衰期比 FSH 和 LH 长，在使用上只需要注射一针即可。

垂体 pFSH 是猪脑垂体提取物，混有 pLH，常用于牛、羊等的超数排卵-胚胎移植中，但因半衰期短需要连续注射，如 pFSH 用于牛排卵需要注射 6~8 次，2 次/d。此外来源有限、价格昂贵，已经很少用于母猪繁殖领域。

hCG 是孕妇胎盘合体滋养层分泌的糖蛋白激素，与 LH 具有共同的受体——hCG/LHR，因此 hCG 和 LH 具有相同的药理作用；但因 hCG 在动物体内的半衰期比 LH 长，因此在母畜繁殖领域，常用 hCG 代替 LH，主要用于促进雌激素的合成和分泌，诱导母畜排卵或超数排卵。目前市售的 hCG 是从孕妇尿液提取的尿 hCG（uhCG）。

目前市售兽用促性腺激素都是动物组织、血液或孕妇尿液的提取物。

（3）类固醇类性激素　甾体类性激素是由性腺器官（卵巢和睾丸）分泌的含有甾体结构的类固醇激素，主要包括雌性动物卵巢分泌的雌激素和孕激素，雄性动物睾丸分泌的以睾酮为主的雄激素。目前母畜常用的性激素包括苯甲酸雌二醇和烯丙孕素。

苯甲酸雌二醇（Estradiol benzoate）是雌二醇的苯甲酸酯，化学式是 3-羟基雌甾-1,3,5（10）-三烯-17β-醇-3-苯甲酸酯。苯甲酸雌二醇是最常用的人工合成雌激素制剂之一，药效时间维持 2~5 d，具有雌二醇的作用，主要促进雌性生殖器官的发育和第二性征的出现，常用于诱导母畜发情。苯甲酸雌二醇易从胃肠道和皮肤吸收，但口服易被破坏，因此常采用肌内注射和外用。母猪一次注射量为 3~10 mg。使用苯甲酸雌二醇诱发发情的母猪常因没有成熟的卵泡或者成熟卵泡过少而影响母猪繁殖性能，此外大剂量地使用会抑制垂体 FSH 的分泌。作为甾体类性激素，用于食品类动物中存在残留，我国 2002 年农业部颁发的第 235 号公告《动物性食品中兽药残留最高限量》标准中规定，苯甲酸雌二醇属于"允许作治疗用，但不得在动物性食品中检出的药物"，规定在所有动物可食组织中均不得检出。苯甲酸雌二醇用于母猪的休药期是 28 d。

烯丙孕素（Altrenogest，又名四烯雌酮），是一种人工合成的孕激素，为三烯酸 C21 甾体类拟孕酮类药物；化学式是 17α-烯丙基-17β-乙酰氧基 1-4,9,1-三烯-3-酮。烯丙孕素作为一种新型的甾类孕激素，具有孕激素类和抗促性腺激素的活性；在临床应用中，可通过抑制垂体 FSH 和 LH 的分泌而抑制母猪发情，以达到同期发情的目的。烯丙孕素口服易吸收，后备母猪以 20 mg/d 剂量，连续口服 18 d，停药后 4~9 d 发情。农业部第 2653 号公告批准了烯丙孕素作为 3 类药用于母猪的同期发情。烯丙孕素存在残留，在第 2653 号公告中规定在猪皮肤、脂肪组织和肝脏组织中的最高残留限量（MRL）为 4 μg/kg，在肌肉组织中的 MRL 为 1 μg/kg。

甾体类性激素，用于食品类动物存在以下风险。

① 使用量大。苯甲酸雌二醇用于母猪的一次注射量为 3~10 mg，后备母猪一个性周期烯丙孕素的口服量为 360 mg。

② 用于食品类动物中存在残留，通过食物链可能存在一定的安全风险。

（4）前列腺素（PG）及其类似物 前列腺素（PG）是一类具有广泛生理活性的激素，是前列烷酸的衍生物，分为 PG1、PG2、PG 三类，E、F、A 和 B 四型，其中与动物生殖调控密切相关的是 $PGF_{2\alpha}$。PG 是母畜调节黄体功能的重要因子，具有溶解功能性和结构性黄体的作用；同时参与子宫和输卵管收缩、排卵以及胚胎附殖等生理过程。在母猪中 PG 类药能使处于 15 d 以上的性周期黄体溶解。因此在母畜发情周期的 12 d 以后，单次注射 PG 及其类似物可以诱导母畜黄体溶解，使其发情同期化；发情周期的 5~12 d 两次或多次注射 PG 及其类似物，诱导母畜黄体溶解，使其发情同期化。此外 PG 还可以诱导母猪分娩和引产，促进产后子宫修复。

天然前列腺素分子稳定性差，在畜牧生产上实际使用的一般是前列腺素的盐类或人工合成的类似物，具有比天然激素作用时间长、生物活性高等优点。常用的 PG 类化合物包括（D-）氯前列醇（钠）、氨基丁三醇前列腺素 $F_{2\alpha}$。氨基丁三醇前列腺素 $F_{2\alpha}$ 是人工合成的前列腺素氨基丁三醇盐类化合物，其活性是天然前列腺素 $F_{2\alpha}$ 的 100~200 倍。（D-）氯前列醇（钠）是前列腺素 $F_{2\alpha}$ 的合成外消旋类似物。

2.7.2.3 细胞工程猪促卵泡素和绒促性素联合使用提高母猪批次化生产效率

pFSH 及其类似物（垂体猪促卵泡素和孕马血清促性腺激素）和人孕妇尿液提取物（绒促性素）可以促进母猪雌激素的合成和分泌、促进卵泡发育，因此常用于促进卵泡发育，诱导发情和排卵以调控母猪同期发情。但是目前市售的垂体 pFSH 和 PMSG 分别是猪垂体和孕马血清提取物，以及孕妇尿液提取物，存在来源有限、批间差异大、价格昂贵、异源蛋白不宜长期使用、病原污染的风险等问题，无法满足市场需求。

在母猪繁殖领域，需要高品质、低成本、更天然、更安全的高端兽用生殖激素产品，提高母猪繁殖效率，降低生产成本，增加生猪出栏，保证猪肉供应，保证民生。团队协助合作企业旨在将企业已开发的高品质、低成本、更天然、更安全的细胞工程类猪促卵泡素和绒促性素推广应用于定时输精—批次化生产中，提高母猪繁殖效率，进而提升北京乃至全国的生猪产业技术。通过临床试验和推广应用，已经摸索出一套利用细胞工程类猪促卵泡素和绒促性素提高母猪繁殖效率的批次化繁殖技术体系。

（1）研发情况　本项目组合作企业利用哺乳动物细胞蛋白表达系统开发细胞工程基因重组猪促卵泡素和绒促性素。其中重组猪促卵泡素是利用蛋白分子结构最接近天然 pFSH，β 亚基 C 端与猪免疫球蛋白 IgG2 的 Fc 片段融合，α 亚基与 β 亚基通过非共价键结合，药物分子兼具良好的生物活性和较长的半衰期，能很好地适用于母猪的繁殖调控。重组绒促性素的蛋白结构、糖基化水平和提取类孕妇尿液 HCG 基本保持一致，但是在活性和纯度上远高于提取 HCG，并且其成本远低于已有的 HCG 提取类产品。将这两个蛋白类生殖激素药物进行组合使用，能够很好地应用于母猪的批次化生产，提高母猪的繁殖效率。

细胞工程基因重组猪促卵泡素和绒促性素两个药物具备良好的 CMC 工艺和严格的质控标准。采用高密度 CHO 细胞培养表达，将可溶性的目的蛋白分泌到培养基中。表达上清液经过特定的纯化工艺，利用适当的层析介质进行一系列的分离纯化，从上清液中获得符合药用质量要求的高品质药物蛋白。重组蛋白表达量均在 1 g/L 左右，纯化收率约为 55%，蛋白纯度大于 95.0%，蛋白质 A 残留量低于蛋白质总量的 0.001%，宿主细胞蛋白质残留低于蛋白质总量的 0.01%，外源性 DNA 残留每剂量低于 100 pg，内毒素小于 1 EU/mg。

通过大量的临床试验，摸索出了最佳的药物使用剂量、药物组合和给药时机。

（2）应用结果　本项目组将合作企业开发的细胞工程基因重组猪促卵泡素和绒促性素通过一系列的临床试验摸索，确定了合适的药物剂量、药物组合和给药时机，通过大规模的母猪繁殖试验的推广应用，确定了这两个药物的使用效果和经济效益。通过不同剂量药物的试验摸索，确定了在不引起卵巢囊肿和其他副作用前提下的最佳给药剂量。通过 B 超活体无创连续监测给药后卵巢发育和排卵的动态过程，确定了药物对母猪卵泡的发育和排卵作用比 PMSG 药品更接近于自然生殖周期。通过两种药物的不同配比和给药时机，结合发情率、受胎率、产仔数的监测，确定了在后备、经产和繁殖障碍母猪中的最佳使用方法。综合数据表明，利用细胞工程猪促卵泡素和绒促性素可以使后备母猪发情率超过 93%，受胎率达到 85%；经产母猪的发情率超过 95%，受胎率达到 90%；繁殖障碍母猪的发情率超过 75%，受胎率达到 65%。综合分析临床试验结果，示范猪场和推广应用猪场的繁殖效率 PSY 可以达到 25 头，达到项目最初设立的给养殖户增产增收的任务预期。

药物名称　rpFSH：重组长效猪促卵泡素　　　rHCG：重组绒促性素

后备母猪药物使用剂量和方法：

第 1 针 400 μg 的 rpFSH +300 单位 rHCG $\xrightarrow{80\ h\ 后}$ 第 2 针 400 单位的 rHCG ——→查情配种

经产母猪药物使用剂量和方法：

第 1 针 400 μg 的 rpFSH +200 单位 rHCG $\xrightarrow{72\ h\ 后}$ 第 2 针 200 单位的 rHCG ——→查情配种

繁殖障碍母猪的药物使用剂量和方法：

第 1 针 600 μg 的 rpFSH +300 单位 rHCG $\xrightarrow{80\ h\ 后}$ 第 2 针 500 单位的 rHCG ——→查情配种

2.8　提高母猪群体繁殖性能的关键技术

2.8.1　技术简介

2.8.1.1　后备母猪管理

后备母猪培育质量、性成熟日龄、繁殖生产性能、在群生产时间以及后续作为经产母猪的生产性能与后备母猪所采用的一系列培育技术措施密切相关。从后备母猪选择到入群这段时间的培育情况直接影响着母猪终生生产的表现。后备母猪培育的一个重要环节是控制其与成年公猪的接触频率，以诱导母猪发情，提前配种日龄，并使母猪发情同步化。前期的诱导发情和随之而来的提前配种与母猪生产年限延长和终生生产力提高有关。后备母猪最早可在140日龄时开始接触公猪，但不应迟于200日龄。何时接触公猪取决于后备母猪的培育情况、猪舍空间及员工劳动力的分配情况。后备母猪提早接触公猪会提前发情，但需要花费更长时间实现猪群发情周期的同步化。相比之下，后备母猪在较晚日龄与公猪接触更易实现母猪群体的发情同步化。后备母猪何时接触公猪成为猪场管理系统的重点。

2.8.1.2　妊娠期母猪管理

妊娠期母猪管理的首要目标是确保配种后的母猪成功妊娠，并在子宫容积允许的范围内最大化胚胎数量。同时应优化母猪在妊娠期的身体状况，因为它最终影响到母猪分娩、哺乳及下次配种后的生产性能。因此，在母猪妊娠期控制母猪增重及维持良好体况则非常关键。

2.8.1.3　分娩和哺乳期母猪管理

母猪分娩和哺乳环节管理是 PSY ≥ 30头的关键环节之一。这期间要确保母猪分娩的活仔健康且在出生后3 d内有较高的存活率。

2.8.2　研究进展

2.8.2.1　后备母猪管理技术

良好的后备母猪管理计划应包含以下三个关键方面。

（1）实施严格的选择程序　以鉴定出 75%~80% 生育能力最强的后备母猪；

（2）后备母猪在初次配种时应达到适当体重，以维持良好的终生生产性能　后备母猪分娩后的最低体重为175 kg（配种时为135 kg），必要的体重要求对预防初次哺乳时蛋白质的过度消耗显得尤为重要；

（3）最大程度地降低后备母猪的非生产天数（Non-Productive Days，NPD）　后备母猪培育过程中的非生产天数主要由生长速度过低，诱导发情和后备母猪配种阶段的不必要延迟引起。在早期识别出高繁殖性能的后备母猪是培育环节的关键部分。后备母猪在被确定为繁殖群的一员之前，必须经过严格的挑选程序。这个选择过程主要包括以下两个措施。

措施1　发生在仔猪离开产房阶段。该阶段，候选母猪必须具有良好的体型，有12~14个乳头且无疝气及其他损伤，并在该阶段排除生长速度不足的母猪。候选母猪离开分娩舍后，可采取一定的饲养管理措施使其在发情配种时有良好的身体状况并满足体重要求，以维持终生生产性能。现有数据一致表明：商业化养猪生产模式可接受的后备母猪的生长速度为 0.55~0.80 kg/d（100日龄以内），不影响后备母猪的正常发情配种。

措施2　在母猪140日龄时进行，需对该阶段母猪的体重、背膘厚度准确测量，并计算其生长速度。在此阶段，后备母猪的生长速度应至少达到 0.6 kg/d。及时淘汰生长速度较慢的母猪尤为重要，因为生长缓慢（< 0.6 kg/d）和早熟母猪（约160日龄发情）首次发情时的体重约为96 kg。同样，生长缓慢（<0.6 kg/d）和晚熟（190日龄发情）的后备母猪经诱导发情后可将配种日龄提前30 d左右，不过仍需42 d才能满足配种时的最低体重要求。因此，措施2中，在140日龄时生长速度未达到 0.6 kg/d 的后备母猪将不允许对其诱导发情。相反，它们将被视为淘汰母猪，成为育肥猪走向市场。

2.8.2.2　妊娠期母猪管理技术

在多数情况下，可以用身体状况评分（Body Condition Score，BCS）对妊娠期母猪进行分类，这对于调整母猪妊娠期体重及改善身体状况具有实际意义。身体状况评分可以在一定程度上反映母猪背膘厚度，例如，BCS 评分为 2、3、4 的母猪背膘厚度大约为 16 mm、19 mm、22 mm。后备母猪在妊娠期预计会增重 36~45 kg，而经产母猪则会增重约 25 kg。虽然母猪妊娠期的体重增加很重要，但体重的过度增加可能会导致难产、死胎及哺乳期饲料消耗降低等问题。出于多方面考虑，控制母猪的非生产天数（Non-productive days，NPD）在提升养猪生产效益方面尤为重要。从母猪配种环节开始，不能成功妊娠的母猪必须尽快被鉴定出来，以便重新配种或淘汰。大多数妊娠失败的母猪会在配种后第 3 周或第 4 周重新发情。也有一小部分在配种后的第 5 周或第 6 周发情。如果猪场条件允许，建议在配种后尽快使用超声波对妊娠情况进行检查。

2.8.2.3 分娩和哺乳母猪管理技术

母猪分娩过程中的死胎率为 5%~10%，当死胎率高于 5% 时，可以通过加强分娩管理减少损失。在多数情况下，加强分娩管理可以降低 0.5~1.0 头死胎。

为降低母猪所生活仔在出生后 3 d 内的死亡率，仔猪管理要点必须聚焦于引起早期仔猪死亡的主要原因：温度过低和能量摄入不足。注射催产素是一种用于产后刺激母猪乳汁分泌的方法，以确保新生仔猪通过乳汁获得足够的能量供应。也有生产者建议：仔猪在分娩后被限制在保温区域内 1 h，可以有效御寒和干燥。事实上，大部分仔猪死亡事件都是在分娩后 3 d 内由于母猪挤压造成受伤而死亡，但这种死亡事件完全可以避免。挤压致死事件的发生频率会因为仔猪过冷和母猪过热而增加，但可以通过放置加热灯或加热垫轻松解决，需要注意仅仅是对仔猪进行加热而并非母猪。应对分娩舍内的温度加以控制，以达到母猪的舒适温度。凉爽的分娩舍环境是母猪的最佳选择，这可避免母猪因为过热而频繁地上下走动。在分娩后的第 3~10 天提供母乳补充剂可以有效提高仔猪存活率，促进能量摄入和生长发育，特别是产仔数比较多的情况下。然而，必须注意确保母乳新鲜干净。

2.8.2.4 发情检测和人工授精管理

实现 PSY≥30 头的关键在于提高母猪发情检测的准确度。有生产者建议：为促进母猪发情和确保生育能力，后备母猪和断奶母猪应不断地与公猪接触。尽管这种做法可能对母猪生育能力存在一些有益的方面，但同时也会使得发情诊断变得困难。当发情母猪长时间接触公猪，或能够从封闭的猪舍里感受到公猪的信息素或发声时，就会产生一些不受控制的行为。母猪对公猪的感知刺激激发了它们的静立反射，但这种行为通常只持续 10~15 min，之后就会出现难耐行为，而母猪不会再发生同样的刺激反射。此后，许多发情母猪至少在 2 h 不能站立。因此，最基本的要求是，确保母猪在发情前至少 2 h 内身边没有公猪存在。

准确鉴定母猪发情起始时间对人工授精尤为重要，在该阶段，要确保试情公猪可以被母猪看到、闻到甚至听到叫声，并且有一些接触刺激（如人为地对母猪进行背压和摩擦），则发情检测效率会大大提高。当公猪气味、声音、视觉及身体接触达到最大程度时，母猪的发情反应最为明显。这可通过良好的光照、缩短公猪和母猪之间的距离、减少通风换气及降低噪声水平来实现。

实际生产中发情检测的准确性（可靠性）可能是一个被忽视的因素，发情检测的准确性对人工授精时机有所影响并最终影响分娩率和产仔数。母猪发情诊断准确率的高低会影响人工授精时机的准确性。如果某一天公猪对母猪的刺激量相比于平时增加，发情检测的准确性就会提高。公猪持续接触母猪、距离上次公猪接触间隔太短，或公猪距离母猪太近，会使得母猪因过度接触公猪的声音和气味而难以控制。母猪发情检测应使用同一方法在每天固定的时间点进行，频率约为每天一次或两次。由于每隔 12~24 h 进行发情检测的准确性会存在固定误差，因此，重要的是保持相同的时间间隔并在每天同一时间进行检查，以保证母猪发情检测的准确性。

需要注意：母猪发情特征并非全都具有明显的站立发情。但与母猪接触人、公猪时表现出站立发情表现相比，外阴肿胀和黏液分泌就不是那么准确的发情指标。对母猪实施物理刺激在诱导发情方面尤为重要，可以对母猪两侧和背部进行按摩，甚至可以整个人骑在母猪背上。母猪有以下表现时可确定配种时间：站立母猪不发声，允许饲养人员骑在背上，表现出某些耳部反射迹象。

每天进行两次发情检测可以提高母猪人工授精时机的准确性。人工授精可以使用 am/am、pm/pm 或 pm/am 系统，每隔 12 h 或 24 h 授精一次。授精时机应安排在母猪排卵前 4~24 h，养猪生产者应确保在母猪站立发情期间，每隔 12~24 h 授精 2 次。只进行一次人工授精的母猪存在发情检测不准或人工授精时机不佳等问题。综合考虑精液成本、劳动力成本、分娩率和产仔数要求，建议对每头母猪进行两次人工授精。然而，也有相关证据表明：在母猪站立发情期间进行 3 次甚至 4 次人工授精可以略微增加授精成功率，但这无疑会增加生产成本。

在进行人工授精时，熟练的操作和良好的卫生条件尤为重要，在卫生条件不佳的环境中进行人工授精操作会将细菌引入母猪子宫，并可能导致授精不良、子宫感染和妊娠失败等现象。在授精时公猪的存在有利于诱导站立反应，减少授精泄漏，提高精子的运动能力。人工授精既可以通过母猪子宫收缩及重力流动进行自然摄取，也可以施加温和压力和某些重力流动进行人工辅助。在大多数情况下，人工授精通常需要 2.5~4 min 来输送 80 mL 的精液。许多生产商建议将输卵管锁在母猪子宫颈内，在精液沉积后 5~10 min 内弯曲以防倒流。精液通过传统交配方式或人工授精过程中使用的输精管进入子宫颈和子宫体。人工授精过程中精液的泄漏量占总容量的 10%~20%，这种损失对授精成功而言影响不大。在人工授精后的 4 h 内，母体会清除掉那些没有被运输到子宫内且生育能力不强的精子，近一半的精子在回流中丢失，这种对不育精子的清除对子宫成功妊娠尤为重要。

实现母猪较高妊娠率及产仔性能的前提是确保在母猪排卵前 24 h 内进行授精。在实际生产上由于不清楚母猪准确的排卵时间，因此会执行多次人工授精操作，以确保至少有一次人工授精操作在目标时间内。由于母猪发情间隔不同，发情起始时间的检测可被低估多达 12~24 h。事实上，通常第一次人工授精的妊娠率并不高，约有 75% 的妊娠事件是由第二次人工授精造成的。原因是大多数人工授精程序都是基于 24 h 间隔，而母猪发情平均持续 52 h，排卵发生在发情后 42~44 h，因此人工授精时间定在发情后 0~12 h 和 24~36 h。从受精开始，精子需在子宫内 2~4 h 才能与卵子结合。因此，在母猪排卵前进行人工授精是极其重要的，在排卵后的 8 h 内进行授精，受精卵的发育速度和质量最高。过迟授精尤不可取，而且弊大于利，因为它们可能导致胚胎丢失和子宫感染。然而，并非所有母猪的发情周期和排卵周期都是相同的。母猪发情的时间间隔是可变的，受断奶至发情间隔的影响且与发情持续时间密切相关。大多数母猪在站立发情期的 60%~75% 的时候排卵。每天进行两次发情检测，可用来准确定位母猪排卵时间和人工授精时机。例如，在断奶后第 3 天或第 4 天表现出发情特征的母猪，通常发情持续时间更长，发情至排卵间隔时间也较长，在第 5 天或第 6 天发情的母猪往往发情期较短，发情期至排卵间隔也较短。基于上述所述：在实际生产中应注意人工授精的时机把握，以使得母猪获得较高的繁殖性能。

2.9 早期母猪妊娠检测的遗传学方法

2.9.1 技术简介

胎儿和母体在妊娠期间存在着某些物质的双向交换途径。已有多项研究证明：完整的胎儿细胞和胎儿游离 DNA 均能透过胎盘屏障，从而得以在母体外周血中循环。存在于妊娠母体外周血中完整的胎儿细胞及片段化的胎儿游离 DNA（Cell-free DNA）为人类无创产前诊断（Noninvasive prenatal diagnosis，NIPD）的研究打开了一扇大门，特别是通过简单的核型分析来诊断胎儿性别及染色体异常。作为母体循环 DNA 的重要组成部分，胎儿游离 DNA 从发现至今就显示出巨大的应用价值。Lo 等于 1997 年首次通过 PCR 技术在怀有男胎的妊娠孕妇外周血中扩增出 Y 染色体上的特异基因 *SRY*（Sex-determining Region of Chr Y，*SRY*），证实了妊娠母体外周血中的确存在胎儿游离 DNA。

2.9.2 研究进展

基于基因多样性和现代分子生物学技术，扩增 Y 染色体上特异的雄性决定因子如 *SRY*、*AMELY* 等基因进行猪和羊早期胎儿性别鉴定的研究已有报道。Priscila Marques 等对 20 只妊娠母马胎儿进行性别鉴定时，利用巢式 PCR 技术和荧光定量 PCR 技术在怀有雄性胎儿的妊娠母马外周血浆中成功扩增出 *SRY* 基因片段，两种方法的准确率分别为 90.9% 和 100%。Saberivand 等用 PCR 技术扩增了妊娠绵羊外周血游离 DNA 中的 *SRY* 和 *AMELY* 基因，合计妊娠诊断率为 97.82%。王根林等利用巢式 PCR 技术扩增母体血浆中 *SRY* 基因片段成功对奶牛胎儿进行性别鉴定，雌、雄胎儿的准确率分别为 91.0% 和 100%。但通过扩增母体血浆中胎儿游离 DNA 中 Y 染色体上特异片段来对配种母猪进行妊娠诊断的相关研究还未见报道。

2.9.2.1 材料与方法

（1）猪血液 DNA 提取　用注射器（10 mL，0.2 mm）在猪前腔静脉处采血，取约 5 mL 新鲜血液，沿管壁轻缓注入 EDTA 抗凝管内（10 mL），盖紧后上下颠倒 6~10 次，并置于 -80 ℃ 冰箱内冷冻保存，用于猪血液基因组 DNA 的提取。

血液红细胞裂解处理：

将 -80 ℃ 下冷冻保存的血液置于室温下融化，取 1 mL 血液，加 3 mL 的红细胞裂解液，轻轻涡旋混匀；

冰上裂解 15 min，期间每 5min 缓慢翻转 2~4 次，至管中液体透亮无浑浊；

于 4 ℃、10 000 r/min 下离心 10 min，离心管底部为猪血液中沉淀的白细胞，轻轻将上清液吸弃；

在上述离心管中重新加入 2 mL 红细胞裂解液，振荡使白细胞悬浮；

在 4 ℃、12 000 r/min 下离心 10 min，沉淀白细胞，吸弃上清后用于 DNA 提取。

应用试剂盒（TIANGEN，USA）法提取猪血液 DNA。

（2）猪胎儿游离 DNA 提取

猪血浆的制备

用注射器（10 mL，1.2 mm）在猪前腔静脉处采血，取约 8 mL 静脉血，置于 10 mL EDTA 抗凝管内，拧紧管盖，轻轻上下颠倒 10~15 次；

将上述装有猪静脉血的抗凝管在 4 ℃、4 000 r/min 下离心 10 min，将上层液体转至新 EDTA 抗凝管中；

将上清液转移至新离心管中，在 4 ℃、8 000 r/min 下离心 8 min，吸取上层血浆分装保存于离心管内，-80 ℃ 备用。

血浆游离 DNA 提取

主要根据 QIAamp Circulating Nucleic Acid Kit 试剂盒说明书进行。

（3）引物设计　查阅 NCBI 网站获取猪 *SRY* 基因序列（Genbank Accession No.：NC_010462）、猪 *GAPDH* 基因序列（Genbank Accession No.：NC_010447）利用 Primer 5.0 软件设计巢式 PCR 和定量 PCR 引物（表 2-11）。

表 2-11　PCR 反应体系

组成成分	使用量
2×Taq Mix	10 μL
Primer-F（10 μmmol/L）	0.5 μL
Primer-R（10 μmmol/L）	0.5 μL
DNA 模板	100 ng
dd H$_2$O	补足至 20 μL

（4）PCR 反应程序　按照表 2-12 中的 PCR 反应程序进行，Tm 值用梯度 PCR 进行鉴定。

表 2-12　PCR 反应条件

步骤	温度（℃）	时间（min）	循环数
预变性	95	5	1
变性	94	30	
退火	Tm	30	35
延伸	72	15	
再延伸	72	7	1
Hold	4	∞	1

2.9.2.2　结果

（1）猪血液基因组提取结果　图 2-9 所示是部分个体提取血液 DNA 样品的琼脂糖凝胶电泳图，所提 DNA 条带明亮清晰且单一无拖带说明质量较好。用 NanoDrop2000 分光光度计对提取的 DNA 进行进一步的质量检测，OD$_{260}$/OD$_{280}$值均在正常范围内。

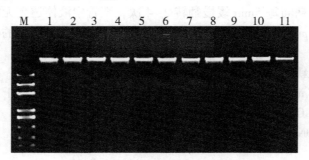

图 2-9　个体基因组琼脂糖电泳图
M：DL2000 Marker，1~11. 样品

（2）Cell free DNA 提取质控　针对妊娠母体血浆内 Cell-free DNA 含量极低，难以确定是否提取成功的问题，特设计内参基因 *GAPDH* 引物进行质控检测。如图 2-10 所示，提取出的 Cell-free DNA 内扩增出明亮 *GAPDH* 基因片段则证明质量合格，未扩增出目的片段者则重新提取，至扩增出目的条带为止。

（3）*SRY* 基因巢式 PCR 扩增结果　用检验好的巢式 PCR 引物对妊娠母猪血浆游离 DNA 进行巢式 PCR 扩增，第一轮扩增结果如图 2-11 所示，妊娠母猪血浆游离 DNA 扩增依稀可见不甚明亮的条带；接着取第一轮扩增产物 1 μL 作为第二轮扩增模板，扩增结果如图 2-12 所示，公猪基因组 DNA 第二轮扩增结果清晰可见，妊娠母猪血浆游离 DNA 第二轮扩增结果可见清晰明亮且片段大小与预期一致的条带。

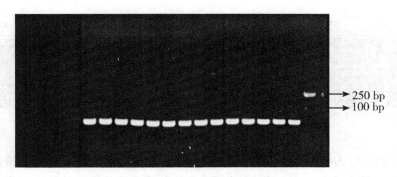

图 2-10 样品 Cell-free DNA 质控电泳

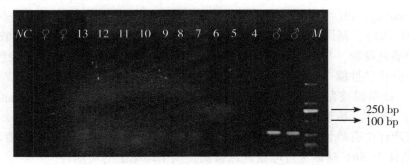

图 2-11 Cell-free DNA 巢式 PCR 第一轮扩增结果

注：图中泳道 M 为 DL2000 Marker，♂为公猪的基因组，4~7 泳道为妊娠 42 d 的母体血浆 Cell free DNA，8~11 泳道为妊娠 28 d 的母体血浆 Cell free DNA，12~13 泳道为妊娠 21 d 的母体血浆 Cell free DNA，♀为母猪基因组 DNA，NC 组为空白对照组，下同。

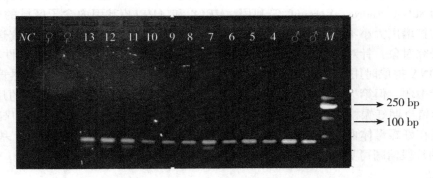

图 2-12 Cell-free DNA 巢式 PCR 第一轮扩增结果

（4）PCR 产物测序比对结果 随机选取 8 个个体 Cell free DNA 巢式 PCR 第二轮产物送至北京华大基因（六合）测序，测序比对结果如图 2-13 所示，PCR 产物与参考序列比对率较高，确认是目的片段。

2.9.2.3 讨论

随着规模化、集约化的养猪生产模式在我国养猪业中所占比例的不断扩大，适宜且准确的母猪妊娠诊断技术在提高猪群生产效率、增加养猪经济效益方面扮演了越来越重要的角色。及时、准确地判断母猪妊娠情况对于保胎、缩短繁殖母猪胎次间隔，提高猪群生产效率和养猪经济效益等方面

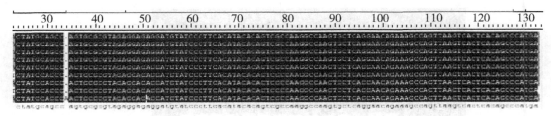

图 2-13　部分个体 PCR 产物序列比对

具有重要意义。本研究以 *SRY* 基因为例探究了母猪妊娠诊断的遗传学方法，旨在摸索出一种更加准确、快捷、安全的妊娠诊断技术，这对于提高母猪生产效率和养猪经济效益具有重要意义。

猪 *SRY* 基因位于 Y 染色体 40 484 990 ~ 40 485 700 bp 区间（http：//asia. ensembl. org/Sus _scrofa/Gene/Summary？ db = core；g = ENSSSCG00000037443；r = Y：40484990 - 40485700；t = ENSSSCT00000030781），基因序列全长 0.8 kb，无内含子区域，编码 236 个氨基酸。猪为 XY 型性别决定方式的哺乳动物，早期仔猪胚胎的发育方向取决于配子内是否携带 Y 染色体。Y 染色体上存在有能将未分化的性腺（生殖脊）诱导向睾丸分化（雄性）的基因，缺少 Y 染色体时向卵巢发育（雌性），该基因被命名为 Y 染色体性别决定区或性别决定基因（Sex-determining region Region of Chr Y，*SRY*）。基于猪为多胎哺乳动物，其后代性别比例符合公母 1：1 的孟德尔遗传定律，即母猪窝产仔中有雄性胎儿存在，而妊娠母猪外周血中存在雄性胎儿的游离 DNA，这样就为扩增 Y 染色体上 *SRY* 基因进行母猪妊娠检测提供了理论上的可能性。

本研究首次利用母猪血浆中的 Cell free DNA 扩增 *SRY* 基因进行母猪妊娠诊断，此前相关报道多为单胎哺乳动物。在人类研究中，Svecova 等利用 PCR 技术扩增 *SRY* 基因进行胎儿性别鉴定，准确率为 95.45%。曹海峰等在对梅山猪胎儿分离培养的成纤维细胞性别鉴定中，利用 PCR 扩增 *SRY* 和 *ZFY/X* 两对基因，证实了 SRY-PCR 法对猪体外培养细胞性别快速鉴定的可行性。席继峰等在奶牛进行胚胎性别鉴定时，通过巢式 PCR 扩受孕母牛血浆中 *SRY* 基因片段，得到的平均准确率为 80%。AndreaseVernunft 等利用 *AMELX* 和 *AMELY* 基因内含子区域的一小段缺失，设计兼并引物扩增出大小不一致的基因片段成功对早期仔猪进行性别鉴定。本研究选取了猪这一多胎动物为研究对象，针对母猪血浆中 Cell-free DNA 含量较低，普通 PCR 灵敏性不够的缺点，在 Cell-free DNA 提取时用持家基因 *GAPDH* 进行质控，并设计巢式 PCR 扩增，尽管第一轮扩增目的片段条带微弱，但第二轮扩增目的片段却清晰可见，且测序结果也证实是目的片段，证实了 *SRY* 基因在母猪早期妊娠检测方面的可行性。本研究中的 *SRY* 基因在哺乳动物中高度保守，拷贝数单一，且在妊娠母体血浆中含量较低，从试验结果看，母体外周血中的 *SRY* 基因通过巢式 PCR 扩增后的片段清晰可见，具有较高的稳定性和灵敏性。

2.9.2.4　结论

本研究通过巢式 PCR 扩增技术，成功从妊娠母猪外周血液 Cell-free DNA 中扩增出雄性胎儿特异性的 *SRY* 基因片段，并对 PCR 产物测序验证是目的片段无误，这既验证了 Cell-free DNA 在母体外周血中的存在，也证明了在猪中通过扩增 Cell-free DNA 中 Y 染色体上的特异性片段来进行妊娠检测的可行性。

参考文献（略）

（田见辉团队、吴克亮团队、罗昊澍团队提供）

第二篇
猪病防控

3 猪病诊断技术研究进展

伴随饲料禁抗时代的到来及生猪传染病防控任务的日趋复杂和艰巨，以及非洲猪瘟传入我国、免疫抑制性传染病的流行以及变异毒株的不断出现等众多内外因素，都给生猪养殖产业带来巨大挑战，同时各种重大人畜共患病的流行不仅危害畜牧业发展，也对我国的人民健康和社会稳定造成了一定影响。我国生猪养殖业已经发展到了一个空前的规模，猪存栏、出栏量、猪肉产量已稳居世界第一，约占世界总量的46.7%。生猪养殖模式发生了根本转化，已从过去的以农村散养为主逐渐发展为以规模化、集约化、现代化为主的新型企业化养殖模式。但是，我国的生猪养殖业与欧美一些发达国家相比，在现代化程度、产品质量、品种资源、环境污染控制、饲料报酬等方面还存在较大差距，尤其是生猪传染病的发生和流行已成为养猪企业所面临的十分棘手的难题，尤其是猪流行性腹泻变异株的出现，蓝耳病、圆环病等免疫抑制病普遍流行和难以控制，非洲猪瘟的大规模流行等给养猪业造成了毁灭性打击，亦使养猪业成为一个高风险的行业，我国目前的养猪业是旧病未除，新病又增，如何破解当前困扰生猪养殖业健康、持续发展的疫病防控难题是科学工作者需要解决的首要任务。

近十几年来，我国生猪死亡率每年高达10%以上，且80%以上是因为传染病造成的。因传染病的感染和流行直接导致生猪死亡，由药费投入、因病而引起的饲料损失以及人工投入等直接和间接经济损失难以估算。为控制猪场疾病的发生和流行，减少经济损失，我国养猪业从养殖过程、疫苗研制、生物安全体系建设、药物保健等多方面形成了一系列的综合防控措施和技术。

猪场传染病流行以混合感染为主。病原的混合感染是近几年猪病的主要流行特点，造成猪群的高发病率和高死亡率，给猪场造成了严重的损失。在混合感染中，有病毒病混合感染，如猪瘟、细小病毒病、猪繁殖与呼吸综合征病、猪圆环病毒病、猪伪狂犬病等的混合感染；细菌病混合感染，如猪肺炎支原体病、猪链球菌病、巴氏杆菌病、副猪嗜血杆菌病等的多重感染，还有病毒病继发细菌混合感染等，这些病原体相互协同，尤其变异株的流行，使临床防治相当困难。这些病一旦混合感染，临床症状复杂，不典型，各种抗生素疗效有限，导致极高的死亡率。

免疫抑制性疾病增多且广泛存在。免疫抑制性疾病除直接感染动物引起损伤外，还可造成更为严重机体免疫抑制，导致其他疫苗免疫失败和对治疗反应无应答，致使很多低致病性的病原体感染动物机体引发多种疾病综合征。引起免疫抑制的因素有很多，如病毒、细菌、药物等，但是危害较大的主要是猪繁殖与呼吸综合征和圆环病毒2型两种病毒病，此类病毒可直接侵害猪的免疫器官和免疫细胞，触发一系列炎症反应、细胞凋亡及免疫抑制。研究报道对规模化猪场进行猪瘟、口蹄疫、猪繁殖与呼吸道综合征、圆环病毒病的检测发现，不同年龄猪群中，病原核酸检测猪繁殖与呼吸综合征病毒和圆环病毒2型检出率最高，分别为44.3%~56.2%和60.7%~85.4%；猪场普遍存在双重感染和多重感染，其最重要原因就是圆环病毒2型和猪繁殖与呼吸综合征病毒引起的免疫抑制，导致其他疫苗的免疫失败。

因此，动物传染病的控制，特别是病毒性传染病主要依靠疫苗免疫防制，这一技术在防止疫病暴发流行和控制疫情上起到了重要作用。及时研发重大传染病及变异流行株疫苗，建立特异性强、重复性好的疫病临床监测及诊断方法仍然是当前控制重大传染病的首要任务，在此基础上，建立猪场完善的生物安全体系，主要包括严格消毒制度和灭虫措施，制定并严格实施科学的免疫程序，建立无害化处理措施等。选用既有免疫增强与免疫调节功能，又具有抗病毒、抗细菌、抗应激作用的制剂、中草药制剂及某些无毒害的化学药物作为猪场疫病防控的重要辅助手段。为此，本章围绕疫病检测方法、病毒分离与疫苗研发、疫病控制与净化及中药组方防控动物传染病技术进行具体阐述。

3.1 猪圆环病毒 2 型与 3 型双重 PCR 检测技术

3.1.1 技术简介

猪圆环病毒（Porcine circovirus，PCV）是一种非常小的 DNA 病毒，现有 3 种类型。猪圆环病毒 1 型（Porcine circovirus type1，PCV1）一般认为对猪没有致病性。猪圆环病毒 2 型（Porcine circo-virus type2，PCV2）除引起断奶后多系统衰竭综合征外，还可引起母猪繁殖障碍，与猪皮炎与肾病综合征（Porcine dermatitis and nephropathy syndrome，PDNS）有关；自 20 世纪 90 年代发现报道以来，目前呈全球性流行。猪圆环病毒 3 型（Porcine circovirus type，PCV3）除引起 PDNS 外，还可引起母猪繁殖障碍；自 2016 年报道以来，现已在多个国家传播流行。故有必要建立一种快速区分 PCV2 与 PCV3 的检测方法。

PCR 技术是现阶段应用于病毒快速检测的一种实效方法。在需要快速检测与区分多种病毒时，单独 PCR 存在效率低下、成本较高的缺陷，而多重 PCR 则可解决这些缺陷，双重 PCR 检测技术，具有快速检测并区分 PCV2 与 PCV3 的特点。

3.1.2 研究进展

3.1.2.1 重组质粒模板的构建

PCR 扩增出 PCV2 的 139 bp 和 PCV3 的 270 bp 左右大小的预期产物（图 3-1）。分别对 2 个预期 PCR 产物进行克隆与测序鉴定，测序结果显示与相应靶序列都达到 100%符合度。提取相应含有 PCV2 与 PCV3 的基因片段的重组质粒，测出 PCV2 重组质粒为 6.1×10^{10} copies/μL，PCV3 重组质粒为 8.0×10^{10} copies/μL。

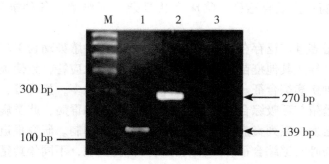

图 3-1 PCV2 和 PCV3 的 PCR 扩增产物

注：M. Marker；1. PCV2；2. PCV3；3. 阴性对照。

3.1.2.2 单独PCR检测方法条件的优化

选取合适的模板浓度，采用不同的退火温度对PCV2与PCV3分别进行PCR扩增，电泳结果显示，PCV2在53～55℃退火温度区间内条带更亮（图3-2），PCV3同样在53～55℃的退火温度区间条带更亮（图3-3），故确定53～55℃为各自的最适退火温度。

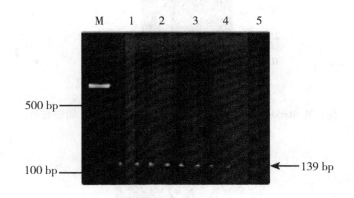

图3-2　不同的退火温度PCV2扩增产物
注：M.Marker；1-4.51、53、55、57℃扩增结果；5.阴性对照。

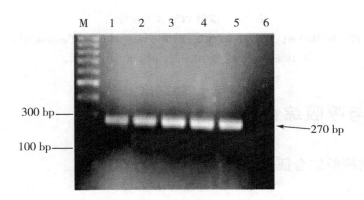

图3-3　不同的退火温度PCV3扩增产物
注：M.Marker；1-5.49、51、53、55、57℃扩增结果；6.阴性对照。

3.1.2.3 双重PCR检测方法条件的优化

以优化后的PCV2与PCV3的单独PCR检测方法为基础，分别设置不同的退火温度、引物浓度的比例、重组质粒为模板进行灵敏度检测，筛选出最适退火温度为55℃（图3-4），最适引物浓度比例PCV2∶PCV3为1.00 μL∶0.50 μL，双重PCR检测方法的灵敏度分别为610、800 copies/μL（图3-5）。

3.1.2.4 临床样品检测结果

PCV2和PCV3的双重PCR检出率都稍低于各自单独PCR检出率，但都没有显著差异（$P>0.05$），符合率分别为95.0%、97.5%。不管是单独PCR检测还是双重PCR检测，PCV2检出率都极显著（$P<0.01$）高于PCV3。PCV2检出率超过50%，PCV3检出率超过30%，说明在这些临床样品中PCV2感染普遍存在，同时PCV3感染也不少。另外，PCV2与PCV3的混合检出率

为 17.5%。

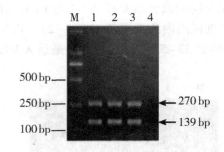

图 3-4 不同退火温度下双重 PCR

注：M. Marker；1~3.53，54，55 ℃扩增结果；4. 阴性对照。

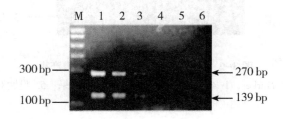

图 3-5 双重 PCR 灵敏度检测

注：M. Marker；1. 10^5copies/μL；2. 10^4copies/μL；3. 10^3copies/μL；
4. 10^2copies/μL；5. 10copies/μL；6. 阴性对照。

3.2 猪繁殖与呼吸综合征诊断方法的技术

3.2.1 猪繁殖与呼吸综合征免疫酶组织化学法检测技术

3.2.1.1 技术简介

猪繁殖与呼吸综合征（Porcine reproductive and respiratory syndrome，PRRS）又称猪蓝耳病，是由猪繁殖与呼吸综合征病毒引起的以母猪繁殖障碍、早产、流产和产出死胎和新生仔猪呼吸综合征为特征的严重危害养猪业的高度接触性传染病。20 世纪 90 年代以来，该病蔓延至亚太地区，1995—1996 年以上海、北京为中心向周边地区迅速蔓延，给我国的养猪业带来了重大的经济损失。在 2006 年猪繁殖与呼吸综合征病毒变异株高致病性猪蓝耳病从北到南传遍中国的养猪场，给我国的养猪业带来了巨大的经济损失和沉重的打击。该病引起了国内外学者的高度重视，对本病的研究也正在逐渐深入。特别是诊断和检测技术的研究正日益受到关注，并建立起了一些新的方法和技术。同时，一些传统的诊断检测技术也得到了改进。

目前，常规 RT-PCR、实时荧光定量 PCR 方法、免疫荧光阻断 ELISA、病毒分离鉴定等方法是应用最为广泛的猪繁殖与呼吸综合征诊断方法，在已发布的国家标准《猪繁殖与呼吸综合征诊断方法》（GB/T 18092—2008），其诊断方法包括病毒分离鉴定、免疫过氧化物酶单层试验（IPMA）、间接免疫荧光试验（IFA）、间接酶联免疫吸附试验（间接 ELISA）、反转录聚合酶链反应试验（RT-PCR）方法。而免疫酶组织化学法作为该病确诊的"金标准"方法仅在相关文献中有应用，并未形成可以遵循的诊断检测的依据，项目组作为 OIE 猪繁殖与呼吸综合征参考实验室，通过反复筛选制备出适用于开展猪繁殖与呼吸综合征诊断的单克隆抗体，并通过阳性样品、大量田间样品对该方法进行验证，建立与之相应的检测标准，旨在解决猪繁殖与呼吸综合征的临床诊断问题，使猪繁殖与呼吸综合征免疫酶组织化学法检测方法规范化，提高对此病的诊断水平。

PRRS 免疫组化方法不仅可以作为诊断该病的重要技术手段，还可以作为检测该病在猪体内分布的一个重要的方法，因该方法的检测结果表现形式更加直接可辨，其结果更具有说服力。因此，亟须建立该方法，为猪场诊断该病提供重要的技术手段。

3.2.1.2　研究进展

（1）石蜡切片的制备　按常规石蜡切片的方法制作组织的石蜡切片，并将切片裱在用 APES 处理过的玻片上。于烤片机上 40 ℃烤片 30 min 或 37 ℃温箱中过夜，待切片干燥后用硫酸纸分别包装，封装于自封塑料袋中−20 ℃保存，备用。

（2）反应条件

条件一：抗原的修复

A 为 0.25%胰蛋白酶 37 ℃温箱孵育 3 min；

B 为 0.1%胰蛋白酶 37 ℃温箱孵育 5 min；

C 为不修复处理。

条件二：抗原的封闭

A 为 20%正常马血清 37 ℃温箱孵育 20 min；

B 为不封闭处理。

条件三：单抗的最佳稀释浓度

参照 PRRS 单抗标定的浓度，分别将一抗按 1∶100、1∶200、1∶400 稀释后进行孵育。

条件四：HRP 标记羊抗小鼠 IgG（二抗）的最佳稀释浓度

分别将二抗稀释为 1∶80、1∶100、1∶150 进行孵育。

（3）免疫组化检测　用方阵法对（2）各因素进行筛选和优化。

（4）结果　AEC 显色阳性结果呈红色着染，特异性好。阴性对照背景清楚。在细胞质或核呈红色着染即可判定为阳性。具体判定标准为："+"为 1 个视野内可见阳性细胞；"++"为 1 个以上视野内可见多个阳性细胞；"#"为 1 个视野内可见多个阳性细胞或强阳性细胞或多个视野内可见阳性细胞；"−"为阴性。最终确定免疫组化的染色结果见图 3-6，反应条件见表 3-1。

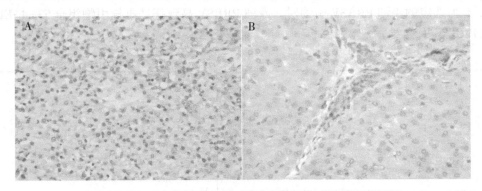

A. 阴性对照；B. 猪繁殖与呼吸综合征病毒免疫酶组织化阳性。

图 3-6　肺脏

表3-1 免疫组化反应条件

反应步骤	反应条件或浓度
抗原修复	0.25%胰蛋白酶37℃温箱孵育3 min
抗原封闭	20%正常马血清37℃温箱孵育20 min
单抗浓度	单抗的最佳反应浓度为1∶400
二抗浓度	二抗的最佳反应浓度为1∶100

3.2.2 猪繁殖与呼吸综合征病毒通用实时荧光RT-PCR检测技术

3.2.2.1 技术简介

我国目前美洲型经典株PRRSV、变异株PRRSV、类NADC30株PRRSV、欧洲株PRRSV和疫苗株等多种毒株共存增加了临床诊断的难度，PRRS防控工作面临前所未有的严峻挑战。RNA病毒基因组因点突变、缺失、插入等而具有很高的突变频率，一般RNA病毒的变异速率为10-3至10-5/位点/年，但PRRSV的变异速率达到10-2/位点/年，各分离株间核苷酸序列存在广泛变异，且各基因表现的变异速率各不相同。其两种基因型，美洲型毒株和欧洲型毒株的基因组同源性仅约为60%。因此，核酸检测技术的引物、探针设计至关重要，一旦引物结合位点发生变异，可能导致漏检。临床诊断时应首先了解国内外流行毒株种类，选择特异、保守的基因片段，尽量避免漏检。由于ORF6在基因1型和2型间最保守，其编码的M蛋白氨基酸序列同源性为78%~81%，同型毒株间的同源性大于96%，因此在ORF6处设计引物探针，经过探针引物筛选，条件优化，建立了PRRSV通用型荧光定量RT-PCR检测方法，并对该方法进行特异性、敏感性、重复性和符合率测试。同时在鉴别诊断引物设计时，我们选择保守的ORF7基因作为目标基因，进行双探针双引物的设计，进行美洲型和欧洲型猪繁殖与呼吸综合征病毒的鉴别诊断，为该病的快速诊断奠定基础。

3.2.2.2 研究进展

（1）引物筛选 筛选引物的标准为：在模板浓度、反应体系、扩增程序等条件均相同的情况下，能得到最小Ct值与最大的扩增效率的引物组合为最佳引物组合。分析得到的扩增曲线可见（图3-7）：不同的引物组合，得到的Ct值和扩增效率大不相同，其中美洲PRRSV引物组合53-4-NA-5为选定的美洲PRRSV引物对。欧洲PRRSV高致病性毒株引物组合53-4-EU-2为选定的欧洲PRRSV引物对。

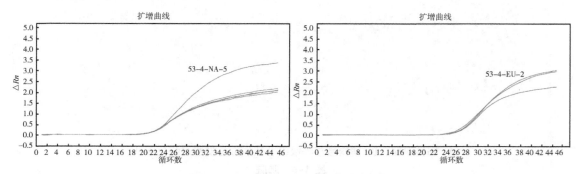

图3-7 荧光RT-PCR引物筛选结果

（2）反应体系 引物的最佳浓度均为 0.48 μmol/L。优化结果如图 3-8 和图 3-9 所示。

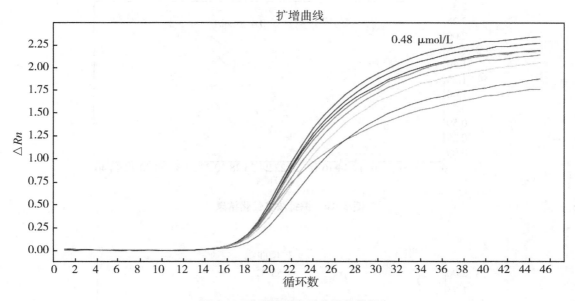

图 3-8 美洲型引物浓度优化结果

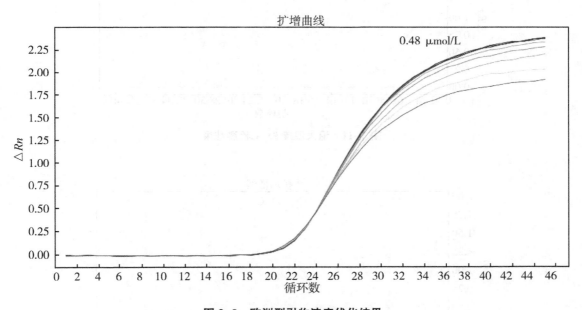

图 3-9 欧洲型引物浓度优化结果

（3）探针浓度 探针的最佳浓度为 0.4 μmol/L。优化结果如图 3-10 所示。

（4）退火温度 退火温度在 55～62 ℃时，能保持良好的特异性和敏感性。扩增曲线见图（图 3-11 为 55 ℃，图 3-12 为 58 ℃，图 3-13 为 60 ℃，图 3-14 为 62 ℃）。在退火温度为 60 ℃时，扩增曲线达到最小 Ct 值和最大扩增效率，选择 60 ℃作为退火温度。

（5）标准曲线和敏感性 美洲型 PRRSV 的最低检出拷贝数为 2.03×10 copies/μL，在 $2.03 \times 10^2 \sim 2.03 \times 10$ copies/μL 浓度间再做 2 倍倍比稀释可检出最低拷贝数为 20 copies/μL（50 copies/reaction）（图 3-15）。欧洲型 PRRSV 的最低检出拷贝数为 1.85×10^2 copies/μL，在 $1.85 \times 10^2 \sim$

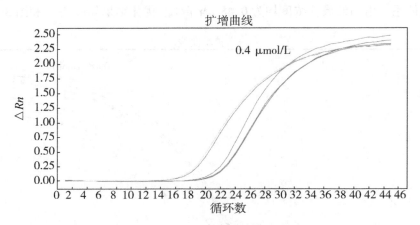

图 3-10 探针浓度优化结果

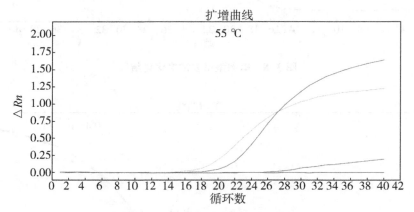

图 3-11 退火温度 55 ℃检测结果

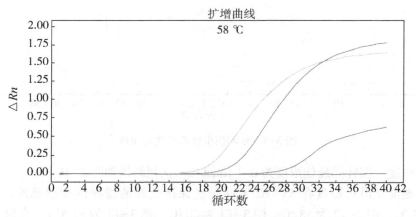

图 3-12 退火温度 58 ℃检测结果

1.85×10 copies/μL 浓度间再做 2 倍倍比稀释可检出最低拷贝数为 22 copies/μL（55 copies/reaction）（图 3-16）。

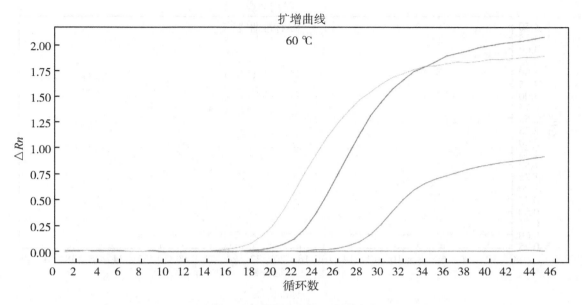

图3-13　退火温度60 ℃检测结果

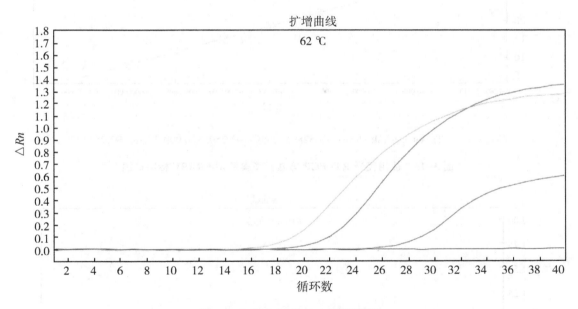

图3-14　退火温度62 ℃检测结果

（6）方法比较

① 特异性：当进行通用实时荧光定量RT-PCR扩增，待检样品为PRRSV阳性病毒或疫苗毒时，能得到特异性扩增曲线，其他样品均未出现特异性扩增曲线（图3-17）。

② 重复性：分析每个反应的 Ct 值，可见该方法针对高致病性PRRSV代表毒株JXA1的批内变异系数及批间变异系数分别为0.212%~0.594%和0.78%~2.44%。批内及批间重复试验结果见表3-2。

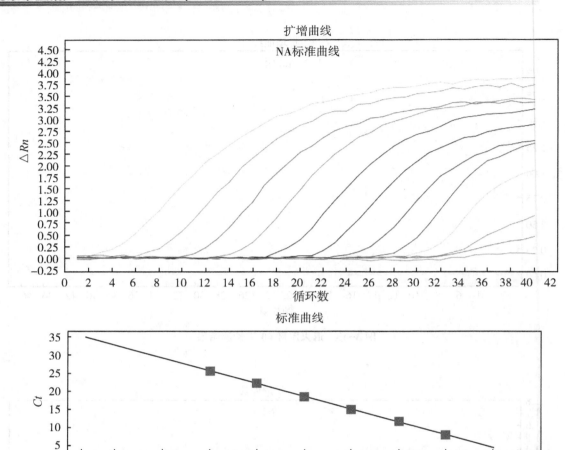

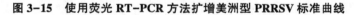

Taraet：FAM; Slope：−3.528; Y-Inter：43.259; $R^2$0.999; Eff%：92.057

图 3-15　使用荧光 RT-PCR 方法扩增美洲型 PRRSV 标准曲线

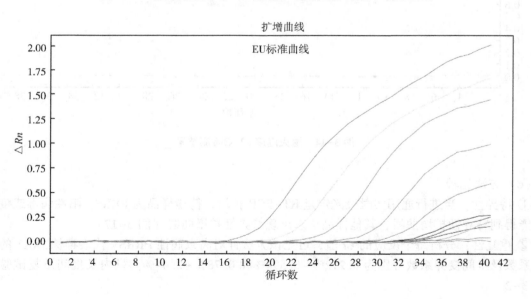

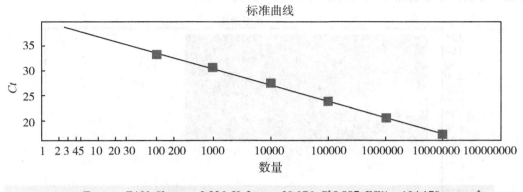

标准曲线

Taraet：FAM；Slope：−3.226；Y−Inter：39.976；$R^2$0.997；Eff%：104.179

图 3-16　使用荧光 RT-PCR 方法扩增欧洲型 PRRSV 标准曲线

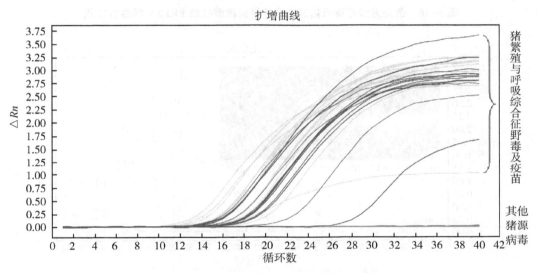

图 3-17　荧光 RT-PCR 方法特异性试验

表 3-2　PRRSV 实时荧光 RT-PCR 检测方法重复性试验

检测对象	样品拷贝数	检测数量	批内差异 Ct 值		变异系数（%）	批间差异 Ct 值		变异系数（%）
			平均值	标准偏差		平均值	标准偏差	
JXA1	1.85×10^7	6	16.66	0.069	0.417	17.465	0.191	1.10
	1.85×10^6	6	19.88	0.042	0.212	21.065	0.390	1.85
	1.85×10^5	6	24.48	0.136	0.554	29.566	0.429	1.45
	1.85×10^4	6	28.64	0.170	0.595	30.743	0.241	0.78
	1.85×10^3	6	31.94	0.113	0.354	33.062	0.806	2.44

③ 与商品化试剂盒的敏感性比较：荧光方法与经试剂比对验证后证实敏感性最高的普通 RT-PCR 商品化试剂盒进行了敏感性的比较。分析以 10 倍倍比稀释的美洲型经典 PRRSV、欧洲型 PRRSV、美洲株高致病性 PRRSV RNA 得到的扩增曲线可见，荧光 RT-PCR 在扩增美洲型经典 PRRSV（图 3-18）、欧洲型 PRRSV（图 3-19）时比商品化试剂盒敏感，在扩增美洲型高致病

性 PRRSV 时敏感性与商品化试剂盒相当（图 3-20）。

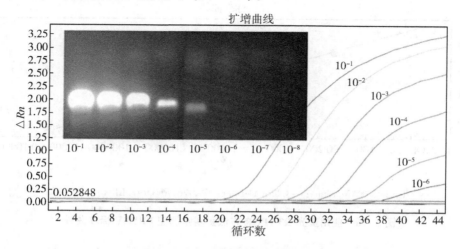

图 3-18　荧光方法与商品化试剂盒扩增美洲型经典 PRRSV 敏感性比较

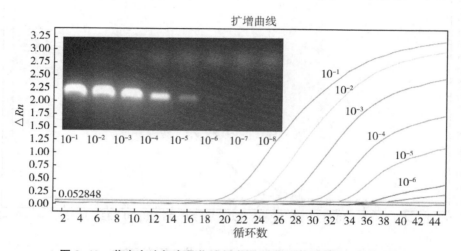

图 3-19　荧光方法与商品化试剂盒扩增欧洲 PRRSV 敏感性比较

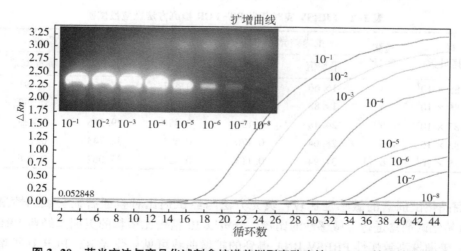

图 3-20　荧光方法与商品化试剂盒扩增美洲型高致病性 PRRSV 敏感性比较

3.3 PRRSV 核酸检测标准物质研究

3.3.1 技术简介

　　猪繁殖与呼吸综合征病毒核酸标准物质，主要是以含有 PRRSV JXA1 病毒为主要原料，添加适量的稳定剂和保护剂。采用数字 PCR 法，由 8 家实验室合作定值，并对数据进行统计分析，确定待测标本的含量。

　　本标准物质靶值定值准确，具有可溯源性；标准物质的稳定性、均匀性好，与临床样本的互通性良好。本标准物质可用于 PRRSV 病原微生物核酸检测的相关实验室的量值传递、质量控制、检测试剂的验证和评价以及实验室能力验证活动。该标准物质已获得国家二级标准物质证书（〔2018〕国标物证字第 1842 号）。

3.3.2 研究进展

3.3.2.1 工艺流程（图 3-21）

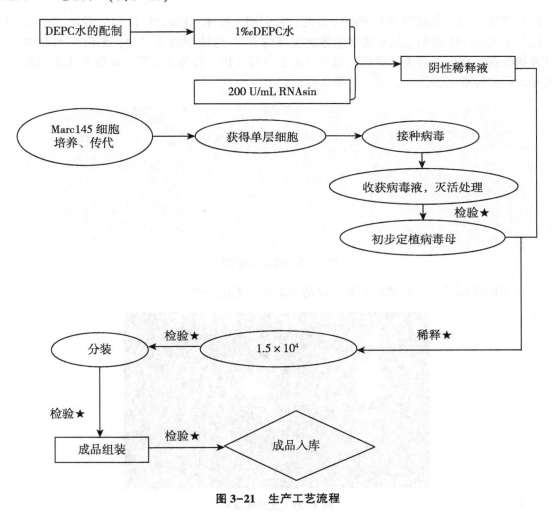

图 3-21　生产工艺流程

3.3.2.2 标准物质的性能

（1）物理性状 猪繁殖与呼吸综合征病毒美洲变异株（PRRSV JXA1）核酸标准物质应呈无色均一液体，无絮状沉淀物或大块沉淀。见图 3-22。

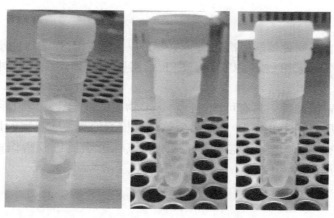

图 3-22 猪繁殖与呼吸综合征病毒美洲变异株（PRRSV JXA1）核酸标准物质

（2）病毒灭活 将猪繁殖与呼吸综合征病毒美洲变异株（PRRSV JXA1）核酸标准物质解冻后，接种于 Marc145 细胞。每天观察细胞病变（CPE），连续观察 3~7 d，无论有无 CPE，一律将培养物收获，冻融后再进行传代，每个样品至少传 3 代。盲传 3 代后，观察各代次细胞均无细胞病变。说明标准物质已经灭活，见图 3-23。

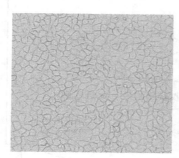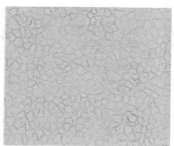

图 3-23 病毒灭活检验

（3）支原体结果 标准物质支原体检测为阴性，见图 3-24。

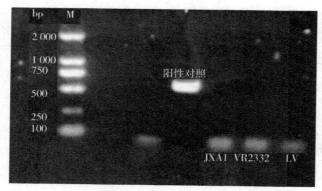

图 3-24 支原体结果

（4）其他病毒结果　将核酸检测 PRRSV VR2332、PRRSV LV、PCV1、PCV2、PRV、PPV、CSFV、TGEV。除猪繁殖与呼吸综合征病毒 JXA1 有扩增曲线外，其他均无曲线（表3-3）。

表 3-3　检测结果

病毒名称	缩写	GenBank	检测结果
猪繁殖与呼吸综合征病毒美洲变异株	JXA1	EF112445	阳性
猪繁殖与呼吸综合征病毒美洲经典株	PRRSV VR2332	U87392	阴性
猪繁殖与呼吸综合征病毒欧洲株	PRRSV LV	M96262	阴性
猪圆环病毒 1 型	PCV1	JN133303	阴性
猪圆环病毒 2 型	PCV2	HQ395021	阴性
猪伪狂犬病毒	PRV	JF797217	阴性
细小病毒	PPV	KF913351	阴性
猪瘟病毒	CSFV	Z46258	阴性
猪传染性胃肠炎病毒	TGEV	DQ811785	阴性

（5）均匀性结果　根据自由度（v_1，v_2）及给定的显著性水平 α，可由表3-4和表3-5查临界值的 F 值，算得 $F < F\alpha$（$F_{0.05(30,60)} = 1.65$），表明组内与组间差异无统计学意义，样品是均匀的。

表 3-4　PRRSV JXA1 核酸标准物质均匀性研究的测量数据

瓶号	结果 1	结果 2	结果 3
53	1.00E+04	1.18E+04	1.10E+04
81	1.12E+04	1.04E+04	1.11E+04
29	1.00E+04	1.13E+04	1.17E+04
113	1.17E+04	1.20E+04	1.05E+04
39	9.76E+03	1.17E+04	1.18E+04
35	1.19E+04	1.10E+04	1.20E+04
101	1.10E+04	1.04E+04	1.01E+04
20	1.01E+04	1.14E+04	9.95E+03
171	1.04E+04	1.03E+04	9.86E+03
134	1.03E+04	1.10E+04	1.12E+04
62	9.95E+03	1.07E+04	1.11E+04
40	1.18E+04	1.15E+04	1.09E+04
96	1.17E+04	1.12E+04	1.11E+04
64	1.04E+04	9.66E+03	9.91E+03
28	1.08E+04	1.10E+04	1.11E+04
93	1.04E+04	1.10E+04	1.12E+04
72	1.10E+04	1.04E+04	9.58E+03

（续表）

瓶号	结果 1	结果 2	结果 3
34	1.20E+04	1.09E+04	1.11E+04
189	1.12E+04	9.91E+03	1.15E+04
87	1.06E+04	1.12E+04	9.65E+03
75	1.11E+04	1.02E+04	1.12E+04
95	1.04E+04	1.06E+04	1.08E+04
06	1.08E+04	1.12E+04	1.11E+04
32	1.14E+04	1.11E+04	1.15E+04
93	1.04E+04	1.01E+04	9.81E+03
78	1.10E+04	1.02E+04	1.07E+04
61	1.13E+04	1.07E+04	1.12E+04
10	1.12E+04	1.11E+04	9.68E+03
69	1.04E+04	1.12E+04	1.15E+04
79	1.05E+04	9.61E+03	1.03E+04

表 3-5　方差分析

差异源	差方和	自由度	方差	统计量	P 值	方差均方 α 值
组间	1.57E+07	29	5.41E+05	1.559	0.07097	1.656
组内	2.08E+07	60	3.47E+05			

（6）稳定性结果

①−20 ℃稳定性（长期稳定性）：本标准物质在−20 ℃环境下可稳定 14 个月（表 3-6）。但考虑到运输条件等因素对标准物质稳定性的影响，因此本标准物质在−20 ℃下保存，可稳定 12 个月。

表 3-6　PRRSV JXA1 −20 ℃核酸标准物质的拷贝数

月	1	2	3	4	5	6	7	8	9	10	均值	b1/s (b1)
1	1.23E+04	1.26E+04	1.00E+04	1.10E+04	1.17E+04	1.24E+04	1.07E+04	9.82E+03	1.29E+04	1.01E+04	1.14E+04	—
3	1.16E+04	1.21E+04	1.12E+04	1.28E+04	1.29E+04	1.24E+04	1.12E+04	1.17E+04	1.18E+04	1.31E+04	1.21E+04	—
6	1.13E+04	1.18E+04	1.21E+04	1.13E+04	1.13E+04	1.01E+04	1.17E+04	1.01E+04	1.16E+04	9.90E+03	1.11E+04	0.36
9	1.18E+04	1.21E+04	1.13E+04	1.07E+04	1.24E+04	1.30E+04	1.13E+04	1.11E+04	1.21E+04	1.24E+04	1.18E+04	0.13
12	1.06E+04	1.09E+04	1.21E+04	1.16E+04	1.13E+04	1.12E+04	1.08E+04	1.14E+04	1.21E+04	1.12E+04	1.13E+04	0.29
14	1.18E+04	1.13E+04	1.20E+04	1.28E+04	1.10E+04	1.02E+04	1.18E+04	1.04E+04	1.19E+04	1.24E+04	1.16E+04	0.23

② 短期稳定性：PRRSV JXA1 核酸标准物质在 4 ℃环境可稳定 60 d，在 25 ℃环境可稳定 7 d，在 37 ℃环境可稳定 1 d。但考虑到运输条件等因素对标准物质稳定性的影响，因此本标准物质在 4 ℃环境可稳定 1 个月，结果见表 3-7 至表 3-10。

表 3-7　PRRSV JXA1 -80 ℃核酸标准物质的拷贝数（对照组）

拷贝数（copies/μL）			均值	标准差
1.20E+04	1.09E+04	1.15E+04	1.15E+04	5.67E+02

表 3-8　PRRSV JXA1 4 ℃核酸标准物质的拷贝数

时间（日）	拷贝数（copies/μL）			均值	标准差	T 检验分析（-80 ℃）	P 值
7	1.20E+04	1.14E+04	1.21E+04	1.18E+04	3.39E+02	-0.950	0.396
14	1.16E+04	1.20E+04	1.09E+04	1.15E+04	5.57E+02	-0.074	0.945
28	1.04E+04	1.17E+04	1.13E+04	1.11E+04	6.48E+02	0.668	0.541
60	1.22E+04	1.10E+04	1.13E+04	1.15E+04	5.99E+02	-0.069	0.948

表 3-9　PRRSV JXA1 25 ℃核酸标准物质的拷贝数

时间（日）	拷贝数（copies/μL）			均值	标准差	T 检验分析（-80 ℃）	P 值
1	1.19E+04	1.16E+04	1.22E+04	1.19E+04	3.21E+02	-1.197	0.297
3	1.01E+04	1.12E+04	1.08E+04	1.07E+04	5.51E+02	1.696	0.165
5	1.19E+04	1.24E+04	1.16E+04	1.20E+04	3.96E+02	-1.268	0.274
7	1.17E+04	1.14E+04	1.24E+04	1.18E+04	4.90E+02	-0.844	0.446

表 3-10　PRRSV JXA1 37 ℃核酸标准物质的拷贝数

时间	拷贝数（copies/μL）			均值	标准差	T 检验分析（-80 ℃）	P 值
12 h	1.12E+04	1.17E+04	1.20E+04	1.16E+04	3.88E+02	-0.423	0.694
1 d	1.14E+04	1.22E+04	1.16E+04	1.17E+04	4.45E+02	-0.669	0.540

（7）定值　由有一定资质的 8 家实验室各自独立使用数字 PCR 方法对标准物质的特性值进行测量。8 家实验室的 PRRSV JXA1、PRRSV VR2332、PRRSV LV 检测试剂盒的检测结果 CV% 均小于 10%，精密度较好，符合 YY/T 1182—2010《核酸扩增检测用试剂盒》行业标准要求，结果见表 3-11。

表 3-11　PRRSV JXA1 结果

序号	原始数据				均值	标准差	变异系数（%）
	1	2	3	4			
实验室 1	1.09E+04	1.13E+04	1.17E+04	1.14E+04	1.13E+04	3.30E+02	2.92

（续表）

序号	原始数据				均值	标准差	变异系数（%）
	1	2	3	4			
实验室2	1.05E+04	1.12E+04	1.14E+04	1.11E+04	1.11E+04	3.87E+02	3.50
实验室3	1.04E+04	1.06E+04	1.00E+04	1.09E+04	1.05E+04	3.77E+02	3.60
实验室4	1.09E+04	1.08E+04	1.02E+04	1.06E+04	1.06E+04	3.10E+02	2.91
实验室5	1.14E+04	1.13E+04	1.09E+04	1.13E+04	1.12E+04	2.22E+02	1.98
实验室6	1.12E+04	1.13E+04	1.16E+04	1.07E+04	1.12E+04	3.74E+02	3.34
实验室7	1.11E+04	1.09E+04	1.08E+04	1.15E+04	1.11E+04	3.10E+02	2.80
实验室8	1.14E+04	1.12E+04	1.08E+04	1.15E+04	1.12E+04	3.10E+02	2.76

3.4 猪流行性腹泻病毒分离鉴定技术

3.4.1 技术简介

猪流行性腹泻是一种高度接触性消化道传染病，对仔猪危害严重。为获得猪流行性腹泻病毒（Porcine epidemic diarrhea virus，PEDV）分离株，并研究其致病性。采集了疑似感染PEDV的病料进行RT-PCR检测，并将检测结果为阳性的样品接种Vero细胞进行培养，通过细胞病变、RT-PCR试验及动物回归试验进行了分离株鉴定。并将分离的病毒口服接种7日龄仔猪进行了最小致死量试验。鉴定结果：阳性样品接种Vero细胞盲传至4代时出现病变，主要表现为细胞面粗糙、颗粒增多，有多核细胞，并可见空斑样小区、细胞脱落等病变特征；RT-PCR电泳产物在663 bp处出现特异性条带；口服感染该分离株的5头7日龄仔猪全部出现典型的临床症状，其中4头死亡。F_6代培养物以不同滴度口服接种15头7日龄的仔猪，其组织细胞半数感染量为10^5 $TCID_{50}$/mL。成功分离到1株对仔猪有致病性的猪流行性腹泻病毒变异株，为后续猪流行性腹泻疫苗的研发奠定了基础。

3.4.2 研究进展

3.4.2.1 样品采集与处理

采集北京地区、河北地区、河南地区共100份疑似猪流行性腹泻的粪便样品及死亡病猪的小肠及其内容物，将病料反复冻融3次，用研磨器处理成组织匀浆，12 000 r/min，4 ℃，离心10 min，取上清液，用RT-PCR筛选出只含有PEDV的阳性病料共20份，接种Vero细胞进行盲传培养，出现细胞病变的进行RT-PCR扩增及PCR产物测序，并进行动物回归试验和半数致死量试验。

PEDV阳性病料接种Vero细胞后，盲传到F_4代出现明显病变，主要表现为细胞面粗糙，颗粒增多，有多核细胞，并可见空斑样小区、细胞脱落等病变特征（图3-25a）。而对照细胞保持致密的单层，呈长梭形，轮廓清晰，细胞脱落极少（图3-25b）。将分离株命名为PEDV JS14株。将PEDV JS14株连续传代至F_6代，细胞病变比较稳定，经测定，其病毒含量为$10^{6.5}$ $TCID_{50}$/mL。

对$F_0 \sim F_8$代细胞培养物提取核酸进行RT-PCR扩增，产物大小与预期一致（图3-26）。回

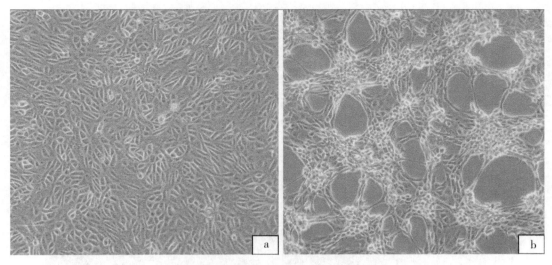

a：接毒后产生病变的细胞　b：正常 Vero 细胞

图 3-25　Vero 细胞接毒后的病变

收 PCR 产物，送往苏州金唯智生物科技有限公司测序。测序结果与 GenBank 上的猪流行性腹泻 M 基因序列同源性在 99% 以上。

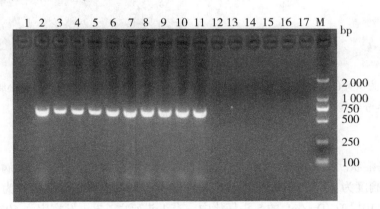

M：Marker2000；1. 阴性对照；2. 阳性对照；3~11. 分别为 F_0 ~ F_8 的细胞培养物的核酸；12~17. 分别为 F_8 代细胞培养物的 PPV、CSFV、PRRSV、RV、TEGV、PCV2 鉴定。

图 3-26　PEDV 不同代次 RT-PCR 检测结果

3.4.2.2　动物回归试验

试验组 5 头 7 日龄仔猪口服接种 JS14 株 F_6 代 10 h 后，均出现厌食、呕吐、腹泻等症状；30 h 后症状加重，4 头仔猪死亡；42 h 后剩余 1 头仔猪出现水样粪便、内有凝乳样白色和淡黄色块状物，被毛粗糙，仔猪消瘦明显等症状。试验期间，对照组仔猪未出现上述临床症状。剖检病死猪发现，小肠扩张，部分肠壁变薄呈透明状有出血点，肠系膜充血，如图 3-27 显示。试验结果表明，JS14 分离株接种仔猪后，可引起 PED 典型的临床症状，结合 RT-PCR、细胞病变观察结果，确定该分离毒株为 PEDV。

3.4.2.3　半数致死量

将 PEDV JS41 株 F_6 代病毒液口服接种 7 日龄人工哺乳仔猪，观察期内，不同病毒滴度（$10^{6.5}$ TCID$_{50}$/mL、$10^{5.5}$ TCID$_{50}$/mL、$10^{4.5}$ TCID$_{50}$/mL）的试验组均出现典型临床症状，主要表现为呕吐、

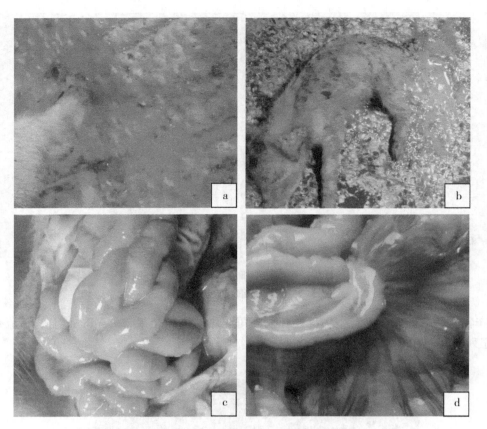

a 为淡黄色呕吐物；b 为淡黄色水样粪便；c 为病死猪剖解出的小肠，小肠部分
肠壁变薄呈透明状有出血点；d 为病死猪肠系膜，呈充血状。

图 3-27　仔猪接种 PEDV JS14 株 F_6 代后的症状和病变

腹泻、水样粪便等症状。接种滴度为 $10^{6.5}$ $TCID_{50}/mL$ 的 5 头仔猪全部死亡，发病率为 100%，死亡率为 100%；接种滴度为 $10^{5.5}$ $TCID_{50}/mL$ 的 5 头仔猪中，有 4 头死亡，发病率为 100%，死亡率为 80%；接种滴度为 $10^{4.5}$ $TCID_{50}/mL$ 的 5 头仔猪中，有 1 头死亡，3 头发病率为 60%，死亡率为 20%（表 3-12）。Reed-Muench 法计算结果表明，其半数致死量为 $10^{5.0}$ $TCID_{50}/mL$。

表 3-12　JS14 株感染 7 日龄仔猪发病率及死亡率

组别	接种物	攻毒方式	发病率（%）	死亡率（%）
$10^{6.5}$ $TCID_{50}/mL$	PEDV JS14 株 F_6 代毒	口服	100	100
$10^{5.5}$ $TCID_{50}/mL$	PEDV JS14 株 F_6 代毒	口服	100	80
$10^{4.5}$ $TCID_{50}/mL$	PEDV JS14 株 F_6 代毒	口服	60	20
对照组	细胞培养液	口服	0	0

通过对发病猪场 10 日龄内腹泻仔猪的粪便和病死猪小肠进行 PEDV 病原的 RT-PCR 检测，同时我们对该阳性病料进行了外源病毒检测（包括 PCV2、PRRSV、CSFV、TEGV、RV、PPV）筛选出一份 PEDV 结果呈阳性，其他病毒检测结果为阴性的样品。将该阳性病料接种 Vero

细胞，进行 PEDV 的初步分离工作。PEDV 分离方面，我国报道较早的是李树根等采用添加胰酶的细胞维持液成功地将分离的 PEDV 适应于 Vero，并筛选出了最佳的胰酶用量。本研究通过在维持液中加入 10 μg/mL 胰酶，成功地分离到了可在 Vero 细胞系上产生稳定病变的 PEDV JS14 株，该毒株在盲传第 4 代时出现病变，提示病毒已经适应了 Vero 细胞，将 PEDV JS14 株连续传代至 F_6 代，细胞病变比较稳定，其病毒含量达到 $10^{6.5}$ $TCID_{50}$/mL。与之前分离的毒株相比，其病毒滴度高于早年间发现的毒株，例如：PEDV-HZ（病毒滴度为 $10^{5.7}$ $TCID_{50}$/mL）、PEDV SD201604 株（病毒滴度为 $10^{3.5}$ $TCID_{50}$/mL）。

对 PEDV JS14 株致病性进行了初步的研究，结果表明，在攻毒 10 h 后，5 头仔猪均出现厌食、呕吐、腹泻等症状；攻毒 30 h 后，3 头仔猪死亡；攻毒 42 h 后，剩余 2 头仔猪出现水样粪便，内有凝乳样白色和淡黄色块状物，被毛粗糙，仔猪消瘦明显等症状，而对照组仔猪未出现上述临床症状。与 PEDV TX 株相比，实验动物出现典型症状时间早，病程长，发病症状严重，说明本研究分离的毒株病毒含量高，致病性强。本研究进一步确定了 PEDV JS14 株对 7 日龄仔猪的半数致死量，为 PEDV 疫苗的研制及免疫后疫苗的效力评价奠定基础。

3.5 猪脐带血检测疾病技术

3.5.1 技术简介

猪的胎盘存在 2 套相对独立的血液循环系统，在胎盘胎儿通过绒毛毛细血管与母体进行物质交换，通过脐带运输养分。胎盘屏障不影响母血和仔血的物质和气体交换，但能阻止母血中大分子物质进入胎儿血液循环。猪胎盘屏障的存在使正常的脐带血内不存在某些病原和抗体等大分子物质。

奶猪腹泻阴影一直笼罩着中国的养猪业，挥之不去，通过脐带血监测，圆环病毒、蓝耳病毒和其他病原在脐带血里面存在，对我们来说，搞清楚到底有哪些病原很重要，很多病毒在母猪身上很少发病，也很难发生病毒血症，但不断地散毒，成为传播源。很多猪场的传播途径，育肥猪的疾病来自保育舍，保育猪的疾病来自产房，仔猪的疾病和腹泻来自母猪，所以脐带血的监测至关重要，搞清楚母猪病原垂直传播，对猪场净化、解决猪场存在病原意义重大。

3.5.2 研究进展

根据猪的胎盘结构及其重要的生理作用，利用脐带血检测技术，用于疫病的诊断和监测预警，具有样品采集方便、减少应激等优点，在养殖企业推广应用，解决了生产中疫病诊断预警，提前防治的难题。适用于母仔垂直传播类疾病检测，操作简单，成本更低。

脐带血检测技术 5 大优势。① 快速、准确、全面确定产房仔猪腹泻病因。② 解决规模化猪场的八字腿、抖抖病、死胎、木乃伊胎和弱仔等繁殖障碍问题。③ 提前 3~5 个月进行疾病的预警。④ 用于重大疾病净化，如伪狂犬和猪瘟等，无应激。⑤ 准确、直接、有效评价圆环等疾病疫苗的临床效果。

脐带血的检测技术包括以下几个技术环节：脐带血的采集、实验室检测和试验数据分析。

3.5.2.1 脐带血的采集

以往聚集操作难度大，需要几个人合力控制母猪，还会对猪造成损伤，应激也大。不少中小猪场对此表示力不从心。而一种新的脐带血检测方法有望化解这一难题。

脐带血的采集方法，接产时整窝仔猪每头分别采集几滴脐带血，滴入灭菌处理过的玻璃瓶或采样管混合送检，总量2~3 mL。建议以500头母猪场为例，送检6~10窝即可，大规模猪场适当增加样本数量。脐带血样低温送检，便于长期保存等特点，-20℃条件下可保存数月（图3-28）。

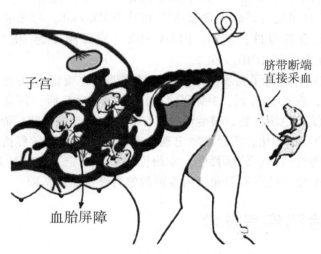

图3-28 脐带血采血部位

脐带血病原检测本质上和其他病料（如鼻拭子、扁桃体或静脉血等）并没有不同，只是采集病料的时间、部位和方法不同，脐带血检测最大的优点是采样方便，操作简单，不造成外伤，对猪群应激小。

3.5.2.2 实验室检测

病原检测：按实验室常规的DNA和RNA抽提方法抽提模板后，采用相应的PCR方法检测（图3-29）。

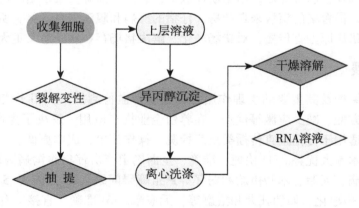

图3-29 RNA抽提方法

抗体检测：ELISA和血凝试验

通过对不同常见的试剂盒，天根试剂盒、百泰克试剂盒、TRIzol法等病原核酸提取方法，PCR反应条件进行摸索和优化。

3.5.2.3　试验结果分析，制定具体防治策略

按道理来说，脐带血里面是没有抗体的，如果通过脐带血监测出圆环、蓝耳和其他病毒，母猪、仔猪不发病，这时候进行疫苗免疫和净化，至少可以提前 3~5 个月进行控制猪病，可对育肥仔猪临时加免疫程序，把疾病控制在萌芽状态。例如：当脐带血监测有猪瘟存在时，可用猪瘟细胞苗和组织苗两头份同时使用进行阻断，但要保证同一毒株、同一厂家。

参考文献（略）

（张永红团队、杨林团队、王玉田团队提供）

4 猪病预防与控制技术研究进展

4.1 猪伪狂犬病净化集成与示范技术

4.1.1 技术简介

猪伪狂犬病（PR）是由伪狂犬病病毒（PRV）引起的一种极为重要的急性传染病，以其高感染性和高致死性，给世界养猪业造成了巨大的经济损失，成为严重危害养猪业的重大传染病之一。世界动物卫生组织（WOAH）将其列为法定报告的动物疫病。我国农业部 2008 年修订的《一、二、三类动物疫病病种名录》将其列为二类动物疫病，2022 年最新修订的《一、二、三类动物疫病病种名录》将其调整为三类动物疫病。伪狂犬病病毒感染猪以后也能引起持续性感染，特别是耐过的母猪能够长期带毒，呈潜伏感染状态，并能向外排毒。近几年来，伪狂犬病的防控效果不理想，必须在抗体监测的基础上，通过制定合理的免疫程序，再辅以严格的卫生防疫措施，进行疫病净化工作，才能从根本上控制该病。

猪伪狂犬病最早发现于美国，此后蔓延至欧洲、美洲的 40 多个国家和地区，20 世纪 80 年代在日本、中东等亚洲国家和地区也有本病的发生，给养猪业造成很大的损失。随着养猪业的集约化、规模化发展，我国自 1947 年首次报道以来，已有 30 多个省、市相继报道。20 世纪 70 年代前我国只有零星散发，而 80 年代后出现地方流行与零星散发，90 年代以来表现为地方流行与暴发病例。目前该病在我国的流行仍在不断蔓延扩大，已经造成了严重的经济损失。新生仔猪和断奶仔猪该病的发病率和死亡率非常高，新生仔猪的死亡率可达到 100%。该病以疫苗免疫为主的防控方针，以源头控制、分类指导、梯度推进为防治原则，以养殖场（户）为防治主体，以疫病净化为防控重点，不断完善养殖场生物安全体系，严格落实免疫预防、监测净化、检疫监管、应急处置、无害化处理等综合防控措施，积极开展场群或区域净化工作，降低发病率，压缩流行范围，逐步实现净化目标。

一是通过在种猪场提出猪伪狂犬病的监测控制程序，建立洁净的种群，有利于指导种猪场防控，对保障种猪群健康发展、实现国家中长期动物疫病防控规划目标具有重要意义。通过在京津冀规模化种猪场及周边地区系统开展猪伪狂犬病疫病的流行病学调查和无害化排放，摸清背景，为制定防控净化措施提供科学依据。二是结合猪场本地调查结果，对市售猪瘟和猪伪狂犬病疫苗分析其免疫保护性、免疫程序和配套的鉴别诊断技术，为示范场疫病净化提供技术支撑。三是分析猪场伪狂犬发生的风险，启动净化计划，建立猪伪狂犬阴性猪场，形成风险管理规范，维持阴性状态。四是按照强制免疫、检测与淘汰、净化控制模式和疫病净化一般步骤开展猪伪狂犬病控制与净化模式研究，即第一步：在进行全面的流行病学调查的基础上，全群进行广泛高密度免疫疫苗注射，提高群体免疫力；第二步：建立完善的病原监控体系，对感染猪场进行逐步净化；第三步：建立较为成熟的防控和净化体系，构建适合我国国情的净化模式。

4.1.2　研究进展

制定方案：采取检测→淘汰→分群→免疫→检测→淘汰的方式。要有针对性，针对猪场防控的薄弱环节，采取分区生产，检测分群，淘汰更新，严格防控。严把后备猪引入关，引入阴性猪，繁育培养阴性种猪群。制定合理的免疫程序，定期监测，设定哨兵猪，阳性的及时淘汰。

4.1.2.1　京津冀调研情况及示范场选择

在 2013—2019 年每年对京津冀地区 9 个种猪场进行检测，通过检测了解到猪场之间伪狂犬疫苗免疫情况均较好，9 个种猪场 PRV-gB 抗体阳性率均大于 70%，7 个种猪场 PRV-gB 抗体阳性率大于 90%，说明伪狂犬疫苗免疫效率较高、免疫情况较好。

在 2017 年的检测中发现虽然 PRV 免疫抗体阳性率较高，但伪狂犬野毒感染情况差异较大。仅 3 个示范场 PRV-gE 抗体阳性率为 0，1 个示范场为 2.5%，其余示范场阳性率均非常高，介于 52.5%~100%。PRV 净化情况呈两极分化，开展 PRV 净化的猪场、新建猪场情况较好；未开展 PRV 净化的猪场、历史较长的猪场情况较差，同时也反映出伪狂犬病在国内的流行还是较为严重。

2018 年调研结果与 2017 年基本相似，9 个种猪场伪狂犬野毒感染情况差异较大，仅 3 个示范场 PRV-gE 抗体阳性率为 0，1 个示范场为 2.5%，其余示范场阳性率均非常高，介于 52.5%~100%（表 4-1，表 4-2）。通过监测结果选择伪狂犬阴性猪场作为示范场，分别标注为示范场 A 和 B。

表 4-1　伪狂犬病病原学和血清学监测结果汇总

年份	免疫情况		PRV-gE 野毒感染抗体（ELISA）				PRV-gB 抗体（ELISA）	
	疫苗类型	疫苗厂家	阳性数/检测数	阳性率（%）	可疑数/检测数（份）	可疑率（%）	阳性数/检测数	阳性率（%）
2013	gE 基因缺失活苗	勃林格	0/50	0.00	1/50	2.00	28/28	100.00
2014	gE 基因缺失活疫苗	勃林格	0/40	0.00	0/40	0.00	40/40	100.00
2015	K-61 株活疫苗	勃林格	1/40	2.50	1/40	2.50	40/40	100.00
2016	K-61 株活疫苗	勃林格	0/40	0.00	0/40	0.00	40/40	100.00

表 4-2　2017 年京津冀地区示范场伪狂犬病流行情况

猪场	地区	PRV-gB 阳性数	PRV-gB 阳性率（%）	PRV-gE 阳性数	PRV-gE 阳性率（%）
A	北京	40	100.00	37	92.50
B	北京	40	100.00	0	0.00
C	北京	40	100.00	40	100.00
D	北京	34	85.00	0	0.00
E	河北	40	100.00	24	60.00

（续表）

猪场	地区	PRV-gB 阳性数	PRV-gB 阳性率（%）	PRV-gE 阳性数	PRV-gE 阳性率（%）
F	河北	40	100.00	0	0.00
G	河北	40	100.00	40	100.00
H	天津	39	97.50	21	52.50
I	天津	31	77.50	1	2.50

4.1.2.2 具体技术方案

（1）经产、后备种猪群 当种母（公）猪伪狂犬病野毒感染抗体（gE 抗体）阳性率在 10% 以下时，对种猪群实行逐头采样检测，如少数样品呈 gE 抗体阳性，可于当天或第 2 天对同一样品再复查，如仍为阳性，直接淘汰该野毒感染猪；对可疑样品，可重新检测，以排除操作误差，如认为可疑，则在 10~14 d 后再采血，重新检测，判定结果，如认为可疑，可判为阴性。

妊娠母猪和空怀母猪如为 gE 抗体阳性，不作种用；gE 抗体阳性的公猪直接淘汰。对拟选留的后备种猪，可分别在 5 月龄、进入后备猪舍或配种前 1 个月检测 gE 抗体，如均为阴性，即可作为种猪使用；如任何一次检测结果为野毒抗体阳性，淘汰处理，不作为种猪使用。

（2）全部（阶段）清群 如果种母猪（种公猪）的伪狂犬病野毒抗体阳性率在 30% 以上，建议直接全群淘汰，重新引种；或者该猪群不能作为种猪群使用，通过加强免疫接种，使伪狂犬病稳定，作为商品猪场的繁殖猪群，根据自然淘汰和更新，最终全部淘汰该猪群。长期实施阶段清群时，可用阴性后备种猪替换原有 gE 抗体阳性猪，最终实现猪群伪狂犬病的净化。

（3）伪狂犬病稳定猪场 年度完成"检测淘汰"阶段 1 年后，或者猪群为阴性猪群，可在育肥猪群中设立不免疫的育肥哨兵猪（要求是野毒抗体和免疫抗体均阴性）。育肥哨兵猪的数量为每个生产线 30 头猪，分散在不同的猪栏。1 个月后检测，应该为野毒抗体阴性。定期监测，如果出现野毒感染抗体阳性就扩大检测范围，再按照猪的类型进行处理。

（4）伪狂犬病净化猪场 在"稳定阶段"后，在 1 年内监测全群种猪，生产成绩正常，所有种猪的野毒抗体均为阴性，即可认为是伪狂犬病阴性猪群，达到净化阶段，即为"无伪狂犬病"猪群。

（5）维持阶段 伪狂犬病阴性猪场（如已经达到净化阶段的猪场，可以直接进入此阶段）每隔 1 年，对阴性种猪群，按 10% 比例随机抽样，监测"无伪狂犬病"猪群维持的状况。同时，只能引入伪狂犬病野毒抗体阴性后种猪或（和）伪狂犬病毒阴性的精液。如在维持阶段检出野毒阳性抗体，但生产成绩稳定，则重新设立哨兵猪，进入"监测认证"阶段。

4.1.2.3 具体的管理方案

（1）加强猪场的科学化管理，强化生物安全措施，健全卫生消毒措施；坚持"自繁自养"，采用"全进全出"的养殖方式，防止交叉感染。目前该场采取的是自繁自养的方式，优点在于未引进新病原，维持猪群的稳定，缺点在于高致病性蓝耳病等疫病仍存在，无法清除。

（2）加强对其他疫病的协同防制，如确诊有其他疫病存在，则还需同时采取其他疫病的综合防控措施。根据剖检情况，该场存在圆环病毒病、蓝耳病混合感染，建议开始采用进口圆环疫苗用于控制当前圆环病毒感染。

（3）生物安全控制措施。饲养管理良好，生产记录清楚、详细。目前该场的生物安全情况较差，建议饲养人员生产期间尽量减少外出；需更换工作服、进场区消毒；推车、物料进出应有不同路径；病死猪应进行无害化处理，在远离场区的区域填埋。

（4）强化疫病免疫和效果监测。严格按指定的监测计划采样和检测，加强疫苗免疫，不留空档，在免疫后采样并进行抗体监测。

（5）发病情况处理。应及时联系兽医和技术人员，迅速处理发病动物，找出病因，并对同群动物采取免疫、抗生素预防等措施预防发病范围扩大。

4.1.2.4 猪伪狂犬病净化方案关键点

（1）采取免疫净化措施。免疫程序按每4个月注射一次。对猪只每年进行两次病原学抽样监测，结果为阳性者按病畜淘汰。

（2）经免疫的种猪所生仔猪，留作种用的在100日龄时作一次血清学检查，免疫前抗体阴性者留作种用，阳性者淘汰。

（3）后备种猪在配种前后1个月各免疫接种一次，以后按种猪的免疫程序进行免疫。同时每6个月抽血样作一次血清学鉴别检查，如发现野毒感染猪只及时淘汰处理。

（4）引进的猪只隔离饲养7 d以上，经检疫合格（血清学检测为阴性）后方可与本场猪混群饲养。每半年作一次血清学检查。对于检测出的野毒感染阳性猪实施淘汰。

（5）若种猪场污染严重暂停向外供应种猪。

（6）猪场要对猪舍及周边环境定期消毒。

（7）禁止在猪场内饲养其他动物。

（8）在猪场内实施灭鼠措施。

4.1.2.5 猪伪狂犬病净化的结果

按照净化方案，先对种猪场进行摸底调查，从猪场的位置、伪狂犬病的流行历史和现状、疫苗免疫情况、抗体监测情况、生物安全管理等方面进行详细的调查。找到净化环节的薄弱方面，有针对性地采取相应措施。

疫病控制：对猪场发病猪提供疫病控制服务，包括对发病动物的剖检、病料的检测和结果分析等。

生物安全：提供生物安全相关建议。定期与示范场猪场技术人员交流，提供净化技术和实验室检测技术培训、指导。

实施进度：2016—2018年每年上半年进行第一次抽样、测试猪场情况，通过血样测试伪狂犬gB、gE抗体阳性率和猪瘟抗体、病原阳性率。

2016—2018年每年下半年进行第二次抽样、测试猪场情况，通过血样测试伪狂犬gE抗体阳性率。

实施效果：示范场净化维持效果较好，PRV-gE阳性率始终保持在0的状态。

4.2 猪瘟净化技术

4.2.1 技术简介

猪瘟（CSF）在世界范围内广泛流行，其发病率和死亡率均高，对养猪业危害严重。发达国家通常采取扑杀政策防止和消灭猪瘟，澳大利亚、加拿大、爱尔兰、新西兰、瑞士和美国等都陆续宣布消灭了猪瘟，但近年来欧洲一些已消灭猪瘟的国家又有猪瘟出现的报道。而亚洲地区至今仍是该病的重灾区。在我国，长期坚持全面接种猪瘟兔化弱毒疫苗，使本病在国内大规模暴发已基本停止，但各地仍有不间断的散发流行。近几年来，猪瘟的流行及发病特点相比以往发生了很大变化，多以温和型、慢性或隐性猪瘟的形式出现，感染猪群常不表现明显的临床症状，呈现长期的隐性感染。猪瘟持续性感染的根源在于带毒母猪，其使猪瘟病毒长期在猪群中垂直和水平传播，导致仔猪的免疫抑制和免疫失败，并影响其他疫苗的免疫效果，还容易并发或继发其他疾病，严重影响猪场疫病的防控工作。

4.2.2 研究进展

4.2.2.1 猪瘟净化策略

疫病的净化总体思路：检测→淘汰→分群→免疫→检测→淘汰。

对猪群进行检测，看病原感染阳性率是否符合净化要求，如果阳性小于 20% 可以进行净化。对阴性和阳性个体进行分群饲养，进行疫苗免疫，多次检测淘汰阳性感染猪，建立不携带两种病原的健康猪群。

生物安全控制技术是成败关键，净化以后必须进行生物安全控制技术配套实施。目前养殖场不重视生物安全、过分依赖疫苗；猪场缺乏对猪群 PRRSV、CSF 等感染的监测与评估；盲目、过度、长时间使用减毒活疫苗；不科学地强制免疫、普遍免疫、高频度免疫；同一猪场使用两种不同毒株以上的活疫苗；随意更换不同毒株的疫苗，所以净化工作才比较困难。

4.2.2.2 猪瘟净化方案关键点

（1）把好引种关。一定要从猪瘟阴性场引种，并按规定严格做好检疫和隔离工作，并在混群前进行猪瘟抗原的检测以及保证抗体效价均达到理想的保护水平，确保所引进的种猪不带毒。

（2）全群种猪检测猪瘟抗原，阳性种猪淘汰处理或隔离饲养。后备猪群混群前应严格检测，猪瘟抗原检测阴性后备猪才可进入猪场。

（3）及时收集母猪所生产的弱仔猪、死胎、流产胎儿，取其扁桃体、脾脏、肾脏和淋巴结等猪瘟病毒侵害器官组织，采用 RT-PCR 方法做猪瘟病原诊断，根据阳性结果淘汰种猪。对于生产记录不佳的种猪，收集所产仔猪的脐带血，收集后做猪瘟抗体检测，根据抗体阳性结果，淘汰种猪。

（4）所有种猪群进行猪瘟疫苗的免疫，建议每头种猪使用脾淋疫苗 2 头份，免疫疫苗 1 个月后采集血清作抗体检测，不合格猪群再进行 1 次脾淋疫苗 2 头份的免疫，1 个月后测定抗体，仍不合格者淘汰或隔离出猪场。

（5）仔猪采用 25 日龄和 60 日龄两次免疫，或根据测定的仔猪抗体确定，每头猪每次免疫脾淋疫苗 1 头份。免疫 1 个月后按猪群 5% 的比例抽血清测定抗体水平，评价免疫的效果。对于猪瘟抗体水平较低且生长不良的仔猪尽量能追溯到生产它的种猪，进一步核查是否种猪感染猪瘟病毒。

（6）全场应建立猪场和周边环境的消毒制度，针对猪瘟病毒，在全场用 2%~3% 的氢氧化钠溶液消毒，减少环境中的猪瘟病毒数量。

（7）猪场的粪尿要及时清理和处理，死胎、流产物、弱仔猪要高温处理，及时清除猪场存在的传染源。

4.3 猪流行性腹泻油乳剂灭活疫苗技术

4.3.1 技术简介

猪流行性腹泻（Porcine epidemic diarrhea，PED）是由冠状病毒属猪流行性腹泻病毒

（Porcine epidemic diarrhea virus，PEDV）引起的一种猪的肠道传染病，主要表现为猪的腹泻、呕吐、脱水及高发病率和高致死率，不同年龄段、不同性别以及不同品系的猪均能感染 PEDV，尤其以哺乳仔猪的发病率和死亡率最为严重。PED 在我国流行十分广泛，特别是冬春季节在猪群广泛流行，给养猪业造成重大的经济损失。PEDV 新变异株的出现，现有疫苗不能提供有效的保护，导致 PED 再度在免疫猪群中广泛流行，而在流行季节还易继发细菌感染，给养猪业造成严重的经济损失。为此我们研发了 PED 油乳剂灭活疫苗以应对 PEDV 变异株的流行，为猪群提供针对性强的有效免疫保护。

4.3.2 研究进展

通过对猪场疫病情况的整体动态监测分析，结合猪场的疫情综合评估，制定针对性、确定性强的 PED 疫苗免疫程序。妊娠母猪主动免疫，使其所产仔猪获得被动免疫抗体；或者 3~5 日龄仔猪采取主动免疫。显示疫苗在安全性方面，无论是使用单剂量免疫、单剂量重复免疫还是超剂量免疫，免疫猪均未出现体重降低和疫苗引起的不良反应，对妊娠母猪生产性能没有影响，免疫猪后无不良反应，安全可控。在免疫效力方面，接种 3~5 日龄仔猪后，3 周检测到抗体，抗体阳性率达 100%，并维持 4 个月以上；接种妊娠母猪，对其所产 7 日龄仔猪进行了母源抗体测定抗体效价均在 1：32 以上，并维持 28 d 以上。疫苗对预防和控制猪流行性腹泻感染安全有效（图 4-1）。用该疫苗免疫仔猪，可使仔猪少腹泻、少死亡、生长快，综合效益每头猪提高 5%。

图 4-1 猪场免疫试验

4.4 猪细菌病精准防治技术

4.4.1 技术简介

细菌病是生猪生产中的常见疾病，可以引起仔猪死亡，饲料转化率减低，影响养殖企业的效率，制约生猪业的发展。猪细菌性疾病的靶心病灶囊括了消化、呼吸、循环、神经等重要系统组织，其致病因与饲养管理和环境控制密切相关，很大程度上属于"条件性致病"，各种源于环境和管理的不良应激原（致病诱因）综合作用下，导致动物生理及代谢机能紊乱，进而引起免疫抑制性、机体抗病力下降等，于是出现相应的病理症状。

当前猪细菌性疾病的显著特点如下。① 强耐药性，随着近代规模化猪业长期、多量应用某些抗生素，使猪的机体对传统抗生素敏感度逐年降低，历史沿用的青霉素、土霉素、四环素等基本上不能发挥对症控制的作用，需要联合用药、倍量用药才能达到理想效果。② 条件性致病，发病与养殖环境控制不良、污染指数超标、饲喂管理不科学、营养供应失衡等密切相关，一般在环境适宜、动物机体营养状况良好的条件下，有益菌与有害菌处于平衡状态，并不会引起动物发病，当这种平衡被打乱时，致病菌占据竞争优势，才会引起动物发病。③ 多元混感现象普遍，随着近代规模化养猪高度集约化、高密度养殖、频繁引种及交易等，导致各种新老病原体感染风险增大，任何一种原发病均可继发或并发细菌性感染，临床上混合感染、多重感染的现象极为普遍，单纯性感染某一种细菌性疾病的情况较为少见，代表症囊括"病毒＋细菌""寄生虫＋细菌""细菌＋细菌"等，总体上呈"难防、难诊、难治"的态势。抗生素是控制细菌病的有力武器，但是由于缺少抗生素的用药指导，抗生素应用泛滥，以及病原的变异，耐药菌株不断出现。通过细菌分离鉴定、药物筛选试验，可以挑选出高效的药物，有针对性地治疗，同时通过环境生物控制，切断病原的引入，从而控制细菌病的发生。

4.4.2 研究进展

贯彻"养重于防，防重于治，预防为主，养防结合"的方针，认真落实各项生物安全措施，防止病原侵入猪场。

4.4.2.1 良性环境控制

抓好猪场（舍、栏）生物安全防范及日常保洁消毒管理工作，猪舍内小环境长期保持"清洁、干燥、通风排湿通畅、采光良好、温湿度适中"的适宜状态，并按照"消灭传染源、切断传播途径、保护易感对象"的传染病防范技术要求+环境控制。严禁场内外任何可能携带病原体的车辆、用具、人员、其他动物等随意流动出入本场（舍、栏）散播相关疫病，严格执行制度化的清洁卫生治理及消毒灭源、无害化处置等，尽量将环境中病原微生物含量控制在安全值范围内，最大化降低当前猪群感染发病风险概率。

4.4.2.2 营养控制

根据当前猪群的生长阶段、生产功能（肉用、种用、繁育）等科学配制、均衡供应全价饲料，全面满足24 h不间断供应清洁饮水的基础需求，尽量参照国标饲料配方配制相宜的全价饲料，以维持猪群良好的营养状况及健康度，进而巩固加强猪群的整体免疫力，有效降低感染发病概率。

4.4.2.3 疫苗程序免疫

现代规模猪场制定疫苗免疫程序要注意满足科学性、合理性、针对性和实效性，要结合当地流行病学调查结果和本场实际科学研判分析，优选其中高发病风险的病种予以相关疫苗接种，且要保证猪群常年疫苗免疫抗体检测合格率达到75%以上。高危害性病种的疫苗程序免疫能够有效降低猪群的继发（并发）感染风险，是现代猪场降低病死损失的重要保护措施。

4.4.2.4 养猪场不要滥用抗生素

养猪场要少用或不用抗生素，特别是不要滥用或长期使用劣质的抗生素，如氯霉素、链霉素、新霉素、四环素、土霉素、地塞米松、庆大霉素、卡那霉素、糖皮质激素、泼尼松可的松、雄激素、睾丸激素、磺胺类药物等。这些药物不仅对机体具有免疫抑制作用，影响疫苗的免疫效果，而且易产生耐药性与药物残留，影响预防与治疗疫病的效果，威胁公共卫生安全。世界上"超级细菌"的出现，值得我们反思。妊娠母猪与种公猪禁止使用磺胺类药物、抗菌增效剂、四环素、红霉素、替米考星、新霉素、链霉素、卡那霉素、庆大霉素、氟哌酸、环丙沙星、多黏菌素、制霉菌素、古霉素及硝基咪唑类等药物。禁止使用的中药有：巴豆、牵牛、大戟、斑蝥、商陆、三枝、麝香、莪术、水蛭、红花、大黄、枳实、附子、干姜、肉桂、桃仁、瞿麦等。因为这些药物有的毒性较强、有的药物作用激烈易造成流产等。

4.5 中兽医应用技术

4.5.1 丹参水提取液预防大肠杆菌感染技术

4.5.1.1 技术简介

伴随着抗生素产生的耐药性及兽药残留等问题，人们逐渐将目光转移到已有几千年文明中草药的身上，如今利用中草药开发新型抗菌药物已经成为当下热点问题。中草药在机体内抗菌的同时，还对调节和改善机体免疫功能起到良好的作用。在减抗限抗的大环境下，开发研制预防控制畜禽肠道细菌病制剂意义重大。

丹参是中国传统中药的一种，拥有通经止痛、活血祛瘀及凉血消痈等功效。药理研究表明，丹参有抗氧化、抗菌消炎、保护心脏、抗肝损伤等一系列功效。丹参水提液对小鼠作为试验动物，研究丹参水煎液作为预防性给药对小鼠的肠道菌群变化，为中兽药替代抗生素在畜禽养殖中的实际应用及推广提供技术及理论依据。本研究侧重研究小鼠在饲喂丹参水提取液后肠道内乳酸杆菌、沙门氏菌、金黄色葡萄球菌以及大肠杆菌数量的变化趋势。进一步分析小鼠肠道内乳酸杆菌与沙门氏菌、大肠杆菌、金黄色葡萄球菌的竞争性抑制作用，说明肠道内乳酸杆菌数量是否可以预防致病菌对宿主的侵害。为畜禽饲养过程中，对益生菌的增殖以及对病原菌的抑制提供理论指导，对丹参这一中草药在养殖业的推广具有重要意义。同时通过对饲喂一段时间丹参水煎液的小鼠进行大肠杆菌 O_{101} 攻毒试验，进行体内抑菌试验，通过观察小鼠的存活率以及攻毒后肠道菌群计数来判定丹参水提取液的体内抑菌效果。本项研究的主要意义在于有助于阐明丹参在体内及体外的抗菌、抑菌作用，从而对丹参在畜牧养殖领域推广应用提供重要的参考依据。

4.5.1.2 研究进展

（1）丹参水提取液的制备及饲喂方法 称丹参 100 g，加入 10 倍体积超纯水，浸泡约 30 min 后于煎药壶内以大火煮沸，沸后转文火煎煮 30 min，过滤药渣将药液倒出，药渣继续添加 8 倍体积超纯水，大火煎煮沸腾后转文火煎 30 min，滤除药渣，合并两次提取药液。药液先用重叠后的 16 层纱布过滤，后用滤纸再次过滤，最后 1 000 r/min 离心 10 min 除去药渣，取上清。用旋转蒸发仪蒸发水分，使药液浓缩至 100 mL，即 1 g/mL 丹参水提取液。分装在 10 mL EP 管−20 ℃保存，并于 30 d 内用完。

分别将 1 g/mL 丹参水提取液稀释为 0.39、0.195、0.0975 g/mL，小鼠灌胃，低、中、高剂量组每次灌胃剂量均为 0.2 mL/（只·d），共灌药 28 d。

（2）对小鼠体重的影响 在饲喂第 1~7 d，丹参提取液低剂量组与空白组比较没有显著性差异，中、高剂量组与对照组比较存在差异（$0.01<P<0.05$），丹参提取液高剂量组与中剂量组比较没有显著性差异；饲喂第 8~14 d，丹参提取液低与空白组比较没有显著性差异，中剂量较低剂量组增重趋势明显，中剂量组与空白组比较差异显著，高剂量组较空白组差异极显著（$P<0.001$）；饲喂 15~21 d，丹参提取液低剂量组与空白组比较无差异，丹参提取液中、高剂量组与空白组比较差异极显著（$P<0.001$），丹参提取液高剂量组与中剂量组比较不存在差异性；在饲喂第 22~28 d，丹参提取液低剂量组与空白组比较没有显著性差异，丹参提取液中剂量组、高剂量组与空白组对比存在差异性（$0.01<P<0.05$），中、高剂量组没有明显剂量—效应关系。小鼠在连续饲喂丹参水提取液后，中、高剂量组均促生长作用显著，中、高剂量组并无剂量—效应关系，选用中剂量即可。在饲喂丹参提取液的第 28 d 增重效果最佳（图 4-2）。

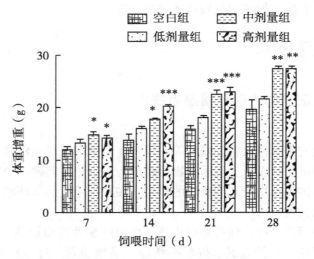

图4-2 饲喂丹参水提取液小鼠体重增重

（3）对小鼠肠道菌群变化的影响

① 对乳酸杆菌的作用：饲喂丹参水提取液对小鼠盲肠内容物乳酸杆菌的作用。饲喂7 d时，低剂量组与空白组的乳酸杆菌数量无显著差异，中、高剂量组与空白组比较差异极显著（$P < 0.001$）；14 d时，低剂量组与空白组的乳酸杆菌数量没有差异，中剂量组与空白组比较差异显著（$0.001 < P < 0.01$），高剂量组与空白组比较差异极显著（$P < 0.001$）；21 d时，低剂量组与空白组的乳酸杆菌数量没有差异，中剂量组与空白组比较差异显著（$0.001 < P < 0.01$），高剂量组与空白组比较差异极显著（$P < 0.001$）；28 d时，低剂量组与空白组的乳酸杆菌数量存在差异（$0.01 < P < 0.05$），中剂量组、高剂量组与空白组比较差异显著（$0.001 < P < 0.01$）（图4-3）。

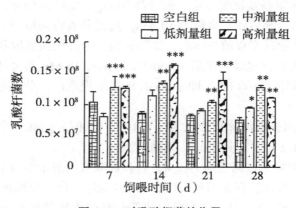

图4-3 对乳酸杆菌的作用

② 对金黄色葡萄球菌的作用：饲喂丹参水提取液对小鼠盲肠内容物金黄色葡萄球菌的作用。饲喂7 d时，低剂量组与空白组的金黄色葡萄球菌数量相较存在差异（$0.01 < P < 0.05$），中、高剂量与空白组相较差异极显著（$P < 0.001$）；14 d时，低剂量组与空白组的金黄色葡萄球菌数量相较不存在差异，中、高剂量与空白组相较差异显著（$0.001 < P < 0.01$）；21 d时，低剂量组与空白组的金黄色葡萄球菌数量相较差异显著（$0.001 < P < 0.01$），中、高剂量与空白组相较差异极显著（$P < 0.001$）；28 d时，低剂量组与空白组的金黄色葡萄球菌数量相较存在差异（$0.01 < P <$

0.05)，中剂量组与空白组比较无差异（$P>0.05$），高剂量组与空白组比较差异极显著（$P<0.001$）（图4-4）。

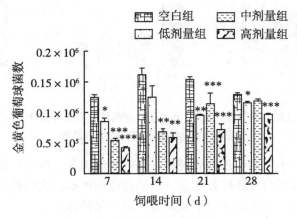

图4-4　对金黄色葡萄球菌的作用

③对大肠杆菌的作用：饲喂7 d时，低、中、高剂量组与空白组的大肠杆菌数量比较无显著差异（$P>0.05$）；14 d时，低、高剂量组与空白组的大肠杆菌不存在差异，中剂量组与空白组相较差异显著（$0.001<P<0.01$）；21 d时，低剂量组与空白组的大肠杆菌数量差异显著（$0.001<P<0.01$），中、高剂量组与空白组差异极显著（$P<0.001$）；28 d时，低剂量组与空白组的大肠杆菌数量差异显著（$0.001<P<0.01$），中剂量组与空白组比较无差异（$P>0.05$），高剂量组与空白组比较差异极显著（$P<0.001$）（图4-5）。

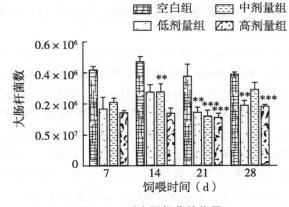

图4-5　对大肠杆菌的作用

（4）攻毒后肠道菌群变化　丹参水提取液饲喂28 d后各组以致病性大肠杆菌O_{101}腹腔注射每只小鼠0.2 mL，细菌数$2.758×10^8$ CFU/mL，注射后连续观察96 h。

①对乳酸杆菌的作用：丹参水提取液低、中、高剂量组与大肠杆菌组比较差异极显著（$P<0.001$），丹参具有明显的促进乳酸杆菌生长的作用。

②对金黄色葡萄球菌的作用：丹参水提取液低、中、高剂量组与大肠杆菌组比较差异显著，金黄色葡萄球菌数量差异显著（$0.01<P<0.05$）；高剂量组较大肠杆菌组差异极显著（$0.001<P<0.01$）。丹参具有明显的抑制金黄色葡萄球菌生长的作用。

③对大肠杆菌的作用：丹参水提取液低、中、高剂量组与大肠杆菌组比较差异显著（$0.001<P<0.01$）。丹参具有明显的抑制大肠杆菌生长的作用（图4-6）。

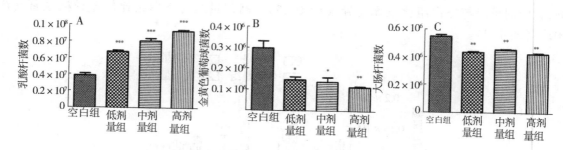

A. 乳酸杆菌计数；B. 金黄色葡萄球菌计数；C. 大肠杆菌计数

图4-6 攻毒后小鼠盲肠细菌计数

饲喂丹参水提取液，小鼠的生长性能提高，有一定促进肝、脾脏指数的趋势，有效促进益生菌乳酸菌的生长、抑制病原菌大肠杆菌和金黄色葡萄球菌增殖，大肠杆菌攻毒后，能明显降低小鼠的死亡数。说明饲喂丹参水提取液对小鼠具有一定的保护作用。

4.5.2 中药复方—HBY 抗 PRRSV 技术

4.5.2.1 技术简介

PRRSV 的疫苗免疫是一把双刃剑，在防治 PRRSV 的同时也为 PRRSV 的更多变异埋下了隐患。寻找与疫苗免疫具有相同或相似作用，同时不会造成危害的方法已经成为当务之急。近年来，中药抗病毒的研究已经成为热点之一。本团队在前期中药复方—HBY 体内外抗病毒试验技术研发的基础上，证明该组方具有扶正祛邪，清热解毒，提升机体免疫力，降低病毒载量的作用功效。当前养猪企业 PRRSV 隐性感染现象非常普遍，以中药复方—HBY 饲喂不同日龄的母猪及断奶仔猪，可有效降低病毒载量、促进仔猪生长，抗病、减少仔猪病死率。

4.5.2.2 研究进展

（1）中药复方—HBY 体外抗 PRRSV 技术 根据 PRRSV *Nsp2* 基因序列设计引物，建立荧光定量 PCR 检测病毒载量方法。利用 Marc-145 细胞中药研发平台，采用 ELISA 技术测定药物对细胞的最大安全浓度，分别检测中药复方—HBY 对 PRRSV 的预防作用、治疗作用和直接杀灭作用以及不同作用时间、不同中药浓度的抑制效果。可以看出中药复方—HBY 对 Marc145 细胞的最大安全浓度为 6.25 mg/mL，预防给药和治疗给药对病毒具有极显著的抑制作用，并呈现药物浓度和作用时间的依赖性。随着作用时间的延长，中药复方在 Marc145 细胞上可以很好地修复由 PRRSV 所造成的细胞损伤；中药复方预处理组在 24 h、48 h、72 h 时与病毒对照组相比均差异显著（$P<0.05$），可见中药复方可以有效抑制 PRRSV 对细胞的侵染，阻断病毒吸附、内化及释放等作用，维持细胞内环境稳态（图4-7 至图4-9）。

中药复方—HBY 对 PRRSV 的抑制作用，在预防和治疗给药作用显著，可用于防控猪蓝耳病。不同浓度的中药复方作用对 PRRSV 增殖的抑制作用在 3 种作用形式对 PRRSV 均有一定的抑制作用，除中药与病毒同时作用外，其余两种作用方式随着药物浓度的升高病毒表达载量均有降低，药物浓度与病毒相对表达载量呈一定的量效关系。

（2）中药复方—HBY 体内抗 PRRSV 技术 在常规日粮中按照 1 kg/t 添加中药复方—HBY 饲喂母猪及断奶后的仔猪，饲喂周期 30 d。饲喂结束后，检测生猪血清细胞因子、IgG、IgA 及病毒载量，显示中药复方—HBY 具有扶正祛邪、清热解毒，提高动物免疫力，抑制 PRRSV 功效（图4-10）。

饲喂复方中药前后试验组母猪体内 IL-10 水平极显著降低（$P<0.01$）；母猪对照组饲喂前后

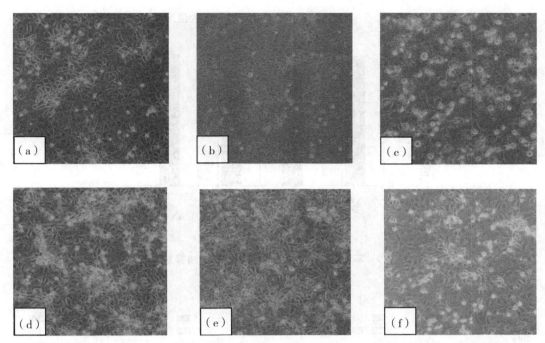

（a）药物对照组；（b）细胞对照组；（c）病毒对照组；（d）预防给药组；（e）直接杀灭组；（f）治疗给药组。

图4-7 不同药物和病毒作用方式细胞形态

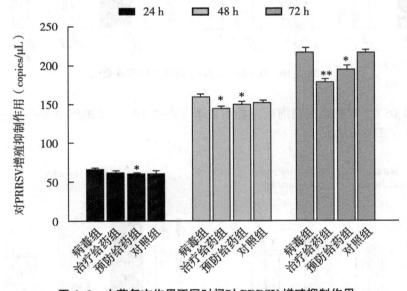

图4-8 中药复方作用不同时间对 PRRSV 增殖抑制作用

注："＊""＊＊""＊＊＊"表示试验组与对照组相比的差异显著性。

差异不显著（$P>0.05$）；饲喂后母猪试验组 IL-10 水平比对照组显著降低（$P<0.05$）；试验组仔猪饲喂前后体内 IL-10 水平极显著降低（$P<0.01$）；对照组饲喂前后差异不显著（$P>0.05$）；试验组仔猪 IL-10 水平比对照组显著降低（$P<0.05$）。

饲喂复方中药前后试验组母猪体内 IFN-γ 水平极显著升高（$P<0.01$）；对照组饲喂前后差异不显著（$P>0.05$）；试验组 IFN-γ 水平比对照组极显著升高（$P<0.01$）；试验组仔猪饲喂前后

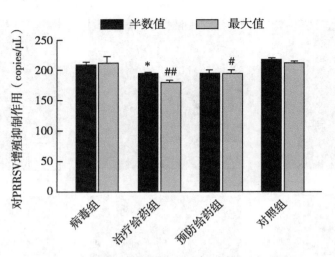

图4-9　不同浓度中药复方对 PRRSV 增殖抑制作用

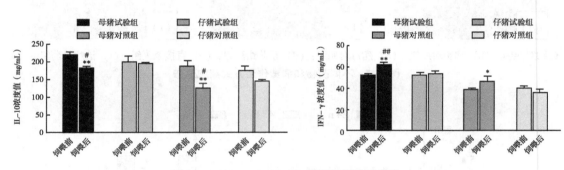

图4-10　IL-10、IFN-γ 饲喂前后浓度变化

差异显著（$P<0.05$）；对照组饲喂前后差异不显著（$P>0.05$）；试验组 IFN-γ 水平比对照组显著升高（$P<0.05$）（图4-10）。

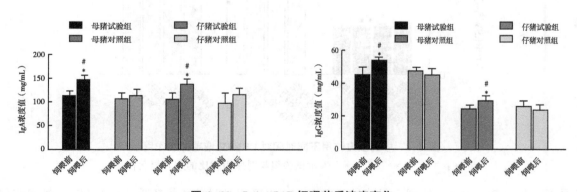

图4-11　IgA、IgG 饲喂前后浓度变化

饲喂前后试验组母猪、仔猪血清 IgA、IgG 水平有所升高（图4-11），且差异显著（$P<0.05$）；对照组饲喂前后差异不显著（$P>0.05$）；试验组母猪、仔猪 IgA、IgG 水平与对照组差异显著（$P<0.05$）；对照组饲喂前后差异不显著（$P>0.05$）。

从临床应用效果可以看出，复方中药组具有明显降低病毒核酸载量的作用，饲喂复方中药组30 d后病毒载量平均下降18.62%，说明复方中药能够清除血液中PRRSV的病毒含量，减轻病毒血症对母猪和仔猪的伤害，逆转动物机体的免疫抑制，减少病毒感染率。提高仔猪平均日增重，能够降低死亡率、提高生产性能（表4-3）。

表4-3 对妊娠母猪生产性能的影响

项目	复方中药组	空白对照组
仔猪出生重（kg）	1.41±0.29	1.44±0.23
仔猪断奶重（kg）	7.89±1.24*	6.76±1.05
仔猪平均日增重（g）	258.33±33.00*	231.67±31.67
产仔数	13	12
健仔数	12	11
死胎数	1	1
腹泻率（%）	2.87	5.81
死亡率（%）	0	0

4.5.3 KDS减抗替抗技术

4.5.3.1 技术简介

KDS散是一种对保育仔猪具有促生长作用的中药制剂，按照300 mg/kg在饲料中添加，饲喂保育仔猪可显著提高血清中生长激素的水平，显著降低血清中生长激素抑制激素的水平，KDS散可通过上述指标来改善仔猪的生长性能，减少抗生素在生猪养殖过程中的使用。

4.5.3.2 研究进展

（1）观察指标 临床症状：每天猪群的精神、活动、被毛、粪便进行大体观察；各组猪的腹泻情况，记录各组猪的腹泻头数，计算各组猪的腹泻发生率。腹泻发生率=腹泻动物数/该组动物总数；分别于试验第1天（给药前）、试验第16天、试验第32天（停药1 d）分别采取各组猪的外周血2 mL，3 000 r/min，离心15 min分离血清，用于测定生长激素和生长激素抑制激素。

试验第1天（给药前）、试验第32天（停药1 d）称量各组猪的体重，计算组平均增重。记录各组给料量和剩余量，统计采食量。

饲喂KDS散的各保育栏仔猪总增重平均值为136.3 kg，略高于博落回散组的127.5 kg，但两者差异不显著（$P=0.1344$）。饲喂KDS散的各保育栏仔猪平均增重值为8.792 kg，饲喂博落回散的各保育栏仔猪平均增重值为8.363 kg，且饲喂KDS散的仔猪平均增重显著高于饲喂博落回散的仔猪平均增重（$P=0.0027$）。以上结果表明，KDS散与博落回散同样具有促生长效果，且效果略好于博落回散。

（2）采食量及料肉比 饲喂KDS散的各保育栏仔猪总采食量平均值为212 kg（图4-12），显著低于博落回散组的234.3 kg（$P=0.0366$）。饲喂KDS散的各保育栏仔猪料肉比平均值为1.668，饲喂博落回散的各保育栏仔猪料肉比平均值为1.720，饲喂KDS散的仔猪料肉比平均值低于饲喂博落回散的料肉比平均值（图4-13），但两者差异不显著（$P=0.5278$）。

（3）死亡率及腹泻率 在为期30 d的试验过程中，饲喂博落回散的仔猪和饲喂KDS散的仔

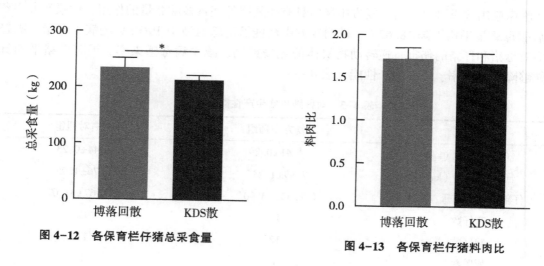

图 4-12　各保育栏仔猪总采食量　　　　图 4-13　各保育栏仔猪料肉比

猪均未出现死亡的情况。饲喂 KDS 散的各保育栏仔猪的腹泻发生率低于博落回散组（表4-4）。

表 4-4　腹泻仔猪头数统计

组别	试验时间（d）									
	1	2	3	4	5	6	7	8	9	10
博落回组（头）	1	3	0	0	0	0	2	0	0	0
KDS 组（头）	1	0	1	0	0	0	0	0	0	0

组别	试验时间（d）									
	11	12	13	14	15	16	17	18	19	20
博落回组（头）	0	0	0	0	0	1	0	0	0	0
KDS 组（头）	0	0	0	0	1	0	0	0	0	0

组别	试验时间（d）									
	21	22	23	24	25	26	27	28	29	30
博落回组（头）	0	0	0	0	0	0	0	0	0	0
KDS 组（头）	0	0	0	0	0	0	0	0	0	0

　　（4）血清中生长激素和生长激素抑制激素的水平　饲喂 KDS 散 15 d 后各保育栏仔猪血清中生长激素的水平略高于博落回散组仔猪血清中生长激素的水平，但两者差异不显著（$P = 0.056$）；饲喂 KDS 散 30 d 后各保育栏仔猪血清中生长激素的水平显著高于博落回散组仔猪血清中生长激素的水平（$P = 0.014$）。饲喂 KDS 散 15 d 后各保育栏仔猪血清中生长激素抑制激素的水平略低于博落回散组仔猪血清中生长激素抑制激素的水平，但两者差异不显著（$P = 0.36$）；饲喂 KDS 散 30 d 后各保育栏仔猪血清中生长激素抑制激素的水平显著低于博落回散组仔猪血清中生长激素抑制激素的水平（$P = 0.0049$）。以上结果表明，饲喂 KDS 散 30 d 可显著升高仔猪血清中生长激素的水平，显著降低生长激素抑制激素的水平（图 4-14）。

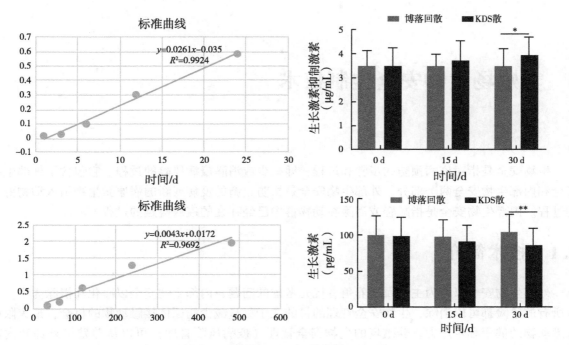

图 4-14　血清生长激素、抑制激素的水平

表 4-5　保育阶段仔猪料肉比

分组	数量（头）	初始总重（kg）	结束均重（kg）	总增重（kg）	总采食量（kg）	料肉比
保育 1	20	134	358.4	224.4	345.6	1.54 : 1
保育 2	16	137.3	362.9	225.6	336.1	1.49 : 1
保育 3	21	142.8	363.1	220.3	337.4	1.53 : 1

参考文献（略）

（张永红团队、杨林团队、 王玉田 团队、穆祥团队提供）

5 养殖场生物安全控制技术

生物安全是指对疫病预防的步骤和过程，即减少或消除疫病风险的过程。它包含了外部生物安全和内部生物安全两个部分。外部生物安全是指防止新的疫病或新的病原微生物引入动物群中的过程。内部生物安全是指减轻或消除在动物群中已经存在的疫病蔓延的过程。

5.1 技术简介

外部生物安全以堵为主，属于养殖者优先考虑的问题，内部生物安全以净化和消除为主。并非所有的危险都可以消除，生物安全管理的目的在于尽量减少病原体接触动物的机会，最大限度保障动物的健康和生产力。养殖场的生物安全管理（疫病风险管理）可以从养殖场外部和内部两个方面进行。

5.2 研究进展

5.2.1 外部控制技术

外部生物安全管理主要从动物引入管理，生产工具管理，饲养人员管理，昆虫、老鼠、鸟类等生物传播，养殖场选址和建立有效的隔离带等几方面考虑。

5.2.1.1 引入动物的管理

第一，需要考虑引入地区，即输出场所在地区的动物疫病状况；第二，要严把检疫关，必要时需进行特定动物疫病监测，比如奶牛的结核病、布鲁氏菌病监测；第三，必须严格执行隔离观察制度；第四，做好免疫工作。

5.2.1.2 生产工具管理

生产工具包括运输工具、饲养工具等，入场前必须严格消毒，同时圈舍间的饲养用具不得交叉使用。

5.2.1.3 人员管理

养殖场饲养人员原则上一批动物未出场前不得离开养殖场，也不得在非本人管理区域内出入；人员的出入既要有严格的请、销假制度，还要有严格的消毒制度；非养殖场工作人员未经许可绝不能进入养殖场，更不得在圈舍内逗留。

5.2.1.4 异种生物的管理

尽可能减少异种生物在养殖场的存在，比如家禽养殖中，有条件的要设置防鸟网，老鼠等啮齿类动物是养殖业甚至是人类的公害，蚊蝇一类的昆虫也是养殖业的大敌。

5.2.1.5 养殖场的选址

养殖场的选址不仅要考虑对人类生产、生活以及对养殖场生产经营活动的影响，还要考虑养殖场自身防疫工作的需要。养殖场之间应当保持合适距离，场与场之间有天然的隔离带是最理想的建场选择，目前的养殖小区建设是一种方式，但小区的管理和防疫应当是统一的，而不是每个场都按自己的方式进行。在一个区域，一个公司+N户农户是较好的经营模式，技术和管理均由公司按统一的标准执行。

5.2.1.6　隔离带

场与场之间不仅要有隔离带，一个场不同的畜舍之间都应建立隔离带，特别是不同生产阶段的圈舍之间，更应设置隔离带，幼畜、禽与成年的抵抗力是不一样的，有的病只在幼畜禽中发生，成年动物不感染，即使在成年动物中有这些病原微生物存在。

5.2.1.7　养殖方式

养殖方式提倡舍饲，且"全进全出""自繁自养"的养殖方式最理想，放牧会加大动物接触病原的概率，特别是一些重大动物疫病病原广泛存在于自然界中。

5.2.2　内部控制技术

应当从基础免疫、混群、疫病净化、治疗等方面入手。

5.2.2.1　基础免疫

免疫是目前防止疫病发生最有效的手段，是养殖业成败的关键环节之一。制定科学的免疫制度可以有效地控制疫病的发生。

5.2.2.2　混群

摸清动物的来源，了解动物的健康状况，最大限度地减少不同来源的动物混群。

5.2.2.3　疫病净化

一些致病率高、死亡率高，对生产和人类影响较大的动物疫病，必须采取净化措施，才能保证动物群体的健康和公共卫生安全，比如奶牛的结核病、布鲁氏菌病，鸡白痢，禽沙门氏菌病等，对人类健康和畜牧业生产影响比较大，目前采取净化的措施。净化的前提是监测，通常的做法是对监测阳性动物予以淘汰或无害化处理。通过定期监测和净化，逐步消除特定病原在养殖场的存在。

5.2.2.4　治疗

相当一部分动物疫病，对生产影响不大，通过隔离治疗是可以在动物群中消除的，这一部分疫病就需要及时隔离治疗，以尽快恢复动物生产力，最大限度地降低损失。

5.2.2.5　消毒

消毒是有效杀灭病原微生物的重要措施之一。养殖场应当建立有效的防疫消毒制度，定期消毒。在一批动物出栏后，圈舍应当进行彻底的清洗消毒，视具体情况，比如疫病情况、生产安排等，间隔一定的时间，方可补栏。

5.2.2.6　饲养管理

畜禽圈舍温湿度的控制、通风换气，保持舍内空气清新也是减少动物发病的一个重要方面。一方面是给动物提供一个舒适的生活环境，发挥最好的生产力，另一方面可以有效抑制某些病原微生物的繁殖；不同年龄段的动物分开饲养；科学地使用全价料饲喂，是增强动物体况，提高抗病能力的一个手段。

动物养殖场的生物安全管理（疫病风险管理）是一个系统、复杂的工程，笔者仅就生产中常见的一些问题提出了自己的看法。总之，疫病的风险管理问题，最核心的是要把握住动物引入、监测净化、基础免疫、防疫消毒等几个最基本的环节，其他的环节也不容忽视。动物疫病的防控本身就需要采取综合性的防控措施，同时兼顾对人类健康的影响。

5.2.3 规模化猪场高效生物安全新技术

非洲猪瘟等疫情是当前及今后一段时间内阻碍我国养猪业发展的首要问题。目前国内外缺乏有效的非洲猪瘟疫苗，生猪养殖场需重点做好生物安全措施。二氧化氯消毒剂是国际上公认的高效消毒灭菌剂，它可以杀灭一切微生物，包括细菌繁殖体、细菌芽孢、真菌、分枝杆菌和病毒等，并且这些细菌不会产生耐药性。二氧化氯对微生物细胞壁有较强的吸附穿透能力，可有效地氧化细胞内含巯基的酶，还可以快速地抑制微生物蛋白质的合成来破坏微生物。二氧化氯消毒剂优点如下。① 广谱性：能杀死病毒、细菌、原生生物、藻类、真菌和各种孢子及孢子形成的菌体；② 高效：0.1 μL/L 下即可杀灭所有细菌繁殖体和许多致病菌，50 μL/L 可完全杀灭细菌繁殖体、肝炎病毒、噬菌体和细菌芽孢；③ 受温度和氨影响小：在低温和较高温度下杀菌效力基本一致；④ pH 适用范围广：pH 值在 2~10 范围内能保持很高的杀菌效率；⑤ 安全无残留：不与有机物发生氯化反应，不产生三致物质和其他有毒物质；⑥ 对人体无刺激等优点：低于 500 μL/L 时，其影响可以忽略，100 μL/L 以下对人没任何影响。

本团队与北京兰宇天都生物科技有限公司合作，研发推广系列国际领先的高纯度稳定性二氧化氯产品（天都金泉溶液和消毒片剂），具备系列 CMA 检测报告，在生猪养殖场各生产环节开展应用，形成规模化猪场生物安全新技术。此技术也可作为生猪无抗残留、减抗养殖关键技术加以推广应用。

5.2.3.1 产品特点

（1）纯度高　不含氯气、亚氯酸钠及其他有毒有害成分，二氧化氯含量 10%以上（图 5-1）。

CMA
201819000873
广州中科检测技术服务有限公司
检验报告
样品受理编号：JKX20040141-1　　第 1 页/共 2 页
样品名称　二氧化氯片剂　　样品数量　2 瓶
生产日期或批号　20200402　　样品性状　片剂
型号规格　100片/瓶　　商标　天都金泉
送检单位　北京兰宇天都生物科技发展有限公司　　接样日期　2020-04-15
生产单位　北京兰宇天都生物科技发展有限公司　　检验完成日期　2020-04-16
检验依据：
《消毒技术规范》（2002年版）2.2.1.2.6。
检验结论：
1、 样品二氧化氯消毒片中有效成分二氧化氯含量为 10.9%。

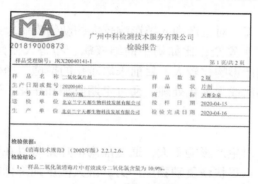

图 5-1　含量检测报告

（2）稳定性好　54 ℃恒温环境存放 14 d 后（相当于常温环境存放 1 年），二氧化氯含量下降率为 3.25%（图 5-2）。

北京市疾病预防控制中心
检测报告
样品受理编号 2013XD-X0031　　第 1 页　共 4 页
样品名称　天都金泉高纯二氧化氯片剂　　受理日期　2018.12.5
送检单位　北京兰宇天都生物科技发展有限公司　　完成日期　2018.12.25
生产单位　北京兰宇天都生物科技发展有限公司　　规格/数量/包装　1g/片
检测类别　委托检测　　样品性状　白色片剂
检测室名称　消毒与有害生物防制所实验室　　生产日期/批号　2018.11.28
检测项目　pH 值、二氧化氯含量测定、稳定性试验
检测和评价依据：《消毒技术规范》第 2002 年版
检测结论：
将天都金泉高纯二氧化氯片剂一片溶解于 500ml 水中，溶解 5-10 分钟后搅拌均匀，此为天都金泉高纯二氧化氯片剂，原液 pH 值为 2.25，天都金泉高纯二氧化氯片剂二氧化氯含量平均为 10.76%，将密闭包装的天都金泉高纯二氧化氯片剂置 54℃恒温存放 14 天后，对其进行二氧化氯含量测定，二氧化氯含量为 10.41%，二氧化氯含量下降率为 3.25%。

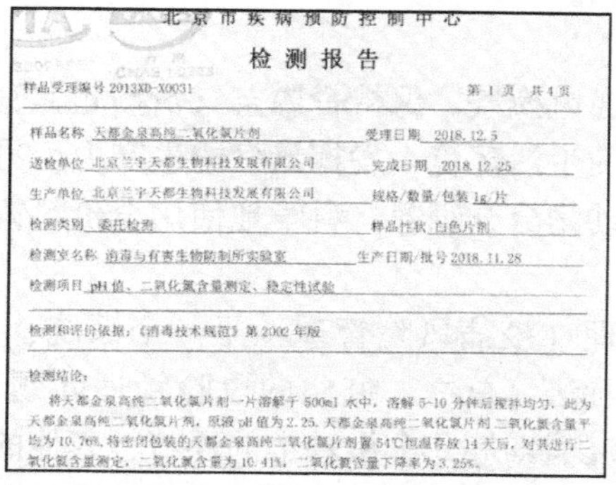

图 5-2　稳定性检测报告

（3）杀菌效果好　天都金泉消毒片剂配制的 100 mg/L 浓度消毒液作用 1 min 时，对大肠杆菌、金黄色葡萄球菌杀灭对数值均大于 5.0（图 5-3）；天都金泉溶液稀释 80 倍在 1 min 内杀灭 99.999％白色念珠菌（图 5-4）。

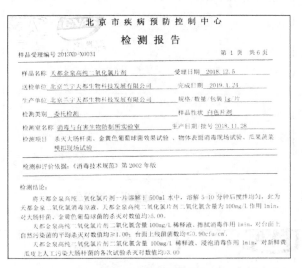

图 5-3　杀菌效果检测报告

图 5-4　杀灭白色念珠菌检测结果

（4）重金属含量低　用天都金泉片剂（30 片/t）进行饮水消毒，符合国家饮用水标准（图 5-5）。

（5）无毒，无刺激（图 5-6），属于绿色消毒剂　天都金泉溶液稀释 20 倍使用对巨噬细胞无影响，同时完全杀灭巨噬细胞内部非洲猪瘟病毒（图 5-7）。

（6）操作简单安全　将 1 片天都金泉消毒片剂溶入 1 L 水中，无须静置，即可制成 100 mg/L 浓度二氧化氯的消毒液，供带猪环境消毒、个人防护及猪场除臭。天都金泉溶液稀释 20 倍后直接口服，或饮水加药器 1∶400 比例饮水使用，预防母猪—仔猪垂直传播疾病以及各类仔猪腹泻。

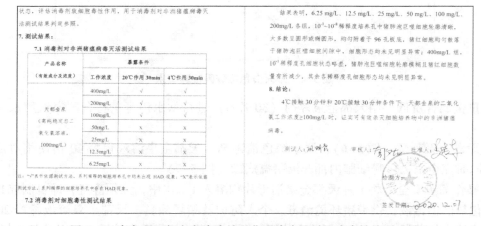

图 5-5　重金属含量检测报告

图 5-6　毒理学检测报告

图 5-7　青岛所天都金泉溶液杀灭非洲猪瘟及对细胞毒性检测结果

5.2.3.2　应用场景

（1）猪场集中饮水消毒（30 片/t 饮水），解决饮水卫生问题。

（2）分娩哺乳猪舍，天都金泉溶液通过饮水加药器按 1∶400 添加，有效阻断母猪仔猪间病毒、细菌的垂直传播。

（3）天都金泉溶液稀释 10 倍后（装喷壶），用于仔猪接生、断牙、断尾、断脐带等环节的卫生消毒以及仔猪口腔、母猪乳头的喷洒，预防各类型仔猪腹泻，效果明显。

（4）猪场夏季湿帘降温系统循环水添加天都金泉片剂（1 000片/t 水），解决进风消毒及猪舍内空气的净化。

（5）猪舍内带猪喷雾或喷洒消毒（1 000 片/t 水）。冬季猪舍内空气消毒配备天都金泉二氧化氯气化机，避免提高舍内湿度（图 5-8）。

广东省微生物分析检测中心

GUANGDONG DETECTION CENTER OF MICROBIOLOGY

分 析 检 测 结 果

ANALYSIS AND TEST RESULT

报告编号（Report №.）：2019FM18049R01

测试微生物	作用时间	序号	空气中含菌量（cfu/m^3）	除菌率（%）
金黄色葡萄球菌（*Staphylococcus aureus*）ATCC 6538	0h(CK)	1	5.5×10^4	
		2	5.6×10^4	
		3	5.6×10^4	
	30min	1	7.9×10^2	99.07
		2	7.2×10^2	99.20
		3	7.6×10^2	99.15
	平均值			99.14
大肠杆菌（*Escherichia coli*）8099	0h(CK)	1	7.2×10^4	
		2	7.0×10^4	
		3	6.9×10^4	
	30min	1	2.4×10^2	99.40
		2	2.5×10^2	99.34
		3	1.6×10^2	99.55
	平均值			99.43
（以下空白）				

图 5-8 汽化后对空气中细菌杀灭效果

（6）猪场洗消中心及人员物质通道的喷洒及喷雾消毒（1 000片/t）。此场景应用配备天都金泉气溶胶消毒机（图 5-9，图 5-10）。

广微测

Gmicro Testing

广东省微生物分析检测中心

GUANGDONG DETECTION CENTER OF MICROBIOLOGY

分 析 检 测 结 果

ANALYSIS AND TEST RESULT

报告编号（Report №.）：2019FM18050R01

1.样品前处理：以“玻璃”为载体。样品配置：取 30g“天都金泉”高纯二氧化氯粉剂，加入 1L，20℃的纯水中，搅拌均匀，静置 30min，载体放置位置：在一间 300 立方米的封闭房内，停放一辆货车，在货车机头盖（机头盖）内放大肠菌片一个；在驾驶室（驾驶室门打开）放置金葡菌片一个；在开放的车厢内放大肠菌片一个；在底盘位置放置大肠和金葡菌片各一个；然后打开“天都金泉”气溶胶消毒机，工作 30min。

1.1.试验结果：

放置位置	试验菌株	试验组别	对照组平均菌落数（cfu/片）	试验组平均菌落数（cfu/片）	杀灭率（%）	杀灭对数值
菌片放置于货车的机头盖	大肠杆菌（*Escherichia coli*）8099	1	3.9×10^6	<10	>99.99	>5.59
		2	4.3×10^6	<10	>99.99	>5.63
		3	4.2×10^6	<10	>99.99	>5.62
菌片放置于驾驶室	金黄色葡萄球菌（*Staphylococcus aureus*）ATCC 6538	1	2.2×10^6	<10	>99.99	>5.34
		2	2.1×10^6	<10	>99.99	>5.3
		3	2.3×10^6	<10	>99.99	>5.36
菌片放置于开放的车厢内	大肠杆菌（*Escherichia coli*）8099	1	3.9×10^6	<10	>99.99	>5.59
		2	4.3×10^6	<10	>99.99	>5.63
		3	4.2×10^6	<10	>99.99	>5.63
菌片放置于底盘位置	大肠杆菌（*Escherichia coli*）8099	1	3.9×10^6	<10	>99.99	>5.59
		2	4.3×10^6	<10	>99.99	>5.63
		3	4.2×10^6	<10	>99.99	>5.62
	金黄色葡萄球菌	1	2.2×10^6	<10	>99.99	>5.34

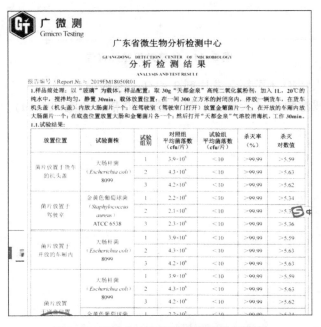

图 5-9 洗消中心车辆消毒效果检测报告

图 5-10　人员通道衣服内杀菌效果检测

（7）猪场除臭墙循环水添加解决除臭杀毒问题（1 000片/t 除臭墙循环水）（图 5-11）。

图 5-11　除臭效果检测报告

（8）猪场人员个人防护（天都金泉片剂 2 片/L，装喷壶）。

（9）食堂食材的浸泡消毒（天都金泉溶液稀释 20 倍，浸泡 10 min）。

参考文献（略）

（王楚端团队提供）

第三篇
营养与饲料

6 健康养殖营养调控技术研究进展

6.1 低蛋白质日粮技术

6.1.1 技术简介

我国猪肉产量占世界的50%左右，产业规模世界第一，但面临蛋白质饲料资源短缺、养殖污染严重等问题。一方面，我国优质蛋白质饲料资源紧缺，近几年大豆进口量的增长率在10%左右，据统计，2020年我国大豆进口量累计达到了10 033万t，饲用大豆对外依存度大，且进口来源国集中，成为影响我国粮食安全的主要风险因素。另一方面，随着我国最新环保法的颁发和施行，畜禽养殖带来的环境污染问题已成制约畜牧业可持续发展的瓶颈环节。近年来，低蛋白质平衡氨基酸日粮在解决或缓解畜禽养殖污染、优质蛋白质饲料资源短缺和抗生素耐药性方面的诸多优势越来越引起动物营养学家的重视，是现代饲料工业健康和环保发展的大势所趋。

迄今为止，没有教科书或著作明确给出低蛋白质日粮的定义。易学武将猪低蛋白质日粮定义为"比美国国家科学院科学委员会（NRC，1998）或中国猪饲养标准（NY/T 65—2004）推荐的粗蛋白质（Crude protein，CP）水平低2~4个百分点的日粮"。低蛋白质日粮的配制绝不仅仅是简单地降低日粮蛋白质水平和用量，而是涉及净能体系、能氮平衡、氨基酸平衡和营养素同步吸收与利用等较为复杂的技术，否则会造成猪胴体变肥和生长速度减慢等问题。

6.1.1.1 缓解大豆进口依存度

日粮蛋白质水平每降低1个百分点，可减少2.3个百分点的豆粕用量。我国目前生猪生产全程饲料蛋白质含量为16%，按照目前可推广应用的低蛋白质日粮技术，将全程蛋白质水平由目前的16%降至14%，可减少豆粕用量近1 030万t，折合大豆约1 370万t。

6.1.1.2 减少氮和有害气体排放

饲喂低蛋白质平衡氨基酸日粮不仅从源头上减少了总氮的摄入量，且氨基酸之间的比例更加均衡，因而氮排放量会大幅度降低。国内外大量研究表明，日粮蛋白质水平降低2个百分点以上可显著降低氮的排放量。Le等发现当日粮蛋白质的水平从18%降低到12%，生长猪的臭气排放量减少了80%。

6.1.1.3 改善肠道健康

降低日粮蛋白质水平有助于调节肠道菌群结构，改善肠道形态，减少仔猪腹泻。Nyachoti等报道，降低日粮蛋白质水平对早期断奶仔猪的空肠绒毛高度、隐窝深度和绒毛高度与隐窝深度比值分别呈3次、2次及双重影响。

6.1.1.4 提高肉品质

多数研究发现，降低蛋白质水平能够增加肌内脂肪的含量，提高大理石评分。Alonso等发现日粮蛋白质水平降低2个百分点，背最长肌的肌内脂肪含量由1.76%增加到2.63%。

6.1.2 研究进展

6.1.2.1 团队前期研究基础

（1）低蛋白质日粮对猪生长性能、氮排放和蛋白质合成等的影响 前期研究发现，相比日粮蛋白质水平为20%的对照组，将蛋白质水平降低4%并补充异亮氨酸，仔猪生长性能无显著变化，且对氮、磷的利用效率显著提高；向低蛋白质日粮中补充异亮氨酸显著提高育肥猪的生长性能，且与正常蛋白质组相比，育肥猪的胴体性状无显著差异。随着低蛋白质日粮中色氨酸水平的提高，仔猪（尤其是断奶早期仔猪）的生长性能有提高趋势；且日粮中色氨酸水平对仔猪采食量及血浆5-羟色胺水平有重要影响。将日粮蛋白质水平由23.1%降低至18.9%并平衡氨基酸以满足营养需要时，仔猪生长性能无显著变化，然而继续降低至17.2%后，仔猪生长性能下降，肠道发育受损。

研究还发现，向低蛋白质日粮中添加亮氨酸通过提高mTOR通路中S6K1磷酸化的途径，实现了大鼠骨骼肌蛋白质合成的增加；饲喂添加亮氨酸的低蛋白质日粮，育肥猪蛋白质的合成和沉积速度加快。在低蛋白质日粮中补充BCAA可以促进仔猪免疫球蛋白和防御素的表达，并促进仔猪生长性能的发挥。

（2）低蛋白质日粮下净能和氨基酸平衡模式研究 研究发现，日粮CP水平降低4个百分点，补充合成氨基酸后，20~50 kg生长猪获得最大平均日增重（Average daily gain，ADG）和最佳料重比时，日粮适宜净能水平为2.36 Mcal/kg（1cal约合4.18J，全书同），相应的赖氨酸净能比为4.70 g/Mcal；60~100 kg育肥猪获得最佳胴体品质时，日粮适宜净能水平为2.40 Mcal/kg，相应的赖氨酸净能比为3.50 g/Mcal。

日粮CP水平降低4个百分点后，20~50 kg、50~80 kg和80~110 kg猪获得最佳生长性能时，日粮适宜的标准回肠可消化（Standard ileal digestible，SID）赖氨酸（Lysine，Lys）分别为1.03%、0.86%和0.59%。玉米—豆粕型基础日粮CP水平降低4个百分点后，以ADG、料重比和血清尿素氮（Serum urea nitrogen，SUN）作为效应指标，20~50 kg生长猪SID苏氨酸（Threonine，Thr）、色氨酸（Tryptophan，Trp）和含硫氨基酸（Sulfur amino acids，SAA）与Lys的适宜比例分别为0.66、0.23和0.61；60~90 kg肥育猪前期SID Thr、Trp和SAA与Lys的适宜比例分别为0.67、0.20和0.60；90~120 kg育肥猪后期SID Thr、Trp和SAA与Lys的适宜比例分别为0.68、0.18和0.60。

6.1.2.2 主要限制性氨基酸需要及平衡模式

（1）标准回肠可消化缬氨酸需要量 猪对CP的需要实际是对氨基酸的需要，理想氨基酸模式为低蛋白质日粮的配制提供理论基础。实验室前期对猪理想氨基酸比例的研究主要集中在Lys、Met、Thr和Trp，作为延续，开展下一步限制性氨基酸缬氨酸（Valine，Val）、异亮氨酸（Isoleucine，Ile）和亮氨酸（Leucine，Leu）在低蛋白质日粮中的适宜比例研究成为当务之急。

按猪体重阶段开展了4个试验研究SID Val需要量，具体为：试验一至试验三分别选择150头初始体重为（26.4±3.2）kg、（49.3±6.1）kg和（71.1±8.6）kg的杜×长×大三元杂交猪，公母各半，随机分为5个处理，每个处理6个重复（3圈阉公猪和3圈母猪），每个重复5头猪。试验四选择90头初始体重为（93.8±7.2）kg的杜×长×大三元杂交猪，公母各半，随机分为5个处理，每个处理6个重复，每个重复3头猪。试验一、四日粮的CP水平分别13.3%、10.8%、9.2%和8.3%，SID Lys分别为0.90%、0.73%、0.61%和0.51%（第二限制性顺序），日粮的SID Val：Lys都设置5个水平，分别为0.55、0.60、0.65、0.70和0.75。日粮中其余氨基酸满足或超过NRC（2012）推荐的比例。试验结果如下。

试验一：随着日粮中SID Val：Lys的提高，ADG线性和二次增加（$P<0.05$）（表6-1）。以ADG为效应指标时，单斜率折线模型和二次曲线模型评估的25~50 kg猪适宜的SID Val：Lys分

别为 0.62 和 0.71（图 6-1）。

表 6-1 日粮 SID Val∶Lys 对 25~50 kg 猪生长性能和血清尿素氮的影响

项目	SID Val∶Lys					平均标准误	P 值	
	0.55	0.60	0.65	0.70	0.75		线性	二次
ADG（g/d）	625	712	759	729	763	45.82	0.04	0.04
ADFI（g/d）	1 615	1 798	1 831	1 686	1 853	132.31	0.46	0.62
料重比	0.387	0.396	0.415	0.432	0.412	0.02	0.06	0.16
SUN（mmol/L）	2.12	1.81	1.52	1.40	1.66	0.26	0.12	0.13

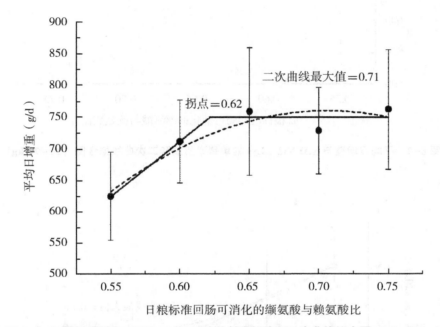

图 6-1 平均日增重与 SID Val∶Lys 的单斜率折线和二次曲线拟合图（25~50 kg）

试验二：随着日粮中 SID Val∶Lys 的提高，ADG 线性和二次增加（$P<0.05$），G∶F 线性提高（$P<0.05$），SUN 线性和二次降低（$P<0.05$）（表 6-2）。以 ADG（图 6-2）和 SUN（图 6-3）为效应指标时，单斜率折线模型评估的 50~70 kg 猪适宜的 SID Val∶Lys 分别为 0.67 和 0.65；二次曲线模型评估的 50~70 kg 猪适宜的 SID Val∶Lys 分别为 0.72 和 0.71。

表 6-2 日粮 SID Val∶Lys 对 50~70 kg 猪生长性能和血清尿素氮的影响

项目	SID Val∶Lys					平均标准误	P 值	
	0.55	0.60	0.65	0.70	0.75		线性	二次
ADG（g/d）	652	737	747	786	778	41.92	0.02	0.04
ADFI（g/d）	2 113	2 264	2 251	2 340	2 261	127.70	0.40	0.54
料重比	0.309	0.326	0.332	0.336	0.344	0.01	0.04	0.08
SUN（mmol/L）	1.50	1.26	0.95	0.93	0.97	0.17	0.02	0.02

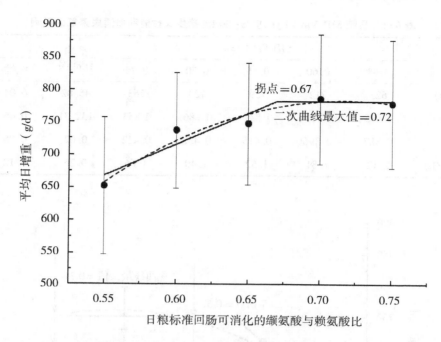

图 6-2　平均日增重与 SID Val∶Lys 的单斜率折线和二次曲线拟合图（50~70 kg）

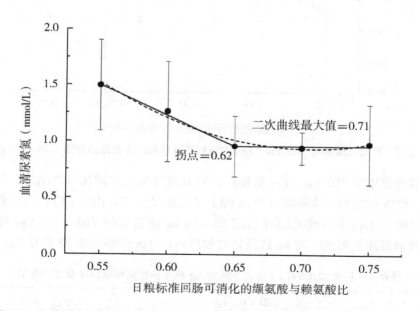

图 6-3　血清尿素氮与 SID Val∶Lys 的单斜率折线和二次曲线拟合图（50~70 kg）

试验三：随着日粮中 SID Val∶Lys 的提高，ADG 线性和二次增加（$P<0.05$），SUN 线性和二次降低（$P<0.05$）（表 6-3）。以 ADG（图 6-4）和 SUN（图 6-5）为效应指标时，单斜率折线模型评估的 70~90 kg 猪适宜的 SID Val∶Lys 分别为 0.67 和 0.67；二次曲线模型评估的 70~90 kg 猪适宜的 SID Val∶Lys 分别为 0.72 和 0.74。

表 6-3 日粮 SID Val∶Lys 对 70~90 kg 猪生长性能和血清尿素氮的影响

项目	SID Val∶Lys					平均标准误	P 值	
	0.55	0.60	0.65	0.70	0.75		线性	二次
ADG（g/d）	646	697	748	764	776	38.41	<0.01	0.02
ADFI（g/d）	2 691	2 806	2 927	2 977	2 979	138.62	0.07	0.16
料重比	0.240	0.248	0.256	0.257	0.260	0.01	0.11	0.23
SUN（mmol/L）	1.29	1.05	0.91	0.85	0.80	0.14	0.01	0.03

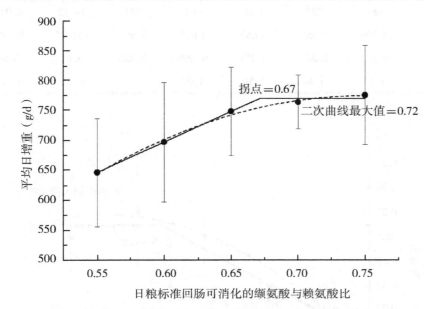

图 6-4 平均日增重与 SID Val∶Lys 的单斜率折线和二次曲线拟合图 （70~90 kg）

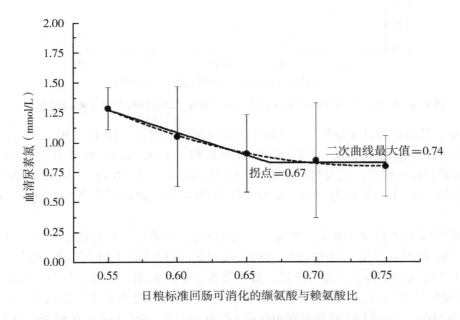

图 6-5 血清尿素氮与 SID Val∶Lys 的单斜率折线和二次曲线拟合图 （70~90 kg）

试验四：料重比随着日粮 SID Val∶Lys 的提高线性和二次增加（P<0.05），ADG 随着日粮 Val 添加水平的提高线性增加（P<0.05）（表 6-4）。以料重比为效应指标时，单斜率折线模型和二次曲线模型评估的 90~120 kg 猪适宜的 SID Val∶Lys 分别为 0.68 和 0.72（图 6-6）。

表 6-4　日粮 SID Val∶Lys 对 90~120 kg 猪生长性能和血清尿素氮的影响

项目	SID Val∶Lys					平均标准误	P 值	
	0.55	0.60	0.65	0.70	0.75		线性	二次
ADG（g/d）	861	895	943	961	951	44.12	0.04	0.14
ADFI（g/d）	3 706	3 655	3 667	3 613	3 595	154.25	0.49	0.78
料重比	0.232	0.245	0.257	0.266	0.265	0.01	<0.01	<0.01
SUN（mmol/L）	3.73	3.40	3.10	3.07	3.15	0.25	0.07	0.11

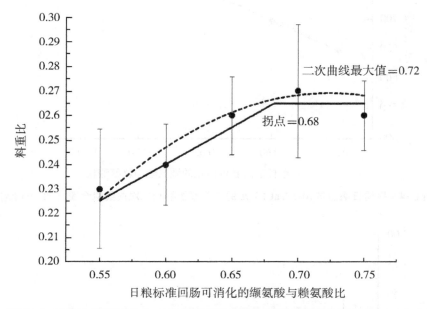

图 6-6　料重比与 SID Val∶Lys 的单斜率折线和二次曲线拟合图（90~120 kg）

综上所述，低蛋白质日粮条件下，单斜率折线模型评估的 25~50 kg、50~70 kg、70~90 kg 和 90~120 kg 猪日粮适宜 SID Val∶Lys 分别为 0.62、0.66、0.67 和 0.68，该结果和 NRC（2012）的推荐值比较接近；二次曲线模型评估的 25~50 kg、50~70 kg、70~90 kg 和 90~120 kg 猪日粮适宜 SID Val∶Lys 分别为 0.71、0.72、0.73 和 0.72，该结果要高于 NRC（2012）的推荐值。

（2）标准回肠可消化异亮氨酸需要量　本试验研究了低蛋白质日粮条件下 20~75 kg 生长猪（分为 20~50 kg 和 50~75 kg 两个阶段）SID Ile 与 SID Lys 的适宜比例。试验一选取 108 头体重为（21.48±0.50）kg 的杜×长×大生长猪，随机分为 3 个处理组，研究 SID Lys 的限制性水平。20~50 kg 阶段对照组 CP 为 18%，SID Lys 为 0.98%；两个试验组日粮 CP 为 14%，SID Lys 分别为 0.98% 和 0.90%。50~75 kg 阶段对照组日粮 CP 为 16.4%，SID Lys 为 0.85%；两个试验组日粮 CP 为 12.4%，SID Lys 分别为 0.85% 和 0.78%。试验二以试验一的限制性 SID Lys 水平设计日

粮，选取 180 头体重为（21.46±0.48）kg 的杜×长×大生长猪，随机分为 5 个处理组，20~50 kg
阶段日粮 CP 为 14%，SID Lys 为 0.90%，SID Ile 与 SID Lys 的比分别为 0.42、0.47、0.52、0.57
和 0.62；50~75 kg 阶段日粮 CP 为 12.4%，SID Lys 为 0.78%，SID Ile 与 SID Lys 的比分别为
0.43、0.48、0.53、0.58 和 0.63，研究低蛋白质日粮中 SID Ile 与 SID Lys 的适宜比例。

　　表 6-5 表明，低蛋白质日粮条件下（日粮 CP 水平降低 4 个百分点），20~50 kg 和 50~75 kg
生长猪的 SID Lys 限制性水平分别为 0.90% 和 0.78%。

表 6-5　日粮不同 CP 和 SID Lys 水平对 20~75 kg 猪生长性能的影响

项目	对照组	低蛋白 A 组	低蛋白 B 组	平均标准误	P 值
20~50 kg					
始重（kg）	21.49	21.47	21.47	0.02	0.71
末重（kg）	51.63	51.54	51.24	0.23	0.45
ADG（g）	754	752	744	5.44	0.44
ADFI（g）	1 563	1 581	1 607	12.53	0.61
料重比	2.07[a]	2.10[a]	2.16[b]	0.01	0.01
50~75 kg					
始重（kg）	51.63	51.54	51.24	0.23	0.45
末重（kg）	76.53	76.41	75.97	0.27	0.34
ADG（g）	889	888	883	6.9	0.81
ADFI（g）	2 231	2 243	2 320	21.7	0.88
料重比	2.51[a]	2.53[a]	2.63[b]	0.01	0.03

注：不同肩标字母差异显著，下同。

　　由表 6-6 可知，日粮 SID Ile 与 SID Lys 比的提高对猪生长性能各指标均无显著性影响（线
性和二次，$P > 0.05$），但有线性提高生长猪试验末重（$P = 0.07$）和线性降低料重比（$P =$
0.07）的趋势。以 ADG（图 6-7）为效应指标时，单斜率折线模型分析所得 20~50 kg 生长猪适
宜 SID Ile 与 SID Lys 的比为 0.48。

表 6-6　日粮 SID Ile：Lys 的比对 20~50 kg 猪生长性能的影响

项目	SID Ile：Lys					平均标准误	P 值		
	0.42	0.47	0.52	0.57	0.62		处理	线性	二次
始重（kg）	21.45	21.43	21.44	21.46	21.51	0.02	0.19	0.05	0.06
末重（kg）	51.22	51.43	51.35	51.50	51.67	0.17	0.42	0.07	0.81
ADG（g）	744	750	748	751	754	4.21	0.55	0.13	0.99
ADFI（g）	1 570	1 578	1 572	1 569	1 565	12.3	0.96	0.62	0.65
料重比	2.11	2.10	2.10	2.09	2.08	0.01	0.45	0.07	0.61

　　由表 6-7 可知，随着日粮 SID Ile 与 SID Lys 比例的提高，显著提高了猪的试验末重（线性，
$P < 0.05$），降低了 F：G（线性，$P < 0.05$），同时对 ADG 也有提高的趋势（线性，$P = 0.08$）。以

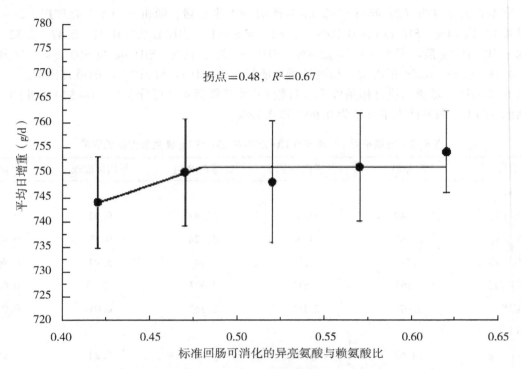

图 6-7　平均日增重与 SID Ile∶Lys 的单斜率折线拟合图（20~50 kg）

ADG（图 6-8）和料重比（图 6-9）为效应指标时，单斜率折线模型分析所得 50~75 kg 生长猪适宜 SID Ile 与 SID Lys 的比分别为 0.54 和 0.58，二次曲线模型分析所得适宜 SID Ile 与 SID Lys 的比分别为 0.56 和 0.58。结合单斜率折线和二次曲线模型，以生长性能为衡量指标，50~75 kg 生长猪 SID Ile 与 SID Lys 的适宜比例为 0.56。

表 6-7　日粮 SID Ile∶Lys 的比对 50~75 kg 猪生长性能的影响

项目	SID Ile∶Lys					平均标准误	P 值		
	0.42	0.47	0.52	0.57	0.62		处理	线性	二次
始重（kg）	51.22	51.43	51.35	51.5	51.67	0.17	0.19	0.07	0.81
末重（kg）	75.47	75.78	75.95	76.28	76.15	0.19	0.05	<0.01	0.32
ADG（g）	866	870	879	885	874	5.48	0.15	0.08	0.14
ADFI（g）	2 182	2 186	2 194	2 191	2 186	13.69	0.96	0.75	0.54
料重比	2.52	2.51	2.50	2.48	2.50	0.01	0.11	0.04	0.22

本研究在 Lys 为日粮第二限制性氨基酸的基础上，估测了生长猪 SID Ile 与 SID Lys 的适宜比例，以 ADG 为效应指标时，低氮日粮下 20~50 kg 猪适宜 SID Ile 与 SID Lys 的比为 0.48；结合 ADG 和料重比为效应指标时，低氮日粮下 50~75 kg 生长猪适宜 SID Ile 与 SID Lys 的比为 0.56。

（3）无抗生素低蛋白质日粮下氨基酸需要　充足的蛋白质营养是仔猪发挥最佳生长性能的基础，而理想氨基酸模式则是蛋白质营养的最优体现。本课题组基于断奶仔猪围绕低蛋白质日粮进行了较多的研究，建立了断奶仔猪低蛋白质理想氨基酸模式。然而之前的研究并未涉及无抗生素条件下仔猪对氨基酸的需要，在无抗生素的条件下，断奶仔猪的理想氨基酸模式，仍有待探

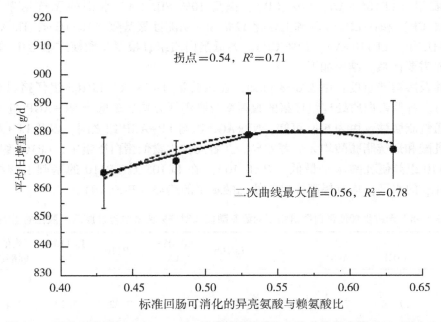

拐点＝0.54，R^2＝0.71

二次曲线最大值＝0.56，R^2＝0.78

图6-8　平均日增重与 SID Ile：Lys 的单斜率折线和二次曲线拟合图（50~75 kg）

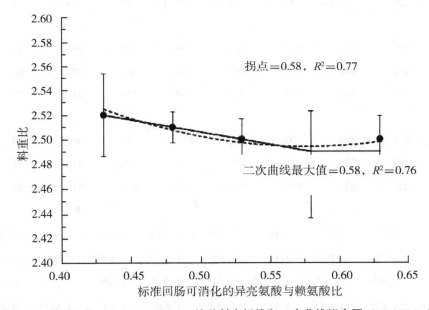

拐点＝0.58，R^2＝0.77

二次曲线最大值＝0.58，R^2＝0.76

图6-9　料重比与 SID Ile：SID Lys 的单斜率折线和二次曲线拟合图（50~75 kg）

究。因此，本试验探究了无抗生素的条件下，饲喂低蛋白质日粮的断奶仔猪的氨基酸需要及其对肠道发育的影响。

本试验选用 210 头初始体重为（7.21±0.97）kg 的杜×长×大三元杂交断奶仔猪（21 日龄断奶），按照体重和性别随机分为 7 个处理，每个处理 5 个重复，每个重复 6 头猪。试验日粮分别为正常蛋白质添加抗生素组（NP+AGP，21% CP）、低蛋白质添加抗生素组（LP+AGP，17% CP）、无抗生素低蛋白质组（LP，17% CP）、提高 5% SID EAA 水平的无抗生素低蛋白质组（LP105，17% CP）、在 LP105 基础上强化 6% SID 功能性氨基酸（Met+Cys、Thr 和 Trp）的无抗生素低蛋白质组（LP105＋AA，17% CP）、提高 10% SID EAA 水平的无抗生素低蛋白质组（LP110，17% CP）和在 LP110 基础上强化 12% SID 功能性氨基酸（Met+Cys、Thr 和 Trp）的无抗生素低蛋白质组（LP110+AA，17% CP）。各低蛋白质组日粮氨基酸模式参考中国农业大学猪低氮日粮营养需要体系。结果如下。

生长性能及腹泻严重度：由表 6-8 可知，在试验第 0～14 天，LP105 组仔猪料重比高于 LP 组（P<0.05）。各低蛋白质处理组仔猪的腹泻率及腹泻评分均显著低于 NP+AGP 组（P<0.05）。

乳酸和短链脂肪酸：由表 6-9 可知，NP+AGP 组与 LP+AGP 组之间，以及 LP+AGP 组与 LP 组之间粪便乳酸和短链脂肪酸均无显著差异。在各无抗生素低蛋白质组中，LP105 组粪便乳酸水平最高，LP110 组粪便乳酸水平最低（P<0.10）。在 LP105 及 LP110 的基础上继续提高 Met+Cys、Thr 和 Trp 的水平，均有提高仔猪粪便乙酸水平的趋势（P<0.10）。

表 6-8　无抗生素低蛋白质日粮不同氨基酸模式对仔猪生长性能及腹泻严重性的影响

项目	NP+AGP	LP+AGP	LP	LP105	LP105+AA	LP110	LP110+AA	均值标准误	P 值
体重（kg）									
0 d	7.26	7.23	7.22	7.22	7.22	7.22	7.22	0.44	0.99
14 d	11.00	10.84	10.63	10.64	10.45	10.45	10.86	0.40	0.95
35 d	20.11	20.09	19.15	20.36	19.43	18.45	19.18	1.09	0.88
ADG（g/d）									
0～14 d	272	254	238	253	235	228	256	16	0.17
15～35 d	442	440	421	462	416	408	405	28	0.78
0～35 d	375	366	342	373	349	339	341	23	0.83
ADFI（g/d）									
0～14 d	373	397	403	371	363	379	395	18	0.59
15～35 d	759	786	746	795	750	789	812	51	0.96
0～35 d	623	629	596	636	610	631	636	36	0.80
料重比									
0～14 d	1.37[c]	1.57[ab]	1.65[a]	1.47[bc]	1.56[ab]	1.61[ab]	1.55[ab]	0.02	0.02
15～35 d	1.73[c]	1.80[bc]	1.80[bc]	1.73[c]	1.81[bc]	1.93[ab]	2.00[a]	0.03	0.01
0～35 d	1.66[b]	1.73[ab]	1.73[ab]	1.70[b]	1.74[ab]	1.85[a]	1.85[a]	0.02	0.02
腹泻率（%）	6.30[a]	1.64[b]	1.54[b]	1.70[b]	1.64[b]	1.94[b]	1.68[b]	0.24	<0.01
粪便评分	8.02[a]	2.28[b]	2.06[b]	2.70[b]	2.28[b]	2.86[b]	2.62[b]	0.39	<0.01

表 6-9　无抗生素低蛋白质日粮不同氨基酸模式对仔猪粪便乳酸和短链脂肪酸的影响（mmol/L）

项目	NP+AGP	LP+AGP	LP	LP105	LP105+AA	LP110	LP110+AA	均值标准误	P 值
乳酸	428.9[a]	298.8[ab]	237.7[ab]	439.6[a]	215.7[ab]	92.6[b]	158.2[ab]	158.6	0.04
乙酸	3 623.5[ab]	3 355.6[b]	3 625.2[ab]	3 713.0[a]	4 245.9[a]	3 480.3[b]	4 254.1[a]	218.8	0.03

（续表）

项目	NP+AGP	LP+AGP	LP	LP105	LP105+AA	LP110	LP110+AA	均值标准误	P值
丙酸	2 201.8	1 813.9	2 109.4	2 416.1	2 193.0	2 077.6	2 674.6	290.9	0.35
丁酸	1 202.1^{ab}	940.4^{b}	1 426.5^{a}	1 426.3^{a}	1 530.5^{a}	1 667.2^{a}	1 658.3^{a}	115.5	0.05
戊酸	341.8	381.8	386.9	572.2	653.7	516.1	695.1	135.2	0.11
异丁酸	211.7	150.9	221.4	225.5	305.4	234.7	298.8	50.4	0.42
异戊酸	163.0	171.6	187.1	239.4	376.2	293.3	300.2	83.4	0.07
总短链脂肪酸	7 156.8	6 793.0	8 007.6	8 105.0	9 780.0	7 724.5	9 242.3	768.9	0.19

肠道通透性：由表6-10可知，与NP+AGP组相比，各低蛋白质组仔猪的血浆内毒素水平显著降低（$P<0.05$），LP105组仔猪与LP+AGP、LP及LP110+AA组相比，血浆内毒素显著降低（$P<0.05$），与LP105+AA及LP110组相比，血浆内毒素有降低趋势（$P<0.10$）。各处理组仔猪血浆二胺氧化酶及D-乳酸水平无显著差异。

表6-10　无抗生素低蛋白质日粮不同氨基酸模式对仔猪肠道通透性的影响

项目	NP+AGP	LP+AGP	LP	LP105	LP105+AA	LP110	LP110+AA	均值标准误	P值
内毒素（EU/L）	1.77^{a}	1.40^{bc}	1.46^{b}	1.16^{d}	1.34^{bcd}	1.24^{cd}	1.40^{bc}	0.06	<0.01
二胺氧化酶（pg/mL）	12.02	11.16	10.79	12.73	11.99	13.29	12.07	0.86	0.45
D-乳酸（μmol/mL）	4.51	5.04	4.68	5.82	4.58	5.65	5.44	0.49	0.36

综上所述，在无抗生素条件下，饲喂低蛋白质日粮的断奶仔猪对必需氨基酸的需要适当提高。无抗生素的低蛋白质日粮下，适宜的氨基酸模式改善了仔猪肠道健康。

结合前期研究基础，中国农业大学谯仕彦教授团队提出了各种生理阶段猪低蛋白质日粮主要限制性氨基酸平衡模式和完整的各生理阶段猪低蛋白质日粮营养参数（表6-11），并已被中国饲料协会团体标准《仔猪、生长肥育猪配合饲料》采纳。

表6-11　各生理阶段猪低蛋白饲料营养需要技术参数

生理阶段		粗蛋白质（%）	净能（kcal/kg）	标准回肠可消化氨基酸（%）						
				赖氨酸	苏氨酸	色氨酸	含硫氨基酸	缬氨酸	异亮氨酸	亮氨酸
仔猪、生长育肥猪（kg）	7~20	18	2 500	1.30	0.83	0.24	0.73	0.81	0.72	1.30
	20~50	15	2 420	1.01	0.63	0.18	0.58	0.63	0.57	1.03
	50~75	13	2 420	0.86	0.54	0.15	0.49	0.54	0.48	0.89
	75~100	12	2 450	0.75	0.48	0.13	0.42	0.48	0.42	0.77
	100~120	11	2 450	0.70	0.45	0.12	0.40	0.45	0.39	0.69

（续表）

生理阶段	粗蛋白质（%）	净能（kcal/kg）	标准回肠可消化氨基酸（%）						
			赖氨酸	苏氨酸	色氨酸	含硫氨基酸	缬氨酸	异亮氨酸	亮氨酸
妊娠母猪	12.5	2 435	0.58	0.38	0.10	0.34	0.39	—	—
哺乳母猪	16.5	2 600	0.85	0.55	0.16	0.47	0.72	—	—

6.1.2.3 关键氨基酸调节氮利用与骨骼肌蛋白质合成的分子机制

越来越多研究表明支链氨基酸（尤其是异亮氨酸）在葡萄糖的吸收和利用方面具有重要作用。但与亮氨酸不同，异亮氨酸对于胰岛素分泌几乎没有调控作用，因此，本试验研究了异亮氨酸对断奶仔猪肠道和肌肉葡萄糖转运载体表达的影响，以探究其分子机制。

试验选取 12 头初始体重为（5.53±0.65）kg 的 21 日龄杜×长×大仔猪，平均分为二个处理，低蛋白添加丙氨酸组（LP+Ala，17.4% CP）和低蛋白添加异亮氨酸组（LP+Ile，17.5% CP），试验期为 14 d。

生长性能：由表 6-12 可知，低蛋白质添加异亮氨酸组中仔猪的 ADG 和 ADFI 显著高于低蛋白添加丙氨酸组的仔猪（$P<0.05$）。同时，低蛋白质日粮中添加异亮氨酸可以显著改善仔猪的耗料增重比（$P<0.05$）。

表 6-12 低蛋白质日粮添加异亮氨酸对断奶仔猪生长性能的影响

项目	低蛋白质加丙氨酸日粮	低蛋白质加异亮氨酸日粮	平均标准误	P 值
初始体重（kg）	5.53	5.54	0.70	0.86
ADG（g/d）	88	114	4.87	<0.01
ADFI（g/d）	161	186	3.75	<0.01
料重比	1.82	1.63	0.05	<0.01

在调节葡萄糖转运再提表达方面。① 与饲喂低蛋白添加丙氨酸组日粮相比，仔猪饲喂低蛋白添加异亮氨酸日粮显著提高了 SGLT1 在十二指肠、空肠和回肠的表达量（$P<0.05$），但却显著降低了仔猪十二指肠、空肠和回肠中果糖转运载体 GLUT5 的表达量（$P<0.05$）。② 在红肌中，低蛋白添加异亮氨酸组中 GLUT1 的表达量显著高于低蛋白添加丙氨酸组（$P<0.05$），而在白肌和混合肌中 GLUT1 的表达量在两组间差异不显著（$P>0.05$）。低蛋白添加异亮氨酸组 GLUT4 的表达量在红肌、白肌和混合肌中均显著高于低蛋白添加丙氨酸组（$P<0.05$）。

综上所述，异亮氨酸可以上调葡萄糖转运载体 SGLT1（十二指肠、空肠和回肠）、GLUT1（红肌）和 GLUT4（红肌、白肌和混合肌）的表达量，但是却下调了 GLUT5（十二指肠、空肠和回肠）的表达量。这些研究结果表明，在低蛋白质日粮中异亮氨酸对葡萄糖在肠道和肌肉中的转运和吸收有着重要作用。

6.1.2.4 蛋白质水平对猪肠道营养物质消化代谢的影响及机制

在前期研究基础上，综合考虑日粮蛋白质水平、生长阶段和消化部位等因素，以杜×长×大三元杂交猪为试验对象，通过饲养屠宰试验、代谢试验和体外发酵试验，从生理生化、营养素代谢和微生物发酵等方面探讨低蛋白质日粮对猪肠道中营养素代谢的影响，旨在为低蛋白质日粮在猪生产中的合理应用提供重要的科学依据。

（1）南北方生产条件下低蛋白质日粮的效果研究　分别选取通过北方和南方一商品猪场的大群生长试验研究了低蛋白质平衡氨基酸日粮的饲喂效果。

①北方生产条件下低蛋白质日粮饲喂效果：试验选择288头初始体重为（29.2±1.5）kg的杜×长×大生长猪，随机分为2个日粮处理，每个处理6个重复（栏），每栏24头猪。试验分为3个生长阶段：生长期（30~60 kg）、育肥前期（60~80 kg）和育肥后期（80~110 kg）。2个日粮处理为：全阶段高蛋白质（High protein，HP）日粮和LP日粮，各生长阶段两种日粮的净能和回肠末端可消化氨基酸含量均保持一致，相对应的3个生长阶段HP和LP日粮的CP水平分别为17%和15%、16%和14%以及15%和13%。结果表明，北方地区在饲喂低蛋白质日粮时，即使补充了前5种EAA生长前期也存在生长性能下降的现象（表6-13），这可能与营养物质消化率降低有关。然而，饲喂低蛋白质日粮的猪在育肥期存在补偿生长的现象，最终生长全期两种日粮间生长性能无明显差异。此外，采用净能体系配制的低蛋白质日粮对猪胴体品质、肉品质和肌肉氨基酸的组成无不利影响。这表明，本课题组的低蛋白质日粮技术适用于北方猪场的大群推广。

表6-13　日粮蛋白质水平对生长育肥猪生长性能的影响

项目	HP	LP	均值标准误	P 值
初始均重（kg）	29.29	29.06	0.93	0.81
生长期				
末重（kg）	63.91	62.54	1.54	0.39
ADG（kg/d）	0.99	0.96	0.02	0.17
ADFI（kg/d）	1.85	1.96	0.05	0.04
料重比	0.53	0.49	0.01	<0.01
育肥前期				
末重（kg）	83.62	80.39	1.72	0.09
ADG（kg/d）	1.04	0.94	0.02	<0.01
ADFI（kg/d）	2.65	2.58	0.04	0.15
料重比	0.39	0.36	0.01	0.02
育肥后期				
末重（kg）	111.23	110.74	2.16	0.71
ADG（kg/d）	0.95	1.05	0.04	0.03
ADFI（kg/d）	2.87	3.01	0.06	0.04
料重比	0.33	0.35	0.01	0.23
生长—育肥全期				
ADG（kg/d）	0.99	0.98	0.02	0.86
ADFI（kg/d）	2.39	2.47	0.04	0.06
料重比	0.41	0.40	0.01	0.05

②南方生产条件下低蛋白质日粮饲喂效果：试验选择378头初始体重为（24.9±2.4）kg的

杜×长×大生长猪，随机分为 3 个日粮处理，每个处理 6 个重复（栏），每栏 21 头猪。试验分为 3 个生长阶段：生长期（25~60 kg）、育肥前期（60~90 kg）和育肥后期（90~110 kg）。3 个日粮处理分别为：高蛋白质（HP）日粮、低蛋白质（LP）日粮和低蛋白质添加 NCG（LPG）日粮，各生长阶段试验日粮的蛋白质水平同北方条件下的试验。结果表明，饲喂 HP、LP 和 LPG 日粮均对各生长阶段猪的 ADG、ADFI 和料重比无显著性影响，但从数值上来看，LP 日粮中添加 NCG 可以改善生长期猪的生长性能（表 6-14）。饲喂 LP 和 LPG 日粮的猪各生长阶段血清尿素氮的水平显著低于 HP 日粮组（$P<0.05$），此外，在低蛋白质日粮中添加 NCG 能有效提高生长育肥猪的营养物质消化率和背最长肌的眼肌面积，因此 NCG 在未来低蛋白质日粮的推广中可以作为一种辅助性的氨基酸类添加剂。

表 6-14　日粮蛋白质水平和添加 NCG 对生长育肥猪生长性能的影响

项目	HP	LP	LPG	均值标准误	P 值
初始均重（kg）	24.94	24.97	24.97	1.04	0.99
生长期					
末重（kg）	60.04	58.71	59.93	1.27	0.72
ADG（kg/d）	0.73	0.70	0.73	0.01	0.27
ADFI（kg/d）	1.55	1.49	1.52	0.04	0.49
料重比	0.47	0.47	0.48	0.01	0.77
育肥前期					
末重（kg）	89.31	87.47	89.59	1.53	0.58
ADG（kg/d）	0.81	0.80	0.82	0.02	0.74
ADFI（kg/d）	2.12	2.08	2.21	0.06	0.34
料重比	0.38	0.39	0.37	0.01	0.61
育肥后期					
末重（kg）	112.91	111.36	113.58	1.92	0.71
ADG（kg/d）	0.74	0.75	0.75	0.03	0.94
ADFI（kg/d）	2.45	2.37	2.48	0.08	0.59
料重比	0.30	0.32	0.30	0.01	0.13
生长—育肥全期					
ADG（kg/d）	0.76	0.75	0.76	0.02	0.68
ADFI（kg/d）	1.98	1.91	2.00	0.05	0.49
料重比	0.38	0.39	0.38	0.01	0.59

（2）蛋白质水平和添加 N-氨甲酰谷氨酸的效果研究　进一步研究了日粮蛋白质水平和添加 NCG 对生长猪表观全肠道和回肠末端营养物质消化率以及空肠消化酶活性的影响，旨在为生产中猪低蛋白质日粮和 NCG 的合理使用提供参考，优化低蛋白质日粮。

分 3 个试验进行，试验 I 选用 10 头初始体重为（48.7±3.6）kg 的去势公猪，分为 5 个日粮处理，进行 3 期试验，每期试验每个日粮处理包含 2 个重复。试验日粮分别是高蛋白质日粮

（HP，18% CP）、低蛋白质日粮（MLP，15% CP）、MLP+0.1% NCG（MLPN）、极低蛋白质日粮（VLP，12% CP）和 VLP+0.1% NCG（VLPN）。每期试验包含 5 d 预饲期和 5 d 全收粪尿期，采用全收粪法测定日粮的全肠道营养物质消化率和氮的利用效率。试验Ⅱ选用 10 头安装有空肠前端"T"形瘘管，初始体重为（44.5±3.3）kg 的去势公猪，试验设计和日粮处理同试验Ⅰ。每期试验包含 5 d 预饲期和 3 d 空肠液收集期，测定空肠液中主要消化酶的活性。试验Ⅲ选用 12 头安装有回肠末端"T"形瘘管、初始体重为（46.7±3.8）kg 的去势公猪，分为 6 个日粮处理，包含 5 个试验Ⅰ的日粮和 1 个无氮日粮，试验设计也同试验Ⅰ。每期试验包含 5 d 预饲期和 3 d 回肠食糜收集期，采用指示剂法测定日粮的回肠末端营养物质消化率。结果表明：① 消化能、代谢能、总能、干物质、CP、NDF、ADF 和磷的表观全肠道消化率随着日粮蛋白质水平的下降而降低（$P<0.01$），但并不影响猪每日的氮沉积量；② VLP 日粮组猪空肠液中 α-淀粉酶的活性显著低于 HP 和 MLP 日粮组（$P<0.01$）；③ VLP 日粮组猪的回肠末端 CP、P 和大部分氨基酸的消化率显著低于 HP 和 MLP 日粮组（$P<0.01$）；④ 添加 0.1% NCG 可以提高 VLP 日粮的 DE 和全肠道 ADF 消化率以及回肠末端 CP、精氨酸、组氨酸、亮氨酸、苯丙氨酸、缬氨酸、丝氨酸和酪氨酸的消化率（$P<0.01$）。综合以上结果，降低日粮蛋白质水平显著影响了全肠道营养物质消化率，对回肠末端营养物质消化率和消化酶活性的影响较小，这可能与不同蛋白质水平下大肠发酵能力的差异有关。此外，只有当日粮蛋白质水平降低过多时添加 NCG 才有助于营养物质消化率的提高。

（3）蛋白质水平对肠道微生物组成和代谢的影响　本试验旨在研究日粮蛋白质水平对猪肠道微生物组成和代谢的影响。选用 12 头初始体重为（21.3±0.9）kg 安装有盲肠"T"形瘘管的健康去势公猪，试验分为 2 个日粮处理，每个处理 6 个重复，试验期 28 d。日粮分别为：高蛋白质（HP）日粮和低蛋白质（LP）日粮。结果表明，日粮蛋白质水平降低 6 个百分点显著降低了营养物质的全肠道表观消化率（$P<0.05$），但提高了氮的沉积效率（$P<0.05$）。与 HP 日粮组相比，试验第 28 天 LP 日粮组猪盲肠食糜中的乙酸和总 SCFAs 的含量显著降低（$P<0.05$），粪便中的乙酸、丙酸、丁酸和总 SCFAs 的含量也显著下降（$P<0.05$）。通过 16S rRNA 分析发现，试验第 14 和 28 天，猪粪便中微生物的 Chao 1 指数显著高于盲肠食糜（$P<0.05$）；试验第 28 天，LP 组猪粪便菌群的 Shannon 指数和 Simpson 指数显著高于 HP 组（$P<0.05$，图 6-10），猪盲肠食糜菌群的 Simpson 指数也显著高于 HP 组（$P<0.05$）。在试验第 28 天，HP 组猪盲肠食糜中有更多的 *Prevotellaceae*，粪便中的 *Ruminococcaceae*、*Bacteroidales*_S24-7、*Acidaminococcaceae* 和 *Lactobacillaceae* 也高于 LP 组，而这些细菌大部分参与并影响了猪肠道中的能量代谢和蛋白质代谢。LP 日粮饲喂的猪盲肠内有更多的益生菌 *Bifidobacterium*，有利于促进肠道健康。本研究不仅鉴定了猪肠道微生物随不同日粮蛋白质水平的动态变化趋势，更揭示了能量代谢和蛋白质代谢菌群的差异是造成低蛋白质日粮营养物质消化率下降的主要原因，从而为提高低蛋白质日粮的利用效率提供理论支撑。

6.1.2.5 猪低蛋白质日粮技术应用与示范推广

我国是全球最大的饲料生产和消费国，工业饲料年产量达 2 亿 t 以上，但以豆粕为代表的蛋白质饲料资源长期大量依赖进口，依存度超过 75%；同时畜禽排泄物中氮的面源污染占农业面源污染的 95% 以上。畜禽蛋白质饲料资源过度依赖进口和养殖排泄物的环境污染已成为制约我国畜牧业可持续发展的瓶颈。低蛋白饲料技术是利用氨基酸和酶制剂的研究成果，通过补充工业单体氨基酸，降低饲料中蛋白质饲料的用量，提高蛋白质的利用效率，减少氮的排放，具有节能、安全、高效、环保等特点，是解决养殖业蛋白质饲料资源短缺的主要手段，是源头减少氮排放的重要技术路径。

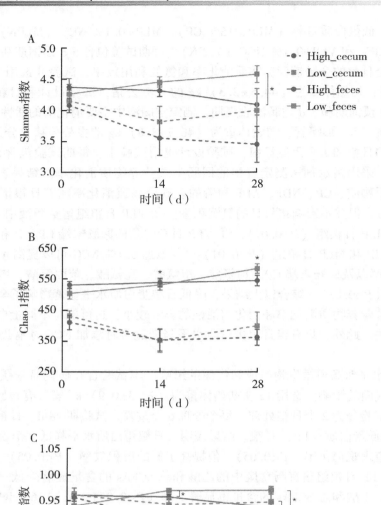

图6-10 日粮蛋白质水平对不同时期猪肠道微生物 α 多样性差异

团队2020年开展了猪低蛋白质日粮技术优化及示范推广工作。与2019年农业农村部十大引领性农业技术项目"猪禽低蛋白低磷饲料应用技术"相结合，在京津冀地区及全国范围内开展生猪养殖全程低蛋白质饲料技术的推广、示范和展示。工作路线见图6-11。

猪低蛋白质日粮技术集成示范工作以中国农业大学、四川铁骑力士实业有限公司、广东温氏食品集团股份有限公司、新希望六和股份有限公司、辽宁禾丰牧业股份有限公司等为示范展示单位，建立了南方、西部和北方低蛋白饲料技术示范展示区，分别在广东、四川、山东和河北各建立了猪示范展示点各1个。取得成效如下。

（1）经济效益　在四川、广东、山东和河北建立了猪低蛋白日粮技术4个示范展示点，累计示范推广猪低蛋白质饲料221.3万t，平均每吨饲料节约成本10元，取得经济效益为2 213万元，辐射示范推广生猪规模达232.6万头。

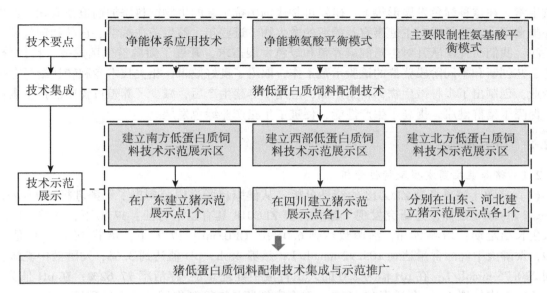

图 6-11　猪低蛋白质饲料应用技术集成示范工作路线

（2）社会效益方面　通过技术的实施，饲料中豆粕使用量降低 20%~22%，可大幅缓解我国对进口大豆的高度依赖；提高了生猪生产水平和效益，提供优质、安全放心的猪肉；实现种养循环，开发粪污资源化利用，减少养殖粪污重金属污染，带动农产品种植以及饲料、兽药、肉品加工、副产品加工等相关产业的发展；创造就业机会，吸收剩余劳动力，带动农民增收 4 亿元以上，人均年增收 3 000 元以上。

在四川示范点利用示范单位的产业链优势和"1211 生猪高效养殖模式"的成功推广经验，探索出独特、可复制的"1+8"生猪产业扶贫模式，已推广到四川省绵阳市三台县、广元市昭化区、剑阁县、凉山州喜德县以及贵州省铜仁市碧江区等共 5 区县的 8 个贫困村，共培育 10 个生猪养殖大户，带动贫困户 100 余户，贫困人口通过股金分红、务工、种植饲料人均增收 5 000 元，扶贫成效显著。

（3）生态效益方面　氮排放和猪舍氨气浓度分别减少 25%~35%（即目前已实现氮排放为 36%）和 20%~30%，有效缓解养猪业排泄物氮的污染。猪舍中氨气浓度大幅降低，既可减少氨气等对猪和养猪生产一线工人的危害，也可减少对猪场周边空气的污染。

6.2　饲用益生菌及其对不同阶段猪的影响

6.2.1　技术简介

饲料添加剂是现代饲料工业必然使用的原料，在饲料生产加工、使用过程中添加的少量或微量物质，在饲料中用量很少但作用显著，对于强化饲料营养价值，提高畜禽生产性能，保证动物健康，节省饲料成本，改善畜产品品质等方面有明显效果。在过去的几十年，全球养殖业广泛使用抗生素作为饲料添加剂，大幅提高了畜禽健康水平，降低了养殖成本，增加了出栏量。但随着科技发展，发现长期饲用抗生素存在一些安全隐患，如动物肠道菌群失调、容易出现腹泻、机体耐药性增强、有药物残留等。2006 年以后，欧盟、日本、韩国和美国等先后禁止在饲料中添加抗生素，我国农业农村部 2019 年发布 194 号公告，要求从 2020 年开始禁止在饲料中添加促生长类抗生素。在这种绿色发展形势下，研发可替代饲用抗生素的生物饲料添加剂迫在眉睫。益生菌是一类食用一定数量对宿主健康有益的活的微生物。近些年，益生菌在医学、食品和饲料领域备受关注。我们研究团队针对生猪健康养殖和绿色发展需求，开展了猪源益生菌发掘、特性分析、制备工艺创新和不同阶段猪群的试验示范工作，取得了良好效果，相关技术专利转让给了龙头饲料企业，创制出了多种微生物饲料新产品，应用于养猪生产后，减少了养殖过程中的抗生素使用量，保障了猪群健康，提高了生产性能，促进了生猪产业绿色发展。

6.2.2 研究进展

6.2.2.1 猪源益生菌发掘及特性分析

（1）猪源干酪乳杆菌 ZLC018 的特性分析　从健康猪肠道内分离出了干酪乳杆菌 *Lactobacillus casei* ZLC018 菌株，经研究发现干酪乳杆菌 ZLC018 具有以下特征：37 ℃下，培养 18 h 后，进入生长稳定期；培养 24 h，活菌数达到 6.0×10^9 CFU/mL；37 ℃下，培养 24 h，pH 值达到 3.69，发酵液中乳酸含量达到 105.92 mmoL/L；培养 48 h，pH 值达到 3.66，发酵液中乳酸含量达到 220.75 mmoL/L；在 pH 值为 2.0 的人工胃液中处理 4 h，存活率 77.62%；在 pH 值为 6.8 的人工肠液中处理 4 h，存活率 95.56%；对有害细菌具有抑制作用。该菌发酵液对 10^6 CFU/mL 的大肠杆菌、金黄色葡萄球菌和沙门氏菌有抑制作用，抑菌圈直径达 18~24.2 mm。

（2）猪源约氏乳杆菌 ZLJ010 的特性分析　从健康猪肠道内分离出了约氏乳杆菌 *Lactobacillus johnsonii* ZLJ010 菌株，经研究发现猪源约氏乳杆菌 ZLJ010 具有以下特征：在 35 ℃下培养 16 h 后，进入生长稳定期；在 35 ℃下培养 30 h 后，pH 值达到 3.85；在人工肠液及人工胃液中处理 2~4 h，活菌数在 10^9 CFU/mL 以上；在 65 ℃下处理 30~60 s，存活率在 70.9% 以上；约氏乳杆菌 ZLJ010 的发酵液对 106 CFU/mL 活性的有害菌——大肠杆菌、金黄色葡萄球菌和沙门氏菌有较强的抑制作用，抑菌圈直径分别达到 20.1 mm、18.7 mm 和 16.0 mm。

（3）猪源发酵乳杆菌 X6 的特性分析　采用全自动曲线分析仪测定了北京市农林科学院畜牧兽医研究所分离、选育、获得的猪源发酵乳杆菌 X6 不同接种量、不同初始 pH 值的生长曲线；采用琼脂平板扩散法检测该菌的抑菌能力，探讨该菌在不同高温下的存活时间；在体外模拟了该菌对人工胃液和人工肠液的耐受性。结果表明：在接种量 100、初始 pH 值 5.3 的条件下，该菌的生长情况最佳；该菌能够抑制大肠杆菌、金黄色葡萄球菌和沙门氏菌的生长；该菌在 50 ℃、55 ℃、60 ℃处理 2 min 时，存活率分别为 99.19%、91.90% 和 80.65%；该菌在人工肠液和 pH 值 3.0 的人工胃液中存在 1 h 后活性几乎不受影响，活菌数在 10^9 CFU/mL 以上，说明该菌株具有良好的益生菌条件。

（4）猪源嗜酸乳杆菌的特性分析　采用全自动曲线分析仪测定了北京市农林科学院畜牧兽医研究所分离、选育、获得的猪源嗜酸乳杆菌不同接种量的生长曲线；采用试剂盒法测定了该菌株的产酸力和抗氧化性能；采用琼脂平板扩散法检测了该菌株的抑菌特性；使用猪肠上皮细胞测定了该菌株的黏附性能。发现该菌株最适生长接种量为 4%；培养 60 h 时产乳酸量最高，为 66.85 mmol/L；对大肠杆菌、沙门氏菌和金黄色葡萄球菌的抑菌圈直径均在 19 mm 以上；该菌株具有较好的抗氧化能力，嗜酸乳杆菌发酵上清液中 T-AOC、GSH-PX 和 T-SOD 浓度分别为 33.30、24.80、72.56 U/mL；菌悬液浓度 10^9 CFU/mL 时，该菌株对猪肠上皮细胞的黏附指数最高，为 10^6 CFU/100 cell，该菌株具有良好的益生特性。

（5）猪源罗伊氏乳杆菌 ZLR003 的基因组学信息分析　采用 Illumina Miseq 平台对北京市农林科学院畜牧兽医研究所分离、选育、获得的罗伊氏乳杆菌 ZLR003 进行了全基因组测序，菌株基因组大小为 2.297 GB，G+C 含量为 38.71%，4 个 rRNA 和 76tRNA 共有 2169 个开放阅读框，基因组上存在与耐酸性能相关的 Na-H 转运载体，耐酸性膜蛋白，耐胆盐相关的胆盐水解酶，存在 NADH 氧化酶、蛋氨酸亚砜还原酶和烷基过氧化物还原酶等抗氧化基因，存在热应激蛋白 Hsp20（LAR_1710）、Hsp33、HtpX 及分子伴侣 DnaJ、DnaK、GrpE 等热应激相关基因。菌株基因组存在的纤连蛋白结合蛋白与菌株黏附性能相关。通过代谢通路分析发现，罗伊氏乳杆菌 ZLR003 存在糖酵解、一些脂肪酸、氨基酸和核酸代谢相关的酶类，具有完备的初级代谢途径，能从头合成 L-赖氨酸和叶酸，存在 1,2-甘油二酯 β-葡糖基转移酶，能够参与甘油酯类合成途径。本结果将有助于深入了解罗伊氏乳杆菌 ZLR003 益生菌活性的分子机制，对于促进其在动物生产中的应用提供科学依据。

（6）猪源植物乳酸杆菌 ZLP001 和约氏乳酸杆菌 ZLJ010 全基因组分析　使用最新二代及三代测序技术，绘制了北京市农林科学院畜牧兽医研究所分离、选育、获得的猪源植物乳酸杆菌 ZLP001 和约氏乳酸杆菌 ZLJ010 全基因组图谱，从基因组层面阐述了 ZLP001、ZLJ010 发挥抗氧化、抗菌的功能基因。为进一步探究乳酸杆菌抗菌作用机制，建立了猪肠上皮细胞与益生菌互作模型，ZLJ010 可分泌一种分子量 75 kD 蛋白结合猪肠上皮细胞膜表面表皮生长因子受体（EGFR），激活细胞内 PI3K/Akt 信号通路，抑制致病菌诱导的内质网应激性凋亡和自噬性细胞死亡，维持肠上皮屏障功能，发挥抗菌功效。

植物乳酸杆菌 ZLP001 分离于健康仔猪肠道内容物。北京市农林科学院畜牧兽医研究所前期研究发现，ZLP001 具有较高的抗氧化能力，饲粮中添加 ZLP001 可改善断奶仔猪生长性能和抗氧化状态。ZLP001 通过增强肠道上皮屏障功能和对隐性抗菌肽的先天免疫反应，抑制产肠毒素大肠杆菌的生长和黏附，增强宿主防御。

约氏乳酸杆菌 ZLJ010 分离于健康母猪粪便。北京市农林科学院畜牧兽医研究所前期研究发现，约氏乳酸杆菌 ZLJ010 可用于改善母猪的繁殖性能和免疫状态，抑制大肠杆菌、霍乱杆菌和金黄色葡萄球菌的生长。饲粮中添加 ZLJ010 可提高母猪血清免疫球蛋白 G 水平，降低血清丙氨酸转氨酶浓度。ZLJ010 也能提高仔猪初生窝重和断奶窝重。

在此基础上，我们进一步探究了植物乳酸杆菌 ZLP001 和约氏乳酸杆菌 ZLJ010 发挥有益功能的基因组基础以及作用机制。全基因组学和比较基因组学分析有助于阐明益生菌作用的基因组基础，挖掘有益功能基因。乳酸菌属于革兰氏阳性菌，大量提取基因组 DNA 的技术复杂，基因组庞大，解析困难。本团队针对以上难点，优化基因组 DNA 提取流程，获得高纯度 DNA 样品用于测序，使用最新二代及三代测序技术，对猪源植物乳酸杆菌 ZLP001 和约氏乳酸杆菌 ZLJ010 全基因组进行测序分析，精确绘制了 ZLP001、ZLJ010 菌株的全基因组序列图谱，详细描述了益生菌营养物质合成、代谢、转运及耐受不利环境的基因组特征。建立了植物乳酸杆菌和约氏乳酸杆菌泛基因组数据库，进一步通过比较基因组分析从基因组层面阐述了 ZLP001、ZLJ010 发挥抗氧化、抗菌的功能基因。

① 绘制了 ZLJ010 及 ZLP001 的全基因组完成图：ZLJ010 包含一条 1 999 879 bp 的环状染色体及 1 959 个蛋白编码基因，GC 含量为 34.91%。ZLJ010 基因组中未发现质粒。共鉴定出 1 959 个蛋白质 CDSs，平均长度为 911 bp，占基因组的 89.2%。在预测的 CDSs 中，有 1 474 个基因（75.24%）被预测为功能基因，485 个基因（24.76%）被预测为未知和假设基因。该染色体包含 18 个 RNA、35 个串联重复序列和 25 个短分散重复序列。共鉴定出 77 条 tRNA 编码序列，对应 20 种天然氨基酸：Leu、Met（7 条序列）；Gly、Thr（6）；Arg、Gln（5）；Asn、Ile、Lys、Phe、Ser（4）；Asp、Glu、Pro、Tyr 和 Val（3）；Cys、His、Trp（1）。与短乳杆菌、植物乳杆菌、唾液乳杆菌等相比之下，ZLJ010 基因组大小和 GC 含量较低，这表明约氏乳杆菌菌株在基因组中存在高度变，以更好地适应环境。ZLP001 菌株包含一条 3 164 369 bp 的环状染色体及 7 个质

粒染色体，环状染色体 GC 含量为 44.65%，7 个质粒大小分别为 67 802 bp、48 418 bp、31 389 bp、27 860 bp、16 139 bp、15 258 bp、13 837 bp，平均 GC 含量为 42.05%。ZLP001 总基因组包含 3 264 个蛋白编码基因，其中染色体基因组包含 3 104 个基因，平均长度为 886 bp，占据总基因组大小的 83.28%，7 个质粒基因组上分别包含 77 个、56 个、34 个、33 个、17 个、22 个、21 个基因。另外染色体上还发现 16 rRNAs、69 tRNAs、91 tandem repeats、56 minisatellite DNAs、7 microsatellite DNAs。

② 确定了耐受肠道环境的功能基因：基因注释结果显示，ZLP001 的 1 603 个基因能够被分类至 KEGG 数据库，主要涉及复制修复、碳水化合物/氨基酸代谢；1 783 个基因被比对至 COG 数据库中的 20 个分类，主要涉及碳水化合物/氨基酸的转运及代谢、复制重组及修复、翻译核糖体结构及生物合成、转录和离子转运。基因组分析显示，ZLP001 菌株携带大量与应激耐受相关基因，包括 Na^+：H^+ 逆转运蛋白、胆酰甘氨酸水解酶及热应激蛋白基因，保证 ZLP001 能够耐受肠道低 pH 值、胆盐及其他复杂环境。PTS 转运系统分析显示，ZLJ010 能够利用 α–葡萄糖苷、β–葡萄糖苷、纤维二糖、果糖、半乳糖醇葡萄糖、乳糖、甘露糖、山梨糖醇、蔗糖、海藻糖。ZLP001 有两套完整的 PTS 及 ABC 转运系统，共有 306 个基因。其中 54 个基因参与 PTS 转运系统，ptsH 基因编码磷酸转运蛋白 HPr，可以将磷酸烯醇丙酮酸转运至 PTS EII 酶。ZLP001 基因组共发现 10 个完整的磷酸烯醇丙酮酸依赖性 PTS EII 酶，保证 ZLP001 菌株能够利用 β–葡萄糖苷、纤维二糖、果糖、半乳糖醇、葡萄糖、甘露醇、甘露糖、n–乙酰半乳糖胺、山梨醇和蔗糖。共有 252 个基因涉及参与 ABC 转运系统，这些 ABC 转入转运子能够转运无机离子、肽、氨基酸，然而大多数转出转运子的底物还不明确。ZLP001 携带了 10 个转运子，用于摄取支链氨基酸，包括一个 livHKM 基因编码的转运子。

③ 特有功能基因分析：ZLJ010 有 219 个独特的基因，包括 69 个已知功能的蛋白质和 150 个假设的未知功能的蛋白质。ZLJ010 基因组中存在的独特基因有 12 个参与 ABC 转运体系统，一个基因参与磷酸转移酶系统（PTS）转运葡萄糖。剩下的独特基因家族编码的蛋白质可能有利于菌株的适应度，如噬菌体、细胞壁多糖的合成、编码脂蛋白。为了进一步研究这些独特基因所编码的蛋白质的功能和多样性，团队进行了 COG 和 KEGG 分析。117 个基因被划分为 12 个 COG 功能类别。共 14 个基因在"复制、重组和修复"（L 类）中富集。在 8 个被分配到"防御机制"（V 类）中的基因中，有 2 个特异性基因划分到 I 类限制修改（R/M）系统。R/M 系统是菌株对抵抗外源 DNA 感染的生物屏障之一。ZLJ010 特异性携带编码 β–半乳糖苷酶（EC 3.2.1.23）的 bgaB 基因，能够利用 β–半乳糖，特异性携带 2 个编码谷氨酸：γ–氨基丁酸反向转运蛋白的 gadC 基因和 4 个编码 ABC 转运蛋白结合蛋白的基因。gadC 催化 1-谷氨酸转化为 γ–氨基丁酸的质子消耗反应，有助于细胞内 pH 稳态和耐酸。在 ZLJ010 二级代谢产物中，发现一个编码抗菌肽的完整基因簇。

全基因组测序分析发现，植物乳酸杆菌 ZLP001 具有独特的抗氧化能力，携带大量氧化应激相关基因，能够编码 ATP 依赖性的胞内蛋白激酶 ClpP 及 HslV 的基因，kat 基因编码过氧化氢酶，催化过氧化氢为水。ZLP001 还携带大量编码 NADH 氧化相关蛋白的基因，包括 4 个 nox2 基因编码 NADH 氧化酶，4 个 npr 基因编码 NADH 过氧化酶。ZLP001 还携带了一系列编码谷胱甘肽氧化还原的酶，包括 4 个 trxA 基因、2 个 trxB 基因及一个 tpx 基因，分别编码硫氧还蛋白、硫氧还蛋白还原酶及巯基过氧化酶。编码谷氧还蛋白的 nrdH 基因也在 ZLP001 中被发现。ZLP001 特异性地携带有 aspB 基因能够编码天冬氨酸转氨酶，这个基因在其他植物乳酸杆菌菌株，如 WCFS1、JDM1 及 ZJ316 中不存在。另外，ZLP001 没有携带其他植物乳酸杆菌中常见的 narK 及 narG 基因，两者促进胞外硝酸盐的转运及形成亚硝酸盐，可能会形成活性氮，导致氧化应激。

分别检测植物乳酸杆菌菌体及培养上清中抗氧化相关组分的浓度。结果发现，菌体及上清中均存在不同活性的总抗氧化能力 T-AOC、过氧化氢酶 CAT、过氧化物酶 POD、谷胱甘肽、谷胱甘肽过氧化物酶以及天冬氨酸转氨酶。ZLP001 基因组包含两个完整的噬菌体（Lactob_Lj965、Lactoc_lato）及 22 个 CRISPR 组间，有利于增强细菌的免疫抗性及存活。ZLP001 菌株基因组中的 119 个基因参与碳水化合物活性酶的组装，包括 18 个碳水化合物酯酶基因，13 个碳水化合物结合模块，32 个糖基转移酶基因，50 个糖苷水解酶基因，6 个辅助活性基因，保证菌株抵抗病原菌及免疫激活活性。

（7）猪源约氏乳杆菌 ZLJ010 的抗菌效果分析

① 猪源约氏乳杆菌 ZLJ010 抑制大肠杆菌生长：细胞黏附是大肠杆菌感染的第一步。我们首先制备了 ZLJ010 不同代谢组分；活 ZLJ010、热灭活 ZLJ010、紫外灭活 ZLJ010、ZLJ010 分泌代谢产物、乳酸。结果发现，活 ZLJ010 和紫外灭活 ZLJ010 能够显著抑制大肠杆菌 ETEC 在 IPEC-J2 细胞上的黏附，但是其中的大肠杆菌数量没有显著变化。热灭活 ZLJ010、ZLJ010 上清液以及等量的乳酸不能抑制 ETEC 黏附。但是与热灭活相比，紫外灭活处理导致 ZLJ010 死亡（MRS 培养显示，紫外灭活 ZLJ010 无法生长），但不会破坏 ZLJ010 细菌表面的蛋白结构，即紫外灭活 ZLJ010 仍可黏附于细胞表面。研究结果说明，ZLJ010 可能通过竞争细胞表面的糖蛋白黏附位点，减少 ETEC 在细胞表面的黏附。

② 猪源约氏乳杆菌 ZLJ010 抑制肠上皮细胞自噬性死亡：我们观察了 ZLJ010 对肠上皮细胞的保护作用。镜下观察结果显示，ETEC 感染显著破坏了细胞形态，造成猪肠上皮细胞皱缩、破碎、空泡化，ZLJ010 不会影响肠上皮细胞形态，细胞层完整。提前加入 ZLJ010（1×10^8 CFU/mL），然后进行 ETEC 感染，与 ETEC 单独感染组相比，益生菌 ZLJ010 能够明显改善 ETEC 诱导的猪肠上皮细胞损伤，细胞形态基本上完整，没有出现显著的空泡化。我们进一步运用扫描电镜观察细胞损伤，ETEC 感染导致肠上皮细胞绒毛脱落，细胞失去饱满状态。然后 ZLJ010 预处理显著改善细胞状态，细胞饱满、表面布满微绒毛。透射电镜对细胞内部超微结构进行观察，约氏乳杆菌 ZLJ010 可以明显改善 ETEC 诱导的超微结构损伤，包括核仁皱缩、线粒体及内质网肿胀、胞质电子密度降低。

SDS-PAGE 分离试验证实，ZLJ010 能够分泌一种分子量为 75 kD 的蛋白，激活肠上皮细胞 EGFR 受体，这是由于刺激 EGFR 配体 HB-EGF 释放，激活 EGFR/Akt，并且具有浓度依赖性。肠上皮面对大量致病菌，已经发展出了多种手段抵抗细菌的黏附和侵染。自噬是一种古老的针对侵染细菌并使用溶菌酶降解的程序。我们研究发现，大肠杆菌可以导致肠上皮细胞自噬性细胞死亡，然而 ZLJ010 能够明显抑制大肠杆菌引起的 IPEC-J2 细胞死亡，这可能与 ZLJ010 抑制大肠杆菌引起的 IPEC-J2 细胞自噬性死亡有关。利用 CRISPR/Cas9 技术构建 EGFR 敲除肠上皮细胞模型，结合 Akt 抑制剂，我们证实，EGFR/Akt 在 ZLJ010 抑制大肠杆菌诱导的肠上皮细胞自噬性死亡过程中是必需的。ZLJ010 可以促进 IPEC-J2 细胞紧密接连蛋白的表达，维持肠道屏障功能。表皮生长因子受体 EGFR 是一种酪氨酸激酶受体，对多种生理活动均具有重要的作用。EGFR 可以激活 PI3K/Akt/mTOR 信号或 EGFR 街道的 Beclin1 蛋白磷酸化抑制自噬的发生。非活性的 EGFR 可以与溶酶体相关的跨膜蛋白 4B 相互作用，激活自噬。我们的结果表明，ZLJ010 激活 EGFR 及 Akt，与自噬蛋白 LC3 蛋白表达抑制，这可能暗示 LGG 可能通过激活 EGFR 依赖性的 Akt 激活抑制了自噬的发生。

③ 猪源约氏乳杆菌 ZLJ010 维持肠上皮屏障功能：在肠上皮细胞 IPEC-J2 细胞模型中，我们对内质网应激 Marker 蛋白 GRP78 进行定位分析，大肠杆菌组 GRP78 阳性信号较强，分布于细胞质中，但在大肠杆菌组明显可见不规则的细胞核周围 GRP78 相比细胞核规则的细胞阳性分布多，

ZLJ010 处理细胞 GPR78 蛋白也分布于细胞质中，阳性信号弱于大肠杆菌组。进一步研究发现，大肠杆菌组可以引起肠道组织包括回肠和空肠细胞凋亡，提前灌服约氏乳杆菌 ZLJ010 可以缓解大肠杆菌引起的细胞凋亡。为了进一步研究肠道中内质网应激蛋白 GRP78 和细胞凋亡执行蛋白 caspase-3 的影响，采用免疫组化方法对肠道组织中 GRP78 和 caspase-3 蛋白进行定位分析，大肠杆菌感染肠道上皮细胞中信号最明显，GRP78 与 caspase-8 定位一致。我们的结果表明，提前处理约氏乳杆菌 ZLJ010 可以抑制大肠杆菌引起的内质网应激性细胞凋亡，维持肠上皮屏障功能。

我们进一步对约氏乳杆菌 ZLJ010 抑制内质网应激的信号通路进行了分析。蛋白质在内质网经折叠和修饰获得生物活性。内质网通过激活未折叠蛋白反应（UPR），减少未折叠或错误折叠蛋白在内质网的聚集，恢复细胞正常功能。UPR 主要通过 3 种并行信号通路实现内质网的自我修复：ATF6α、IRE1α-XBP1 和 PERK-eIF2α。大肠杆菌感染后 2~12 h，PERK-eIF2α-ATF4 通路首先被激活，IRE1-Xbp1 通路和 ATF6 通路后被激活。在大肠杆菌感染 IPEC-J2 细胞模型中，通过免疫印迹判断约氏乳杆菌 ZLJ010 对大肠杆菌引起细胞内质网应激的影响，ZLJ010 可以降低大肠杆菌对细胞内质网应激 Maker 蛋白 GRP78 表达，对 3 条通路 PERK-eIF2α-ATF4-CHOP、IRE1、ATF6 通路中的关键蛋白都有降低表达的作用。因此，约氏乳杆菌 ZLJ010 可以通过降低 PERK-eIF2α-ATF4-CHOP 通路、IRE1 通路、ATF6 通路活性，减轻大肠杆菌诱导的内质网应激。

为探究 EGFR/AKT 通路在约氏乳杆菌防治大肠杆菌感染 IPEC-J2 中的作用，我们设计 3 对 siRNA 对 EGFR 进行干扰，3 对 siRNA 都可以对 EGFR 产生干扰作用，且梯度 C 的干扰效果最佳，后续试验用 siRNA#1 的梯度 C 进行。干扰 EGFR 后，对内质网应激和未折叠蛋白反应相关蛋白的表达通过免疫印迹检测其表达量，结果显示，沉默 EGFR 后，下游的 Akt 表达量降低，内质网应激 Marker 蛋白 GRP78 与对照组比表达量升高，未折叠蛋白反应 p-eIF2α 蛋白表达量升高。综上所述，干扰 EGFR 后对约氏乳杆菌 ZLJ010 保护 aEPEC 感染引起的 UPR 产生副作用，破坏了约氏乳杆菌 ZLJ010 对大肠杆菌感染细胞的保护作用。

（8）猪源植物乳杆菌 ZLP001 的抑菌、黏附和诱导宿主防御肽表达特性

① 猪源植物乳杆菌 ZLP001 的抑菌特性：北京市农林科学院畜牧兽医研究所分离、选育、获得的植物乳杆菌 ZLP001 菌液和上清液对 10^7 CFU/mL ETEC（F4+，serotype O149：K91，K88ac）均有抑菌活性，平均抑菌圈直径分别为 21.8 mm 和 20.7 mm。对照组用 PBS 重悬后未发现抑菌圈（抑菌圈直径为 0~1 mm）。此外，我们还研究了 L. plantarum ZLP001 与 ETEC 在纯培养和共培养条件下的生长特性。与 ETEC 共培养的 L. plantarum ZLP001 活菌数略高于其纯培养活菌数。ETEC 在 MRS 培养基中可正常生长，活菌数可达到 10^8 CFU/mL 以上。但与 L. plantarum ZLP001 共培养时，ETEC 的生长受到明显抑制，12 h 后迅速下降，到 24 h 后不能检出其活菌数。L. plantarum ZLP001 与 ETEC 共培养和其纯培养时培养基 pH 值的变化趋势相似，随着培养时间延长表现明显降低。而 ETEC 纯培养其 pH 值下降速度较缓，培养 24 h 时仍为 5.32。

② 猪源植物乳杆菌 ZLP001 的黏附特性：研究发现，北京市农林科学院畜牧兽医研究所分离、选育、获得的植物乳杆菌 ZLP001 对猪肠上皮细胞（IPEC-J2）具有较好的黏附特性。通过黏附观察和黏附计数两种方法研究了不同浓度（10^7、10^8、10^9 CFU/mL）的植物乳杆菌 ZLP001 活菌体对 IPEC-J2 细胞的黏附特性。黏附观察结果发现，植物乳杆菌 ZLP001 活菌体浓度越高黏附细胞菌体数越多，10^7、10^8、10^9 CFU/mL 的植物乳杆菌的黏附指数分别平均为 20、212、2 667 和 14 000 个/100 cells。黏附计数得出的结果也是浓度越高，黏附的菌体数越多，从低浓度到高浓度黏附的乳酸菌数分别为 $4.7×10^4$、$6.4×10^6$、$7.6×10^7$ $\log_{10}$ CFU/孔。

此外，植物乳杆菌 ZLP001 对大肠杆菌 ETEC 对 IPEC-J2 细胞的黏附具有明显的抑制作用。我们通过竞争、排阻和置换三种抑制方式研究了不同浓度（10^7、10^8、10^9 CFU/mL）植物乳杆菌 ZLP001 活菌体对 ETEC（10^7 CFU/mL）黏附 IPEC-J2 细胞的抑制作用。不同浓度植物乳杆菌 ZLP001 活菌体对 ETEC 的黏附抑制表现为活菌数越高，3 种抑制作用越明显。提前接种和同时接种相比较后接种有较好的抑制效果。合并浓度效应进行比较发现，植物乳杆菌提前添加大肠杆菌的黏附率为 47.4%，共同添加大肠杆菌的黏附率为 52.3%，后添加大肠杆菌的黏附率为 70.0%。

③猪源植物乳杆菌 ZLP001 诱导宿主防御肽表达特性：研究发现，植物乳杆菌 ZLP001 对猪宿主防御肽（Host defense peptide，HDPs）的表达具有促进作用。对植物乳杆菌 ZLP001 不同浓度、不同作用时间、不同形态对猪肠上皮细胞 IPEC-J2 宿主防御肽 mRNA 的表达和分泌的影响进行了系统的研究。植物乳杆菌 ZLP001 浓度分别选择 10^5、10^6、10^7、10^8 和 10^9 CFU/mL。刺激时间分别为 3、6、12 h。植物乳杆菌 ZLP001 菌体状态主要包括 Supernatant，无菌上清液；Live，活菌体；Heat-inactived，热灭活菌体；Separate，非直接接触菌体；Adhered，黏附菌体。所选择的 IPEC-J2 细胞中能够被植物乳杆菌 ZLP001 诱导表达的宿主防御肽包括 *pBD*1、*pBD*2、*pBD*3、*PG*1-5 和 *pEP2C*。

研究结果表明：第一，不同浓度植物乳杆菌 ZLP001 对 IPEC-J2 肠上皮细胞 HPDs 表达的影响不同，受植物乳杆菌 ZLP001 刺激显著表达的大多数 HPDs 基因显示浓度梯度效应。*pBD*2 和 *pBD*3 的表达随植物乳杆菌 ZLP001 接种浓度的增加显著增加，最高诱导表达倍数表现在 10^9 CFU/mL（$P<0.05$）。*pBD*1 和 *PG*1-5 的表达表现为随着植物乳杆菌 ZLP001 接种浓度的增加先增加后减少的趋势。*pBD*1 的 mRNA 表达峰值表现在 10^8 CFU/mL，*PG*1-5 的峰值表现在 10^6 CFU/mL。此外，*pEP2C* mRNA 表达最大的倍数值表现在 10^8 CFU/mL，而其他浓度没有明显的增加（$P>0.05$）。植物乳杆菌 ZLP001 对 HPDs 的诱导表达程度各基因之间亦表现不同，其中 *pBD*2 显示最高的倍数变化，而 *pEP2C* 显示最低的倍数变化。第二，植物乳杆菌 ZLP001 不同处理时间对 IPEC-J2 细胞 HDPs 表达有明显影响。*pBD*1 和 *PG*1-5 基因在植物乳杆菌 ZLP001 处理 6 h 后和 12 h 后均能显著提高其表达量。*pBD*3 基因在植物乳杆菌 ZLP001 处理 6 h 后和 12 h 表达量有所上升，但未达到显著水平（$P>0.05$）。*pEP2C* 基因在植物乳杆菌 ZLP001 处理 6 h 后表达量有显著提升（$P<0.05$），其他作用时间点刺激效果不明显。总体来看植物乳杆菌 ZLP001 作用 6 h 对 HDPs 的刺激表达效果较明显。第三，植物乳杆菌 ZLP001 活菌体对 IPEC-J2 细胞 HPDs 表达影响最明显。不同的植物乳杆菌 ZLP001 形态对 IPEC-J2 肠上皮细胞 HPDs 表达有着明显不同的影响。活菌体的作用效果最明显，所测几种 HDPs 基因均受植物乳杆菌 ZLP001 活菌体影响 mRNA 表达有显著提升（$P<0.05$；*pBD*3 不显著）。无菌上清、热灭活菌体、黏附菌体对肠上皮细胞 HDPs 的表达没有明显影响（$P>0.05$）。利用 Transwell 形成的非直接接触菌体对部分宿主防御肽的表达有促进作用，有些达到显著水平，如 *pBD*1 基因（$P<0.05$）。第四，植物乳杆菌 ZLP001 通过 TLR2/MAPK/AP-1 信号通路调节 IPEC-J2 细胞 HPDs 的表达。我们的研究发现植物乳杆菌 ZLP001 对 HDPs 的表达主要通过 Toll 样模式识别受体 2（TLR2），以及激活调节蛋白激酶 ERK1/2 和 c-Jun 氨基末端激酶 JNK 信号通路，并使得转录因子 c-fos 和 c-jun 活化进入核内，从而调节 HDPs 的表达。因此认为，植物乳杆菌 ZLP001 诱导猪 HDPs 表达主要通过 TLR2/MAPK/AP-1 信号通路。

(9) 猪源乳酸片球菌 ZPA017 发酵合成 γ-氨基丁酸的条件优化 从北京黑猪健康断奶仔猪粪便中筛选出一株乳酸菌，经鉴定命名为乳酸片球菌 ZPA017，发现其具有合成 γ-氨基丁酸（GABA）能力。为了提高 GABA 产量，本试验通过优化乳酸片球菌 ZPA017 产 GABA 的发酵培养基和发酵条件，将其 GABA 产量提高了 3.77 倍，为深入研发饲用益生菌制剂提供了理论依据。

在 MRS 培养基的基础上，固定其他营养成分，采用单因素实验法筛选乳酸片球菌产 GABA 发酵培养基的最优碳源、氮源和碳氮比，采用响应面法优化发酵培养基的主成分配比；在优化发酵培养基的基础上，采用单因素试验法筛选优化产 GABA 的最佳发酵温度、初始 pH 值、接种比例和发酵时间等发酵参数，最终确定最佳发酵条件。

经过筛选优化，得到乳酸片球菌 ZPA017 产 GABA 的最佳培养基配方为：D-果糖 18 g/L、大豆蛋白胨 40 g/L、乙酸钠 3 g/L、磷酸氢二钾 1.37 g/L、柠檬酸氢二铵 2 g/L、硫酸镁 0.63 g/L、硫酸锰 0.29 g/L、吐温-80 1 mL/L；产 GABA 的最佳发酵条件为：温度 37 ℃、初始 pH 值 6.5、接种比例 1%、发酵时间 30 h。乳酸片球菌 ZPA017 在此发酵培养基和发酵条件下培养，发酵液中 GABA 的含量为 1.036 g/L，是优化前产量的 3.77 倍，达到了优化的目的。

（10）猪源短乳杆菌 ZLB004 发酵培养基的优化　从健康断奶仔猪肠黏膜中分离得到一株优良乳酸菌——短乳杆菌 ZLB004，发现其具有较强的耐胃酸、耐胆盐性，在改善断奶仔猪肠道菌群、增加营养物质利用率、增强机体免疫力、提高生长性能等方面具有良好的效果。乳酸菌对营养要求特殊而复杂，为了提高短乳杆菌 ZLB004 发酵液中的活菌数，本试验采用单因素实验法和响应面法对发酵培养基配方进行了优化筛选，最终发酵液中的活菌数提高了 4.03 倍。

在 MRS 培养基的基础上，固定其他成分，采用单因素实验法研究不同的碳源、氮源、缓冲盐体系和微量元素等营养成分对短乳杆菌活菌数的影响，筛选出最佳的成分种类；在此基础上，采用响应面法优化发酵培养基的主成分配比，最终确定最佳的发酵培养基配方。

经过筛选优化，最终得到短乳杆菌 ZLB004 的发酵培养基配方为：葡萄糖 31.4 g/L、酵母粉 3.5 g/L、牛肉膏 8.5 g/L、牛肉蛋白胨 10 g/L、乙酸钠 7.5 g/L、柠檬酸氢二铵 3 g/L、磷酸氢二钾 3 g/L、硫酸锰 0.2 g/L、硫酸锌 0.6 g/L、吐温-80 1 mL/L、pH 值 6.5。短乳杆菌在此培养基中经 37 ℃、24h 培养，活菌数可达 $3.15×10^9$ CFU/mL，是优化前活菌数的 4.03 倍。

6.2.2.2　益生菌在繁殖母猪上的使用技术及效果

（1）猪源约氏乳杆菌对繁殖母猪的影响　在母猪妊娠第 90 天至母猪泌乳期第 25 天期间，在猪饲粮中添加猪源约氏乳杆菌 *L. johnsonii* XS4 冻干制剂，饲粮中有效菌含量为 $6.0×10^9$ CFU/kg，母猪饲养管理按常规进行，自由采食，自由饮水，常规免疫。结果发现：在妊娠末期和哺乳期饲粮中添加一定量的 *L. johnsonii* XS4，对母猪生产性能具有促进作用，*L. johnsonii* XS4 有替代饲用抗生素作为新型母猪饲料添加剂的可能性。

试验结果显示：在母猪饲粮中添加 *L. johnsonii* XS4 后，母猪肠道健康了，机体健康了，间接提高了哺乳仔猪生产性能，相比于不添加组，断奶仔猪数显著增加（10.31 和 9.43，$P<0.05$），出生时窝重增加 14.45%（14.97 kg 和 13.08 kg，$P<0.05$），20 d 窝重比对照组增加 11.52%（54.90 kg 和 49.23 kg，$P<0.01$），断奶窝重增加 12.76%（66.73 kg 和 59.18 kg，$P<0.05$）。两组间产仔数、活仔数和日增重无显著差异（$P>0.05$）。

研究过程中我们同时测定了母猪背部脂肪厚度变化，发现饲粮中添加 *L. johnsonii* XS4 制剂，母猪在哺乳期间，*L. johnsonii* XS4 添加组母猪背膘厚平均下降 0.79mm，不添加组平均下降 1.05mm，两处理组间无显著性差异（$P>0.05$）。

母猪粪便的细菌计数结果显示，添加 *L. johnsonii* XS4 的母猪粪便中乳酸菌的数量高于不添加组，而 *L. johnsonii* XS4 添加组的大肠杆菌和金黄色葡萄球菌数量则低于不添加组，两处理组间差异不显著（$P>0.05$）。

检测了母猪添加 *L. johnsonii* XS4 后血清指标，与不添加组相比，日粮中添加 *L. johnsonii* XS4 可显著提高血清 IgG 水平（$P<0.05$），血清结合珠蛋白降低约 11.29%，未达到统计学显著水平（$P>0.05$），丙氨酸氨基转移酶（ALT）浓度 *L. johnsonii* XS4 添加组明显低于不添加组（$P<$

0.01）。其他指标两组间无差异。

（2）猪源乳酸片球菌ZPA017对繁殖母猪的影响　研究了乳酸片球菌ZPA017对繁殖母猪繁殖性能、肠道菌群和血清指标的影响。结果发现，乳酸片球菌能够提高母猪繁殖性能，改善肠道菌群平衡，提高母猪的免疫功能。

选取94头"大×长"妊娠母猪，按胎次和体重基本一致的原则，随机分为对照组和乳酸片球菌组。对照组饲喂基础饲粮，乳酸片球菌组在基础饲粮中添加乳酸片球菌ZPA017制剂（配合饲料中乳酸片球菌终浓度为$2.40×10^9$ CFU/kg饲料），每组47头母猪。试验从母猪妊娠第90天开始，到哺乳第28天结束。

与对照组相比，在妊娠后期和哺乳期母猪饲粮中添加乳酸片球菌ZPA017可提高断奶仔猪数、仔猪断奶窝重、断奶仔猪成活率（$P<0.05$），降低仔猪哺乳期腹泻率（$P<0.05$）。结果表明，乳酸片球菌可以提高母猪的繁殖性能，同时还能够提高哺乳仔猪的健康水平。

与对照组相比，乳酸片球菌ZPA017能够增加断奶时母猪粪便中的乳酸菌数量（$P<0.05$），减少粪便大肠杆菌和金黄色葡萄球菌数量（$P<0.05$）。结果表明，母猪饲喂乳酸片球菌后可以提高肠道内有益菌数量，减少有害菌数量，从而改善肠道菌群平衡，促进肠道健康，有益于母猪的机体健康和繁殖性能。

添加乳酸片球菌ZPA017可提高断奶时母猪血清中免疫球蛋白G、免疫球蛋白A和总蛋白浓度（$P<0.05$），降低血清中结合珠蛋白浓度和丙氨酸转氨酶活性（$P<0.05$）。结果表明，乳酸片球菌可以提高母猪的免疫功能，减少应激对母体的影响，有利于母猪健康。

（3）猪源嗜酸乳杆菌对繁殖母猪的影响　利用北京市农林科学院畜牧兽医研究所分离、选育、获得的猪源嗜酸乳杆菌，发酵哺乳母猪配合饲料，发酵温度为37 ℃，时间36 h，发酵剂接种量0.4%（g/g），料水比1∶0.8。将发酵饲料拌匀后，装入发酵用的塑料罐中，边装入、边将其压实，然后再铺上一层塑料薄膜，压实，拧紧盖子，将其厌氧密封。若饲料表面无发霉现象及pH值在4.0左右，则说明发酵饲料质量合格，可饲喂。

选用健康、体况、胎次、预产期相近的妊娠母猪40头，随机分成两个组，每组20个重复，每个重复1头母猪。将发酵饲料按母猪采食量5%的比例，每天按时饲喂。从妊娠85 d开始饲喂乳酸菌饲料，一直喂到母猪分娩和哺乳期结束，饲养管理按常规要求。

试验结束后发现，与对照组相比，母猪日粮中添加固态发酵饲料，使仔猪初生成活率提高了2.60%，断奶成活率提高了9.20%，断奶个体均重提高4.58%，仔猪平均日增重提高了9.10%，仔猪腹泻率降低了53.24%，哺乳母猪平均日采食量提高了13.79%；哺乳母猪血清中谷草转氨酶、谷丙转氨酶含量显著降低，IgG含量显著提高；哺乳母猪初乳中蛋白质、总固形物、IgA和IgM的含量显著提高；显著提高哺乳母猪对饲料中有机物质、粗蛋白质、钙和总磷的表观消化率；显著降低哺乳母猪鲜粪中大肠杆菌数和金黄色葡萄球菌数，增加鲜粪中乳酸菌含量。

6.2.2.3　益生菌在保育猪上的使用技术及效果

（1）猪源发酵乳酸杆菌对保育猪的影响　研究了保育猪饲粮中添加不同浓度的猪源发酵乳酸杆菌对保育猪生长性能、养分表观消化率、粪便微生物数量和血清免疫指标的影响。选择160头保育猪，日龄为（30±2）d，体重为（7.85±0.68）kg，随机分成1组，每组1个重复，每个重复10头猪。对照组饲喂基础日粮，试验组在基础饲粮中分别添加0.1%、0.2%和0.3%的猪源发酵乳酸杆菌制剂，有效活菌数为$2×10^6$、$4×10^6$和$6×10^6$ CFU/g，试验期35 d。试验结果显示，添加不同浓度猪源发酵乳酸杆菌对保育猪的各项指标均有改善效果，其中，0.2%发酵乳酸杆菌组的效果最好，与对照组相比，其平均日增重提高8.7%（$P<0.05$），料重比降低4.62%（$P<0.05$），日粮中粗蛋白质、钙和总磷的表观消化率显著提高（$P<0.05$），粪便中大肠杆菌数量显

著下降（$P<0.05$），血清中 IgG 含量提高了 8.39%（$P<0.05$）。可见，保育猪饲料中添加猪源发酵乳酸杆菌能够提高机体免疫力和生长性能，提高日粮中粗蛋白质、钙和总磷的表观消化率，降低粪便中的大肠杆菌数量。

（2）猪源干酪乳杆菌对保育猪生长性能和肠道微生物的影响　在北京黑猪保育阶段日粮中添加干酪乳杆菌活菌冻干制剂，每千克饲料中有效活菌数在 $4.0×10^9$ CFU，饲喂 30 d。在试验第 28 天时采集新鲜粪样，用于 16S rRNA 的 V3~V4 区测序。试验结果显示：与对照组相比，干酪乳杆菌组平均日增重提高 12.71%（$P<0.05$），料重比分别降低 7.34%（$P<0.05$）；通过对粪样菌群 ACE 指数、Chao 1 指数、Shannon 指数和 Simpson 指数进行分析，发现干酪乳杆菌组肠道菌群丰富度和多样性均高于对照组和抗生素组，对肠道菌群结构有较好的改善作用。由此可见，在北京黑猪保育阶段饲粮中添加干酪乳杆菌可改善仔猪肠道内菌群结构，进而提高生长性能。

（3）猪源罗伊氏乳杆菌对保育猪肠道菌群和脂肪酸代谢的影响　本研究利用 16S rRNA 高通量测序技术，比较分析了乳酸菌（猪源罗伊氏乳杆菌）与抗生素对断奶仔猪肠道菌群结构的差异，表明乳酸菌具有改善仔猪肠道微生物多样性和菌群组成的作用，对饲用乳酸菌制剂的深入研究和产业化开发有重要意义。

猪源罗伊氏乳杆菌按 1% 接种量接种于 MRS 培养基中 37 ℃培养 18 h，8 000 r/min 离心 10 min 收集菌体，然后悬浮于 0.85% 无菌生理盐水中，制成含有活菌浓度为 $2.0×10^9$ CFU/mL 液体制剂。金霉素用 0.85% 无菌生理盐水配制成 100 mg/kg 浓度，空白对照组采用 0.85% 无菌生理盐水。选取同窝断奶仔猪 9 头，随机分成 3 组，为对照组、罗伊氏乳杆菌组和金霉素组，每天早晨 8 点进行灌服 5 mL 处理液，试验期为 10 d，试验结束时，分别取仔猪空肠、结肠和盲肠，进行 16S rRNA 扩增（V3~V4 区）及 Illumina Miseq 高通量测序。

通过 ACE 和 Chao 1 指标可看出，罗伊氏乳杆菌组仔猪空肠微生物物种丰度高于抗生素组和对照组，说明罗伊氏乳杆菌能够增加仔猪肠道菌群多样性。利用维恩图反映了各组间共有和特有 OTUs 数目，空肠中，3 组共有 OTUs 数目为 135，罗伊氏乳杆菌组特有的 OTUs 数量高于金霉素组和空白对照组，金霉素组特有 OTUs 最少，仅为 15。3 个组结肠和盲肠共有 OTUs 数目分别为 437 和 431，共有菌群主要归类于拟杆菌门、变形菌门、厚壁菌门、螺旋体门和梭杆菌门，这说明罗伊氏乳杆菌组能显著增加仔猪空肠微生物特有 OTUs 数量。

在菌群组成方面，门水平上，仔猪空肠中，罗伊氏乳杆菌组和金霉素组最优势门均为变形菌门，分布比例分别为 73.1% 和 86.1%，但金霉素组变形菌门主要由放线杆菌属（73.54%）组成，而罗伊氏乳杆菌组变形菌门主要由放线杆菌属（21.13%）和埃希氏—志贺氏属（48.71%）。由此可以推测，罗伊氏乳杆菌和金霉素都可以通过调控肠道微生物起到促进机体生长的作用，但两者作用方式存在差异。金霉素组菌群属分类明显减少，这说明了抗生素对肠道菌群具有较强的杀灭作用。在盲肠段，罗伊氏乳杆菌组仔猪拟杆菌门相对丰度最高，与对照组更为接近，分别为 45.4% 和 35.2%。在结肠段，拟杆菌门是 3 个处理组的最优势菌群，对照组、罗伊氏乳杆菌组和金霉素组分别为 35.5%、43.5% 和 47.7%。普氏菌属在结肠和盲肠的比例均高于空肠组，尤其罗伊氏乳杆菌组盲肠和结肠中的普氏菌属比例高于对照组和金霉素组。另外，疣微菌门在对照组仔猪空肠中比例较高，为 13.3%，罗伊氏乳杆菌组仔猪空肠、盲肠和结肠中也能检测得到疣微菌门，但在金霉素组仔猪空肠、结肠和盲肠中均未检测到。这些结果说明日粮中添加罗伊氏乳杆菌能够增加断奶仔猪肠道微生物多样性，调控菌群组成，起到改善仔猪肠道菌群环境的益生作用。

采用 RNA-seq 技术比较了乳酸菌和抗生素对断奶仔猪空肠组织基因表达谱的差异，分析了乳酸菌与抗生素对断奶仔猪在营养代谢、免疫及生长发育相关的代谢通路的差异性。试验方法：

选取同窝断奶仔猪9头，随机分成3组，对照组给仔猪灌服5 mL无菌生理盐水（0.85%），乳酸菌组灌服5 mL罗伊氏乳杆菌液体制剂（2.0×10^9 CFU/mL），抗生素组灌服5 mL金霉素（100 mg/kg），每天早晨8点进行，试验期为10 d。试验结束时，取仔猪十二指肠—空肠交界处5 cm、24 cm和40 cm的空肠组织，共采集9个样本，采用RNA-seq测定基因表达情况，并对其相关代谢通路进行分析。通过分析，共得到原始数据4.82 Gb，对照组、罗伊氏乳杆菌组和金霉素组断奶仔猪空肠转录组数据大小分别为：1.77 Gb、1.49 Gb和1.56 Gb。利用维恩图来表示不同处理间差异表达基因的交集和差集，基因差异表达标准依据$|\log_2 FC| \geqslant 1$及$P \leqslant 0.05$，与对照组相比，罗伊氏乳杆菌组中有293个基因差异表达，128个上调，165下调；金霉素组中有401基因差异表达，其中240个上调，161个下调；与金霉素组相比，罗伊氏乳杆菌组中有326个基因差异表达，其中204个基因上调，122个基因下调。对差异表达基因进行了GO功能注释，主要包括生物学过程、细胞组分和分子功能三方面，与对照组和金霉素组相比，罗伊氏乳杆菌组比较显著的是，在生物节奏、抗氧化活性、蛋白结合转录因子活性及受体调节器活动等GO条目显著富集。KEGG通路分析显示，与空白组和金霉素组相比，罗伊氏乳杆菌仔猪空肠花生四烯酸代谢和亚油酸代谢相关基因的表达增加。本试验结果表明，饲喂罗伊氏乳杆菌对于调控仔猪肠道抗氧化活性、体内稳态平衡以及多不饱和脂肪酸代谢方面具有积极的作用。

分析了罗伊氏乳杆菌对哺乳仔猪和断奶仔猪粪便菌群组成、粪便短链脂肪酸含量以及血清游离氨基酸和长链脂肪酸含量的影响，说明乳酸菌通过改善肠道菌群能够对仔猪营养代谢起到调控作用。选用12窝仔猪，从产后10 d开始教槽料时添加罗伊氏乳杆菌冻干制剂（6.0×10^6 CFU/g饲料），采用30 d断奶，断奶后仍分为对照组和罗伊氏乳杆菌组，对照组饲喂基础日粮，试验组在基础日粮中添加罗伊氏乳杆菌（6.0×10^6 CFU/g饲料）。试验期为60 d，分别在第30天和第60天，采集粪便用于16S rRNA测定菌群组成，在第60天采集粪便样品用于测定粪便中短链脂肪酸含量，采集血清用于测定游离氨基酸和长链脂肪酸含量。试验结果显示：肠道厚壁菌门、拟杆菌门、变形菌门和放线菌门为优势菌门，均占哺乳仔猪和断奶仔猪粪便类群的97%以上。仔猪从哺乳到断奶阶段，厚壁菌门（68.65%和56.68%）和变形菌门（8.05%和1.23%）的丰度下降，拟杆菌门的丰度（18.90%和38.75%）显著增加；属水平上，断奶仔猪阶段毛螺菌科（2.01%和2.74%）、乳酸杆菌（3.41%和3.57%）显著增加（$P < 0.05$）。与对照组相比，罗伊氏乳杆菌组哺乳仔猪和断奶仔猪粪便微生物多样性有升高趋势，但差异不显著（$P > 0.05$）。菌群组成方面，罗伊氏乳杆菌组显著增加了哺乳仔猪普雷沃菌科（0.505%和2.42%）和普氏菌属丰度（5.87%和7.47%）（$P < 0.05$）。在断奶阶段，添加罗伊氏乳杆菌对仔猪粪便微生物组成有明显影响群结构有明显影响，罗伊氏乳杆菌组仔猪粪便厚壁菌门丰度高于对照组（58.77%和55.19%），拟杆菌门（37.93%和39.56%）和螺旋体门（0.71%和1.63%）显著降低（$P < 0.05$）。属水平上，罗伊氏乳杆菌断奶仔猪粪便中普氏菌属_9（12.48%和11.30%）、巨型球菌属（9.09%和3.70%）、乳酸杆菌（2.56%和3.80%）和光岗菌属（0.683%和0.175%）显著增加，链球菌属（4.18%和7.36%）、螺旋体菌属（0.62%和1.59%）、瘤胃球菌科_UCG-014（1.35%和1.61%）等相对丰度显著降低（$P < 0.05$）。与对照组相比，罗伊氏乳杆菌粪便中乳酸和丁酸浓度升高，乙酸浓度显著降低（$P < 0.05$），罗伊氏乳杆菌组血清游离氨基酸甘氨酸、丙氨酸、谷氨酸、蛋氨酸、苯丙氨酸、亮氨酸均显著升高（$P < 0.05$），血清多不饱和脂肪酸c18：2n6c、c18：3n3、c20：4n6、c22：6n3显著升高（$P < 0.05$）。相关分析表明，瘤胃球菌科与粪便中短链脂肪酸含量呈负相关，普氏菌属-9与c18：2n6c呈正相关，巨型球菌属和光岗菌属与仔猪血清中游离氨基酸含量显著正相关。这些结果说明罗伊氏乳杆菌通过改善肠道菌群对仔猪机体营养代谢具有积极的调控作用。

（4）猪源植物乳杆菌 ZLP001 对保育猪的影响　研究了猪源植物乳杆菌 *L. plantarum* ZLP001 对保育猪的影响，证明猪源植物乳杆菌 *L. plantarum* ZLP001 可提升断奶仔猪的生长性能，提高日增重和生产效率，同时还能够改善仔猪抗氧化能力，有助于减轻断奶后的氧化应激状态。此外，*L. plantarum* ZLP001 的添加还能够改变仔猪肠道菌群组成和多样性，有利于仔猪肠道健康的提升和生产性能的发挥。

使用方法：在保育阶段仔猪饲粮中添加 *L. plantarum* ZLP001 冻干菌剂，添加浓度为 1.0×10^9 CFU/kg 饲粮，试验时间为仔猪保育阶段 30 d。猪只自由采食，自由饮水，常规免疫和饲养管理。

试验效果：断奶后保育阶段仔猪日粮中添加 *L. plantarum* ZLP001，对仔猪生产性能有明显的提升作用，可以显著提高仔猪日增重和料重比，同时可以提高仔猪抗氧化性能。近期的研究表明：第一，*L. plantarum* ZLP001 可以提高肠道细菌多样性，*L. plantarum* ZLP001 添加后仔猪肠道菌群多样性指数高于未添加组，主要体现在 Shannon 和 Simpson 指数，但差异不显著（$P>0.05$）；此外，*L. plantarum* ZLP001 处理对粪便菌群丰富度无显著影响（基于 Chao1 和 ACE 指数）。第二，*L. plantarum* ZLP001 的添加对仔猪肠道菌群有调节作用，门水平结果显示，厚壁菌门和拟杆菌是两个处理组中的优势菌属，占总序列的 97% 以上。厚壁菌门是占主导地位的门，占总序列的 58.1%。拟杆菌占 39.6%。其他门则表现较低的丰度。属水平结果显示，普氏菌属为最优势菌属，占总序列的 21.5%。在未添加组粪便中 *Clostridium sensu stricto* 1 占 14.2%，而 *L. plantarum* ZLP001 添加组中乳酸杆菌占到 12.8%。LEfSe 分析表明门水平上 *L. plantarum* ZLP001 添加组和未添加组没有差异细菌，而在其他分类水平上有差异细菌表现。*L. plantarum* ZLP001 添加组在 Class 水平上 Bacilli 丰度较高，Order 水平上 Lactobacillales 相对丰度较高，而 Lactobacillaceae and Ruminococcaceae 在 Family 水平上丰度较高，在属水平上则是 *Alloprevotella*，Anaerotruncus，*Faecalibacterium*，*Lactobacillus*，*Subdoligranulum*，unclassified *Lachnospiraceae*，no-rank *Ruminococcaceae* 的丰度较高。添加组在 Family 水平上的 Clostridiaceae_1 和 Peptostreptococcaceae 丰度较低，属水平上的 *Clostridium sensu stricto* 1，*Terrisporobacter*，*Ruminococcaceae_UCG*_007，*Ruminococcaceae_UCG*_004 和 *Ruminococcaceae_UCG*_009 相对丰度较低。粪便微生物菌群组成 PCoA 图显示 *L. plantarum* ZLP001 添加影响整体的粪便微生物菌群组成，*L. plantarum* ZLP001 添加组仔猪粪便微生物群落聚集在一起，且与未添加组明显地区分开来。*L. plantarum* ZLP001 添加后仔猪粪便中 SCFA 含量和属水平细菌具有相关性，粪便中短链脂肪酸丁酸浓度与 Anaerotruncus（$r=0.721$，$P=0.019$）和 unclassified_f_Lachnospiraceae（$r=0.758$，$P=0.011$）丰度呈正相关，乙酸浓度与 Faecalibacterium（$r=0.879$，$P=0.001$），Subdoligranulum（$r=0.721$，$P=0.019$）和 Prevotellaceae_NK3B31_group（$r=0.648$，$P=0.043$）丰度呈正相关，与 Clostridium sensu stricto 1（$r=-0.661$，$P=0.038$）呈负相关。丙酸浓度则与 Phascolarctobacterium abundance（$r=-0.697$，$P=0.025$）呈负相关。说明 *L. plantarum* ZLP001 对菌群的调节与短链脂肪酸的合成密切相关。

（5）猪源短乳杆菌制剂对保育猪的影响　研究了短乳杆菌 ZLB004 制剂对断奶仔猪的影响，在某规模猪场选取 144 头健康的断奶仔猪（杜×大×长），平均体重为（15.60±0.13）kg，随机分为 3 组，每组 4 个重复，每个重复 12 头猪。分别在 3 组基础饲粮中添加 0、0.4 和 0.8 g/kg 的短乳杆菌 ZLB004 制剂（制剂活菌含量为 5.50×10^9 CFU/g）。所有猪自由采食饮水，试验期 30 d。

试验结果显示：

① 与对照组相比，饲喂短乳杆菌 ZLB004 的断奶仔猪平均日增重和平均日采食量显著提高（$P=0.026$ 和 0.031），料重比和腹泻率显著降低（$P=0.022$ 和 0.044），0.4 和 0.8 g/kg 组间的生长性能差异不显著。结果表明，短乳杆菌能够提高断奶仔猪的生长性能，并且低剂量（0.4 g/kg）添加能够达到良好的效果。

② 与对照组相比，短乳杆菌组猪粪便中的乳酸菌数量显著增加（$P=0.001$），大肠杆菌数显著减少（$P=0.022$）。结果表明，短乳杆菌能够提高仔猪肠道内有益菌数量，减少有害菌数量，从而能够改善仔猪肠道微生态平衡，促进肠道健康。

③ 短乳杆菌能够增加仔猪血清 γ-干扰素和总蛋白浓度（$P=0.024$ 和 0.044），同时降低血清结合珠蛋白和尿素氮浓度（$P=0.014$ 和 0.040）。结果表明，短乳杆菌能够改善仔猪的蛋白质合成代谢，促进蛋白质吸收，并且提高机体的免疫力。

从试验结果看出，短乳杆菌制剂可以改善断奶仔猪的肠道菌群平衡，增强仔猪的免疫功能，提高仔猪的生长性能。

6.2.2.4　益生菌在生长育肥猪上的使用技术及效果

（1）猪源干酪乳杆菌对育肥猪生长性能和肌肉品质的影响　研究了猪源干酪乳杆菌对育肥猪生长性能和肌肉品质的影响。选择平均体重为 62.77 kg 的育肥北京黑猪 120 头，随机分成 2 组，分别为对照组和干酪乳杆菌组，每组 5 个重复，每个重复 12 头（阉公猪与母猪各占 1/2）。对照组试验猪饲喂基础饲粮（不添加抗生素和干酪乳杆菌）；干酪乳杆菌组试验猪饲喂在基础饲粮中添加干酪乳杆菌冻干制剂的饲粮（每千克饲粮中干酪乳杆菌的有效活菌数为 2.0×10^9 CFU，饲喂 42 d。

试验结果显示：与对照组相比，干酪乳杆菌组的平均日增重提高了 8.02%，料重比降低了 7.20%，差异均达到显著水平；同时提高了背最长肌中粗蛋白质、肌内脂肪、鲜味氨基酸、必需氨基酸和不饱和脂肪酸含量，降低了饱和脂肪酸含量；减少了空肠中埃希氏—志贺氏菌属的相对丰度，增加了结肠中乳杆菌属的相对丰度；降低了结肠中乳酸的含量，提高了丁酸的含量；提高了空肠中二十二碳六烯酸的含量，降低了结肠中花生四烯酸的含量。发现可以改善北京黑猪育肥阶段的生长性能和饲料利用率，提高肌肉中粗蛋白质、肌内脂肪、鲜味氨基酸、必需氨基酸和不饱和脂肪含量，并且影响肠道消化物菌群组成及乳酸、短链脂肪酸和长链脂肪酸的含量。

（2）猪源唾液乳杆菌对生长猪的影响　研究了猪源唾液乳杆菌对生长猪生长性能、粪中微生物数量及血清指标的影响，通过试验证明了日粮中添加猪源唾液乳杆菌，能够改善生长猪肠道菌群环境和血清指标，提高机体免疫力，进而促进猪群健康生长。

选用 81 头平均体重为（35.22±0.86）kg 的长×大二元杂交生长猪，随机分成 3 组，每组设 3 个重复，每个重复 9 头。对照组饲喂基础饲粮，试验组分别饲喂在基础饲粮中添加 0.2%、0.4%（每克饲粮活菌数分别为 7.0×10^6 CFU 和 1.4×10^7 CFU 的唾液乳杆菌冻干制剂）的试验饲粮。饲养时间为 30 d。试验在封闭式猪舍内进行，水泥地面圈养，自由采食，以鸭嘴式饮水器提供充足清洁饮水，免疫、驱虫和消毒按猪场常规饲养管理规程进行。

试验结果显示：与对照组相比，日粮中添加两个剂量的猪源唾液乳杆菌（0.2% 和 0.4%）后，生长猪群的平均日增重有升高趋势，但差异不显著（$P>0.05$）。饲粮中添加 0.2%、0.4% 的猪源唾液乳杆菌能够显著增加猪群粪便中乳酸菌数量（$P<0.05$），并显著降低了大肠杆菌数量（$P<0.05$），并显著提高乳酸菌与大肠杆菌的比值（$P<0.05$），这说明两个剂量的猪源唾液乳杆菌均能起到改善生长猪肠道微生物的作用。与对照组相比，添加两种剂量的猪源唾液乳杆菌能够显著降低改善猪血清中总胆固醇、谷丙转氨酶、谷草转氨酶活性（$P<0.05$），说明两个剂量的猪源唾液乳杆菌都能起到调控生长猪血清生化指标的作用。另外，两个试验组还显著降低了猪血清结合珠蛋白含量（$P<0.05$），这进一步表明，日粮中添加猪源唾液乳杆菌能够起到缓解猪群应激的益生功能。

（3）猪源罗伊氏乳杆菌 ZLR003 和唾液乳杆菌 ZLS006 对生长育肥猪的影响　研究了猪源罗伊氏乳杆菌 ZLR003 和唾液乳杆菌 ZLS006 对生长育肥猪生产性能、粪便微生物及血清生化指标的影响，为促进乳酸菌在养猪生产中的推广应用提供理论依据。

选用120头长白大型杂交生长猪，随机分为3组，对照组饲喂基础日粮，两个试验组分别在基础日粮中添加罗伊氏乳杆菌冻干制剂（2.0×10^9 CFU/kg 日粮）和唾液乳杆菌冻干制剂（3.50×10^9 CFU/kg 日粮），饲喂时间为 60 d。

试验结果显示：罗伊氏乳杆菌组（1~5周和1~9周）和唾液乳杆菌组（1~5周、6~9周和1~9周）猪群的平均日增重和料重比均显著高于对照组（$P < 0.05$），饲喂罗伊氏乳杆菌和唾液乳杆菌还显著增加了生长猪群氮的表观消化率，分别提高了 5.32% 和 6.79%（$P < 0.05$）。另外，与对照组相比，两个乳酸菌组生长猪群粪便中大肠杆菌和金黄色葡萄球菌含量显著降低（$P < 0.05$），并显著降低了生长猪血清中总胆固醇、丙氨酸转移酶、天冬氨酸转移酶、尿素氮和结合珠蛋白水平（$P < 0.05$）。本研究表明，日粮中通过添加罗伊氏乳杆菌和唾液乳杆菌能够通过调控肠道菌群、改善血液生化指标，进而起到提高生长猪生产水平的作用。

（4）猪源卷曲乳杆菌对生长猪的影响　通过试验证明了卷曲乳杆菌能够影响生长猪的消化道菌群，改善粪便短链脂肪酸及血清长链脂肪酸的组成，最终起到促进猪群生长的作用，推动乳酸菌制剂在养猪生产中的科学应用。

选取体重（20.35±0.53）kg 的二元杂交（长×大）生长猪120头，随机分成2组，每组4个重复，每个重复15头。对照组饲喂基础日粮，试验组在日粮中添加卷曲乳杆菌冻干制剂（5.5×10^9 CFU/kg 饲料），饲喂期为 30 d。试验结束当天采集新鲜粪便用于 16S rRNA V3-V4 菌群和短链脂肪酸的测定，采集血清用于长链脂肪酸的测定。试验在封闭式猪舍内进行，水泥地面圈养，自由采食，以鸭嘴式饮水器提供充足清洁饮水，免疫、驱虫和消毒按猪场常规饲养管理规程进行。

试验结果显示：饲喂卷曲乳杆菌制剂后，生长猪群试验末重提高了 5.52%（$P < 0.05$），试验期间猪群平均日增重显著提高了 7.32%（$P < 0.05$），猪群料重比降低了 5.68%（$P < 0.05$）。对猪群粪便微生物多样性和菌群组成进行了分析，饲喂卷曲乳杆菌能够显著增加猪群粪便菌群 ACE 指数和 Chao1 指数（$P < 0.05$），说明卷曲乳杆菌组能够增加生长猪菌群的物种丰富度。在菌群组成方面，卷曲乳杆菌组生长猪粪便中的变形菌门降低（$P < 0.05$）、拟杆菌门降低（$P < 0.05$），但厚壁菌门增加（$P < 0.05$）。在属水平上，卷曲乳杆菌显著增加了生长猪粪便中乳酸杆菌属、光冈菌属、普氏菌属_UCG-003、瘤胃菌科_UCG-008 等相对丰度，显著减少了粪便杆菌、月形单胞菌属等比例。进一步测定粪便短链脂肪酸含量发现，饲粮中添加卷曲乳杆菌后，生长猪粪便中丁酸含量增加了 6.20%（$P < 0.05$）。另外，卷曲乳杆菌还显著降低了生长猪血清中饱和脂肪酸中肉豆蔻酸和二十三烷酸含量，显著增加了生长猪血清中单不饱和脂肪酸中的油酸含量，以及多不饱和脂肪酸中的亚油酸和花生四烯酸含量（$P < 0.05$）。上述结果表明：日粮中添加卷曲乳杆菌具有提高生长猪生产水平、改善肠道微生物多样性和菌群组成，以及调控机体短链脂肪酸和长链脂肪酸代谢的作用。

（5）猪源短乳杆菌和酵母等对生长猪的影响　研究了短乳杆菌 ZLB004、饲料酵母及其复合菌对生长猪的影响。发现这些益生菌能够改善猪肠道微生物环境、提高饲料消化率和增强机体免疫功能，促进生长猪的生长性能。

选取108头平均体重为（13.68±0.41）kg 的杜×长×大三元杂交猪，随机分为4个组（即对照组、短乳杆菌组、酵母组和复合菌组），每组3个重复，每个重复9头猪。对照组饲喂基础饲粮（不添加抗生素和益生菌），短乳杆菌组饲喂基础饲粮+1 g/kg 短乳杆菌（配合饲料中短乳杆菌终浓度为 3.74×10^6 CFU/g 饲料），酵母组饲喂基础饲粮+1 g/kg 酵母（配合饲料中酵母终浓度为 1.0×10^7 CFU/g 饲料），复合菌组饲喂基础饲粮+1 g/kg 短乳杆菌+1 g/kg 酵母（配合饲料中短乳杆菌和酵母终浓度分别为 $3.74×10^6$ CFU/g 和 $1.0×10^7$ CFU/g 饲料）。试验全期共 61 d，分为 2 个阶段，第 1 阶段为第 1~32 天，第 2 阶段为第 33~61 天。

试验结果显示：

① 第 1 阶段中，与对照组相比，各益生菌组猪的末重、短乳杆菌组和复合菌组的平均日增重显著提高（$P<0.05$），短乳杆菌组和酵母组的料重比显著降低（$P<0.05$）；第 2 阶段中，复合菌组的末重显著高于对照组（$P<0.05$）。结果显示，饲粮中添加益生菌能够改善生长猪的生长性能，但不同阶段、不同菌种的改善程度不同：在 13~30 kg 阶段，益生菌对平均日增重、料重比等生长性能指标的影响优于 30~50 kg 阶段；短乳杆菌和酵母等单一菌种的益生菌在 13~30 kg 阶段的促生长效果明显，而复合益生菌在 30~50 kg 阶段的效果更好。

② 第 1 阶段结束时，与对照组相比，各益生菌组猪粪便中酵母数显著升高（$P<0.05$），短乳杆菌组和复合菌组的乳酸菌数显著升高、大肠杆菌数显著降低（$P<0.05$）；第 2 阶段结束时，与对照组相比，各益生菌组的乳酸菌数和酵母数显著升高（$P<0.05$），短乳杆菌组和复合菌组的大肠杆菌数显著降低（$P<0.05$）。结果显示，短乳杆菌、酵母等益生菌在调整生长猪肠道菌群组成等方面具有积极作用，能够促进肠道健康和肠道消化吸收机能，从而有利于猪群健康状况和生长性能的改善。

③ 第 1 阶段结束时，短乳杆菌组和复合菌组的粗蛋白质、钙表观消化率以及酵母组的钙、磷表观消化率显著升高（$P<0.05$）；第 2 阶段结束时，短乳杆菌组和复合菌组的粗蛋白质、钙、磷表观消化率以及酵母组的钙、磷表观消化率显著提高（$P<0.05$）。结果表明，益生菌可提高生长猪对饲粮中粗蛋白、钙、磷等营养物质的消化率，从而提高了营养养分的消化吸收，能够促进生长猪生长性能的改善。

④ 第 1 阶段结束时，与对照组相比，各益生菌组的血清免疫球蛋白 A 含量、复合菌组的血清总蛋白、球蛋白、免疫球蛋白 G 含量显著升高（$P<0.05$）；第 2 阶段结束时，与对照组相比，各益生菌组的免疫球蛋白 G、短乳杆菌组的总蛋白、球蛋白和免疫球蛋白 A、酵母组的总蛋白、复合菌组的球蛋白和免疫球蛋白 A 含量显著升高（$P<0.05$）。结果显示，生长猪饲粮中添加益生菌（短乳杆菌、饲料酵母及其复合菌），能够改善生长猪的蛋白质合成，提高机体免疫力，有利于动物健康和生长性能的提高。

（6）猪源副干酪乳杆菌发酵饲料对生长猪的影响 乳酸菌发酵饲料含有大量的乳酸菌和代谢产物，可改善饲料的适口性和营养物质的消化利用，能够促进动物肠道健康，提高动物的免疫功能和生长性能，已成为当前动物营养和饲料业的研究热点之一。目前有关乳酸菌发酵饲料在生长猪阶段的研究较少。刘辉等（2019）为了探讨乳酸菌发酵饲料对生长猪的影响，在生长猪饲粮中添加副干酪乳杆菌固态发酵饲料，结果发现发酵饲料可提高生长猪的生长性能，改善肠道微生物菌群，增强机体免疫功能并增加粪便中挥发性脂肪酸的含量。

选取平均体重为（20.86±0.62）kg 的健康长×大二元生长猪 140 头，随机分为 2 个处理（即对照组和试验组），每个处理 5 个重复，每个重复 14 头。对照组饲喂基础饲粮，试验组饲喂 95% 基础饲粮和 5% 副干酪乳杆菌固态发酵饲料（配合饲料中副干酪乳杆菌终浓度为 $2.07×10^7$ CFU/g 饲料）组成的试验饲粮。预试期 5 d，试验期 31 d。试验期间，猪只自由采食、饮水，常规免疫。

试验结果显示：

① 与对照组相比，试验组生长猪的末重和平均日增重分别提高了 6.32% 和 12.23%（$P<0.05$），料重比降低了 8.58%（$P<0.05$）。结果说明，副干酪乳杆菌发酵生长猪饲料可以增加饲料的营养价值和消化吸收，有利于生长猪群的健康和生长性能的改善。

② 与对照组相比，试验组猪粪便中的乳酸菌数显著增加（$P<0.05$），大肠杆菌数和金黄色葡萄球菌数显著降低（$P<0.05$）。结果说明，副干酪乳杆菌发酵饲料饲喂生长猪，能够抑制肠道内有害菌的繁殖，增加乳酸菌等有益菌的数量，在改善生长猪肠道菌群平衡、促进肠道健康等方面具有积极作用。

③ 与对照组相比，试验组猪粪便中的乙酸、丁酸和总挥发性脂肪酸含量分别提高了13.44%、20.51%和11.01%（$P<0.05$）。结果说明，副干酪乳杆菌发酵饲料饲喂生长猪，可以改善肠道微生物对碳水化合物的代谢，促进肠道内挥发性脂肪酸的产生。这些挥发性脂肪酸在抑制有害菌生长、提高饲料利用率和维持肠道健康等方面具有重要作用，有益于生长猪的健康和生长。

④ 与对照组相比，试验组猪血清中的总蛋白、球蛋白、免疫球蛋白 G、免疫球蛋白 A 含量分别提高了18.85%、33.31%、15.85%和45.86%（$P<0.05$），血清尿素氮和结合珠蛋白含量分别降低了19.29%和52.72%（$P<0.05$）。结果说明，副干酪乳杆菌发酵饲料饲喂生长猪，能够改善肝脏的蛋白质合成，促进蛋白质吸收，并且能够增强机体的免疫功能。

（7）猪源乳酸片球菌对生长猪的影响　研究了猪源乳酸片球菌 ZPA017 制剂对生长猪的影响。发现猪源乳酸片球菌能够改善猪肠道菌群，增强机体免疫功能，提高生长猪的生长性能。

选取平均体重（23.21±0.84）kg 的健康长×大生长猪140头，随机分为对照组和试验组2个处理，每个处理5个重复，每个重复14头；对照组饲喂基础饲粮，试验组在基础饲粮中添加乳酸片球菌冻干制剂（配合饲料中乳酸片球菌终浓度为 $2.70×10^9$ CFU/kg 饲料）。预饲期5 d，正式试验期为34 d。试验按照猪场常规饲养管理进行，试验期间，猪只自由采食、饮水，常规免疫。

试验结果显示：

① 与对照组相比，试验组生长猪的平均日增重提高了5.64%（$P<0.05$），料重比降低了4.62%（$P<0.05$）。由此可见，在饲粮中添加乳酸片球菌制剂能够显著改善生长猪的平均日增重和料重比，对生长猪的生长性能具有促进作用。

② 与对照组相比，试验组猪粪便中乳酸菌数显著提高（$P<0.05$），大肠杆菌数和金黄色葡萄球菌数显著降低（$P<0.05$），说明乳酸片球菌可以改善生长猪的肠道菌群平衡，促进肠道健康。

③ 在 α 多样性方面，与对照组相比，乳酸片球菌显著增加了生长猪菌群的 Shannon 指数、ACE 指数和 Chao 1 指数；在菌群组成方面，乳酸片球菌增加了生长猪粪便中厚壁菌门（Firmicutes）以及普雷沃菌属（Prevotella）、巨球菌属（Megasphaera）和乳酸杆菌属（Lactobacillus）的相对丰度，减少了拟杆菌门（Bacteroidetes）以及链球菌属（Streptocossus）的相对丰度。结果说明，饲粮中添加乳酸片球菌能够提高生长猪肠道菌群的物种丰富度和多样性，有利于肠道菌群稳定，并且能够促进肠道对植物碳水化合物的消化利用和肠道内挥发性脂肪酸的产生，有利于肠道内微生态环境的改善和对营养物质的消化吸收。

④ 与对照组相比，试验组猪血清中的总蛋白、球蛋白、免疫球蛋白 G 和免疫球蛋白 A 含量分别提高了13.45%、14.91%、20.91%和44.00%（$P<0.05$），血清尿素氮和结合珠蛋白含量分别降低了19.46%和38.71%（$P<0.05$）。结果表明，乳酸片球菌可以促进机体的蛋白质代谢和消化吸收，增强机体的免疫功能，从而提高了生长猪的健康水平。

（8）猪源植物乳杆菌 ZLP001 发酵饲料对育肥猪的影响　利用植物乳杆菌 ZLP001 固态发酵配合饲料，在生长育肥猪饲料中以5%比例添加，连续饲喂2个月，猪自由采食、饮水，常规免疫。发现 ZLP010 处理组猪的粪便及血液代谢图谱明显改变，菌群色氨酸代谢明显增强，且短链脂肪酸含量在粪便中明显升高，表明植物乳杆菌 ZLP001 是一种优良的饲料添加剂，可促进生长育肥猪健康生长。

试验结果显示：日粮连续添加 ZLP001 两个月后，试验组育肥猪平均日增重比对照组育肥猪提高了 5.04%。对粪便养分表观消化率分析发现，与对照组相比，试验组育肥猪的粗灰分、粗蛋白及钙的表观消化率分别提高了 13.23%、2.45%、11.32%，差异显著（$P<0.05$）；磷及干物质的表观消化率分别提高了 6.54%、1.71%，但差异不显著（$P>0.05$）。对粪便纤维素相关组分的表观消化率分析发现，试验组育肥猪的粗纤维、酸洗纤维及纤维素的消化率分别提高了 17.89%、11.03% 及 11.83%，差异显著（$P<0.05$），酸洗木质素的消化率也提高了 15.76%，但组内差异大，统计不显著。收集第 60 天的粪便进行了有益菌、有害菌的数量计数分析。计数结果表明，试验组大肠杆菌数量降低了 47.40%，乳酸杆菌数量升高了 41.42%，差异显著（$P<0.05$）。对第 30、60 天粪便菌群结构进行高通量测序分析。Shannon curve 及 Rank-Abundance curves 结果表明，第 60 天粪便菌群多样性明显高于第 30 天，具体表现在细菌的种类及数量均明显提高。通过 LEfSe 分析发现，第 30 天，植物乳酸杆菌明显提高了粪便中 *Faecalibacterium*、*Blautia*、*Lachnospiraceae*、*Anaerovorax* 及 *Anaerobiospirillum* 细菌的数量。在第 60 天，植物乳酸杆菌能够明显提高粪便中 *Deltaproteobacteria*、*Ruminococoaceae*、*Pediococcus* 等细菌的数量。研究发现，这些细菌能够发挥抗炎、抗肿瘤、抑菌、促消化等有益作用。ZLP010 处理组猪的粪便及血液代谢图谱明显改变，菌群色氨酸代谢明显增强，且丁酸、异丁酸含量在粪便中明显升高。

6.3 减排型饲粮技术

6.3.1 技术简介

低排放型饲粮关注氮和磷的排放，也就是通过生长肥育猪日粮氮的摄入减少，从而相应降低粪尿中氮的排出量，同时添加植酸酶提高饲料磷的利用率，使得磷在粪尿中的排出量也有所减少。该技术适用于 30~40 kg 及以上生长肥育猪，在保障生猪生长性能的前提下，减少了氮和磷的排放，具有显著的生态效益。

6.3.2 研究进展

6.3.2.1 低蛋白日粮对生长育肥猪的影响

将育肥猪日粮蛋白质水平从正常水平降低 2 个百分点并补充相应合成氨基酸，发现不会影响育肥猪生产性能、养分消化率及健康状况，并且可改善机体氮代谢，降低氮排放，有利于环保，还可以节约饲料成本，提高养殖效益。

该技术主要适用于体重 40 kg 以上的生长育肥猪。生长育肥猪的日粮参照我国《猪饲养标准》（NY/T 65—2004）推荐的育肥猪日粮营养需要量设计。饲粮蛋白质水平降低 2 个百分点。低蛋白质日粮中添加相应的合成氨基酸，以保证日粮中氨基酸的比例接近理想蛋白模型，赖氨酸添加量为 0.08%~0.17%，蛋氨酸的添加量为 0.01%~0.03%，色氨酸添加量为 0.01%~0.02%，苏氨酸添加量为 0.03%~0.08%。猪只饲养管理按常规进行，猪自由采食，自由饮水，常规免疫。试验结果显示如下。

（1）低蛋白日粮不影响育肥猪生产性能　饲喂低蛋白日粮的育肥猪生产性能与饲喂正常蛋白日粮育肥猪的生产性能组间差异不显著（$P>0.05$）。降低日粮蛋白水平 1 个百分点和 2 个百分点，育肥猪试验末期重量均高于正常日粮蛋白组，但差异不显著（$P>0.05$）。平均日增重则表现为低蛋白日粮组略高于正常日粮蛋白组（$P>0.05$）。平均日采食量低蛋白日粮组略高，组间差异不显著。料重比表现为降低 1 个或 2 个百分点日粮蛋白水平，略低于正常日粮蛋白组。

（2）低蛋白日粮调节育肥猪氮代谢，减少氮排放　与正常蛋白质日粮组相比，饲喂低蛋白质日粮显著降低了育肥猪摄入氮和吸收氮（$P<0.05$），而沉积氮没有受到影响（$P>0.05$）。说明在本次试验条件下，日粮蛋白质水平在正常水平降低 1~2 个百分点并补充相应合成氨基酸并不影响育肥猪对氮的利用。此外，相比正常蛋白质日粮组，低蛋白质日粮组育肥猪总氮排出量降低 10%~20%（$P<0.05$），其中尿氮排出量显著降低（$P<0.05$），粪氮排出量组间差异不显著（$P>0.05$）。低蛋白质日粮还可以提高育肥猪氮的表观生物学价值，说明适度降低日粮蛋白质水平更有利于育肥猪氮代谢平衡。

（3）低蛋白日粮不影响育肥猪养分消化率　氮表观消化率表现为低蛋白日粮组略高于正常日粮蛋白组（分别为 86.4%、87.4% 和 86%；$P>0.05$）。钙表观消化率也表现为低蛋白日粮组高于正常日粮蛋白组（分别为 42.2%、40.4% 和 39.1%；$P>0.05$）。

（4）低蛋白日粮调节机体氮平衡　氨基酸平衡良好时血清尿素水平较低，育肥猪血清尿素水平随着日粮蛋白质水平的降低而降低（分别为 7.00 mmol/L，6.52 mmol/L 和 4.75 mmol/L），当日粮蛋白水平降低 2% 时达到显著水平（$P<0.05$）。此外，低蛋白质日粮组的肌酐水平都显著地高于正常蛋白质日粮组（$P<0.05$）。说明低蛋白质日粮氨基酸平衡更好，可提高猪对蛋白质和氨基酸的利用率，同时减少经代谢排出的氮。

（5）低蛋白日粮调节猪肠道菌群　低蛋白日粮可提高生长育肥猪肠道菌群丰富度和多样性。群落组成差异分析显示低蛋白质水平饲粮组猪相比于正常蛋白质水平饲粮组猪有着不同的肠道微生物区系。低蛋白质水平饲粮能够显著提高毛螺菌科（Lachnospiraceae）、疣微菌科（Ruminococcaceae）、丁酸弧菌属（Butyrivibrio）和假丁酸弧菌属（Pseudobutyrivibrio）等可以利用碳水化合物和纤维分解产生丁酸的有益菌的相对丰度（$P<0.05$），显著降低 Paraeggerthella 和代尔夫特菌属（Delftia）等易使机体受到感染的细菌的相对丰度（$P<0.05$）。

（6）低蛋白日粮提高育肥猪养殖效益　降低日粮蛋白水平可以降低饲料成本，增加养殖效益。按玉米价格 1 800 元/t、豆粕 2 800 元/t、麸皮 1 800 元/t 计算，添加的赖氨酸按 8.5 元/kg、蛋氨酸按 22 元/kg 计算，常规蛋白日粮价格为 2 328 元/t，低蛋白日粮价格为 2 286 元/t。每吨饲料可以节约 42 元成本，如果按实际的生产养殖效益计算，每头猪实际耗料成本并没有增加，反而略有降低。如果生长肥育阶段均使用低蛋白日粮，生产效益将更加明显。

6.3.2.2　低磷饲粮对生长育肥猪的影响

研究了低磷饲粮对生长育肥猪的影响，在生长猪饲喂有效磷 2.4 g/kg 的玉米—豆粕型饲粮时，添加 500 U/kg 植酸酶可达到与常磷饲粮相同的生长性能，添加 1 000 U/kg 植酸酶时养分表观消化率提高更明显，为减少猪排泄物中磷的排放和提高磷的利用率提供了科学依据。

低磷饲粮技术适用于 40 kg 以上的生长育肥猪。生长猪饲粮参考 NRC（2012）和中国猪饲养标准（2004）进行配制。常磷饲粮（磷酸氢钙添加量为 1.13%，有效磷含量为 0.32%）不添加植酸酶，低磷饲粮（磷酸氢钙添加量为 0.6%，有效磷含量为 0.23%）中添加 500 U/kg 或 1 000 U/kg 单位的新型耐高温植酸酶。猪只饲养管理按常规进行，自由采食，自由饮水，常规免疫。试验结果显示如下。

（1）低磷饲粮添加植酸酶达到与常磷日粮相同的生产性能水平　饲喂常磷日粮和添加低浓度和高浓度植酸酶的低磷日粮组生长猪试验末期重量均高于低磷日粮组，但差异不显著（$P>0.05$）。试验全期平均日增重则表现为常磷日粮组和添加 0.01% 植酸酶的低磷日粮组显著高于不添加植酸酶的低磷日粮组（$P<0.05$），添加 0.02% 植酸酶的低磷日粮组则与其他各组间无显著差

异（$P>0.05$）。料重比表现为低磷日粮组显著高于常磷日粮和添加植酸酶的低磷日粮组（$P<0.05$）。

（2）添加植酸酶可提高日粮磷表观消化率　添加植酸酶对生长猪干物质和粗蛋白消化率无显著性影响（$P>0.05$），且消化率均在80%以上。灰分消化率则表现为常磷组和添加低和高浓度植酸酶的低磷组均显著高于不添加植酸酶的低磷日粮组。磷消化率添加0.02%植酸酶的低磷日粮组显著高于常磷日粮和低磷日粮组，添加0.01%植酸酶的低磷日粮组显著高于常磷日粮组。

（3）添加植酸酶对生长猪氨基酸表观消化率有不同影响　常磷日粮和低磷日粮添加植酸酶对氨基酸消化率的影响较小，仅表现为必需氨基酸中苯丙氨酸的消化率添加不同剂量植酸酶的低磷日粮组显著高于常磷日粮组，非必需氨基酸中的半胱氨酸消化率添加不同剂量植酸酶的低磷日粮组显著高于常磷日粮和低磷日粮组。

（4）添加植酸酶对生长猪矿物元素表观消化率有不同影响　常磷日粮和低磷日粮添加植酸酶中矿物元素的消化率都较低（不足50%）。大部分未被消化吸收的矿物元素经由粪便排出体外。不同浓度植酸酶的添加可以增加或显著增加元素铁、元素锰和元素钴的表观消化率（$P<0.05$）。元素锌和镁则表现为常磷日粮和添加0.02%植酸酶的低磷日粮组消化率高于或显著高于低磷日粮和添加0.01%植酸酶的低磷日粮组（$P<0.05$）。

（5）添加植酸酶对生长猪粪中养分排泄有显著影响　植酸酶的添加可以显著降低粪中磷、铜、锰和钴的排出量。其中，磷的排出量可由常磷日粮的17.7 g/kg降低到低磷日粮（植酸酶添加量0.01%）的13.9 g/kg和低磷日粮（植酸酶添加量0.02%）的14.1 g/kg，降幅均达到20%以上。相比于低磷日粮，植酸酶的添加可以显著降低元素铁的排出量，植酸磷的添加对钙和镁的排出量没有显著影响（$P>0.05$）。

（6）添加植酸酶对生长猪机体代谢的影响　日粮磷水平和植酸酶的添加对生长猪血清总蛋白、白蛋白、球蛋白和尿素没有显著影响，说明对氮的代谢和蛋白利用率没有影响。血清碱性磷酸酶水平低磷日粮组显著高于其他各组（$P<0.05$）。血钙水平添加0.01%植酸酶的低磷日粮组显著高于常磷日粮、低磷日粮和添加0.02%植酸酶的低磷日粮组（$P<0.05$）。

6.3.2.3　低排放（低氮和低磷）日粮对生长育肥猪的影响

在降低日粮粗蛋白、添加Lys和Met氨基酸的同时，再添加植酸酶以提高饲料中植酸的利用率，实现在不影响生长育肥猪生产性能的基础上，减少猪粪便中氮和磷等养分的排放。我们的研究已证明，生长育肥猪日粮中粗蛋白水平降低2个百分点，添加赖氨酸等补充日粮需要，并添加0.02%的植酸酶，不影响生长育肥猪生产性能，能够降低粪便中氮磷的排放，提高日粮干物质表观消化率，并对粪便菌群组成具有调节作用。

低排放日粮技术适用于30~40 kg及以上生长育肥猪。生长猪饲粮参考NRC（2012）和中国猪饲养标准（2004）进行配制。低氮低磷日粮（CP水平为14.7%，TP水平为0.45%，AP水平为0.23%）中赖氨酸的添加量为0.133%，蛋氨酸的添加量为0.028%，色氨酸添加量为0.030%，苏氨酸添加量为0.094%，植酸酶的添加量为0.02%。猪只饲养管理按常规进行，自由采食，自由饮水，常规免疫。试验结果如下。

（1）低排放日粮对生长育肥猪生产性能没有负面影响　饲喂低排放日粮的生长猪生产性能与饲喂正常日粮生长猪的生产性能差异不显著。饲喂低氮低磷日粮的生长猪试验末期重量略高于正常日粮组（74.3kg和72.7 kg），试验全期平均日增重表现为低排放日粮组与正常日粮组相比约提高5.5%，差异不显著。平均日采食量低排放日粮组表现略高。料重比则表现为低排放日粮组低于正常日粮组，分别为2.64和2.78。结果说明在本次试验条件下，低排放日粮对生长猪生产性能没有不利影响。

（2）低排放日粮减少生长育肥猪氮磷排放　低排放日粮使得生长育肥猪日粮氮的摄入明显减少，从而相应地降低粪尿中氮的排出量，同时由于植酸酶的添加提高了饲料磷的利用率，使得其从粪尿中排出的量有所减少。其中，总氮排出量低排放日粮组相比于正常日粮组降低15%～20%，且总氮排出量的降低主要是因为尿氮排出量的降低引起。使用添加了植酸酶的低排放日粮，可使生长育肥猪磷的表观消化率显著提高，而磷的排出量可由正常饲粮的 4.5 g/d 降低到低排放饲粮的 3.5 g/d，降幅达到20%以上。

（3）低排放日粮提高日粮干物质表观消化率　低排放日粮育肥猪养分消化率与常规日粮组相比，低排放日粮组干物质表观消化率显著高于对照组（$P<0.05$）。其他养分表观消化率低排放日粮组均高于常规日粮组，但组间无显著差异（$P>0.05$）。

（4）低排放日粮对生长育肥猪氨基酸消化率影响较小　大部分氨基酸的消化利用率各日粮中均较高，其中，除了谷氨酸的消化率较低（约78%）外，其他氨基酸的消化率均高于80%。低排放日粮与常规日粮相比对氨基酸消化率的影响较小，组间差异不显著（$P>0.05$）。

（5）低排放日粮调节血浆游离氨基酸代谢　低排放日粮对生长猪血浆游离氨基酸的影响分析可以看出，必需氨基酸中除赖氨酸和蛋氨酸水平有明显的升高，除此之外，苏氨酸、精氨酸、组氨酸、色氨酸水平略有上升，缬氨酸、亮氨酸、异亮氨酸和苯丙氨酸水平有降低表现。而非必需氨基酸中酪氨酸、丝氨酸、甘氨酸和胱氨酸水平有所上升，而谷氨酸、丙氨酸、天冬氨酸和脯氨酸则有不同程度的下降。

（6）低排放日粮调节生长育肥猪粪便菌群　低排放日粮组较常规日粮组多样性指数和丰度指数均略高，但是组间差异并未达到显著水平（$P>0.05$）。从本次试验的 β-多样性（NMDS 分析）结果中可以看出低排放日粮组的菌群能够较好地聚在一起，不同于常规日粮组，说明低排放日粮处理能够对生长猪肠道微生物结构和区系产生影响。通过 LEfSe 多级物种差异判别分析可以看出，本试验处理中各分类水平均有差异物种存在（$P<0.01$）。

6.3.2.4　规模猪场不同阶段配合饲料中铜、锌含量分析

铜、锌是生猪体内的必需微量元素，存在于所有器官、组织和体液中，是细胞膜和细胞组分的重要成分。生猪体内没有特定的铜和锌元素储备，需要不断从日粮中获取，以维持机体的健康和良好的生产性能。日粮中铜和锌缺乏时，会影响生猪的生长和繁殖，导致免疫力下降，影响成活率。日粮中铜和锌过量时，会给生猪生长、繁殖和健康带来不良作用，并且会使大量未被利用的铜和锌元素随粪尿排出体外，影响土壤的生态环境。

从北京郊区 5 个区县 15 个典型规模猪场中采集饲料样品和猪粪样品，分析了猪场不同阶段饲料中铜、锌含量情况，采集配合饲料样品 77 份，采集相应猪粪新鲜样品 77 份，采用原子吸收光谱法测定分析，旨在为饲料安全、健康养殖和粪肥安全使用提供技术参数。

结果显示：乳仔猪饲料中铜和锌含量最高，分别为 175.41 mg/kg 和 2 204.83 mg/kg，对应的乳仔猪粪中铜和锌含量也最高，分别达到 1 029.28 mg/kg 和 6 224.57 mg/kg；妊娠母猪和哺乳母猪阶段，饲料和粪中的铜和锌含量较低；育肥猪阶段，饲料和粪中铜和锌含量差异较大。总体上看，粪样中铜和锌含量显著高于饲料中的铜和锌含量，饲料和粪便中铜和锌的相关系数分别为 0.87 和 0.89（$P<0.01$）。因此，建议饲料企业和养猪企业，应根据猪饲养标准，尽量在饲料中少添加铜和锌制剂，或者使用有机微量元素代替无机微量元素。饲料监管部门应严格检查，严惩违规超量添加者。农民在利用猪粪时，应根据粪便重金属含量和土壤性质进行合理配比或稀释，以保障土壤的生态环境安全。

6.4 抗菌肽研究与开发技术

6.4.1 技术简介

在畜禽生产中，抗生素被广泛用作疾病治疗药物和促生长剂。一方面抗生素的使用对于疾病防控、促进畜禽生长和改善饲料转化效率起到了重要作用，但另一方面抗生素过度使用引起的细菌耐药性的产生和传播严重威胁着人类健康。细菌耐药性已成为全球性的公共卫生问题，有人预测，到 2050 年全球将会有 1 000 万人口因耐药性细菌感染而死亡，远远超出目前癌症造成的人口死亡数量。因此，迫切需要寻找抗生素替代物。

抗菌肽被描述为一类机体古老的防御武器，各种生物包括原核生物到人类都能产生抗菌肽。抗菌肽是生物机体免疫系统的重要组成部分，能够帮助机体及时有效、非特异性抵御感染。抗菌肽以其天然的抑菌特点和病原微生物对其难以产生耐药性等优点成为抗生素替代物的有力候选者。

6.4.2 研究进展

6.4.2.1 团队前期研究基础

团队研究较为深入的抗菌肽包括枯草菌肽 Sublancin 和肠杆菌肽 J25，前期主要工作如下。

（1）枯草菌肽 Sublancin 前期研究　通过高通量筛选和定向育种技术，构建了一株高产 Sublancin 的枯草芽孢杆菌 W800，Sublancin 的表达量高达 6 g/L，通过 AKTA 纯化系统纯化得到纯度为 99.6% 的 Sublancin 样品，基质辅助激光解吸附/飞行质谱检测得 Sublancin 的相对分子量为 3 879.8 Da，建立了高效液相和 ELISA 等检测方法。此外，对 Sublancin 的抑菌活性和体内生物学功能进行了一系列研究。王庆伟研究发现，Sublancin 对金黄色葡萄球菌具有一定的体外抑菌活性，对甲氧西林敏感的金黄色葡萄球菌 CVCC1882 和耐甲氧西林金黄色葡萄球菌 ATCC43300 的最小抑菌浓度分别为 3.75 μg/mL 和 60 μg/mL。Sublancin 主要通过抑制细菌有关能量代谢、氨基酸代谢和氧化应激代谢酶的活性而抑制金黄色葡萄球菌 ATCC43300 的分裂；此外，Sublancin 能够降低金黄色葡萄球菌 CVCC1882 感染小鼠的死亡率，保护肠黏膜的完整性，能够达到与氨苄青霉素相似的治疗效果。这一发现表明，Sublancin 的抗金黄色葡萄球菌感染作用不仅仅依赖于其抑菌功能，还可能通过调节机体免疫功能而发挥抗感染作用。杨青以小鼠和肉鸡为模型，研究了 Sublancin 对机体获得性免疫的调节作用。结果表明，适宜剂量的 Sublancin 可以诱导 OVA 免疫小鼠产生 Th1 和 Th2 混合型免疫反应，增强体液免疫和细胞免疫功能；日粮中添加 Sublancin 可以增强肉鸡对新城疫疫苗的抗体滴度，提高新城疫疫苗的抗体效价。

（2）肠杆菌肽 J25 前期研究　本实验室前期通过高通量筛选和定向育种技术，得到一株产天然 J25 的 E. coli，通过基因工程方法成功改造天然 J25 基因簇；初步建立高效表达载体 pTN52 和高效液相纯化检测方法。同时开展了中试纯化工艺，生物合成抗菌肽 J25 表达量高达近 2 g/L。另外，应用电喷雾四极杆飞行时间串联质谱/高效液相色谱仪检测得到 MccJ25 的相对 MW 和 AA 序列分别为 2107 Da 和 GGAGHVPEYFVGIGTPISFYG，与天然 J25 的 MW 和 AA 序列一致。

6.4.2.2 枯草菌肽 Sublancin 研究与开发

（1）Sublancin 调节天然免疫的研究　以小鼠或小鼠巨噬细胞为研究对象，开展了 Sublancin 调节天然免疫的作用，开展试验研究如下。

① Sublancin 对小鼠巨噬细胞免疫功能的影响：以小鼠单核巨噬细胞白血病细胞 RAW264.7

为细胞模型，Sublancin 对巨噬细胞 RAW264.7 的活化作用及其参与的信号通路的影响，并用小鼠腹腔巨噬细胞作为原代细胞验证巨噬细胞系的试验结果。结果发现，Sublancin 显著促进了巨噬细胞 RAW264.7 和小鼠腹腔巨噬细胞 IL-1β、IL-6、TNF-α 和 NO 的分泌（$P<0.05$），并上调了巨噬细胞中 IL-1β、IL-6、TNF-α 和 iNOS 基因的表达水平（$P<0.05$）。另外，Sublancin 也显著上调了巨噬细胞中趋化因子（IL-8 和 MCP-1）和共刺激分子（B7-1 和 B7-2）的基因表达水平（$P<0.05$）。抗菌肽 Sublancin 显著增强了巨噬细胞的吞噬功能（图 6-12）和对耐甲氧西林金黄色葡萄球菌杀菌能力（$P<0.05$）。Western blot 结果表明，在巨噬细胞 RAW264.7 中，抗菌肽 Sublancin 能够诱导 IκB-α 降解以及 NF-κB 的磷酸化，诱导 MAPK 信号通路中 p38 MAPK、ERK1/2 和 JNK 的磷酸化。这表明，抗菌肽 Sublancin 能够活化巨噬细胞，NF-κB 和 MAPK 信号通路参与了 Sublancin 对巨噬细胞的活化过程。

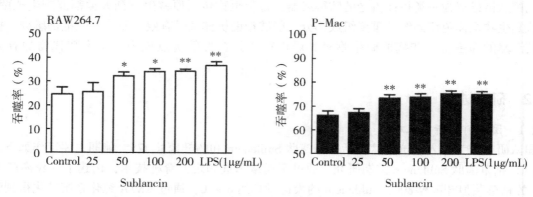

图 6-12　不同浓度 Sublancin 对 RAW264.7 和小鼠腹腔巨噬细胞（P-Mac）吞噬功能的影响

② Sublancin 对小鼠天然免疫的影响：通过正常小鼠、环磷酰胺构建的免疫抑制小鼠和耐甲氧西林金黄色葡萄球菌 ATCC43300 攻毒小鼠为动物模型，研究 Sublancin 对免疫抑制小鼠的免疫调节和提高机体抗感染作用。结果发现，正常小鼠中，灌服 Sublancin 提高了小鼠腹腔巨噬细胞的吞噬功能（$P<0.05$），并显著上调了小鼠腹腔巨噬细胞 IL-1β、IL-6 和 TNF-α 的基因表达（$P<0.05$）。在环磷酰胺免疫抑制小鼠中，抗菌肽 Sublancin 缓解了环磷酰胺对小鼠巨噬细胞吞噬活性的抑制作用，3 个 Sublancin 治疗组中小鼠的吞噬指数 α 显著高于环磷酰胺免疫抑制模型组（$P<0.05$）；抗菌肽 Sublancin 缓解了环磷酰胺造成外周血中红细胞、血红蛋白、白细胞和血小板含量的降低（$P<0.05$）；与环磷酰胺模型组相比，抗菌肽 Sublancin 治疗后，小鼠脾脏中 IL-2、IL-4 和 IL-6 的基因表达显著上调（$P<0.05$）。在耐甲氧西林金黄色葡萄球菌 ATCC43300 感染小鼠模型中，抗菌肽 Sublancin 能够降低小鼠腹腔冲洗液中金黄色葡萄球菌数量（图 6-13），感染后 24 h，Sublancin 提高了小鼠腹腔冲洗液中 TNF-α、IL-6 和 MCP-1 的含量，而感染后 72 h，Sublancin 降低了小鼠腹腔冲洗液中 TNF-α、IL-6 和 MCP-1 的含量。表明，抗菌肽 Sublancin 能够增强机体的天然免疫功能，增强小鼠抗金黄色葡萄球菌感染的能力。

③ Sublancin 和黄芪多糖调节小鼠天然免疫的比较：选用 4~6 周龄健康雌性 BALB/c 小鼠 60 只，先连续灌胃 7 d 生理盐水或黄芪多糖或 Sublancin，灌胃结束 24 h 后进行鼠伤寒沙门氏菌攻毒，构建攻毒模型。结果发现，沙门氏菌攻毒 3 h 后，与攻毒组相比，12.0 mg/kg BW 和 48.0 mg/kg BW 黄芪多糖组以及 2.0 mg/kg BW Sublancin 组血清中 IL-6 和 TNF-α 的含量均显著降低（$P< 0.05$），1.0 mg/kg BW Sublancin 组血清中 IL-10 含量显著升高（$P< 0.05$），TNF-α 含量显著降低（$P< 0.05$），结果见表 6-15；48.0 mg/kg BW 黄芪多糖组和 2.0 mg/kg BW Sublancin 组血清中单核细胞趋化蛋白-1 的含量均显著降低（$P< 0.05$）；48.0 mg/kg BW 黄芪多糖

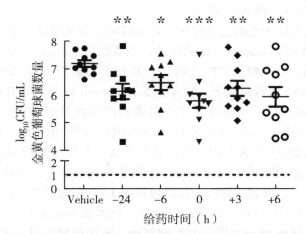

图 6-13　Sublancin 对小鼠腹腔冲洗液中金黄色葡萄球菌数量的影响（不同给药时间）

组和 2 个 Sublancin 组脾细胞中 CD4$^+$/CD8$^+$ 的比值均显著提高（$P < 0.05$）；黄芪多糖组和 Sublancin 组肠道内容物中沙门氏菌的数量均没有产生显著变化（$P > 0.05$），但存在降低趋势。沙门氏菌攻毒 24 h 后，与攻毒组相比，2.0 mg/kg BW Sublancin 组血清中 IL-6 的含量显著降低（$P < 0.05$）；48.0 mg/kg BW 黄芪多糖组和 2.0 mg/kg BW Sublancin 组血清中 TNF-α 的含量显著降低（$P < 0.05$）；2 个黄芪多糖组以及 2.0 mg/kg BW Sublancin 组血清中 MCP-1 的含量显著降低（$P < 0.05$）。此外，沙门氏菌攻毒 24 h 后，与空白对照组相比，黄芪多糖组和 Sublancin 组血清中 IL-10 的含量均显著升高（$P < 0.05$）。以上结果表明，适宜剂量的抗菌肽 Sublancin 和黄芪多糖对小鼠免疫功能均有良好的调节作用；与黄芪多糖相比，抗菌肽 Sublancin 对感染沙门氏菌小鼠免疫功能的调节更加全面。

表 6-15　沙门氏菌攻毒 3 h 后 Sublancin 和黄芪多糖对小鼠血清中细胞因子含量的影响

项目	空白对照组	攻毒组	黄芪多糖组（mg/kg BW）		Sublancin 组（mg/kg BW）		标准误	P 值
			12.0	48.0	1.0	2.0		
IL-6	15.96[d]	47.17[a]	33.14[bc]	30.84[c]	40.32[ab]	34.19[bc]	2.71	<0.01
IL-10	16.10[d]	15.72[b]	11.62[c]	06.35[d]	24.26[a]	15.88[b]	1.11	<0.01
IL-25	18.97	22.77	20.14	18.47	21.57	19.20	1.17	<0.11
IFN-γ	14.22[d]	07.17[a]	05.51[b]	04.76[b]	07.00[a]	05.74[b]	0.17	<0.01
TNF-α	15.97[bc]	11.85[a]	07.11[b]	04.25[bc]	06.82[b]	03.76[c]	0.93	<0.01
MCP-1	38.32[c]	58.91[a]	58.93[a]	40.86[bc]	54.21[ab]	41.05[c]	4.97	<0.05

注：不同肩标字母差异显著。

综上所述，抗菌肽 Sublancin 除了具有直接的抑菌作用外，能够通过调节小鼠天然免疫增强机体的抗细菌感染能力，且与黄芪多糖相比，Sublancin 对感染沙门氏菌小鼠免疫功能的调节更加全面，开发兼备抑菌作用和免疫调节功能的抗菌肽进行抗感染治疗是应对细菌耐药性的新举措。

（2）Sublancin 的免疫趋化功能及其作用靶细胞的研究　前期研究发现枯草菌肽 Sublancin 能增强机体抗感染的能力，并对机体先天性免疫具有调节作用。然而目前关于抗菌肽 Sublancin 对机体先天性免疫调节的具体机理尚未阐明。

① Sublancin 对小鼠免疫细胞的趋化作用：以 BALB/c 小鼠模型，采用 2×2 设计，不攻毒与 MRSA 攻毒，不注射和注射 Sublancin。结果发现，枯草菌肽 Sublancin 显著升高了小鼠腹腔冲洗液中炎性单核/巨噬细胞、中性粒细胞的比例（$P<0.05$），腹腔中 NK 细胞和树突状细胞比例反而低于未处理组；在 MRSA 攻毒情况下，枯草菌肽 Sublancin 处理显著升高了小鼠腹腔冲洗液中中性粒细胞的数量（$P<0.05$）；显著地促进小鼠腹腔冲洗液及血清中单核/巨噬细胞趋化因子 MCP-1 和中性粒细胞趋化因子 CXCL1 的表达（$P<0.05$），两种细胞因子的水平均呈现出先升高后下降的趋势，与细胞比例变化趋势相一致；枯草菌肽预处理能够增强小鼠抗 MRSA 感染的能力，显著降低 24 h 时小鼠腹腔冲洗液中 MRSA 的数量（$P<0.05$），并显著降低小鼠腹腔冲洗液中促炎性细胞因子 TNF-α 的含量，同时有降低血清中 TNF-α 的趋势（$P<0.05$），但对抗炎性细胞因子 IL-10 影响不大（图 6-14）。以上结果表明，抗菌肽 Sublancin 具有免疫趋化作用，可能是通过趋化炎性单核/巨噬细胞，尤其是中性粒细胞，来加强动物机体抵抗 MRSA 感染的能力，这一发现为进一步锁定 Sublancin 发挥免疫调节作用的靶细胞提供了方向。

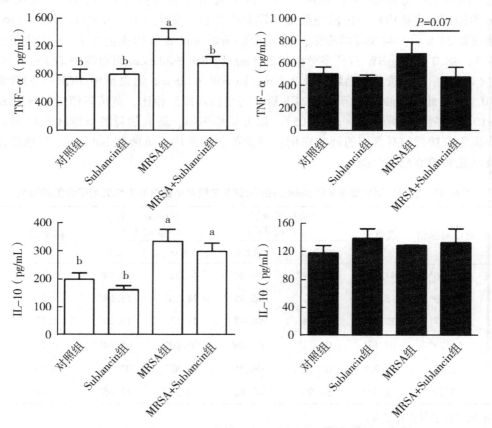

图 6-14　Sublancin 对小鼠腹腔冲洗液及血清中细胞因子含量的影响

综上所述，本研究表明，抗菌肽 Sublancin 具有免疫趋化作用，可能是通过趋化炎性单核/巨噬细胞，尤其是中性粒细胞，来加强动物机体抵抗 MRSA 感染的能力，这一发现为进一步锁定 Sublancin 发挥免疫调节作用的靶细胞提供了方向。

② Sublancin 对单核/巨噬细胞缺陷和中性粒细胞缺陷小鼠的免疫趋化作用：建立了单核/巨噬细胞缺陷小鼠和中性粒细胞缺陷小鼠两种小鼠模型。结果发现，在单核/巨噬细胞缺陷模型中，

枯草菌肽处理显著地升高了小鼠腹腔冲洗液中中性粒细胞的比例及数量（$P<0.05$），中性粒细胞趋化因子 CXCL1 的表达量也出现了显著上升（$P<0.05$）；在中性粒细胞缺陷模型中，枯草菌肽处理对小鼠腹腔冲洗液中炎性单核/巨噬细胞的比例及数量无显著的提升（$P>0.05$），单核/巨噬细胞趋化因子 MCP-1 的表达量也未出现显著的增高（$P>0.05$）；在两个免疫细胞缺陷模型中，枯草菌肽均失去了其帮助机体抵抗 MRSA 感染的功效，枯草菌肽处理对小鼠腹腔冲洗液中 MRSA 数量不再具有显著影响（图 6-15）。以上结果表明，Sublancin 帮助机体抗 MRSA 感染的功效依赖于单核/巨噬细胞以及中性粒细胞，在攻毒状态下，Sublancin 对中性粒细胞具有显著的趋化作用，能够通过调控机体免疫细胞来实现对机体先天性免疫能力的提高。

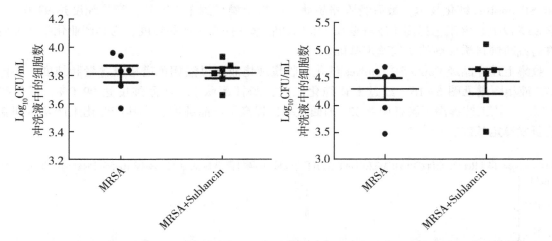

图 6-15 Sublancin 对单核/巨噬细胞缺陷和中性粒细胞缺陷小鼠腹腔冲洗液中 MRSA 数量的影响

以上结果表明，Sublancin 具有免疫趋化作用，能够通过募集机体先天性免疫细胞增强机体抗感染能力，在该过程中，中性粒细胞和单核/巨噬细胞发挥了不可或缺的作用，这可能是 Sublancin 发挥免疫调节功能的作用机制之一。

6.4.2.3 肠杆菌肽 J25 研究与开发

（1）J25 中试发酵和分离纯化工艺研究

① J25 中试发酵工艺研究：通过对 3 L、50 L 发酵罐中发酵温度、pH 值、溶解氧、转速、尾气二氧化碳（ECO_2）、尾气氧（EO_2）、氧传质系数（KLa）、呼吸商（EQ）等工艺参数进行优化，得出肠杆菌肽 J25 高效表达的最佳发酵工艺参数。

a. 3 L 发酵工艺参数优化：本次发酵过程中转速没有变化，通气量没有变化，温度没有变化，都是发酵初始值；在发酵时间为 22 h 时，肠杆菌肽 J25 含量表达达到了 2.8 mg/mL；溶氧值在发酵后期开始回升时，其表达含量将不再增加，此时的 pH 值也会达到 8 以上，这是肠杆菌肽 J25 表达蛋白最大值的一个响应信号。

通过对发酵工艺参数的优化得到 3 L 罐发酵工艺参数：种子摇瓶培养 7.5 h，温度 37 ℃，转速 160 r/min；发酵培养基 pH 值为 6~6.5，然后开始 121 ℃，25 min 灭菌；灭后 pH 值在 6.0~6.5，发酵过程中 pH 值自然，不进行调控；添加种子量 1.0%，培养温度 35~37 ℃，起始搅拌转速 40 r/min，通气量 0.85，溶氧 50%，罐压 0.02~0.04 MPa。获得肠杆菌肽 J25 的最佳发酵时间为 20~24 h，在 22 h 时达到最高产量，J25 产量可稳定在 2.8 mg/mL。

b. 50 L 罐发酵工艺参数优化：发酵过程中温度没有变化，转速和通气量都发生了改变；发酵到 26 h 达到了肠杆菌肽 J25 的最高值为 2.6 mg/mL；当转速和溶氧发生变化 2 h 内其肠杆菌肽 J25 含量都发生了变化，这说明了人为控制的因素影响了蛋白表达的效果。

通过对发酵工艺参数的优化得到 50 L 罐发酵工艺参数：种子摇瓶培养 7.5 h，温度 37 ℃，转速 160 r/min；发酵培养基 pH 值为 6~6.5，然后开始 121 ℃，25 min 灭菌；灭后 pH 值在 6.0~6.5，发酵过程中 pH 值自然，不进行调控；添加种子量 1.0%，培养温度 35~37 ℃，起始搅拌转速 100 r/min，通气量 1.15，溶氧 100%，罐压 0.02~0.04 MPa。获得肠杆菌肽 J25 的最佳发酵时间为 24~28 h，在 26 h 时达到最高产量，J25 产量可稳定在 2.6 mg/mL 以上。

通过上述培养基和发酵工艺参数的研究，获得 3 L、50 L 发酵罐条件下肠杆菌肽 J25 高效表达发酵工艺参数各 1 套，产量在 2.6 mg/mL 以上，回收率达到 85% 以上。

② J25 中试分离纯化工艺：主要采用了 0.45 μm 滤膜微滤、Capto Q 穿透、Butyl HP 纯化及 Capto SP ImpRes 纯化技术，最后经浓缩超滤、冷冻干燥得到 J25 纯品，产品纯度达 99.0%，回收率 85% 以上。该工艺提高了肠杆菌肽 J25 的回收率，提高了产品纯度，为其产业化生产及后期新兽药或新饲料添加剂的研发奠定基础。

收集上述样品经 Capto SP ImpRes 纯化，收集纯化液通过液相色谱检测含量和纯度，肠杆菌肽 J25 液相图谱见图 6-16。经过上述纯化工艺，肠杆菌肽 J25 产品纯度达 99.0%，回收率达 85% 以上。该工艺提高了肠杆菌肽 J25 的回收率，提高了产品纯度，为其产业化生产及后期新兽药的研发奠定基础。

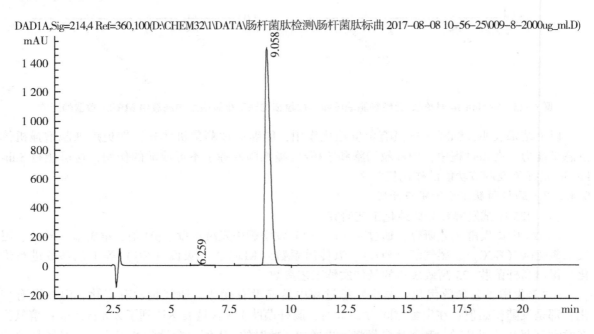

DAD1A,Sig=214,4 Ref=360,100(D:\CHEM32\1\DATA\肠杆菌肽检测\肠杆菌肽标曲 2017-08-08 10-56-25\009-8-2000ug_ml.D)

图 6-16　经 Capto SP ImpRes 纯化后的 J25 液相色谱图

（2）J25 抗肠毒素大肠杆菌感染作用及其机制

① J25 理化特性、抗菌活性、抗菌机制和耐药性的研究：试验旨在探究 J25 理化特性、抗菌活性、抗菌机制和耐药性。理化特性结果表明，J25 在不同温度、pH、蛋白酶、体外模拟的胃液及肠液和血清条件下能稳定存在并保持其抑菌活性。抑菌谱测定结果表明，J25 对革兰氏阴性菌，如大肠杆菌、沙门氏菌、志贺氏菌标准菌株和临床分离菌株及临床分离耐药性大肠杆菌和沙门氏菌菌株具有极低的 MIC 和 MBC。杀菌曲线和 Live/dead 分析结果表明，MccJ25 能有效抑杀大肠杆菌和沙门氏菌，对不同生长阶段的大肠杆菌和沙门氏菌均具有显著的杀菌活性，并明显抑制产肠毒素大肠杆菌（ETEC）和鸡白痢沙门氏菌（图 6-17）对 IPEC-J2 细胞的黏附和侵袭。

电镜和 Sytox green 试验表明，J25 可改变 ETEC 和鸡白痢沙门氏菌细胞形态、破坏细胞膜的完整性并导致细胞质空泡化。DNA 凝胶阻滞试验研究表明，当 J25 与 *E. coli* 质粒 DNA 质量比为 2∶1 时，MccJ25 可抑制质粒 DNA 的迁移。耐药性结果表明，在 J25（$0.25 \times MIC$ 和 $0.5 \times MIC$）存在下，*E. coli* K88 突变率未发生变化，同时连续传代培养 5 d 后对其他抗生素也不产生耐药性；在 J25〔（$0.25 \sim 4$）$\times MIC$〕存在下，*E. coli* K88 连续传代培养 25 d 后，未检测到抗性突变体。综上所述，抗菌肽 J25 理化性质稳定、抗菌能力强且无耐药性，但其抗菌谱窄，表明抗菌肽 J25 是抗生素治疗大肠杆菌和沙门氏菌感染的有效替代品。

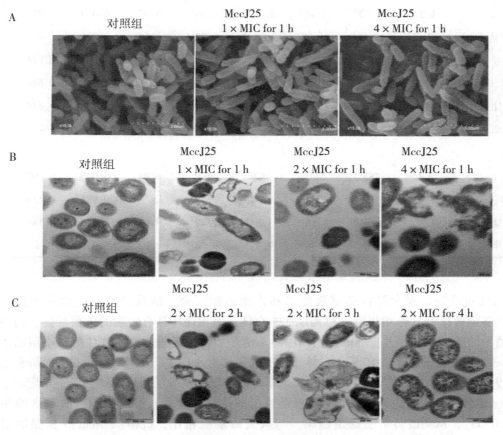

图 6-17　扫描电镜（A）和透射电镜（B 和 C）观察 J25 对鸡白痢沙门氏菌的作用

　　② J25 对断奶仔猪生长性能和肠道健康的影响：试验选取 180 头初始体重为（7.98 ± 0.29）kg 健康的杜×长×大三元杂交断奶仔猪，按公母各半、体重和性别随机分为 5 个日粮处理组：对照组日粮（基础日粮，CON）；阳性对照组（20 mg/kg 硫酸黏杆菌素，ABD）以及 0.5 mg/kg、1.0 mg/kg 和 2.0 mg/kg J25 组。试验持续 28 d。结果表明，与对照组相比，日粮添加 J25 和 ABD 显著提高断奶仔猪生长性能和降低腹泻率（$P < 0.05$，表 6-16）。与 ABD 组相比，饲喂 2.0 mg/kg J25 显著提高仔猪平均日增重（$P < 0.05$）、改善饲料转化效率（$P < 0.05$）和营养物质表观消化率（$P < 0.05$）。此外，与 ABD 和 CON 组相比，饲喂 1.0 mg/kg 和 2.0 mg/kg J25 日粮显著降低仔猪系统性炎症反应和肠道通透性并提高粪便中乳酸杆菌和双歧杆菌数量（$P < 0.05$），并提高粪便中乳酸和 SCFAs 浓度（$P < 0.05$）。综上所述，饲料中添加 MccJ25 可有效改善断奶仔猪生长性能，减轻腹泻和系统性炎症，增强肠道屏障功能和改善粪便微生物群组成及代谢能力。

表 6-16　抗菌肽 J25 对断奶仔猪生长性能及腹泻率的影响

项目	对照组	抗生素组	日粮添加抗菌肽 J25 （mg/kg）			均值标准误	P 值		
			0.5	1.0	2.0		ANOVA	线性	二次
0~14 d									
ADG （g/d）	309[c]	355[b]	352[b]	376[a]	383[a]	6.17	<0.001	<0.001	0.001
ADFI （g/d）	487[b]	514[a]	515[a]	528[a]	524[a]	7.82	0.009	0.008	0.069
料重比	1.56[a]	1.45[b]	1.46[b]	1.41[bc]	1.36[c]	0.02	0.019	0.012	0.171
腹泻率 （%）	17.26[a]	11.70[b]	11.30[b]	10.11[b]	9.12[b]	1.64	0.021	—	—
ADG （g/d）	536[c]	569[ab]	553[bc]	571[ab]	584[a]	5.86	<0.001	0.014	0.717
ADFI （g/d）	997	1 004	1 006	982	994	21.92	0.946	0.688	0.494
料重比	1.66[a]	1.57[ab]	1.60[ab]	1.52[b]	1.51[b]	0.04	0.048	0.149	0.619
腹泻率 （%）	7.54[a]	5.55[ab]	6.15[ab]	5.35[ab]	4.36[b]	0.46	0.018	—	—
0~28 d									
ADG （g/d）	436[b]	453[ab]	441[ab]	452[ab]	467[a]	6.94	0.045	0.003	0.977
ADFI （g/d）	747	754	744	751	745	15.32	0.988	0.538	0.442
料重比	1.60[a]	1.54[ab]	1.55[ab]	1.51[b]	1.47[b]	0.03	0.046	0.149	0.619
腹泻率 （%）	12.40[a]	8.62[b]	8.70[ab]	7.73[b]	6.74[b]	1.22	0.033	—	—

注：不同肩标字母差异显著。

③ J25 抗产肠毒素大肠杆菌感染效果和作用机制研究：试验旨在探究口服抗菌肽 J25 对 ETEC 抗感染效果及其作用机制。抗菌肽 J25 在体外对 ETEC 具有较强的抗菌活性，但在体内抗 ETEC 诱导的肠道炎症和上皮屏障损伤作用尚不清楚。本试验发现在 ETEC 感染小鼠后，口服给药 9.1 mg/kg 体重的 J25 和 10 mg/kg 体重的庆大霉素对小鼠进行治疗 5 d 后可显著降低感染小鼠体重损失、直肠温度降低、腹泻评分和死亡率，并抑制和减少肠道病原体在肠道中定植、改善肠道形态、减少炎症和肠通透性，同时增强肠道屏障功能、改善盲肠微生物组成和增加 SCFAs 水平（$P<0.05$），从而改善宿主肠道健康。与庆大霉素组相比，抗菌肽 MccJ25 在保护宿主免受 ETEC 感染导致的肠道炎症和肠道屏障功能损伤方面优于庆大霉素。

④ J25 对大肠杆菌源 LPS 感染小鼠肠道炎症反应缓解作用：BALB/c 小鼠在腹腔注射大肠杆菌 O111：B4 LPS（15 mg/kg 体重）30 min 后，分别腹腔注射 4.55 mg/kg 和 9.10 mg/kg 体重抗菌肽 J25。试验期 3 d。首先采用鲎试剂法测定不同浓度（0.5~128 μg/mL）J25 对 LPS（1 ng/mL）的体外中和作用。结果表明，J25 对 LPS 呈剂量依赖性中和作用。在 LPS 感染的小鼠试验中，J25 显著降低了小鼠死亡率、血清白细胞计数、促炎细胞因子 TNF-α、IL-6、NO 和小鼠血清 LPS 水平（$P<0.05$）。同时，J25 治疗降低了 LPS 感染小鼠回肠、结肠和脾中细胞因子 TNF-α、IL-6 和 TLR4 的 mRNA 表达水平（$P<0.05$），从而减少器官和肠道损伤。以 LPS 感染小鼠巨噬细胞 RAW264.7 为体外模型，进一步探究 J25 对 LPS 引诱的肠道炎症的缓解作用。结果表明，与对照组相比，LPS（1 ng/mL）显著增加了 RAW264.7 细胞的 NO 和 TNF-α 的分泌水平（$P<0.05$）。抗菌肽 MccJ25（1 μg/mL）处理显著降低细胞炎症因子的产生（$P<0.05$）。此外，qRT-PCR 和 Western Blot 的结果显示 LPS 感染显著增加了 RAW264.7

细胞中 TNF-α 和 TLR-4 表达（$P<0.05$），并且这种反应被 J25 显著抑制。综上所述，J25 在降低 LPS 感染肠道炎症中的作用，可作为治疗肠道炎性疾病的靶向药物，其抑制小鼠肠道损伤潜在机制见图 6-18。

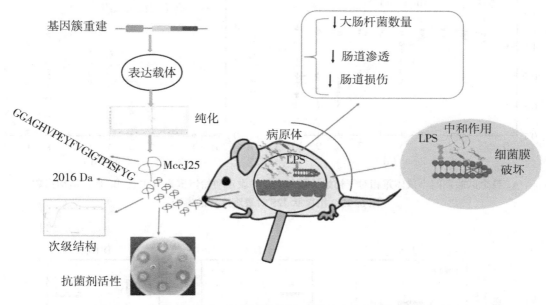

图 6-18　抗菌肽 MccJ25 抑制大肠杆菌诱导的小鼠肠道损伤潜在机制

综上所述，J25 理化性质稳定，在具有很强抗菌活性下无细胞毒性和无耐药性，具有缓解机体炎症反应，提高肠道屏障功能和改善肠道微生物及代谢能力，从而有效改善宿主肠道健康。因此，将 J25 作为抗病原菌感染和抗炎症性疾病双功能靶向治疗药具有广阔的应用前景。

（3）J25 对肠道炎症及屏障损伤的影响及其机制

① J25 对肠炎模型鼠肠道损伤的缓解作用：试验选用 72 只 C57BL/6J 雌鼠，体重 16~18 g，随机分为 4 组，每组 18 只。1~5 d，正常对照组正常饮水，阴性对照组、低浓度抗菌肽组和高浓度抗菌肽组饲喂 DSS 溶液代替饮水；6~10 d，正常对照组和阴性对照组灌胃生理盐水，低、高浓度抗菌肽组分别灌胃 5 mg/kg（BW）和 10 mg/kg（BW）的 J25。每天记录体重等表观指标，在试验第 5、8 和 10 天将鼠麻醉取样。结果显示，在试验第 5 天，与正常对照组相比，其余三组显著下降的体重和结肠长度（$P<0.05$）、显著升高的疾病活动度指数（$P<0.05$，图 6-19），提示结肠炎模型建立成功。J25 给药显著改善了上述指标，并提高了肠道紧密连接蛋白 Occludin 和 Claudin-1 的表达（$P<0.05$）。对结肠组织的切片观察显示，J25 还能减少结肠上皮的炎性浸润，同时减轻黏膜水肿。由此可见，抗菌肽 J25 具有显著改善肠道炎症和屏障损伤的效果。

② J25 缓解肠道炎症机制的初步研究：试验选用 54 只 C57BL/6J 雌鼠，体重 16~18 g，随机分为 3 组，每组 18 只。1~5 d，正常对照组正常饮水，阴性对照组和抗菌肽组饲喂 5%（W/V）的 DSS 溶液代替饮水；6~10 d，正常对照组和阴性对照组灌胃生理盐水，抗菌肽组灌胃 5 mg/kg（BW）的 J25。每天记录体重等表观指标，在试验第 5、8 和 10 天将鼠麻醉，采集结肠以及结肠内容物。结果表明：抗菌肽 J25 的给药能够使肠道菌群多样性升高，调节菌群结构（图 6-20）。同时，与阴性对照组相比，抗菌肽组小鼠结肠组织中 IFN-γ 水平及其 mRNA 表达量均显著下调（$P<0.05$），IL-4 水平及其 mRNA 表达量无明显变化趋势；IFN-γ/IL-4 水平显著接近于正常对照组（$P<0.05$）。此结果表明抗菌肽 J25 调节了 DSS 模型中失调的 Th1/Th2 稳态。

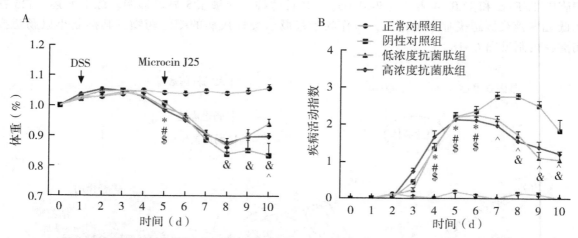

A. 整个试验期间小鼠体重相对于初始体重的变化，设定初始体重为100%；B. 疾病活动指数

图6-19 抗菌肽J25对表观症状的影响

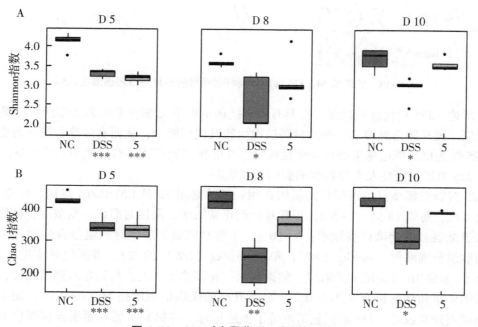

图6-20 J25对小鼠菌群 α 多样性比较

综上所述，抗菌肽J25具有显著缓解肠道炎症和改善肠屏障功能的作用，其内在机制可能是通过调节肠道菌群和恢复Th1/Th2稳态实现的。

参考文献（略）

（谯仕彦团队、季海峰团队提供）

7　仔猪肠道健康营养调控技术研究进展

我国是世界上最大的畜产品生产和消费大国，尤其是猪肉。2020 年我国生猪存栏 4.07 亿头，猪肉产量 4 113 万 t。虽然我国生猪存栏数量庞大，然而我国生猪生产效率并不高，尤其是出栏率，只有不到 180%。出栏率低的主要原因是仔猪的成活率低。根据统计，我国仔猪成活率在 80% 左右，仔猪的死亡主要集中在哺乳期及断奶前后，进入育肥期则极少死亡。仔猪断奶是养猪生产过程中的重要环节。断奶时，日粮发生很大变化，由液体或者部分液体形式完全转变为固态形式。而仔猪的消化道和消化腺发育不完善，消化酶分泌不足，淀粉酶活性较低，这些特点使仔猪不具备消化大量植物性饲料的能力。另外，断奶时仔猪离开母猪后，生活环境也发生变化，对新环境的不适应容易产生应激，包括精神上和生理上，导致幼龄动物发生条件性的疾病。哺乳仔猪因母乳中含有乳酸，胃内的 pH 值较低，仔猪一经断奶，胃内的乳酸菌逐渐减少，pH 值明显升高，大肠杆菌等细菌含量逐渐增多，原本良好的微生物区系受到破坏，导致仔猪发生疾病。另外，新生仔猪主要从初乳中获得母源抗体，随着时间推移，初乳中蛋白质、免疫球蛋白不断下降，到产后第 3 周降到最低水平，而自身的免疫系统还未完全建立，从而导致仔猪的抗病能力差。

断奶后短时间的增重速度对提高养猪生产效率具有重要意义。断奶后第 1 周的生长速度与达到上市体重所需的时间直接相关。美国堪萨斯州立大学的研究结果表明，断奶后第 1 周内每天增重 225 g 的仔猪与根本没有增重的猪相比，前者比后者提前 10 d 达到出栏体重。对于早期断奶仔猪，日粮从母乳到教槽料的改变使仔猪生产性能下降，有望通过合理的营养程序得到缓解。

7.1　仔猪代乳粉饲喂新技术

现代育种的实施使得现代瘦肉品种猪具有很大的遗传生长潜能。但由于各种外在条件的制约，实际生产条件下很难将仔猪的生长潜能完全发挥出来。英国研究学者通过给仔猪饲喂成分经过调整的牛奶，成功地使 10~20 日龄的仔猪增重速度达到 576 g/d，而在正常生长条件下，该阶段的仔猪生长速度通常在 200~250 g/d。仔猪既定日龄的断奶重是初生重与营养量的函数。断奶时仔猪增重的近 40% 与母猪产奶量有关。常规营养模式的仔猪补料似乎可以提供一定的营养，但其营养价值依然有限，不能很好地发挥仔猪的生长潜能。

7.1.1　技术简介

仔猪代乳品的研究开始于 19 世纪 70 年代，目前在国外养猪场已大量使用，日本最早的代乳品是森本博士、丹羽博士和高桥明技术员共同研制成功。代乳品是指乳汁的有效替代品，必须易溶于水且性质稳定，完全具备母乳成分和功效，解决相应的生产实际问题。

教槽料对仔猪的贡献集中在促进 3 周以后仔猪生长，对于哺乳期仔猪，仍然需要额外的营养供给促进其早期增重。本项目利用植物蛋白源加乳制品，结合天然植物和益生菌应用技术，发明了仔猪用代乳料产品，保障仔猪的健康，缓解仔猪生产中的腹泻等问题。进一步通过氨基酸平衡技术，强化赖氨酸、蛋氨酸、苏氨酸、色氨酸等，研发出了仔猪低蛋白代乳粉，在不降低仔猪生长性能的基础上，降低代乳粉蛋白含量4个百分点，代乳粉粗蛋白水平达到19%~21%，降低粪便氮排放20%以上，减少了环境污染。

7.1.2 研究进展

7.1.2.1 技术原理

在代乳品技术领域，人们关注的是代乳品部分替代天然乳汁或作为天然乳汁的"补充"。如果能够处理适当，给仔猪在适当的时间提供适当的代乳品，就可以充分发挥仔猪的优良生长性能，减少生产损失。对于仔猪而言，母乳无疑是最适合的营养物质来源，因此，国内外在仔猪代乳品研发与生产中，多选择乳制品作为主要原料。由于我国乳制品的种类和数量非常少，大量应用乳制品配制仔猪代乳品显然不符合我国生产情况。因此，在我国要生产仔猪代乳品必须要考虑使用植物原料。对于能量原料而言，葡萄糖是较为理想的乳糖替代品，大米糖浆和各种淀粉原料可以适当添加以降低成本，而对于玉米原料而言，经膨化处理后有利于仔猪的利用。仔猪对外源油脂利用能力较差，据报道，椰子油消化率最高并能真正促进仔猪的增重。对于蛋白质类原料而言，血浆蛋白粉、乳清蛋白提取物、鱼粉、喷雾干燥血粉、豆粕和深加工豆制品可作为乳蛋白替代品。其他蛋白原还包括酵母蛋白、大米蛋白粉、血浆蛋白粉等。

7.1.2.2 仔猪代乳粉的饲喂方案

（1）代乳品的配制浓度与温度 代乳品的配制浓度与其生产工艺和溶解性有关，理论上20%含量的代乳品溶液的营养水平与母乳相近，但实际生产中由于生产成本和工艺难题，通常情况下1 kg代乳品相当于0.5~0.75 kg母乳，大多建议配制成10%~15%浓度的水溶液，溶解时建议最高温度不超过60 ℃，于37 ℃左右饲喂。

（2）饲喂器的选择 饲喂器的类型对代乳品能否有效利用也非常关键，首先要考虑仔猪偏好群体采食的特点，其次考虑方便采食和便于清洗，预防因代乳品受到污染或设备卫生引起的仔猪疾病。饲喂器应当轻便、耐用、容易固定、方便清洗和工人操作，通常首选的是塑料和镀锌金属材料的。一般来说，提供6~8个采食位置的饲喂器更适合没有母猪喂养的仔猪，而那些只有1~2个采食孔，或者单个的采食杯和饲喂乳头的饲喂器最适合母乳喂养同时需要补充营养的仔猪。

（3）饲喂量与饲喂次数 代乳品饲喂量的多少取决于仔猪日龄、食欲和母乳供应量而定。建议采用限量的方式，过量采食会导致营养性腹泻，随着日龄的增加，适当供给固态饲料，让仔猪自由觅食，减少断奶引起的换料应激。代乳液的日均供给量为1~3日龄0.5 L/头，4~7日龄每头1~1.5 L，8~14日龄每头1.5~2.5 L，如2周龄开始添加固体饲料，代乳液的日均供给量可维持在1.5 L/头，直到18日龄、19日龄到断奶可维持在0.5 L/（头·d）。

饲喂次数根据用途、猪只日龄和气温而定，完全替代母乳用于刚出生的仔猪（10日龄内）在限量的基础上尽量做到每隔2 h饲喂一次，以确保代乳液新鲜不受污染。对于用作母乳补充和断奶过渡液体料的代乳品，视生产实际情况确定饲喂次数。

（4）代乳粉的补饲阶段 断奶前和断奶后同时补饲代乳品效果最佳。仔猪代乳粉补饲阶段可分为断奶前补饲、断奶后补饲及断奶前后同时补饲。断奶前补饲即为在哺乳期给仔猪补饲代乳品，仔猪断奶后停止补饲（表7-1方案1）；断奶后补饲代乳品即为仔猪断奶时开始补饲，补饲时间一般为7~10 d（表7-1方案2）；断奶前后同时补饲即为仔猪在哺乳期开始补饲代乳品直到断奶后7~10 d（表7-1方案3）。无论断奶前后补饲代乳品均能提高产房仔猪的日增重，降低料重比。断奶前补饲代乳品能提高仔猪健康指数，改善仔猪体况。断奶后补饲代乳品也能促进仔猪增重。断奶前和断奶后同时添加代乳品的效果最佳（祁敏丽等，2015；王杰等，2016）。

表7-1　仔猪代乳品补饲方案

组别	8~24日龄	25~34日龄
对照组（A）	—	—
补饲方案1（B）	代乳品	—
补饲方案2（C）	—	代乳品
补饲方案3（D）	代乳品	代乳品

（5）代乳粉的补饲形式　以粉料形式补饲代乳品也能弥补母乳的不足。综合国内外对代乳品研究及生产实际应用的经验介绍，尤其是断奶前，仔猪喜食液体日粮，大家惯用的方式是将代乳品按一定比例兑水后以液体形式补充。研究表明"湿"断奶技术能够帮助仔猪克服由于常规早期断奶技术所导致的消化紊乱。此方式在实际生产中存在诸多不便，比如猪场普遍无专用的液体饲喂装置，气温的差异对液体代乳品保存时间以及水温和溶解性能的影响，是全群补充代乳品还是弱仔补充代乳品问题，以及日常饲养管理问题，等等。以液体代乳品形式增大了饲养人员工作量，很难广泛应用于实际生产中。因此，为了方便饲养管理，养猪生产者更倾向于去想办法提高母猪的泌乳能力，但泌乳期母猪失重过多时，又将影响母猪下一阶段的繁殖性能。结合这些生产实际问题，我们选择粉态饲喂代乳品方式来验证补饲代乳品的作用效果。粉态代乳品中所含有的特定乳香能刺激仔猪的嗅觉，使其主动采食，并且采食粉态代乳品所进食的营养物质浓度高于液态代乳品。此外，粉态形式饲喂还便于饲养工人操作，因此，粉态形式饲喂仔猪代乳品有利于更广泛地研究推广，更好地应用于养猪生产实际中（李丹等，2015）。

（6）代乳品添加比例　代乳品和教槽料的配比为1：1效果最好。代乳品的添加比例指的是代乳品在仔猪固体日粮中的添加比例（表7-2）。断奶前后仔猪固体日粮中代乳品不同添加水平均能显著提高产房仔猪的日增重，改善饲料转化率，提高仔猪体液免疫。但综合生产性能和经济效益来衡量，其中以教槽料和代乳品的配比为1：1所表现的效果和效益最佳（表7-2中方案C）（李丹等，2015）。

表7-2　仔猪代乳粉饲喂方案

组别	8~24日龄	25~34日龄
对照组（A）	—	—
方案1（B）	代乳品+教槽料（1：2）	代乳品+教槽料（1：2）
方案2（C）	代乳品+教槽料（1：1）	代乳品+教槽料（1：1）
方案3（D）	代乳品	代乳品

7.1.2.3　仔猪代乳粉应用效果

（1）补饲代乳品能促进仔猪生长　从表7-3的统计结果可以看出，在试验期内第一阶段（8~24日龄）代乳品组平均日增重比对照组显著提高15.5%（$P<0.05$）。表明在断奶前补饲代乳品能促进仔猪生长。

表7-3　仔猪生产性能指标（8~24日龄）

项目	对照组（A、C组）	代乳粉（B、D组）
8日龄体重（kg）	2.48	2.58
24日龄体重（kg）	5.91	6.54
平均日增重（g/d）	214.28[b]	247.52[a]

注：同行数据肩标不同字母表示差异显著（$P<0.05$）。下表同。

从表7-4统计结果可以看出，在试验期内第二阶段（25~34日龄）平均日增重、采食量和饲料转化率差异均不显著（$P>0.05$）。但数据显示补饲代乳品有降低饲料转化率的趋势（$P=0.097$）。

表7-4　仔猪生产性能指标（25~34日龄）

项目	教槽料（A、B组）	教槽料+代乳粉（C、D组）
24日龄体重（kg）	6.09	6.35
34日龄体重（kg）	8.08	8.51
平均日增重（g/d）	198.59	215.73
平均采食量（g/d）	244.58	255.42
饲料转化率	1.23	1.19

补饲代乳品对8~34日龄仔猪生产性能的影响。整个试验期平均日增重差异显著（$P<0.05$）（表7-5），D组较A、B、C组分别提高了19.52%（$P<0.05$）、17.25%（$P<0.05$）和13.72%（$P>0.05$）；并且补饲代乳品试验组B、C、D饲料转化率均显著高于试验A组（$P<0.05$）。

表7-5　仔猪生产性能指标（8~34日龄）

项目	A	B	C	D
8日龄体重（kg）	2.57	2.39	2.50	2.66
34日龄体重（kg）	7.98	7.90	8.18	9.12
平均日增重（g/d）	207.97[b]	211.99[b]	218.57[ab]	248.56[a]
平均采食量（g/d）	249.17	256.67	240.00	254.17
饲料增重比	1.28[a]	1.22[b]	1.19[b]	1.16[b]

（2）补饲代乳品能改善仔猪健康指数　从表7-6的健康指数指标可以看出，补饲代乳品显著降低了仔猪血液中毒指数（$P<0.05$）、免疫抑制指数（$P<0.05$）及炎症指数（$P<0.05$），显著提高了仔猪血液分布指数（$P<0.05$）和健康指数（$P<0.05$）。数据表明断奶前添加代乳品能提高仔猪健康水平（李丹等，2014）。

表7-6　24日龄血液指标

项目	对照组（A、C组）	代乳粉（B、D组）
营养不良指数	0.58	0.00

（续表）

项目	对照组（A、C组）	代乳粉（B、D组）
中毒指数	90.74[a]	65.15[b]
免疫抑制指数	49.66[a]	16.77[b]
炎症指数	12.05[a]	0.00[b]
免疫强度指数	87.53	85.02
血液分布指数	92.65[b]	105.88[a]
健康指数	73.66[b]	96.45[a]

注：正常机体的营养不良指数、中毒指数、免疫抑制指数、炎症指数为0，否则，数值越大，发生相应状态越严重；免疫强度指数表示机体免疫反应状态的强弱，正常情况下，免疫强度指数为100左右，数值越大，免疫反应越强，数值越小，免疫反应越弱；血液分布指数表示血液的输布能力，正常值为100左右，数值越大，血液输布速率越大，数值越小，血液输布速率越小；健康指数，表示机体的综合健康状态，数值越高，机体的总体机能越强。健康指数>100，表示机体处于健康状态，健康指数在70~100，表示机体处于亚健康状态，健康指数<70表示机体处于病态。

（3）代乳粉+教槽料促进仔猪生长　母猪的泌乳量仅能满足每窝10头仔猪从初生到21日龄时50%的需要量，每头母猪每天需要分泌18~20 kg乳汁才能满足仔猪需要。人工饲养情况下至少达到450 g/d。目前养猪场普遍采用断奶前补充教槽料的方式不仅是为了让仔猪尽早适应固体日粮，也是从补饲的形式来发挥仔猪的生物生长潜能。但市售教槽料的营养水平与母乳差异较大，加上断奶前仔猪消化道发育不完善，难以消化和吸收教槽料中的营养物质，因此效果参差不齐。

代乳品是以母乳的营养水平为基础设计的。添加不同比例代乳品均对仔猪生产性能有明显的促进作用（表7-7），其中以代乳品与教槽料1:1混合（C组）最为显著，仔猪平均断奶重比对照组（A组）高出0.95 kg/头，断奶前平均日增重（ADG）高出37 g/d；试验C组仔猪34日龄平均体重比对照组A高出1.67 kg/头，断奶后平均日增重（ADG）高出47 g/d，饲料转化率（F/G）降低0.22。

表7-7　代乳品不同添加量对8~34日龄仔猪生长性能的影响

项目	A	B	C	D
8日龄体重（kg）	2.44	2.42	2.69	2.61
24日龄体重（kg）	6.87	6.99	7.82	7.56
34日龄体重（kg）	8.55[b]	8.84[b]	10.22[a]	9.70[ab]
8~24日龄平均日增重（g/d）	233.00	240.50	270.33	260.17
25~34日龄平均日增重（g/d）	153.00[b]	168.00[b]	200.17[a]	188.50[a]
25~24日龄平均日采食量（g）	200.00	209.17	219.17	217.50
25~34日龄料重比	1.32[a]	1.25[a]	1.10[b]	1.16[b]

注：同行数据肩标不同字母表示差异显著（$P<0.05$）。下表同。

（4）代乳粉促进仔猪营养物质吸收　从前面的数据可以看出，在平均日采食量（ADFI）差异不显著的情况下，断奶后试验组的平均日增重（ADG）显著高于对照组，说明随着断奶后采食量的增加和代乳品摄入量的增多，代乳品的作用效果日益明显。从表7-8营养物质消化率的统计结果来看，试验组B、C、D的日粮中粗蛋白、粗脂肪、钙和磷的消化率均显著高于对照组A，加之代乳品的粗蛋白质和粗脂肪等营养物质浓度均高于教槽料，添加不同比例的代乳品引起各组间日粮可消化营养物质的含量差异显著，可消化营养物质的含量越高，仔猪生长速度越快，这说明本试验所用代乳品具有较高的营养浓度和消化率，容易被仔猪消化吸收。

表7-8　代乳品不同添加量对饲料中营养物质消化率的影响

项目	A	B	C	D
干物质（%）	89.09	91.27	92.36	95.62
粗蛋白消化率（%）	69.59[c]	79.91[b]	82.77[b]	86.97[a]
粗脂肪消化率（%）	50.19[b]	75.48[a]	76.94[a]	78.77[a]
钙消化率（%）	55.85[c]	75.43[a]	70.91[b]	66.72[b]
磷消化率（%）	41.05[c]	60.39[b]	63.89[b]	74.46[a]

7.1.2.4　仔猪代乳粉的应用效益分析

（1）同类产品应用效果对比　在相同的饲养环境和饲养管理条件中，饲料是决定同一品种仔猪断奶后生长速度的主要因素。整个试验期各组间平均日采食量（ADFI）差异不显著（$P > 0.05$），但饲喂代乳品A的平均日增重（ADG）显著高于饲喂代乳品B和饲喂代乳品C，A组的饲料转化率（F/G）显著优于B组和C组（表7-9）。结合表7-10的数据分析，代乳品A的营养浓度高于B和C，其营养物质的消化率和可消化营养物质含量也显著高于B组和C组，因此，仔猪采食代乳品A所表现出的生产性能最好，其次是C组，最后是B组。

表7-9　不同来源代乳品对8~34日龄仔猪生产性能的影响

项目	代乳品A	代乳品B	代乳品C
8日龄体重（kg）	2.69	2.50	2.54
24日龄体重（kg）	7.82	6.83	6.99
34日龄体重（kg）	10.22[a]	8.90[b]	9.13[ab]
8~24日龄平均日增重（g/d）	270.33	227.67	234.50
25~34日龄平均日增重（g/d）	200.17[a]	178.50[b]	172.33[b]
25~34日龄平均日采食量（g）	219.17	215.83	202.50
25~34日龄饲料转化率	1.10[b]	1.21[a]	1.18[a]

注：代乳品A为本项目研发的新产品；代乳品B、C分别为来自国内外的市场同类产品。表中同行数据肩标不同字母表示差异显著（$P < 0.05$）。下表同。

表7-10　不同来源代乳品对饲料中营养物质消化率的影响

项目	代乳品A	代乳品B	代乳品C
干物质（%）	92.36	92.72	92.96
粗蛋白消化率（%）	82.77[a]	80.81[b]	80.61[b]

（续表）

项目	代乳品 A	代乳品 B	代乳品 C
粗脂肪消化率（%）	76.94	77.52	74.97
钙消化率（%）	70.91	65.77	64.66
磷消化率（%）	63.89	61.99	60.53

（2）经济效益计算　从表7-11可以看出，饲喂代乳品 A 与饲喂代乳品 B 和 C 相比，利润增加30.76元/头和21.76元/头；试验组 C 比试验组 B 利润多出9.09元/头。引起 A 组与 B、C 组经济效益差别主要原因是试验期各组间的增重差别大，A 组比 B 组和 C 组分别高出1.12 kg/头和0.94 kg/头。

表7-11　经济效益分析（8~34日龄）

组别	增重（kg）	销售收入（元/头）	饲料消耗量		饲料成本（元/头）	收支差额（元/头）
			代乳品（kg/头）	教槽料（kg/头）		
A	7.53	218.37	1.37	1.33	58.89	159.48
B	6.41	185.89	1.34	1.29	57.17	128.72
C	6.59	191.11	1.25	1.21	53.39	137.72

注：仔猪价格以29元/kg计（2013年8月中旬猪场出售仔猪价格），代乳品 A、B、C 均以34元/kg计，由于所购代乳品为试验所用，得到了销售商的大力支持，代乳品均以最优惠的价格购买，此价格不作为市场参考价，教槽料以9元/kg计。

7.2　仔猪生物益生菌应用技术

随着人们对畜产品安全和环境保护意识的不断加强，益生菌作为抗生素的替代品备受关注，越来越多地应用于动物营养和饲料中。益生菌作为安全饲料添加剂被广泛应用于家畜、家禽和水产养殖业等，能够促进动物健康生长，减少环境污染，从而提高畜牧业的经济效益。

7.2.1　技术简介

7.2.1.1　益生菌的概念及种类

"益生菌"最早起源于希腊文，其意思为"有利于生命"。1899年，法国 Tissier 博士发现第一株菌种双歧因子。1908年，俄国诺贝尔奖获得者 Metchnikof 指出，乳酸菌可消除或代替肠道黏膜的有害微生物而促进身体健康。1989年，Fuller 将益生菌定义为能够改善肠道微生物平衡，而对动物产生有利影响的活的微生物制剂。随着科学研究的深入，益生菌的研究不断发展，其概念全面描述如下：它是指在微生态学理论指导下，将从动物体内分离得到的有益微生物通过特殊工艺制成的只含活菌或者包含菌体及其代谢产物的活菌制剂，能改善动物胃肠道微生物生态平衡，有益于动物健康和生产性能发挥的一类微生物添加剂。

目前益生菌的种类很多。概括起来主要有：乳酸杆菌、芽孢杆菌、酵母和曲霉类。1989年，美国公布了44种饲用安全微生物菌种。我国2013年农业部2045号公告中规定的允许使用的饲料微生物添加剂见表7-12。

表 7-12　农业部第 2045 号公告中的饲料级微生物添加剂

微生物	适宜范围
地衣芽孢杆菌、枯草芽孢杆菌、两歧双歧杆菌、粪肠球菌、屎肠球菌、乳酸肠球菌、嗜酸乳杆菌、干酪乳杆菌、德式乳杆菌乳酸亚种（原名：乳酸乳杆菌）、植物乳杆菌、乳酸片球菌、戊糖片球菌、产朊假丝酵母、酿酒酵母、沼泽红假单胞菌、婴儿双歧杆菌、长双歧杆菌、短双歧杆菌、青春双歧杆菌、嗜热链球菌、罗伊氏乳杆菌、动物双歧杆菌、黑曲霉、米曲霉、迟缓芽孢杆菌、短小芽孢杆菌、纤维二糖乳杆菌、发酵乳杆菌、德氏乳杆菌保加利亚亚种（原名：保加利亚乳杆菌）	养殖动物
产丙酸丙酸杆菌、布氏乳杆菌	青贮饲料、牛饲料
副干酪乳杆菌	青贮饲料
凝结芽孢杆菌	肉鸡、生长育肥猪和水产养殖动物
侧孢短芽孢杆菌（原名：侧孢芽孢杆菌）	肉鸡、肉鸭、猪、虾

7.2.1.2　益生菌的作用机制与功能

进入畜禽肠道的益生菌，能够与正常菌群会合，表现出共生、栖生、竞争和吞噬等复杂的关系。一方面益生菌可能是通过改变肠道微生物区系来实现的，主要是益生菌和有害菌聚集在一起，与其竞争黏膜上皮的受体和养分，另一方面益生菌能够释放出特别的物质（有机酸、细菌素、吡啶二羧酸等）来影响肠道细菌区系。益生菌在动物消化道内生长、繁殖和活动，能直接产生多种营养物质如维生素、氨基酸、短链脂肪酸、促生长因子等，参与动物体的新陈代谢，有的微生物在动物体内生长繁殖时能合成核黄素、泛酸、叶酸、维生素 B_{12} 等 B 族维生素及维生素 K_2，参与机体某些重要的代谢反应。另外，可能存在的一种次要的机制（对于某些益生菌来说可能是主要机制），益生菌会改变上皮细胞的结构和功能，并影响免疫反应过程。

益生菌的主要功能如下。

（1）维持肠道正常微生物菌群　益生菌作为畜禽肠道的优势菌，可弥补正常菌群的数量，抑制病原菌生长。添加益生菌可间接抑制或排斥有害菌在肠道内的繁殖和生存，调整肠道内失调的菌群关系，保持肠道菌群正常，使肠道处于最佳生理状态。

（2）改善新陈代谢，提高营养物质的消化和吸收　益生菌具有刺激微生物修复胃肠道健康状态并提高饲料转化率的作用。益生菌提高饲料转换效率的机制包括改变肠道菌系，提高非致病兼性厌氧菌的生长和革兰氏阳性菌形成乳酸和过氧化氢，抑制肠道病原菌的生长，提高营养物质的消化和吸收。因此，应用益生菌可以提高生长率，降低死亡率，改进饲料转化率。

（3）提高免疫力，增强抗病力　通过摄入益生菌调控肠道微生物影响免疫反应。目前，益生菌调节免疫活性机制还不清楚。然而，研究表明益生菌刺激免疫系统细胞产生不同类型细胞因子，在诱导和调节免疫系统起重要作用。

（4）净化环境，减少污染　益生菌在肠道中能够产生氨基氧化酶、氨基转移酶或分解硫化物的酶等有害物质利用酶，从而减少肠道中游离的氨（胺）及吲哚等有害物质，肠道内、粪便和血中氨的水平下降，排出体外的氨数量也减少，另外粪中含有的大量活菌体可以继续利用剩余的氨，改善饲养环境。

7.2.2　研究进展

7.2.2.1　获得一批益生菌株，为调控肠道健康和产品开发提供物质基础

鉴定获得 5 株具有益生抗菌作用的益生菌并在 GenBank 注册（芽孢杆菌 B27：JQ411248；短小

芽孢杆菌 315：KC790382；乳酸菌 GF103：JQ673431；植物乳杆菌 Z55：KC887524；酿酒酵母 318：KC790327）；其中两株益生菌获授权发明专利（ZL201511029973.9，ZL201410469105.1）。

7.2.2.2　揭示了益生菌及组合调控仔猪肠道健康的作用机制

益生菌能通过改善肠道微生态平衡而促进机体健康，发现益生菌调控仔猪肠道健康的窗口期是断奶后的前 2 周，益生菌通过抑制病原菌的生长（大肠杆菌数降低 20%）和促进后肠道 VFA 的产生（TVFA 含量提高 58.6%），降低胃肠道 pH 值，改善肠道健康，减缓仔猪断奶应激。

7.2.2.3　建立了多菌株组合调控肠道健康的关键技术

证实仔猪饲粮中添加 1×10^9 CFU/kg 的短小芽孢杆菌 315 或者植物乳杆菌 GF103，0.5% 的酵母培养物能够促进仔猪生长和改善饲料转化效率。形成植物乳杆菌 GF103（6×10^9 CFU/kg）与芽孢杆菌 315（1.5×10^8 CFU/kg）组合、芽孢杆菌 315（10^{10} CFU/kg）与 0.3% 酵母培养物组合、植物乳杆菌 GF103（1×10^9 CFU/kg）与苦荞黄酮（40 mg/kg）组合、0.3% 复合益生菌与 0.08% 纤维寡糖组合、益生菌（2×10^8 CFU/kg）与 0.1% 非淀粉多糖酶等组合 5 个，改善肠道菌群平衡，提高仔猪生长速度 10%，达到 460 g/d。

7.2.2.4　研发出母猪和仔猪复合添加剂产品

采用复合益生菌（植物乳杆菌 GF103、短小芽孢杆菌 315 等）、天然植物提取物（花粉多糖、苦荞黄酮等）、必需氨基酸（赖氨酸、蛋氨酸、苏氨酸、色氨酸等）等绿色添加剂通过科学配比复合而成仔猪和母猪用复合添加剂［京饲预（2016）06092；Q/HDJZA 0001-2018］，添加剂量为 0.2%~0.5%，能保持仔猪肠道健康，提高仔猪机体免疫力，仔猪日增重提高了 8.7%，饲料转化效率提高了 9.9%，断奶重提高 1.1 kg，死亡率降低 13 个百分点。

7.2.2.5　应用方案及效果

（1）乳酸菌与芽孢杆菌组合调控仔猪肠道健康　断奶是养猪生产过程中最重要的环节之一，早期断奶可以提高母猪的生产效率，并且降低饲养成本。但是仔猪在断奶期间会由于多方面的因素而引起应激，从而导致在断奶后的第 1~2 周出现生长抑制，有时候还会使腹泻率增加。为了提高断奶仔猪的生长性能，抗生素一直被广泛使用，但人们已经认识到抗生素对动物生长及其产品质量的副作用。

益生菌能通过改善肠道微生态平衡促进机体健康。我们通过试验研究了在断奶仔猪饲粮中添加益生菌（植物乳杆菌、枯草芽孢杆菌及其复合菌），探讨益生菌对断奶仔猪生长性能、免疫器官指数及胃肠道 pH 的影响。结果表明：①在试验的前 2 周，植物乳杆菌组、枯草芽孢杆菌组和复合菌组平均日采食量和料重比分别比对照组降低了 23.27%、20.61%、15.39% 和 24.75%、24.75%、23.23%（$P<0.05$）；②复合菌组在试验的前 2 周肝脏指数比对照组显著提高了 13.75%（$P<0.05$），胃、十二指肠的 pH 值分别比对照组显著降低了 33.93% 和 16.5%（$P<0.05$）。由此可见，益生菌在仔猪断奶的前期具有改善仔猪生长性能、节约饲料成本、维持肠道健康的作用，但随着断奶以后时间的推移，其作用效果减弱（表 7-13）。

表 7-13　饲喂益生菌对断奶仔猪生长性能的影响

项目	CT	LB	BS	LBS
始重（kg）	10.0	10.0	10.0	10.1
1~14 d				
采食量（g）	825[a]	633[b]	655[b]	698[b]
日增重（g）	419	441	440	463

（续表）

项目	CT	LB	BS	LBS
料重比	1.98[a]	1.49[b]	1.49[b]	1.52[b]
15~35 d				
采食量（g）	1 167	1 047	1 023	1 147
日增重（g）	635	599	575	638
料重比	1.84	1.76	1.79	1.80
1~35 d				
日采食（g）	1 030	882	876	967
日增重（g）	549	536	521	568
料重比	1.88[a]	1.65[b]	1.68[b]	1.71[b]

注：同一行数据肩标不同小写字母（a，b和c）表示差异显著（$P<0.05$）。下表同。

CT：对照组，饲喂基础日粮（不添加抗生素和益生菌）；LB：乳酸菌组，基础日粮+植物乳杆菌 GF103 制剂 [$8.6×10^9$ CFU/（头·d）]；BS：枯草芽孢杆菌组，基础日粮+枯草芽孢杆菌 B27 制剂 [$2.0×10^8$ CFU/（头·d）]；LBS：复合菌组，基础日粮+植物乳杆菌 GF103 制剂 [$4.3×10^9$ CFU/（头·d）] +枯草芽孢杆菌 B27 制剂 [$1.0×10^8$ CFU/（头·d）]。

植物乳杆菌能抑制肠道大肠杆菌繁殖。由于断奶受到各种应激，所以断奶是仔猪饲养的关键阶段。在应激条件下，肠道乳酸菌的数量减少，而大肠杆菌的数量增加。当正常肠道微生物紊乱后，肠道菌成为潜在的病原菌。大肠杆菌是仔猪断奶后引起腹泻的主要病原菌。日粮添加植物乳杆菌降低粪大肠杆菌的数量（表7-14），表明添加植物乳杆菌抑制宿主肠道大肠杆菌的生长。这与体外评价乳酸菌能抑制大肠杆菌的生长结果一致。另外，该结果与他人的研究报道添加乳酸菌能降低肠道肠杆菌的数量相一致。乳酸菌产生的乳酸能降低肠道内容物的 pH 值，并能抑制沙门氏菌或肠杆菌之类的病原菌侵蚀（董晓丽，2013）。

表7-14　饲喂益生菌对粪便微生物菌群的影响

项目	CT	LB	BS	LBS
芽孢杆菌				
14 d	4.86	4.87	4.84	4.88
35 d	5.63	5.37	5.59	5.41
乳酸菌				
14 d	7.78	7.62	8.14	8.17
35 d	9.66	9.85	10.16	10.07
大肠杆菌				
14 d	7.19[a]	5.66[b]	7.68[a]	7.58[a]
35 d	6.99[a]	5.77[b]	6.49[ab]	6.82[a]

CT：对照组，饲喂基础日粮（不添加抗生素和益生菌）；LB：乳酸菌组，基础日粮+植物乳杆菌 GF103 制剂 [$8.6×10^9$ CFU/（头·d）]；BS：枯草芽孢杆菌组，基础日粮+枯草芽孢杆菌 B27 制剂 [$2.0×10^8$ CFU/（头·d）]；LBS：复合菌组，基础日粮+植物乳杆菌 GF103 制剂 [$4.3×10^9$ CFU/（头·d）] +枯草芽孢杆菌 B27 制剂 [$1.0×10^8$ CFU/（头·d）]。

益生菌主要改善断奶初期仔猪肠道微生物平衡。微生物多样性指标是由族群中的种类与个体数所构成，可反映群聚的特性及功能。常用计算生物多样性的指标有：种的数目或丰富度（species richness）、香侬—威纳多样性（Shannon–Weiner diversity index）、辛普森多样性指数（Simpson's diversity index）及均匀度（evenness index）。试验 35 d，空白组和饲喂芽孢杆菌组香侬–威纳多样性指数显著低于饲喂乳酸菌组和复合菌组（$P<0.05$）。试验 14 d，饲喂乳酸菌组的辛普森多样性指数显著高于芽孢杆菌组，而试验 35 d 时，饲喂乳酸菌组的辛普森多样性显著低于芽孢杆菌组。试验 35 d 时，饲喂乳酸菌和复合菌组的丰度显著高于空白组和芽孢杆菌组。

（2）植物乳杆菌和非淀粉多糖复合酶联合应用技术　酶制剂可通过提高消化道的酶活性和促进乳酸菌增殖，分解饲料原料的细胞壁，降解饲粮中非淀粉多糖（NSP）及抗营养因子等成分，提高玉米—豆粕型饲粮的消化率。多聚糖酶促进饲粮中抗营养因子的降解，产生的低聚糖可以作为益生元促进益生菌繁殖，但目前的研究主要集中在添加一种聚糖酶，而有关添加复合酶的研究甚少。另外，益生菌和酶制剂分别能促进断奶仔猪生长、提高消化率及免疫力，达到替代抗生素的生产目的。然而，目前有关益生菌和酶制剂联合使用在肉鸡上的报道较多，但在断奶仔猪上的报道较少，且试验研究大多集中在单一物质添加的效果研究，有关益生菌和酶制剂复合添加的试验研究很少。为此，本团队选用益生菌和酶制剂制备成复合制剂，旨在研究饲粮中添加植物乳杆菌（*Lactobacillus plantarum*）和非淀粉多糖（NSP）复合酶对断奶仔猪生长性能、粪便微生物菌群及血清指标的影响，从而达到代替抗生素的目的。结果表明：添加益生菌和酶制剂对断奶仔猪粪便微生物菌群的影响见表 7-15。添加益生菌和酶制剂的复合组（PZT 组）仔猪粪便中乳酸菌和乳酸菌/大肠杆菌有超过抗生素组（CT）的趋势（$0.05<P<0.10$），抗生素组（CT）仔猪粪便中大肠杆菌数量有超过复合组（PZT 组）的趋势（$0.05<P<0.10$）。饲粮中添加益生菌和酶制剂可改善仔猪肠道菌群平衡，有利于抑制有害菌的增殖，促进有益菌的增殖。

表 7-15　饲粮中添加益生菌和酶制剂对断奶仔猪粪便微生物菌群的影响

项目	组别			
	CT	PT	ZT	PZT
乳酸菌	5.63[a]	6.39[ab]	6.44[b]	6.53[b]
大肠杆菌	5.98[a]	5.39[ab]	5.47[ab]	5.02[b]
乳酸杆菌/大肠杆菌	0.97[a]	1.21[ab]	1.20[ab]	1.34[b]

（3）益生菌和纤维寡糖联合应用技术　目前，微生态制剂已广泛应用于仔猪饲料中，对改善肠道微生态平衡及减缓早期断奶应激具有实用性价值。近几年关于益生菌作为添加剂应用于饲料中对断奶仔猪生长发育的研究甚多。黄金华等研究发现，饲料中添加复合益生菌制剂能够显著提高断奶仔猪的生长性能、养分消化率和免疫能力（$P<0.05$）。纤维寡糖是一种同源性的功能性寡糖，由葡萄糖通过 β-1,4 糖苷键相连而成的低聚糖，应用于仔猪饲料中能够刺激仔猪大肠内双歧杆菌增殖，提高乳酸质量浓度，降低结肠部位 pH 值，提高猪的生长性能。然而，过去人们在饲料中大多单独添加复合益生菌制剂或纤维寡糖，而两者组合使用的相关研究报道为数不多。本团队研究了复合益生菌和纤维寡糖对断奶仔猪生长性能、粪便微生物及血清指标的影响。所用复合益生菌制剂包含植物乳杆菌（$\geq 1\times 10^8$ CFU/g）、地衣芽孢杆菌（$\geq 1\times 10^7$ CFU/g）、枯草芽孢杆菌（$\geq 1\times 10^7$ CFU/g），纤维寡糖（纯度为 98%）。在仔猪日粮中添加 0.30% 复合益生菌和 0.08% 纤维寡糖，发现断奶后前 2 周内，益生菌和纤维寡糖联合应用显著降低了腹泻率 67.28%（$P<0.05$）。说明在断奶仔猪基础日粮中添加复合益生菌和纤维寡糖改善了保育前期（断奶后 0~

14 d）仔猪腹泻情况（图7-1）。

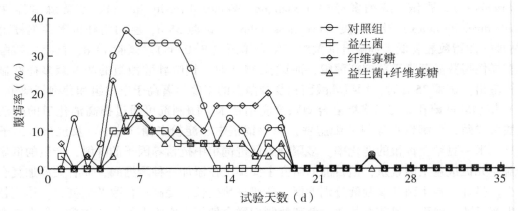

图 7-1　仔猪腹泻率曲线

（4）植物乳杆菌和苦荞黄酮联合应用技术　断奶仔猪受生理、环境、营养等应激因素的影响，常导致生长抑制、饲料报酬低、腹泻甚至死亡。本课题组前期研究发现植物乳杆菌 GF103 具备良好的体外益生特性，具有维持肠道健康，改善断奶仔猪生长性能的作用。苦荞黄酮具有抗氧化、抗癌、抗菌和增强免疫等作用，本课题研究发现其具有改善健康与生长的作用。有关植物乳杆菌和苦荞黄酮联合应用对断奶仔猪生长性能的影响值得研究。通过在仔猪日粮中添加 $1×10^9$ CFU/kg 植物乳杆菌+40 mg/kg 苦荞黄酮（LB）的饲粮（表7-16）。结果表明：第一，苦荞黄酮显著提高了仔猪平均日增重（$P<0.05$），分别较正负对照组提高了 52.7% 和 34.1%；第二，植物乳杆菌组仔猪的 TAOC、SOD、GSH-Px、CAT 等抗氧化指标显著高于 NC 和 PC 组（$P<0.05$），而 MDA 显著低于 NC 和 PC 组；第三，植物乳杆菌+苦荞黄酮则显著提高了饲粮总能、干物质、有机物和磷的消化率（$P<0.05$）。通过本次试验，我们发现，苦荞黄酮可提高断奶仔猪生长性能，而植物乳杆菌改善了断奶仔猪机体抗氧化能力，二者联合应用可改善饲粮营养成分的消化率。

表 7-16　植物乳杆菌和苦荞黄酮及其复合物对断奶仔猪生长性能的影响

项目	组别				
	NC	PC	LP	BF	LB
初重（kg）	7.81	7.84	7.87	7.76	7.85
末重（kg）	13.70[b]	14.55[ab]	14.37[b]	16.76[a]	15.90[ab]
1~14 d					
平均日采食量（g）	284.07	432.43	342.07	409.21	385.79
平均日增重（g）	136.50	201.51	132.71	226.43	223.57
料重比	2.08	2.15	2.58	1.81	1.73
15~28 d					
平均日采食量（g）	638.29	678.25	590.14	640.86	689.50
平均日增重（g）	284.29	277.62	331.57	416.25	351.29
料重比	2.25	2.44	1.78	1.54	1.96
1~28 d					

（续表）

项目	组别				
	NC	PC	LP	BF	LB
平均日采食量（g）	461.12	554.04	466.11	525.04	537.64
平均日增重（g）	210.39[b]	239.56[b]	232.14[b]	321.34[a]	287.43[ab]
料重比	2.19	2.31	2.01	1.63	1.87

注：NC，负对照；PC，正对照；LP，植物乳杆菌；BF，苦荞黄酮；LB，植物乳杆菌+苦荞黄酮。

同行数据肩标无字母或相同字母表示差异不显著（$P>0.05$），不同小写字母表示差异显著（$P<0.05$）。下表同。

7.2.2.6　益生菌的发展趋势及应用前景

关于益生菌在动物生产中应用的报道很多，主要包括家禽、猪、水产及反刍动物等。从国内外的研究开发及使用情况看，益生菌的发展趋势主要如下。

（1）研究复合菌制剂，能够发挥协同作用，符合实际生态环境的要求。在不断研发新菌种的基础上，逐步转向复合菌的发展方向。

（2）益生菌与其他物质联用，制备益生菌的同时，尝试与益生素等物质联用，如：酸化剂、酶制剂、中草药等。既可以弥补日粮中营养成分的不足，又可以增强益生菌的作用，前景广阔。

（3）研发高稳定性制剂，益生菌在生产加工过程中，甚至在运输到销售过程中受到外界的温度、湿度等环境因素的影响，导致益生菌的活菌数下降。此外，益生菌在饲喂进入动物胃肠道的过程中，受到胃肠道内胃酸、胃肠液及胆盐的影响，影响其作用的发挥。因此，需要研发高稳定性的制剂，使益生菌发挥其最大作用。这就意味着需要在优良菌株筛选、高活力菌剂的发酵工艺、菌体保护和增效剂选用等关键技术方面获得突破。

随着社会经济的发展，人民生活水平的不断提高，人们的安全和环保意识逐渐增强，益生菌作为绿色饲料添加剂克服了抗生素所带来的负面影响，越来越受到研究人员的重视。2006年，欧盟等国家禁止在动物饲料中添加抗生素，美国、韩国等也相继颁布法律禁止动物饲喂抗生素，而益生菌作为抗生素的替代品其发展空间很大。益生菌的开发和应用对我国养殖业的发展起到了积极的作用，其影响力将继续扩大。益生菌作为绿色环保产品也将成为人们所预言的那样：光辉的抗生素时代之后，将是一个崭新的微生态时代。

参考文献（略）

（张乃锋团队提供）

第四篇

健康养殖与
环境控制

8　生猪健康养殖技术研究进展

8.1　仔猪保温提活技术

哺乳仔猪是指从出生到断奶阶段的仔猪，哺乳期长短因猪场而异，以周为生产节律的通常为21~35 d。哺乳仔猪是生长发育最快的时期，也是抵抗力最弱的时期，哺乳仔猪的主要特点是生长发育快和生理上不成熟，对生长环境要求高，其环境需求特点主要如下。

第一，对温度需求较高。新生仔猪体内能量储备不多及能量代谢的激素调节功能不全，对环境温度下降极为敏感。新生仔猪体型小，单位体重的体表面积相对较大，且又缺少浓密的被毛以及皮下脂肪不发达，故处于低温环境中体温散失较快而恢复较慢，如不及时吃到初乳很难成活。仔猪正常体温约39 ℃，刚出生仔猪在产后6 h内最适宜的温度为35 ℃左右，2日内为32~34 ℃，7日龄后可从30 ℃逐渐降至25 ℃。仔猪生后体温下降的幅度及恢复所用时间视环境温度而变化，环境温度越低则体温下降的幅度越大，恢复所用的时间越长。

第二，哺乳仔猪耐寒能力差。刚出生仔猪被毛少，特别怕冷，当环境温度低到一定范围时，仔猪则会冻僵、冻死。据研究，出生仔猪如处于13~24 ℃的环境中，体温在生后第一小时可降1.7~7.2 ℃，尤其20 min内，由于羊水的蒸发，降低更快。仔猪体温下降的幅度与仔猪体重大小和环境温度有关。吃上初乳的健壮仔猪，在18~24 ℃的环境中，约2 d后可恢复到正常，在0 ℃（-4~2 ℃）左右的环境条件下，经10 d尚难达到正常体温。出生仔猪如果裸露在1 ℃环境中2 h可冻昏、冻僵，甚至冻死。

本技术通过智能型哺乳仔猪保温箱应用和仔猪标准化地暖板来提高仔猪成活率。

8.1.1　智能型哺乳仔猪保温箱技术

8.1.1.1　技术简介

与普通的哺乳仔猪保温箱设计不同，生猪产业技术体系北京创新团队健康养殖与环境控制功能室岗位专家通过细致地观察和分析，设计出智能型哺乳仔猪保温控制箱，该箱体设计具有如下特点。

（1）阻火保温　保温箱的作用是防止箱体内的热量散失并阻止外围冷凉气体进入，从而起到保温的效果。相对于现存的哺乳仔猪保温箱（玻璃钢、塑料板等），新型保温箱应用具有阻燃保温效果的材料——挤塑板作为箱体板材，这种板材常用于民宅的外墙保温，具有较好的防火阻燃性能。

（2）发热节能材料　保温箱底板和顶板上的发热材料采用新型发热碳纤维红外发热材料，该材料热能转化效率超过80%，网状结构交错连接，断点续传不影响其余部位发热增温，较普通250 W暖灯节能60%以上。

（3）智能控制器操作简易　配套的智能型控制器是一款多功能型的仔猪保温箱智能空气质

量、温度控制产品，能实时有效地监测室内空气质量及温度的实时变化情况，并智能控制新风系统对室内空气质量及环境温度进行调节，始终保持室内空气质量及环境的最佳状态。控制器实时数字显示室内 VOC（挥发性有机化合物）气体浓度和温度数值，让用户可以随时掌控室内空气环境质量。用户也可以根据仔猪生长要求自行或手动设定 VOC 浓度及温度报警参数，控制器可以根据用户设定的参数智能运行新风和加热设备，使室内空气质量及温度环境更贴合仔猪生长特定要求（图 8-1）。

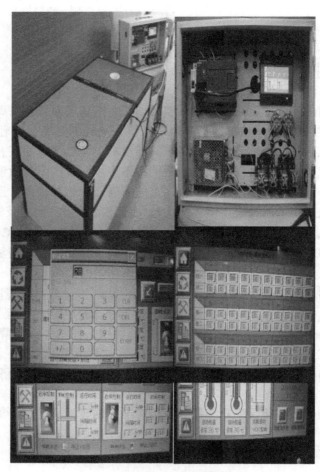

图 8-1　智能型保温箱及操控结构

8.1.1.2　研究进展

（1）智能型哺乳仔猪保温箱设计与功能　保温箱主要实现的功能主要有智能调节箱内温度变化、智能调节箱体空气质量、节能节电、智能液晶操作显示和防疫消毒程序提醒（图 8-2）。

照明控制箱体前端面下部设有入口，所述箱体内底部和顶部均设有远红外发热板，所述箱体内顶部设有照明灯、温度传感器和 VOC 浓度传感器，箱体顶端面上设有观察口、风机和可编程控制器，控制器设有 LED 显示屏，所述可编程控制器与照明灯、温度传感器、VOC 浓度传感器和风机相连。

实时监测箱内温度，按照预设程序定时控制箱内温度和照明，实时排出空气中有害成分，箱体耐腐防水，保温性能好，箱体装配拆卸方便，易于保存。

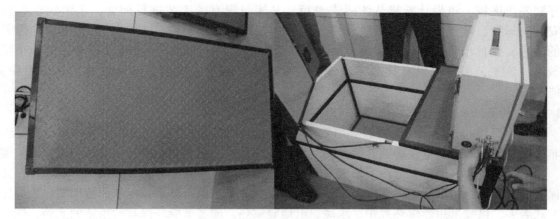

图 8-2 智能型控制器

仔猪保温箱在箱盖上安装的远红外发热板为远红外碳纤维网状电热膜，通电即热，升温快；分布密度高，发热均匀。远红外线被医学界奉为"生命之光"，它可激活畜禽体内的组织细胞，促进畜禽的新陈代谢，使有害物质及毒素得以迅速排出，对仔猪的生长及疾病的预防有一定的效果。控制器通过温度传感器和半导体 VOC 浓度传感器实时监测箱内温度和 VOC 的浓度。然后根据预设程序控制远红外发热板使箱内温度恒定或按预设温度曲线控制；控制器可通过调节风机的运行状态实时控制箱内 VOC 的浓度；按预设程序控制照明灯。控制器将上述值实时显示在 LED 显示屏上，LED 显示屏还实时显示仔猪的日龄，并显示相应的防疫提醒。

（2）使用效果 该技术成果已取得一定程度的应用，在节能方面，智能型控制保温的日耗电量平均为 2.2 kW·h，较传统 250 W 玻璃钢保温箱（6.19 kW·h）省电超过 60%；在耐用程度上可以使用 5~8 年，较传统保温箱多使用 2~3 年；在仔猪成活率提高方面，该技术成果平均仔猪 28 日龄成活率为 93.47%。

8.1.2 仔猪标准化地暖板养殖技术

8.1.2.1 技术简介

该技术与现行的产品区别，重点是在使用的材料与地暖板设计上。

（1）碳纤维材料及特点 碳纤维兼具碳材料强抗拉力和纤维柔软可加工性两大特征，是一种力学性能优异的新材料。同钛、钢、铝等金属材料相比，碳纤维在物理性能上具有强度大、模量高、密度低、线膨胀系数小等特点，可以称为新材料之王。

碳纤维除了具有一般碳素材料的特性外，其外形有显著的各向异性柔软，可加工成各种织物，又由于比重小，沿纤维轴方向表现出很高的强度，碳纤维增强环氧树脂复合材料，其比强度、比模量综合指标，在现有结构材料中是最高的。

碳纤维还具有极好的纤度，几乎没有其他材料像碳纤维那样具有那么多一系列的优异性能，因此在强度、刚度、重度、疲劳特性等有严格要求的领域。在不接触空气和氧化剂时，碳纤维能够耐受 3 000 ℃ 以上的高温，具有突出的耐热性能，与其他材料相比，碳纤维要温度高于 1 500 ℃ 时强度才开始下降，而且温度越高，纤维强度越大。碳纤维的径向强度不如轴向强度，因而碳纤维忌径向强力（即不能打结），而其他材料的晶须性能也早已大大的下降。另外碳纤维还具有良好的耐低温性能，如在液氮温度下也不脆化。

（2）碳纤维标准化地暖板设计 考虑目前养殖工艺特点及实用性，有 2 种标准化的碳纤维材料保温地板，一种是与现有漏粪地板尺寸相吻合（40 cm×60 cm），能替代漏粪地板安装在仔猪躺卧区域，该设计既能节约漏粪地板，又能与现有的工艺进行配套，不影响现有设施的安装与运行，缺点是安装的板块较多，线路连接稍有复杂；在此基础上课题组又进行了板块的改进，设计出另一种保温板块，尺寸规格为 1 m×2 m，直接放置在仔猪圈舍上面，小猪直接躺卧，该工艺板块可以直接拿下清洗，在夏季也可取出，方便拆卸和清洗，热域面积大，效能高。

8.1.2.2 研究进展

（1）碳纤维材料标准化地暖板应用效果 幼猪能否健康发育生长及成活率的高低，是养猪业非常重视的问题，其直接影响养猪业的经济效益。其中，温度是影响仔猪成活和生长的关键因素，特别是在冬季，受低温寒冷干燥天气影响，仔猪易受风寒着凉而感冒、拉稀、咳嗽等，尤其是保育阶段的猪，对温度条件要求高，目前条件下，北京市保育猪猪舍以水泥地面圈、地面床养殖方式居多，供暖采用燃煤热风炉、水暖、电地暖供热。随着节能环保政策措施的实施，燃煤以及高耗能供热方式的缺点存在，使传统的供热方式面临淘汰的危险。因此，新型的仔猪保暖供热方式和技术是未来仔猪保育提活技术的重点，为此，项目组利用现行条件下新材料开展了保育仔猪地暖板的研制和应用效果研究，以期减少北京市生猪冬季仔猪保育中燃煤的用量，节能减排，提高仔猪成活率（图8-3）。

图8-3 标准化地暖板示范应用

新型保温板对降低仔猪保育期间腹泻发生率具有显著效果，对照组仔猪在保育期间腹泻发生率达到27.78%，而试验组仔猪腹泻发生率降低到3.75%，仔猪死亡率减少10.95%。

仔猪对环境及腹感温度最为敏感，由于保育猪机体机能尚未发育完全，还不能有效应对环境温度变化，因此，腹感温度是衡量仔猪所处环境温度指标的关键，在本冬季的试验中，试验组保育猪舍温度仅达到16 ℃，但小猪的腹感温度却达到24 ℃左右（保温板设定温度为35 ℃），而对照组室温为20 ℃，但仔猪腹感温度仅能达到16 ℃，由此可以看出，保温板能为仔猪提供舒适的躺卧区温度保障，在温度均匀的情况下，仔猪发生腹泻的情况减少明显，死亡率得到有效降低（表8-1）。

标准化地暖板（100 cm×200 cm）节能效果与传统燃煤方式相当，以圈为独立单位统计，试验组猪群每天的用电量为11.52 kW·h，对照组燃煤的电当量为11.84 kW·h，二者在用电方面能耗相当，但新型电热板在替代燃煤、减少空气污染方面具有积极的作用。

表 8-1 保育舍标准化保温板效果

组别	组1	组2	对照组
保育开始数量（头）	40	40	41
保育结束数量（头）	40	39	36
死亡数（头）	0	1	5
死亡率（%）	0	1.25	12.20
腹泻发生数（头）	0	3	10
腹泻发生率（%）	0	3.75	27.78
舍内温度（℃）	16	16	20
舍外温度（℃）	24	24	16
耗能（kW·h/d）	11.52	11.52	11.84

（2）应用建议

① 新型标准化地暖板应用新型发热碳纤维材料作为发热体，该技术应用于断奶仔猪的保暖，减少仔猪腹泻发生率和死亡率效果明显。

② 新型标准化地暖板能有效提高保育猪躺卧区的腹感温度，是减少仔猪腹泻和死亡的关键点。

③ 在北京市提倡绿色能源和节能减排的大背景下，新型标准化地暖板在替代燃煤方面具有重要的参考作用。

8.2 生猪养殖节水技术

8.2.1 猪用饮水器节水技术

8.2.1.1 技术简介

生猪养殖每一个环节都与用水密不可分，猪只正常饮用、圈舍清洗和消毒、夏季圈舍喷淋降温等都需要消耗水，据报道，养猪业耗水量占畜牧业总用水量的六成，是用水大户，猪场水的消耗中，大部分水被无故地浪费掉了，而猪饮用水仅占总用水量的30%~40%，目前猪场使用的鸭嘴式饮水器存在缺陷会导致水的浪费，如因水嘴的密封问题造成的跑水、冒水、滴水和漏水的情况。据观测，一头体重45 kg左右的猪，每天因咬饮普遍使用的鸭嘴式饮水器而漏掉的水不低于7 kg，这意味着一个万头猪场每天因"跑冒滴漏"现象造成的水浪费高达70 t左右。

经深入调查和分析，目前现代化的养猪场用水去向主要有3个方面：一是饮用水（含少量员工生活用水）；二是冲洗（含消毒）栏圈用水；三是夏季湿帘、喷淋降温用水等。在北方，一个存栏约5 000头的中型猪场（年出栏1万头左右）日均耗水量在90 t左右，其中约60 t耗于饮用，在南方，由于天气普遍偏热，需要较长时间的喷淋降温，以及广泛存在的冲洗栏圈消杀灭菌现象，同样规模的猪场日均耗水量高达160 t左右，其中饮用耗水约占45%，即日耗70 t上下。

如果把每天的饮用耗水分摊，则南北方每头猪日均耗水分别为 14 kg 和 12 kg。然而，根据猪只的生理需要，每头日均饮水 5~7 kg 即足够，那么，无论南北方头均耗用分摊多出的约 7 kg 水到哪里去了？很显然是浪费掉了，是因为猪只咬饮普遍使用的鸭嘴式饮水器时不可避免的滴漏现象而白白浪费掉了，这些被浪费的清洁水很快就变成了难以处理、难以消纳的污水。由此可见，猪场耗水主要方面在洗消和浪费的部分，占比在 60% 以上，显然，这是节水的重要对象，是减少污水的主要部分。

如果能在现有饮水器基础上研制出一种新型节水装置，那么，就可以几乎杜绝猪只因饮水而造成的水浪费，从而大幅减轻猪场污水处理与排放压力，与此同时，可以显著改善圈面干燥状况，有效提升猪群的健康与福利水平。

8.2.1.2 研究进展

传统养猪一般在饲槽内定期加水，以满足猪只饮水的需要。但是这种饮水方式不卫生、浪费大。为了保证猪只能够随时饮到清洁卫生的水，现代化养猪场多采用自动饮水装置。这种装置只需把水管安装在猪只饮水区，在适当的高度装上自动饮水器即可，这些饮水器在自给自足时候的庭院养殖时，其缺陷被弱化了，但在现代化的规模养殖和节约水资源的背景下就凸显出来了。目前常见的饮水器有鸭嘴式、乳头式和杯式 3 种，此方式存在以下几个缺陷。

一是节水性和安全性差，常见的 3 种饮水器由于构造原因，无法有效避免猪踩踏咬压问题造成的水浪费，有时密封面易夹有泥沙等杂质，导致漏水，致使猪床和舍内潮湿，且安装不当会对猪造成划伤、扎伤等危险；二是目前的饮水器安装要求较高，使用周期短，为了能保证猪足量地饮水，常见 3 种饮水器安装均需要一定的水压来保证流速，需要猪场额外修建水塔、水罐或安装增压设备，增加了设备安装成本和要求，且常见的 3 种饮水器内部均需要密封胶圈和弹簧，密封胶圈和弹簧均属于易损配件，经常需要更换，饲养员要经常查看和更换漏水或不出水的饮水器，确保猪能及时有效地获得水源，这更增加了饲养员的劳动量。

（1）新型碗式自动节水饮水器　新型猪用碗式节水饮水器主要由饮水碗、浮子、阀门和塞盖等部分组成，饮水器通过自动调节控制，当水位低于设定水位时，水位控制器（浮子）所受浮力产生变化，系统进行自动补水，水位达到设定高度时，则停止供水，使饮水器内的水位始终保持一定高度，既能满足猪只足量饮水，又避免猪因戏水、咬压造成的水浪费。与传统鸭嘴式和乳头式饮水器比较，新型碗式饮水器密封性和节水性更强，不会因为密封胶圈老化和猪咬压造成水浪费；与杯式饮水器比较，少了压板和弹簧，不仅造价更低，而且经久耐用。

节水饮水器利用浮球浮力原理，通过在饮水碗中安装感应灵敏的自动水位控制器，预先设定水位控制线，当水位低于设定水位时，水位控制器（浮子）所受浮力产生变化，系统进行自动补水，水位达到设定高度时，则停止供水，使饮水器内的水位始终保持一定高度（图8-4）。

该技术产品已申请并获得国家实用新型发明专利授权，专利证号：ZL 201821864561.6。

（2）猪场节水效果验证　为进一步研究所开发的碗式节水饮水器节水效果，试验于 2018 年5 月至 2019 年 11 月，选择在京郊 4 个区 6 个生猪团队工作示范场（3 个保育猪、3 个育肥猪）开展节水效果验证试验。

试验结果显示，碗式节水饮水器在节水效果方面取得较为显著的效果，其中本岗位团队开发的自动控水节水饮水器，仔猪每头每天用水量为 0.7 kg，而鸭嘴式（传统）饮水器下仔猪每头每天的用水量达到了 7.72 kg，达到 10 倍的节水效果，差异极显著（$P<0.05$，表8-2）。

图 8-4　节水饮水器

表 8-2　保育猪节水效果试验

节水器类型	猪头数	总耗水量（t）	示范天数（d）	平均耗水量 [kg/（头·d）]
固定式鸭嘴式（对照）	30	4.4	19	7.72
自动控制碗式节水器	30	0.6	19	0.7
				−90.9%

注：仔猪体重 11~11.5 kg。

在生长育肥猪节水效果上同样取得了成效，如表 8-3、表 8-4 和表 8-5 所示。从几组生产试验结果来看，新型自动碗式节水饮水器在育肥猪场节水方面取得显著效果，较对照组节水效率均在 60% 以上，甚至可以达到接近 80% 的效果。

表 8-3　生长育肥猪节水效果试验一（房山）

项目	试验组（自动控制碗式节水饮水器）	对照组（鸭嘴式饮水器）	差异
头数（头）	14	14	
平均体重（kg）	35.4	35.8	
天数（d）	19	19	
消耗水量（t）	1.3	5.7	
平均用时量 [kg/（头·d）]	4.88	21.43	−77.23%

注：2018 年 6 月 28 日至 2018 年 7 月 16 日（共计 19 d）。

表 8-4　生长育肥猪节水效果试验二（密云）

项目	试验组（自动控制碗式节水饮水器）	对照组（鸭嘴式饮水器）	差异
头数（头）	13	13	

（续表）

项目	试验组（自动控制碗式节水饮水器）	对照组（鸭嘴式饮水器）	差异
天数（d）	18	18	
体重（kg）	32.8	33	
消耗水量（t）	1	4.3	
平均用水用量［kg/（头·d）］	4.27	18.37	−76.79%

注：2018年10月15日至2018年11月1日（共计18 d）。

表8-5　生长育肥猪节水效果试验三（延庆）

项目	试验组（自动控制碗式节水饮水器）	对照组（鸭嘴式饮水器）	差异
头数（头）	20	20	
平均体重（kg）	40.8	41.5	
天数（d）	22	22	
消耗水量（t）	2.85	7.85	
平均用水用量［kg/（头·d）］	6.47	17.85	−63.75%

注：2019年10月10日至2019年10月31日（共计22 d）。

由此来看，猪只在饲养中扣除因玩耍、水龙头的滴漏等因素造成的水浪费外，猪只饮水只占很小的一部分，通过节水技术的应用，能大大减少后期污水的治理成本和难度（图8-5）。

图8-5　节水饮水器应用

对于任何一个采取有效措施节水的养猪场，节约多少水，就意味着相应减少多少污水的产生。养猪场的污染主要是污水，污水量大幅度减少了，环保压力就会减轻；污水减少还会有效降低猪场的臭味产生（污水导致腐败生臭并滋生蚊蝇），这有利于猪场场区环境的改善，有利于与周边住户和谐相处。另外在夏秋季，苍蝇也明显减少了，场区环境得到进一步改善。

团队研制的猪用节水饮水装置，节水效果显著，可以减少60%以上的污水产生并可改善猪场内部环境；可以通过减少圈面潮湿等优势有效改善猪群生活环境和提高福利健康水平；可以让猪回归其本来的低头饮水习性。

相信在不远的将来，在政策的支持与养猪人的努力践行下，养猪场区的节水与粪污利用等内部环境与周边生态大环境的和谐水平将得到显著提升，使养猪从业者和其他劳动者一样受到社会的尊重，并为创建可持续健康稳定的生态畜牧业作出应有的贡献。

8.2.2 干清粪技术

8.2.2.1 技术简介

干清粪技术分为人工干清和机械干清，技术内容包括圈舍设计、设备配套。人工清粪方式相对简单，采用传统实体地面圈舍方式即可。自动干清粪技术其创新点是通过优化圈栏尺寸和配套对应设施，合理布置猪的躺卧区域，利用漏粪地板、"V"形粪沟和导尿管，实现粪尿自然分离并分别收集，减少了冲圈用水及粪便中粪渣含量，由此减少污水排放量并降低污水中污染物浓度。

8.2.2.2 研究进展

具体情况如下。

（1）圈舍设计 圈舍地面采用全漏粪或半漏粪方式。半漏粪方式即圈栏内部分为实体地面，部分为漏粪地板，分别作为躺卧区和排便区。两区位置设计根据畜舍朝向和猪只生活习性而定，漏粪区即为排便区，一般避开饲喂通道，靠墙一侧设置，实体地面区临近饲喂通道一侧，便于饲养人员饲喂等日常管理。漏粪区面积与实体地面区面积比以大于1.2~1.5为宜。

（2）清粪系统设计 清粪系统包括粪沟设计和刮粪系统。漏粪区下为粪沟，粪沟宽度与漏粪区宽度一致，深度0.8~1.0 m为宜。粪沟底部呈"V"形设计，并配有导尿管，导尿管设计保留2‰~3‰坡度。粪尿掉入粪沟后，固体粪便滞留在粪沟剖面上，由刮板清出舍外，尿液通过粪沟坡面自流进入导尿管，由此实现粪尿分离。粪沟剖面具体情况见图8-6。刮粪系统配套重点考虑好粪沟坡度、宽度、绳索牵引力与电机负荷等要素。粪沟坡度和宽度要严格与刮板吻合。绳索牵引力与电机负荷根据粪沟对应圈舍粪便产生量计算，猪只日产粪量头均约2.5 kg/d。

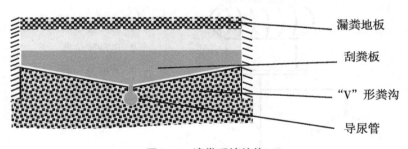

图8-6 清粪系统结构

（3）应用效果 自动干清粪技术可显著减少舍内冲圈用水。据测试，一个年出栏万头规模猪场可年节水1.3万t/万头，按每吨水4.5元计算，则万头畜禽场节约的成本为5.85万元。生产工人配备数量就可以降低50%。相比传统人工清粪方式，则一个万头猪场至少可以减少10名饲养员，节约的劳动力成本一年为54.0万元。污水中COD、SS浓度仅为水冲粪方式的1/15~1/10，大大减少养殖废水中污染物浓度，显著减少后续处理负荷压力。

8.3 智能通风技术

8.3.1 技术简介

无动力风机利用自然风及室内外温差形成的空气对流推动风机的涡轮旋转，带动室内空气由下而上流动，以提高室内通风换气，以迅速排出室内的热气和污浊气体，达到改善室内空气质量，同时降低室内温度的效果。由于无动力风机不耗电、无噪声、可长期运转，被广泛应用于畜禽养殖场。但由于该通风装置的运行方式是利用室内外温差进行设备的开启和关闭，由此只要外冷内热，通风就不会停止，不能根据天气条件和生产需求等进行合理控制，容易因通风过度而影响畜舍保温。特别是在北方地区，冬季室内外温差大，大风天气多，风机如果长期运行会导致室内温度降低过多，这与冬季室内保温的目的背道而驰，实际中只能通过人工封堵或者拆卸风机等方式进行应对，既影响了使用效能，增加了能耗，也造成了浪费和人工投入。为此，通过加装温度感应器及联动开启装置，根据温度需求智能开启，实现无助力智能化通风。

根据畜舍内氨气、硫化氢等有害气体自下往上走的规律，智能无助力通风控制系统通常安装在屋顶，可有效改善舍内环境质量。尤其北方地区冬季寒冷，在通风保暖矛盾突出的情况下，能够在有效保障温度适宜的前提下进行适度通风，有效改善以牺牲舍内环境质量来取暖的困境，对于缓解冬季高发的呼吸道疾病具有良好作用。

8.3.2 研究进展

智能通风系统包括温度传感器、智能温控两个方面。温度传感器实时采集室内的温度，并将采集到的温度数据转换为电信号发送到智能控温模块。智能控温模块根据生产管理所需要设定的温度要求向电动限位通风模块发送信号指令，依此实现无动力风机风口的智能开启和关闭。其结构如图8-7所示。

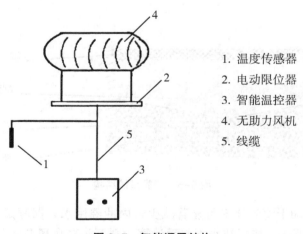

1. 温度传感器
2. 电动限位器
3. 智能温控器
4. 无助力风机
5. 线缆

图 8-7 智能通风结构

不同生长阶段猪只对环境温度要求不同，可参照《规模猪场环境参数及环境管理》（GB/T 17824.3—2008）标准设定温控要求，不同阶段猪只对环境温度要求具体情况见表8-6。

表8-6　猪舍内空气温度要求　　　　　　　　　　　　　　　　　　　　　单位：℃

猪舍类别	舒适范围	高临界	低临界
种公猪舍	15~20	25	13
空怀妊娠母猪舍	15~20	27	13
哺乳母猪舍	18~22	27	16
哺乳仔猪保温箱	28~32	35	27
保育猪舍	20~25	28	16
生长育肥猪舍	15~23	27	13

注意：表中的高、低临界值指生产临界范围，过高或过低都会影响猪的生产性能和健康状况，生长育肥猪舍的温度，在月份平均气温高于28 ℃时，允许将上限提高1~3 ℃，月份平均气温低于-5 ℃时，允许将下限降低1~5 ℃。

引用《规模猪场环境参数及环境管理》（GB/T 17824.3—2008）。

8.4　猪舍舍内环境调节技术

8.4.1　技术简介

规模经济和对效率的巨大需求使得生猪养殖多为室内养殖。而室内人工环境对生产成绩、生猪及养殖人员的健康状况有很大的影响。随着养猪行业愈发一体化，统一式样的猪场成倍增加，而设计上的不合理之处则各不相同。

生猪生存的环境异常复杂，人们对其往往很难把控。例如，研究表明，虽然在相对长的时间里，猪易受高浓度氨气的影响，但猪的生产量不会因此受到很大影响。然而，如果将高浓度氨与灰尘、其他气体以及湿度混合起来，对猪生产量的影响就可能是灾难性的。各种气体与灰尘相混合，情况会变得非常复杂，对猪及养殖人员的健康状况具有潜在的、重要的影响。

由于畜禽舍在冬季的保温处理，湿度往往很高，舍内湿度大，氨气等有害气体浓度随之升高，造成了冬季畜禽舍的环境问题，加上许多养猪场采用液体消毒剂带猪消毒，其结果更加导致猪舍相对湿度升高。本项目研发的环境调节剂是一种粉末状固体，一方面用于初生仔猪体表涂抹，以减少仔猪刚出生因体表黏液蒸发导致的体温下降、腹泻、感冒等疾病；另一方面用于环境控制，具有降低畜禽舍内有害气体浓度，降低畜舍内相对湿度的作用，并通过物理吸附作用，对细菌、病毒、真菌、原生物和寄生虫均有控制和杀灭作用。

现有的环境调节剂不会对眼部、消化系统、呼吸系统等造成任何副作用，其主要成分——"黏土"，除了吸附作用外，还常被用于一些治疗肠胃的药物，如人用药"斯密达"（SMECTA）。因此，即使被少量食用也是对肠胃黏膜的保护，主要可用于防止及辅助治疗仔猪腹泻。另外，其中的中草药等物质还有杀菌的作用，其无磷成分也不会对环境造成污染。

团队围绕生猪健康养殖舍内环境控制技术展开研究，先后开展了舍内喷洒干燥剂、舍内温湿度集成控制以及臭味消减的技术攻关研究。

8.4.2　研究进展

8.4.2.1　舍内空气干燥消毒粉

影响仔猪成活率的因素包括从体内到体外的各个方面，体内因素包括免疫因子的获取等营养因素，体外因素包括生存的仔猪栏中空气、温度、湿度、微生物等多方面环境因素，以及对仔猪的护理措施。由于仔猪主要以母乳为食物，断奶前只采食很少比例的固体饲料，即使在仔猪饲料中添加饲料添加剂，也很难满足其需求，达不到预期的添加效果。因此，应当主要以改善仔猪生存的环境，减少所处小环境中有害微生物的滋生，以及加强仔猪护理，让仔猪尽快吃到初乳等方面入手，来提高仔猪成活率。

刚出生的仔猪大脑皮层发育不够健全，通过神经系统调节体温的能力差，加之体内能源的贮存较少，遇到寒冷环境血糖很快降低，如不及时吃到初乳很难成活。仔猪正常体温约 39 ℃，刚出生时所需要的环境温度为 30~32 ℃，当环境温度偏低时仔猪体温开始下降，下降到一定范围后才开始回升。仔猪出生后体温下降的幅度及恢复所用时间视环境温度而变化，环境温度越低则体温下降的幅度越大，恢复所用的时间越长。据研究，初生仔猪如处于 13~24 ℃ 的环境中，体温在出生后第一小时可降 1.7~7.2 ℃，尤其 20 min 内，如果体表未干，由于羊水的蒸发，降低更快。另外，越早吃上初乳的仔猪，体温恢复得越快，在 18~24 ℃ 的环境中，约两日后可恢复到正常。

此外，影响仔猪成活率的原因还有因感染病原微生物而出现的疾病。如仔猪黄、白痢就是由致病性大肠杆菌引起的，特点就是发病仔猪日龄小。其中，10 日龄以内的乳猪感染致病性大肠杆菌后排出黄白色胎粪，称仔猪黄痢，由于这时乳猪抵抗力较低，故死亡率较高；10 日龄以上的乳猪感染致病性大肠杆菌后排灰白色稀粪，称仔猪白痢，死亡率虽低，但康复后容易形成僵猪。

针对初生仔猪所处的小环境，结合仔猪的生理特征，本研究开发出了一种初生仔猪体表和环境干燥消毒的环境调节剂。

生产试验验证显示，技术产品对仔猪生长无副作用，初生仔猪体表温度可在 2~5 min 内恢复到正常体温，并吃到初乳，体表和环境大肠杆菌显著降低，仔猪腹泻率降低 9% 以上，空气中总细菌数降低一个数量级（从 10^6 降到 10^5）；产床和保温箱小环境空气的可吸入颗粒物浓度在 90 min 内可恢复如常，微环境的湿度显著改善，环境舒适度得到提升，产品相关技术指标达到国内领先水平。

8.4.2.2　微生态臭味消减技术

该技术依据微生物发酵促消化（菌体蛋白消化吸收率高）和发酵产酸（中和吸附氨气）技术原理，开发发酵减排饲料和微生物发酵液，并配制中草药进行调剂，从而实现对猪舍舍内环境调节的目的。

项目在开展微生物生态调节剂筛选的基础上，还开展固态中草药粉剂调节剂的配伍，利用吸附、除臭和杀菌功能的原材料进行配方配伍，结合液体菌剂的作用，实现猪舍舍内环境的调控和控制，开发完成一种微生态除臭剂的研发。其主要组分：吸附剂、中草药、有益微生物菌、载体等（图 8-8）。

目前该技术研究仍在推进，猪场氨气等有害气体的夏季感受试验结果显示，空气中刺激性气味较浓，从检测数值上有下降（育肥猪舍，夏季，限制性通风状态，部分窗户通风），但人体表观感受效果不明显（30~60 min 内有些效果），冬季感受需要进一步试验验证。

生物除臭技术是 20 世纪 50 年代发展起来的新兴除臭技术，是利用微生物的生理代谢活动降解恶臭物质，将其氧化成无臭、无害的最终产物，达到除臭的目的。生物除臭早在 1957 年就在美国获得专利，70 年代后，各国开始在这一领域开展广泛的研究，发达国家成就显著，主要研究包括除臭的基本原理和方法、装置设备及操作工艺条件等。80 年代以来，各类生物除臭的装置和设备开始在石油、化工、屠宰、污水处理等方面进行应用，并取得一定的效果，但在养殖业中的应用仅有零星的报道和应用，大都集中在非生物除臭方面。我国这方面的研究工作起步较晚，20 世纪 80 年代才开展恶臭气体污染的调查、测试和标准的工作，90 年代以后才开展这方面

图 8-8　微生态臭味消减技术应用

的实验室研究工作，因此，本项目的技术研究较为领先。

日本研究学者利用发酵鸡粪、活性污泥中培养出的微生物固定在除臭装置上制成微生物过滤器，使得鸡舍中排出的恶臭气体只需在其中停留 3.5 s，便可使氨稳定减少至 15 mg/L。

高华等以自行分离筛选的混合菌株作为除臭菌剂，进行鸡粪堆肥对比试验，结果表明，除臭菌剂在鸡粪堆肥过程中提高除臭效果，加快堆肥进程及提高堆肥质量。胡尚勤选用不同酵母菌与放线菌发酵处理鸡粪，除臭效果达 85%。

8.4.2.3　猪舍内除臭设备研发

该项技术旨在通过利用猪只自身的自然生活习性，结合已研发的干燥消毒粉产品，开发完成一款自动滚动的干粉喷洒装置，该装置在圈舍内能够 360° 无死角翻转滚动，装置内填充的干燥吸附粉能均匀地喷洒在圈舍内，从而起到干燥地面和圈舍小环境的空气，吸附臭味，消杀地面有害微生物的目的，最终实现圈舍微环境的调控，消毒猪舍环境，控制有害微生物的繁殖，减少臭味的扩散，构建生态清洁的舍内健康养殖环境。

目前已完成滚动式猪舍环境干燥喷洒器的研发、加工和猪场试验，取得了实用新型发明专利一项（图 8-9）。

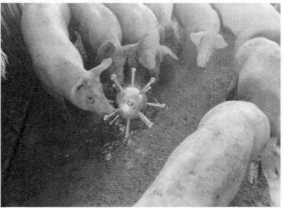

图 8-9　猪舍除臭设备及应用

技术主要考虑解决：猪舍内饲养密度大、潮湿和病原微生物滋生的问题；抑制有害病原菌滋生繁殖快的问题；控制舍内湿度，创造舒适的体感环境。在经过夏季猪舍氨气等有害气体的感受性试验中结果显示，空气中刺激性气味消除有待进一步改善，人体表观感受效果不太明显（30~60 min 内有些效果），冬季感受在等待进一步试验验证（表8-7）。

表 8-7　猪舍氨气浓度 （单位：μL/L）

组别	30 min	60 min	90 min	120 min
试验组	6.92±0.97	8.76±0.62	9.78±0.32	10.56±0.48
对照组	10.44±0.46	10.44±0.68	11.14±0.96	12.78±0.7

注：育肥猪舍，夏季，限制性通风状态（部分窗户通风）。

从试验效果看，夏季受猪舍开窗通风的影响，氨气浓度的值影响不明显，对照组和试验组 2 h 内舍内氨气浓度值分别维持在 13 μL/L 以下和 11 μL/L 以下，试验组较对照组降低了 17.4%，有了一定程度的降低，但由于数值在氨气浓度标准值范围内，所以在猪舍人体表观感受不明显，需要进行多季节和多类型猪舍的进一步效果验证。

8.5　生猪异位发酵床养殖技术

8.5.1　技术简介

为加快首都北京畜牧业转型升级，发展绿色生态畜牧业，主动适应经济发展新常态，近年来，通过组织开展畜牧生态健康养殖示范创建，全面推进规模养殖、生态养殖、健康养殖、设施养殖"四位一体"的生产模式，生猪规模化标准化养殖和管理得到较好的体现，但生猪粪污治理相对滞后，已成为严重影响本市农村生态环境的主要"污染源"和制约畜牧业持续发展的"瓶颈"。为切实加强生猪粪污治理，实现"种养结合、农牧循环"，全面推进生猪绿色规模生态生产，根据对畜禽粪污实行"减量化、资源化、无害化、生态化"处理利用原则，"适度规模、高效健康、生态安全"的发展思路与理念，通过对本市不同规模、不同养殖方式、不同粪污处理模式生猪养殖场（户）粪污处理效果反复试验研究、生态经济效益比较分析，研究创新一种适合中小等适度规模的"异位发酵床"养猪新模式。切实践行首都养猪业"模块化设计、机械化生产、智能化控制、精细化管理、专业化生产"。

在现代生猪规模养殖中，产生大量的粪尿较为集中，储存不当还散发难闻的气味，这些资源缺乏经济可行的处理技术和手段，会给周边环境带来污染，与现代农业绿色发展的理念不符。生化反应池、沼气池、管道污水分离、高位发酵床等技术相应而生，但是效果不怎么理想，异位发酵床养殖技术在经济成本、减少粪污量（减排）和可操作性方面具有一定的优势。

8.5.1.1　异位发酵床概念

异位发酵床，也称为舍外发酵床、场外发酵床，顾名思义就是在养殖栏舍外建一个生物发酵床，按照发酵床的标准铺入垫料，接上菌种，然后将养殖场的粪污经过管道或人工抽运送到发酵床上，并与木屑、秸秆等垫料及专用菌种混合后，在适宜的温度、pH 值等条件下将猪粪分解，通过翻抛机等自动化设备进行翻动，进行发酵，达到将养殖场粪污消耗掉、不进行对外排放的目的。

它利用新型的自然农业理念和微生物处理技术，使用具有高效分解能力的微生物对猪粪、尿等养殖废弃物进行好氧发酵，分解粪尿中的有机物，消除养殖废弃物带来的恶臭，抑制害虫和病菌的繁殖，解决粪污水对环境的污染，给猪场提供一个良好的饲养环境，减少疾病的发生、利于猪群的生长。

8.5.1.2 基本原理和工艺

异位发酵床技术原理是将养殖的粪污收集后，加入适宜的专门化复合菌种，通过喷淋装置，将粪污均匀地喷洒在发酵槽内的垫料上，利用翻抛机翻耙，使粪污和垫料充分混合，在微生物作用下进行充分发酵，将粪污中的粗蛋白、粗脂肪、残余淀粉、尿素等有机物质进行降解或分解成氧气、二氧化碳、水、腐基质等，同时产生热量，中心发酵层温度可达 55 ℃以上，通过翻抛，水分蒸发，留下少量的残渣变成有机肥。

生产工艺流程按照"雨污分流、粪尿收集、调节均质、生物发酵、残渣肥料化"工艺流程，利用发酵床中的微生物对粪污进行分解转化，实现"零排放、零污染、可循环、纯生态"目标。

8.5.2 研究进展

8.5.2.1 异位发酵床制作方法

（1）垫料面积计算 按每头生猪 $0.1 \ m^3$ 的垫料，计算异位发酵床的规模。如养殖 1 000 头生猪，采用 $100 \ m^3$ 的垫料，根据发酵床的深度 $0.4 \sim 0.8 \ m$ 计算，异位发酵床面积 $125 \sim 240 \ m^2$。

（2）异位发酵床建造 异位发酵床的组成主要包括集污池、异位发酵池及阳光棚或钢构棚等；专用设施设备包括抽污水泵、搅拌机、自动喷淋机、槽式翻抛机和变轨移位机等。发酵床一般采用半地上槽式，从地面上砌水泥槽，槽的宽度与翻抛机匹配，宽度可调，多条发酵槽组成发酵床，上面搭盖阳光棚或钢构棚，防雨，墙体采用矮墙，保证通风，池底用水泥固化，以防渗透。

（3）垫料及菌种选择 垫料的选择比较宽泛，可选用谷壳、木屑、椰子壳粉、花生壳粉等。需要注意的是，选择微生物发酵床养猪发酵垫料时，腐烂、霉变或使用过化学防腐物质的原料不能使用。目前多采用以谷壳、木屑为原料，两者的重量比为 4∶6，混合铺平成发酵床。发酵菌应选用耐高温的专用菌种，按发酵基质容积首次添加量为 $3 \ m^3/kg$，均匀地撒到发酵基质表面。

发酵床原料及制作方法均为本岗位团队所研究发酵薄床的制作方法。主料为通透性和吸水性较好的原料作载体，木屑、稻壳、秸秆粉等，比例占物料 80% 以上，由一种或几种组成，锯木屑和稻壳搭配比例一般为 3∶2；辅料常用的有麦麸、饼粕、生石灰、过磷酸钙、磷矿粉、红糖或糖蜜等，主要是用来调节物料水分、C/N、C/P、pH 值、通透性，由一种或几种组成，比例占物料不超过 20%。

发酵时床体水分一般控制在 60%～65%。床体制作成功后，根据季节和环境温度调节添加量，严防一次添加量过多，使床体水分过高造成"死床"；开始 2 周每天适度管理床体。

通过发酵床的发酵分解，一方面能有效降解猪粪污中的有机物质，杀死猪粪污中的有害病原微生物和寄生虫；另一方面，通过发酵蒸发粪污中的水分，床体可连续反复使用，但因猪粪中铜、锌、锰等重金属含量较高，发酵对重金属不能降解，长期反复使用会造成床体重金属积累，用作肥料时导致农作物重金属超标，故一般以使用 3～4 批猪为宜。

8.5.2.2 日常维护注意事项

（1）水分、pH 值和营养管理 发酵菌种在垫料繁殖运行的水分和营养来源就是粪污水，所以每次喷洒时要使粪污水混合均匀，喷洒标准（按 $40 \ m^3$ 垫料体积承载 1 t 粪污水）计算每天总喷洒量，同时确保垫料核心发热层（既垫料表面 $40 \sim 50 \ cm$ 以下）水分含量在 45%～50%，pH 值 5～8 为最佳。

（2）喷洒与增氧　将粪污水均匀喷洒在发酵床垫料上，要求粪污水下渗达 40 cm 深开始翻耕垫料。一般喷洒粪污后 4~8 h 用翻耕机翻动垫料。垫料通透性不好时，增加翻动次数。

（3）菌种补充　日常操作中建议根据月度补充总量除以 4 计算每次添加量，按每月 4 次补充，每隔 7~8 d 补充一次，菌种可以直接添加在均质池与粪污水混合后直接喷洒在垫料上。

（4）温度监控　温度是评估垫料运行是否正常的一个重要指标。养殖场应建立垫料温度检查及记录制度。每天喷洒前，对发酵床中的垫料距表层 40~50 cm 以下深度进行多点检查温度，应不低于 55 ℃，如温度连续 3 天低于 55 ℃ 以下的，检查每天喷污是否过量，粪污浓度是否足够等。

床体供保育—生长阶段猪只粪尿消纳之用。

微生物菌剂为酵母菌、芽孢杆菌和放线菌等复合微生物菌剂。

发酵床体可采用本岗位团队 2012—2014 年度研究的 40 cm 的发酵薄床，床宽一般为 1~1.1 m，深度为 0.3~0.4 m、床长 3~3.5 m（保育猪用）。

饮水装置采用本岗位团队研发的自动控水碗式饮水器（每圈安装 1 个），后续或会设计单独漏水下水管道以避免与猪粪尿混合的工艺。

随着养猪产业的规模化、标准化发展，利用异位发酵床技术处理猪场粪污水不仅可以实现猪场粪污"零排放"，而且治污能力强，治污能力是传统沼气生态治理模式的 2 倍，相较于工业化治理模式，操作上更加简便；综合效益更高，同等养殖规模下，土地利用率远高于其他模式，建设以及运维成本优势也十分明显，同时可以产生优质的有机肥，可全部资源化利用。因此，笔者认为异位发酵床技术在猪场养殖粪污处理上具有广泛的应用前景。

参考文献（略）

（谢实勇团队、吴迪梅团队提供）

9 猪舍围护结构节能技术研究进展

9.1 猪舍节能改造技术

9.1.1 技术简介

在全球建筑节能及节能改造研究方面，欧盟制定了到 2030 年能源利用效率较目前标准提高 27%以上的节能目标。欧盟约 75%的建筑物不节能，建筑物每年节能改造 0.4%~1.2%。既有建筑节能改造将降低欧盟总能耗 5%~6%。虽然瑞典电能和建筑物供暖能源主要来源于清洁能源和核能源，建筑物 CO_2 排放量仅占全国排放量的 15%，其仍针对既有居住建筑进行了围护结构的节能改造和热回收通风改造措施对节能的影响研究。奥地利研究人员研究了建筑物的高效节能方法，认为国家政策应倾向于对高耗能建筑进行节能改造而不是进行供暖补贴，并且节能改造应朝向近零能耗改造。奥地利、捷克、丹麦、葡萄牙、西班牙和瑞典研究人员均研究了最经济和最节能的既有建筑物改造方法。芬兰研究人员研究了砖砌建筑物不同的节能改造方式对节能效益和改造成本的影响及寒冷地区教育建筑最经济的节能改造措施。葡萄牙研究人员认为将既有建筑物改造为近零能耗建筑经济有效的措施是成本最佳的能效水平。法国研究了降低房屋能耗改造方案的选择方法。丹麦建筑物供暖能耗通过供暖系统效率改进和围护结构保温性能的改进平均可以节能 50%。在中国人类居住建筑节能方面，中国制定了《既有居住建筑节能改造指南》和《既有居住建筑节能改造技术规程》。城镇新建建筑执行节能强制性标准比例基本达到 100%，节能建筑占城镇民用建筑面积比重超过 40%。北京、天津、河北、山东、新疆等地开始在城镇新建居住建筑中实施节能 75%强制性标准，其目标为：到 2020 年，经济发达地区及重点发展区域农村建筑采用节能措施比例超过 10%。

在国内外猪场建筑节能方面，近几年新建的大规模猪场多采用节能猪舍，在冬季猪舍通风的组织上也有一定的节能模式，比如利用热回收通风设备和对猪舍配设附加阳光间和地道通风。而大多数规模较小的既有猪场多采用保温性能较差的砖墙结构，并且猪舍内未设保温天棚，冬季通风采用门窗缝隙自然通风。这类猪舍在仅做外墙保温和屋顶保温的情况下，具有提高猪舍舍内温度的作用。在猪舍保温节能构造要求中，美国 MWPS 对猪舍的保温性能指标提出了要求。保温天棚渗透通风系统在加拿大寒冷地区的畜舍得以应用，在丹麦猪舍也采用了天棚渗透通风系统。但是该天棚的多孔材料多为木质，不符合中国防火规范要求。同世界上其他国家一样，中国的建筑节能标准一般针对新建建筑物，而既有建筑一般需要通过节能改造达到节能目标。《京津冀及周边地区 2017 年大气污染防治工作方案》将北京市、天津市等"2+26"城市列为冬季清洁取暖首批实施范围，这些地区猪场也需禁煤供暖，煤改电或者煤改气都将带来冬季供暖运行费用的提高。为减少供暖运行费用，降低猪舍供暖能耗是前提。猪舍供暖能耗在舍内温度一定、舍外气象因素和供暖时间确定、猪舍内猪只显热散热量一定的情况下，降低供暖能耗一方面需要从提高建筑物围护结构的保温性能进而降低围护结构耗热量，另一方面需要降低通风能耗。中国和其他国家民用建筑物中高能耗既有建筑所占比例均较大，中国北方既有猪场高能耗猪舍建筑面积同样占较大比例，无论从降低能耗还是改善空气质量需要，北方地区需要供暖的猪舍均需进行节能改造并寻找经济可行、节能显著的方案。

本书提供了北京市既有规模化猪场常见围护结构的猪舍先进节能改造技术。

9.1.2 研究进展

多年调查发现，北京市既有猪舍（旧猪舍）的围护结构保温性能较差，造成冬季与夏季舍内热环境与猪的适宜要求不匹配或者冬季能耗较高，猪舍围护结构的墙体一般为24砖墙或37砖墙。猪舍屋顶一般为彩钢夹芯板，多数猪舍未设置保温天棚，多数猪舍采用自然通风。为改进猪舍的保温性能并节约供暖能耗，最基础的节能改造方式为猪舍外墙保温改造技术（图9-1）。

9.1.2.1 外墙保温改造技术

具体做法为：

（1）抗裂砂浆复合耐碱玻纤网格布一层，5 mm 厚；

（2）挤塑保温板90 mm 厚；

（3）黏结层；

（4）既有猪舍砖墙（240 mm 或 370 mm 厚砖墙）。

该做法提供的猪舍外墙的墙体传热系数小于 0.35 W/（m²·K）。

图9-1 既有猪舍外墙保温改造技术施工展示

9.1.2.2 天棚预热新风节能改造技术

在外墙保温改造的基础上，再增加保温天棚，并在天棚上设置进风口。具体做法如下。

（1）设置保温天棚支撑（在猪舍地面上另外设置），架设保温天棚板，天棚材料为75 mm 厚岩棉夹芯板（A 级防火材料），天棚距地面高 2.25 m，天棚与原有 100 mm 厚彩钢夹芯板屋顶综合后的传热系数为 0.285 W/（m²·K）。

（2）在北侧（排出污风一侧）墙体上（或窗户位置）安装轴流风机（风量根据猪舍所需冬季通风量计算确定），可按照 0.3 m³/（h·kg）设计，实际运行时可按照 0.2 m³/（h·kg）运行。

（3）在天棚上设置天棚进风口，为防止进风口风速过小造成密度较大的冷风下沉影响猪的热舒适性，进风口风速需要控制在 3.0~6.1 m/s，天棚进风口大小按照进风口风速 3.4 m/s

设计。

（4）在猪舍的山墙上设置进风口（安装防鸟网，北方空气污染严重地区还需在不使用天棚进风的季节将山墙进风口关闭，以防天棚积灰）。山墙进风口面积/天棚进风口面积可为2.4（图9-2）。

图9-2　保温天棚与天棚预热新风系统设计与示范

9.1.2.3　既有猪舍节能改造技术示范及效果

本书通过对北京市既有规模化猪场常见围护结构的猪舍进行不同节能改造，分析其能耗和投资回收期，为北方供暖地区既有供暖猪舍改造方案提供参考。

选择北京房山区某猪场（300头基础母猪规模）的分娩猪舍作为试验猪舍，猪舍南北朝向，长、宽分别为15.48 m和7.56 m（墙体内边线尺寸），屋顶为双坡屋顶，屋顶材料为100 mm厚彩钢夹芯板。南墙有4个窗户（高×宽为1.3 m×1.5 m），北墙有4个窗户（高×宽为1.2 m×1.0 m），窗户材料为单层塑钢窗，其中1个窗户位置安装1台风机（安装尺寸同窗户，冬季风机外侧百叶封闭，内侧用90 mm厚挤塑板封闭），无天棚。墙体材料为240 mm厚砖墙。冬季，单层塑钢窗外侧封闭一层塑料膜。猪舍内2列产栏3列走道，每列6个栏，共12个产栏。人工饲喂、人工清粪。檐口高度为2.38m，屋脊最高处高度为3.64 m。西侧墙体有1个宽×高为1.06 m×1.95 m的单层木门。猪舍建筑面积为128.32 m²。

猪舍墙体和天棚预热新风节能改造方案按照9.1.2.2技术。猪舍墙体改造面积合计110.24 m²，墙体保温改造投资约为100元/m²墙体面积，猪舍建筑面积为128.32 m²，单位建筑面积墙体改造成本约为85.9元/m²。单位建筑面积保温天棚改造成本约为400元/m²，冬季通风风机成本约为700元，折合单位建筑面积成本为5.5元/m²。

假设节约的能耗由电直接提供，单位能源价格为0.60元/（kW·h），则各步骤节能改造投资回收期见表9-1。

表9-1　不同节能改造方法供暖季猪舍能耗和改造成本

改造步骤	猪舍能耗 [（kW·h）/m²]	改造成本 （元/m²）	节能 [（kW·h）/m²]	节约的单位 能耗改造费用 [元/（kW·h）]	投资回收期 （年）
改造前	152.1	0	—	—	—
仅猪舍外墙保温 节能改造	74.5	85.9（墙）	77.6 （与改造前相比）	1.1	1.8
猪舍外墙保温 改造+天棚预热 新风改造	12.9	405.5 （天棚+风机）	61.6（与第1步 改造相比）	6.6	11.0

由表9-1可知，既有猪舍在未进行任何保温节能改造基础上，其冬季供暖能耗为152.1（kW·h）/m²；猪舍只进行墙体保温改造，猪舍供暖能耗为74.5（kW·h）/m²；猪舍在墙体保温节能改造基础上再增加天棚预热新风改造后，猪舍冬季供暖能耗为12.9（kW·h）/m²。因此，若从节约的单位能耗所需的投资最小方面选择猪舍节能改造方法，墙体保温节能改造最好。但是，若从猪舍总能耗最低方面选择，猪舍墙体和天棚均需要保温改造并进行天棚预热新风机械通风。节能改造有不同的深度，改造深度越深，成本越高，节能越多，具体改造深度主要由可投入的成本及其他因素确定。

9.2　新建猪舍节能设计

9.2.1　技术简介

《京津冀及周边地区2017年大气污染防治工作方案》将北京市、天津市等"2+26"城市列为冬季清洁取暖规划首批实施范围，这些地区猪场需禁煤供暖，煤改电或者煤改气都将带来冬季供暖运行费用的提高。为减少供暖运行费用，降低猪舍供暖能耗是前提。

猪舍供暖能耗在舍内温度一定、通风量及通风方式一定、舍外气象因素和供暖时间确定、猪舍内猪只显热散热量一定的情况下，降低供暖能耗主要需要从提高建筑物围护结构的保温性能方面降低围护结构耗热量。自2018年非洲猪瘟发生以来，综合环保因素等，北京及全国生猪产能下降，各种规模的猪场出现了搬迁或新建，为加快猪场建设速度，许多猪场采用或拟采用装配式猪舍，装配式猪舍的结构构造与原有旧式砖混结构猪舍相比，其围护结构保温性能必需保温节能才能减少后期冬季供暖能耗及供暖费用。

本书从猪舍建筑热工、保温节能方面的理论分析，筛选出装配式新建猪舍的保温节能设计方案，并进行示范，供后期新建猪舍参考。

9.2.2　研究进展

9.2.2.1　方案设计

第一代装配式猪舍围护结构方案见表9-2。第一代装配式猪舍的上半截墙体为承插式施工，承插式施工猪舍的墙板插接处可能随着时间的延长会出现漏风现象，从而影响负压通风。

表 9-2 第一代装配式猪舍围护结构保温节能设计方案

部位	工程做法
下半截墙体 0.9 m 高	240 mm 厚砖墙+外贴挤塑板 100 mm 厚度
上半截墙体（0.9 m 以上）	150 mm 厚容重不低于 80 kg/m³ 的岩棉彩钢夹芯板（60 kg/m³ 玻璃棉），镀铝锌钢板厚度不低于 0.6 mm
吊顶	180 mm 厚不低于 16 kg/m³ 玻璃棉（下侧为钢板，玻璃棉上下层均用高质量塑料膜包装不漏风，玻璃棉下侧塑料膜与下层钢板之间采用双面胶粘贴），钢板厚度不低于 0.6 mm
屋顶	100 mm 厚容重不低于 80 kg/m³ 的岩棉彩钢夹芯板（60 kg/m³ 玻璃棉），钢板厚度不低于 0.7 mm
窗户	双层玻璃塑钢窗，安装纱窗
门	100 mm 厚容重不低于 80 kg/m³ 的镀锌铁皮岩棉或玻璃棉夹芯板（60 kg/m³），0.9 m× 2.0 m×2 个
冬季通风	吊顶预热新风进风
山墙进风口或檐口进风口	进风口外装防鸟网
天棚进风口	可开关

　　第二代保温节能装配式猪舍方案：为减少承插式墙体插接处的漏风现象，第二代保温节能装配式猪舍的上半截墙体可以设计为现场复合式。具体做法与表 9-1 中仅上半截墙体做法不同。

　　第二代保温节能装配式猪舍上半截墙体（0.9 m 以上）做法：150 mm 厚容重不低于 16 kg/m³ 玻璃棉填塞进两层钢板中间，双层交错布置，玻璃棉内侧和外侧均用塑料膜封闭，镀铝锌钢板厚度不低于 0.6 mm。

　　目前存在的问题如下。

　　（1）据了解，在实际已经建成的猪场装配式猪舍设计及施工中，许多猪舍上半截墙体中未用塑料膜密封，目前尚不确定有无塑料膜对湿气进入猪舍上半截墙体的影响及对传热系数的影响。

　　（2）上半截墙体的墙梁与保温材料的构成、墙体的具体构造对墙体传热及保温的影响。

9.2.2.2 技术示范及效果

　　对涞水猪场分娩猪舍进行了节能设计并与常规的北京地区旧式砖混结构猪舍进行了供暖热负荷的对比。

　　分娩猪舍建筑尺寸：长 51.24 m，宽 7.88 m，建筑面积 51.24×7.88＝403.77 m²，3 m 一间，共 17 间。室内外高差 0.3 m，猪舍吊顶底面距离地面 2.3 m。猪舍内母猪头数为 49。新建猪舍装配式结构的保温节能设计参照表 9-2。装配式新建分娩猪舍竣工图（图 9-3）。

　　新建装配式节能示范猪舍实际竣工时未设置吊顶，在该种情况下，该猪舍冬季通风方式为自然通风。将新建装配式节能示范猪舍与旧式 37 砖墙猪舍热负荷进行了对比，计算中，将通风参数分别按照小通风参数 [34 m³/（h·头），资料来源 MWPS] 和大通风参数 [54 m³/（h·头），中国猪舍环境标准] 设置。不同建筑形式和通风参数下分娩猪舍的热负荷见表 9-3。

图 9-3 新建装配式节能示范猪舍竣工图

表 9-3 几种不同分娩猪舍热负荷

项目	新建节能猪舍热负荷	新建节能猪舍热负荷	旧式砖混结构猪舍热负荷	旧式砖混结构猪舍热负荷
通风参数执行标准	小通风参数	大通风参数	小通风参数	大通风参数
热负荷（kW）	9.6	18.6	16.4	25.4
单位面积热负荷（W/m²）	36.6	71.2	62.4	97.0

旧式砖混结构猪舍做法为墙体全为 37 墙，传热系数 1.65 W/（m²·K）。分娩猪舍小通风量参数为 34 m³/（h·头），分娩猪舍大通风量参数为 54 m³/（h·头）（181 kg/头）。由表 9-3 可知：

（1）采用猪舍大通风标准时，新建猪舍和旧式砖混结构猪舍热负荷分别为 71.2 W/m² 和 97.0 W/m²，节约热负荷 28.4%。

（2）采用小通风标准时，新建猪舍和旧式砖混结构猪舍热负荷分别为 36.6 W/m² 和 62.4 W/m²，节约热负荷 45%。

（3）新建猪舍采用小通风标准时和旧式砖混结构猪舍采用大通风标准时的热负荷分别为 36.6 W/m² 和 97.0 W/m²，通过围护结构和通风参数的调整将可以节约热负荷 97 − 36.6 = 60.4 W/m²，节能幅度可达 62%。

目前北京现存的旧式砖混结构分娩猪舍热负荷约为 97.0 W/m²，采用大通风量标准时通风能耗较高，根据本岗位团队往年研究结果，采用小通风参数时猪舍环境质量应该不影响猪的健康状况，采用较低的冬季通风量可以达到节约能耗的目的，因此，处于寒冷气候地区的北京新建节能示范猪舍在采用小通风参数通风时的供暖热负荷可以做到 36.6 W/m²，因此，示范新建节能猪舍的供暖热负荷将可由 97.0 W/m² 下降至 36.6 W/m²，可以达到 62% 的节能幅度。国内冬季气温较北京高的北方地区，分娩猪舍冬季通风量可按照大通风标准控制。

参考文献（略）

（王美芝团队提供）

10　清洁能源供暖技术研究进展

北京市空气质量防治的重点是"清煤降氮"。因此，北京猪场将禁止燃煤供暖。可以取代燃煤供暖的清洁能源技术主要包括天然气供暖、电供暖和太阳能供暖。其中，天然气供暖包括管道天然气供暖和 LNG 供暖。电供暖主要包括直接电供暖（低谷电相变储能供暖、电锅炉供暖、电地暖、顶板辐射供暖、保温灯供暖）和空气源热泵和地源热泵（土壤源热泵和水源热泵）供暖。太阳能供暖一般需要联合电供暖（直接电供暖或空气源热泵供暖）。

10.1　空气源热泵供暖技术

10.1.1　技术简介

中国政府加大了环境保护力度，制定了相关法规，例如"京津冀及周边地区 2017 年大气污染防治工作方案"。在中国北方，煤炭曾经在许多方面得到广泛应用，但出于环保考虑，自 2017 年起，煤炭禁止在冬季供暖中使用。为了降低冬季建筑物能耗指标，减少建筑物运行阶段碳排放量，人们不仅在工业和民用建筑领域，同时还在畜舍中开发和应用了建筑节能措施。对于猪舍，特别是保育猪来说，由于保育猪身体虚弱，不能承受冷热应激，因此冬季猪舍仍需额外增加热源供暖。使用地源热泵供暖时，猪舍供暖系统能耗与民用建筑基本相同。当猪舍围护结构传热系数达到民用建筑保温规范限定值后，猪舍采用一条新的供暖途径就显得尤为重要，清洁可再生能源将是猪舍供暖的最佳选择。太阳能已被公认为最具发展潜力的可再生能源之一，但如果不采用季节性的太阳能储存方式储存太阳能，太阳能供暖的利用率仍然很低。此外，由于受时间和天气的间歇性限制，太阳能的质量不稳定。根据热源的类型，热泵系统可分为 3 类：地源热泵系统、空气源热泵系统和水源热泵系统。由于其稳定的热源温度和普遍可用性，地源是建筑直接使用的理想能源。但是，随着每年释放到地下的热量的增加，使土壤温度升高。因地下热平衡取决于地面热物理性质和温度，以及每年地面负荷剖面和钻孔布置，所以地下热平衡会被破坏。此外，设计不当的地源热泵会增加运营成本，通常无法提供预期的减排效果。水源热泵还被限制在北京及其周边地区使用。因此，地源热泵与水源热泵系统不适用于这些地区的猪舍供暖。

近年来，随着我国人民居住条件的改善，对生活热水的需求量迅速上升。环境保护意识的增强，促进了空气源热泵热水器的发展。这种以生产 55 ℃生活热水为目的的产品，在我国广东、浙江一带发展很快，并且有逐渐向北方发展的趋势。随着南方冬季采暖问题的提出以及北方有些地区禁止燃煤供暖，有的企业开始研究和生产在冬季用于房间采暖的空气源热泵热水系统。目前，通过各种技术可以在室外温度不低于−25 ℃的地区利用空气源热泵对建筑物供暖。空气源热泵是住宅供暖的一种选择，越来越多的地区，如欧盟、日本和中国，正在考虑将空气源热泵作为一种可再生能源系统。由于空气源热泵产生的热量大于其消耗的电能，为缓解北京及周边地区冬季燃煤排放造成的严重大气污染，Le 提出了一种基于空气源热泵的冬季空间供暖方案。Zhang 对低温空气源热泵供热系统与其他供热方式进行了技术经济比较。为提高北方农村居民住宅空间采暖用的空气源热泵 COP，Nie 研究了空气源热泵的不同氢氟碳制冷剂。在温暖地区，由于采暖效果好，冬季室外气温较高，热负荷较低，空气源热泵运行平稳高效。当室外空气温度持续几个月远低于冰点时，将显著降低空气源热泵系统的制热能力。然而，其他研究表明低温空气源热泵供热系统是最经济的方式。空气源热泵系统中末端系统形式多为风机盘管或者地板辐射供暖。辐射供暖系统因其节能潜力和较高的热舒适性而在建筑中得到广泛应用。一些研究人员研究了地源热泵在畜牧业中的应用，并观察到一些局限性：一是地热投资高；二是由于城市规划和环境保护等原因，要求猪场搬迁时，地热设施难以拆除，不适用于猪场应用。空气源热泵系统末端采用地板辐射供暖的房间热舒适性最好。地板采暖是一种节能的显热采暖系统，适用于低能耗建筑。为了节约能源，建筑保温与利用可再生能源一起成为一种主导策略。到目前为止，还没有关于空气源热泵在畜牧业中应用的研究。一些地面供暖试验只关注仔猪的性能。且室内温度一般取地面以上1.5 m 处的温度，不是生猪生活区的实际温度。空气源热泵在北京猪舍供暖的热环境效果尚不明确，北京市生猪体系健康养殖与环境控制功能研究室岗位专家对空气源热泵在北京猪舍供暖的应用技术及效果进行了研究。

10.1.2 研究进展

10.1.2.1 构建空气源热泵

（1）空气源热泵的选择　目前市场上的空气源热泵主要有热水机和冷暖一体机，对于只有冬季供暖要求的猪舍，可以选择上述两种中任意一种，对于既有冬季供暖又有夏季降温要求的猪舍，只能选择冷暖一体机。

（2）空气源热泵供暖系统的搭设　空气源热泵供暖系统的搭设参考图 10-1 和图 10-2。

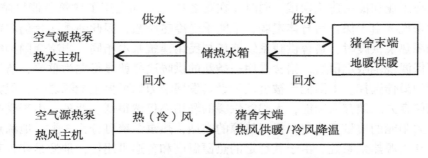

图 10-1　猪舍空气源热泵供暖（冷）系统示意

空气源热泵供暖一般由空气源热泵主机提供热水，猪舍内采用地面养殖，实体地面猪只躺卧区铺设地暖，如图 10-1 和图 10-2 所示。空气源热泵也可以直接提供热风，对于舍内不方便布置地暖的猪舍，可以考虑采用空气源热泵热风供暖。目前，利用空气源热泵供暖的猪场一般为中小型猪场，对于大规模集团式猪场，采用天然气或 LNG 热风供暖的较多。

（3）空气源热泵的配置　首先需要理论核算猪舍供暖热负荷（室外计算温度 -6.9 ℃）。往期研究中计算实例：北京市典型既有猪舍不保温和保温保育舍热负荷分别为 56.4 W/m² 和34.1 W/m²。考虑管网输送效率，可取安全系数为 1.3。空气源热泵供暖时在不配置额外辅助供暖情况下，北京市极端最低温度将低于 -6.9 ℃，历史上极端最低温度可能低于 -15 ℃，因此取空气源热泵在 -15 ℃ 下的制热量值配置。

10.1.2.2 空气源热泵猪舍供暖示范及其效果

空气源热泵供暖在北京顺义建有 1 家示范场，房山 1 家示范场，顺义示范场后来全部由燃煤

图 10-2 猪舍空气源热泵供暖设备及舍内地暖布置

供暖改为空气源热泵供暖。空气源热泵供暖适合地面养殖的保育猪舍和育肥猪舍。以下为顺义某猪场保育猪舍空气源热泵供暖的环境效果。

（1）室内外温度和相对湿度 从 2016 年 12 月 19 日至 2017 年 1 月 20 日，空气源热泵供暖室内温度和相对湿度为 1.2 m 高度两个测点的平均值。在试验期间，室内（高度 1.2 m）和室外温度和相对湿度（间隔 10 min 的数据）如图 10-3 所示。

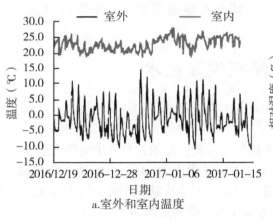
a.室外和室内温度

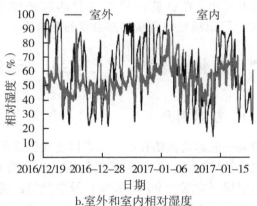
b.室外和室内相对湿度

图 10-3 室内外温度和相对湿度

由图 10-3 可以看出，1.2 m 高度猪舍的室内温度和相对湿度分别为（23.1±2.0）℃和 54%±9%。对于保育猪舍，室内温度应该保持在 20~25 ℃，采用空气源热泵供暖系统室内温度可满足保育猪的需要。试验期猪舍室外温度为-11.0~14.5 ℃，相对湿度为 14%~100%。

（2）无猪猪舍中不同高度温度 2017 年 1 月 10 日至 1 月 15 日，试验猪舍单元内无猪（门窗关闭），对该单元内 6 个测点各高度温度数据求平均值，代表该单元的各高度温度，得到地面温度、0.3 m、0.8 m 和 1.2 m 高处温度变化趋势，见图 10-4。

由图 10-4 可知，试验期间，0.3 m、0.8 m 和 1.2 m 高处温度相差不大。2017 年 1 月 10 日至 1 月 13 日，0.3 m、0.8 m 和 1.2 m 高处温度与地面温度相差较大，地面温度高于 0.3 m 高温度最大值为 12.9 ℃。2017 年 1 月 14 日至 1 月 15 日，地面温度下降较大，甚至低于 0.3 m 和 0.8 m 高处的温度，主要原因为猪舍冲洗地面导致地面大量散热。为了解不同高度温度的相对关系，对各高度温度求试验期间平均温度，结果表明，无猪单元内地面、距地面 0.3 m、0.8 m 和

197

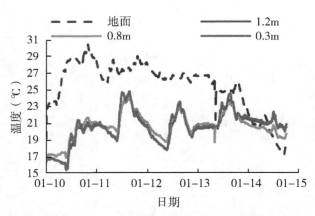

图10-4　2017年无猪单元不同高度的平均温度

1.2 m高处温度分别为（25.6±2.9）℃、（20.6±1.9）℃、（20.6±1.6）℃和（20.4±1.8）℃。可见，无猪时，0.3 m高温度较地面温度降低幅度明显（5.0 ℃）；距离地面0.3 m以上不同高度温度变化不明显。0.3 m高温度较地面温度降低较多的主要原因为地面温度与室内温度温差大，造成地面与室内空气传热快而引起0.3 m高度温度较地面温度迅速降低，保育猪主要生活在距离地面0.3 m高范围内，该区域温度基本满足中国环境标准中保育猪的热环境需求（推荐温度20~25 ℃）。

综上可知，在试验配置空气源热泵条件下，猪舍在地面至0.3 m范围内温度为20.5~26.1 ℃，可以满足保育猪局部温度的需求。

10.2　液化天然气（LNG）/天然气供暖技术

10.2.1　技术简介

猪场一般远离城镇和市区，难以连接管道天然气，因此，使用天然气供暖最合适的方式是使用液化天然气LNG。液化天然气是指在压力为0.1 MPa、温度为-162 ℃条件下液化的天然气，主要由甲烷（含量为90%~98%）及少量的乙烷、丙烷、丁烷及氮气等惰性气体组成，其体积是气态时体积的1/600，密度为426 kg/m³，燃点为650 ℃，爆炸极限为5%~15%。LNG大大节约了储运空间，可以为居民断供情况下提供稳定的能源供给，同时也可为无法接入管道天然气的畜牧场提供能源供给。它的特点和优点在于：储存效率高、占地少、使用方便；有利于环境保护，减少城市污染排放，是一种清洁燃料；使用时安全性高。随着我国对各种能源需求的不断增长，使用LNG将对能源结构起到优化作用，可解决能源在生态环保和安全供应上的突出问题。某些大城市近郊建设有猪场，该类猪场有可以引入城市管道天然气的可能，因此，采用管道天然气供暖成为近郊猪场清洁能源供暖方式的一个组成部分。

为抑制雾霾形成，北京市环保局2015年颁布了新的《北京市锅炉大气污染物排放标准》，规定氮氧化物排放限值要从150 mg/m³降至30 mg/m³，新标准将于2017年4月开始实施。这项标准主要针对新投产的燃气锅炉。与此同时，高污染燃料禁燃区的在用锅炉从2017年4月1日起，氮氧化物排放也要低于80 mg/m³。

10.2.2　研究进展

10.2.2.1　构建猪舍 LNG 供暖系统

（1）猪舍 LNG 供暖系统图　LNG 供暖可以采用燃气锅炉热水供暖，多数猪场在猪舍内安装热风炉进行热风供暖。猪场 LNG 供暖系统见图 10-5。

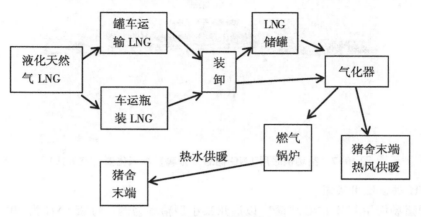

图 10-5　猪场 LNG 供暖系统

（2）猪舍管道天然气供暖系统图　近期，北京等大城市郊区也新建部分大规模猪场，该类大规模猪场距离城市较近，有些猪场可以接入管道天然气，因此，该类猪场的供暖能源可以直接采用管道天然气，天然气供暖可以采用燃气锅炉热水供暖，多数猪场在猪舍内安装热风炉进行热风供暖。近郊猪场管道天然气供暖系统见图 10-6。

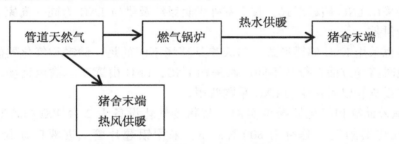

图 10-6　近郊猪场管道天然气供暖系统

不管采用 LNG 供暖还是采用管道天然气供暖，猪舍内末端供暖设备的配置均需经过供暖热负荷计算确定。

（3）LNG 储罐　猪场需要的储罐容积较小，一般适宜使用金属储罐，如图 10-7 所示。地上液化天然气金属储罐的内壁材料一般选用耐低温的金属，目前多采用 9% 镍钢或铝合金、不锈钢，外壁材料为不耐低温的碳钢。地上液化天然气金属储罐一般建在四周有高大土堤的收集池内，以便在液化天然气泄漏时控制其扩散。

（4）气化器　猪场一般使用空温式气化器，如图 10-7 所示。该类型气化器是一种垂直竖立的热交换器，利用环境中的空气为热源，通过空气的自然或强制对流作用与翅片管内的低温流体换热，不需额外的动力和能源消耗。同时，还可收集冷凝水和融化的冰水作为生产或生活用水。空温式气化器存在许多不利因素。在环境温度较低的时候。需要增加一个加热器进行补充加热。因为在多雾和空气不流通的季节或在空气温度很低的时候，气化器的管道表面会结冰，很难进行连续气化。

图 10-7　猪场供暖用 LNG 储罐（金属）和气化器（空温式）

10.2.2.2　LNG 供暖使用实例

（1）小型猪场使用瓶装 LNG 供暖　以通州某小型猪场为例。每瓶 LNG 为 80~90kg。天气冷时每天使用 4 瓶。猪场和 LNG 供应商签订合同，保证使用该公司产品 3 年，价格按照气化后的价格 3 元/m³。猪场供暖使用的燃气锅炉另外购买。气化器为 LNG 公司供应。2014 年冬季大兴某猪场也使用 LNG 供暖，2015 年又改为燃煤供暖。

（2）大型猪场使用 LNG 储罐供暖　大型猪场冬季供暖 LNG 使用量大，瓶装难以满足要求，一般建造金属的 LNG 储罐，连接气化器，由 LNG 罐车运输的 LNG 加注到储罐中。

天津某猪场采用 LNG 储罐形式，整个室外供暖系统及供应 LNG 为同一商家，猪场只需对每个冬季的供暖费付款。

山东某猪场也采用 LNG 储罐形式，与天津某猪场不同的是：储罐和气化器硬件系统为一个商家，冬季供暖时猪场方面自行从不同厂家采购 LNG，LNG 由罐车运输至猪场。猪场需要投资供暖设备的初期投资和以后每年的 LNG 采购费用。

（3）LNG 室外储罐和气化器报价实例　某猪场气化设备为 2 台 400 Nm³/h 空温式气化器（一备一用），气化器的气化总量为 800 Nm³/h，采用铝翘片管，进液口通径 DN50，出口通径 DN100。

LNG 储罐和气化器共投资 80 万元。

Nm³——指在 0℃ 1 个标准大气压下的气体体积；N 代表标准条件（Normal Condition），即空气的条件为：一个标准大气压，温度为 0℃，相对湿度为 0%。

10.3　各种清洁能源供暖方式运行费用比较技术

10.3.1　技术简介

北京地区禁煤供暖之后，目前主要可以选择的清洁能源为空气源热泵供暖或天然气/LNG 供暖，具体配置哪一种能源供暖应在猪场规划设计阶段确定，不同能源供暖方式的供暖系统对猪舍设计建造的要求不同。猪场建成运行之后供暖费用较燃煤供暖提高幅度较大，因此，权衡预测不同能源供暖之后的供暖运行费用成为猪场节本增效的基本手段。

10.3.2　研究进展

供暖能源的选择应根据猪场所在区域的政策、可利用能源种类、能源价格、末端供暖方式等经过经济技术比较确定。经调查，北京市猪场电力价格有三种方式：一种是峰谷电价，一种是固定电价，一种是峰谷电价谷电补贴 0.20 元/度。文中不同能量单位的换算关系为 1 MJ=0.28 kW·h。不同电价情况下，常见的天然气供暖、空气源热泵供暖、电锅炉供暖和燃煤供暖的运行费用见表 10-1 至表 10-3。因设备初期投资不方便估算，本书未列出设备固定资产投资的比较。

表 10-1　不同能源运行费用比较——峰谷电价（不满 1 kV）

能源种类	能源单位	燃烧热值（cal）	燃烧热值（MJ）	单位能源价格（元）	燃烧热值（kW·h）	折合同一单位能源价格 [元/（kW·h）]
标准煤	kg	7 000	29.26	1	8.19	0.12
天然气/LNG 价格	m³		31.4	3	8.79	0.34
LNG（质量价格）	kg		50	4.1	14	0.29
电锅炉（农业用电峰谷电价）	kW·h			0.62	1	0.62
空气源热泵	kW·h			0.22	1	0.22

注：空气源热泵北京地区供暖期平均 cop=2.86，下同。

10.3.2.1　峰谷电价

几种供暖能源的运行费用由小到大的顺序为：空气源热泵 [0.22 元/（kW·h）] <LNG 供暖（质量）[0.29 元/（kW·h）] <LNG 供暖（质量）[0.34 元/（kW·h）] <电锅炉 [0.62 元/（kW·h）]。

表 10-2　不同能源运行费用比较——固定电价 0.75 元/度

能源种类	能源单位	燃烧热值（cal）	燃烧热值（MJ）	单位能源价格（元）	燃烧热值（kW·h）	折合同一单位能源价格 [元/（kW·h）]
标准煤	kg	7 000	29.26	1	8.19	0.12
天然气/LNG 价格	m³		31.4	3	8.79	0.34
LNG（质量价格）	kg		50	4.1	14	0.29
电锅炉（固定电价）	kW·h			0.75	1	0.75
空气源热泵	kW·h			0.26	1	0.26

10.3.2.2　固定电价

在固定电价（0.75 元/kW·h）时，几种供暖能源的运行费用由小到大的顺序为：空气源热泵 [0.26 元/（kW·h）] <LNG 供暖（质量）[0.29 元/（kW·h）] <LNG 供暖（质量）[0.34 元/（kW·h）] <电锅炉 [0.75 元/（kW·h）]。

表 10-3　不同能源运行费用比较——农村煤改电低谷段补贴 0.20 元/度

能源种类	能源单位	燃烧热值（cal）	燃烧热值（MJ）	单位能源价格（元）	燃烧热值（kW·h）	折合同一单位能源价格 [元/（kW·h）]
标准煤	kg	7 000	29.26	1	8.19	0.12

（续表）

能源种类	能源单位	燃烧热值（cal）	燃烧热值（MJ）	单位能源价格（元）	燃烧热值（kW·h）	折合同一单位能源价格 ［元/（kW·h）］
天然气/LNG 价格	m³		31.4	3	8.79	0.34
LNG（质量价格）	kg		50	4.1	14	0.29
电锅炉	kW·h			0.53	1	0.53
空气源热泵	kW·h			0.19	1	0.19

10.3.2.3 农村煤改电低谷段补贴

在农村煤改电低谷段补贴 0.20 元/度时，几种供暖能源的运行费用由小到大的顺序为：空气源热泵 ［0.19 元/（kW·h）］ <LNG 供暖（质量） ［0.29 元/（kW·h）］ <LNG 供暖（质量） ［0.34 元/（kW·h）］ <电锅炉 ［0.53 元/（kW·h）］。

本书中对不同能源价格的供暖运行费用比较基于表中单价确定，对于能源价格不同于本书数据，读者可进行相应换算。

参考文献（略）

（王美芝团队提供）

11　养殖场环境治理技术研究进展

2017年，党的十九大首次提出了"高质量发展"的新概念，由此表明中国经济由高速增长阶段转向高质量发展阶段。在党的十九大报告中也为新时代下的高质量发展指明了方向，即"建立健全绿色低碳循环发展的经济体系"。高质量发展的根本在于经济的活力、创新力和竞争力。而经济发展的活力、创新力和竞争力都与绿色发展紧密相连，密不可分。离开绿色发展，经济发展便因丧失了活水源头而失去了活力；离开绿色发展，经济发展的创新力和竞争力也就失去了根基和依托。绿色发展是我国从速度经济转向高质量发展的重要标志。

长期以来，畜禽养殖业一直背负着"高排放"的压力。第二次污染源普查公报中指出，2017年全国水污染物中化学需氧量2 143.98万t、氨氮96.34万t，总氮304.14万t，总磷31.54万t。其中农业水污染物中化学需氧量、氨氮、总氮、总磷分别占全国水污染中排放总量的49.78%、22.44%、46.52%和67.22%，而其中畜禽养殖业水污染物中化学需氧量、氨氮、总氮、总磷分别占农业水污染物排放总量的93.76%、51.30%、42.14%和56.46%。具体情况见图11-1。由此可见，在全国污染排放中畜禽养殖污染排放依然占比较大（图11-2）。

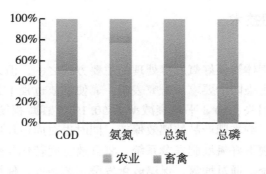

图11-1　农业水污染物排放量占全国总排放量比重

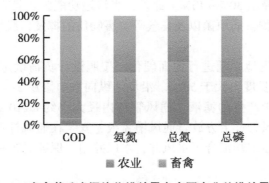

图11-2　畜禽养殖水污染物排放量占全国农业总排放量比重

畜禽养殖粪污主要包括畜禽粪、尿及生产用水。畜禽养殖污水是畜禽养殖废弃物的主要组成（蛋鸡、肉鸡、羊等畜种除外）。研究表明，一个年存栏 5 万头规模猪场，年产固体粪便约 2.8 万 t、污水 12 万~15 万 t。养殖污水具有总量大、污染浓度高、处理难度大的特点，其中污染物以化学需氧量、总氮、总磷、致病微生物等为主。其 COD 一般为 3 000~20 000 mg/L，最高有达30 000 mg/L，但无论固体粪便还是养殖废水，都因含有丰富的有机物及氮、磷等营养物质而具有良好的资源化利用潜力。统计表明，2017 年全国畜禽养殖粪污产生量为 38.18 亿 t，其中总氮排放量达 37 万 t，如果采用肥料化技术进行资源化利用，相当于年可提供有机肥 4 000 万 t（以氮计），若按照有机肥市场价 600 元/t 计算，则价值 240 亿元，因此养殖粪污具有巨大的资源化利用价值。

随着《国务院办公厅关于加快推进畜禽养殖废弃物资源化利用的意见》等政策文件的颁布，标志着畜禽粪便资源化利用的全面推进。《农业农村部办公厅、生态环境部办公厅关于促进畜禽粪污还田利用依法加强养殖污染治理的指导意见》中进一步明确提出"以粪污无害化处理、粪肥全量化还田为重点，促进畜禽粪肥低成本还田利用，积极稳妥推进畜禽养殖污染治理"主要思路，即"以用促治、利用优先"。指出对沼液、肥水等液态粪肥还田利用的符合相关标准且不造成环境污染的行为，不能简单套用污水排放标准、农田灌溉水质标准等。为此，本章围绕养殖污染治理，按照"源头减排、过程治理、末端利用"的基本原则，对源头减排、无害化处理与资源化利用技术进行具体阐述。

11.1 粪污处理技术

11.1.1 覆膜发酵处理技术

11.1.1.1 技术简介

条垛式、槽式堆肥是固体粪便好氧发酵处理的主要方式之一，但其开放式处理方式不利于气体收集，不符合当前大气污染防治要求。研究表明，粪便堆放过程中粪便中氮素会在微生物代谢作用下转变成氨气而挥发损失，10 d 平均衰减率为 50.1%，衰减程度最高可达到 63%，挥发性损失明显。氮素挥发不仅影响堆肥产品的肥效保持，同时也对周边环境造成污染。为此，利用一种高性能的功能膜，建立膜下好氧堆肥发酵系统，将开放空间转化为密闭空间，阻挡有害气体挥发扩散。同时增加曝气系统，通过增氧、保温改善发酵工艺条件，使堆体更好地进行发酵腐熟和无害化处理。这种高性能膜是一种半渗透功能膜，具备良好的防水透湿性能，保证堆体内的水分可通过持续的水蒸气散失降至 30%~40%。此外，半渗透功能膜还具有良好的选择透过性，可有效阻挡 10 μm 以上的颗粒物、病原菌以及臭气等有害物质的挥发，膜结构见图 11-3。

11.1.1.2 研究进展

（1）场地基础建设　场地必须进行地面硬化，按照设计负荷确定场地面积和尺寸规格。一般场地宽度不大于 12 m，长度不大于 50 m。沿场地纵向方向修建 2~4 条通风排水槽，用于放置通风管道并排放发酵过程中产生的滤液。通风管道内径大小约 φ110 mm，上有曝气孔，为整个堆体的均匀布气供氧。通风管件上方放置通风槽盖板，安装在通风排水槽上，主要用于承重、通风、下水。各通风槽在场地末端汇合于水风井，水风井用于保证通风和滤液排放的同时确保通风管道的密闭性。

（2）堆体制作　堆料配比与常规好氧发酵工艺处理相同，要求含水率保持在 50%~60%，碳氮比 25~30 为宜。一般通过添加作物秸秆、锯末、稻壳等农田废弃物辅料调节堆体适当碳氮比

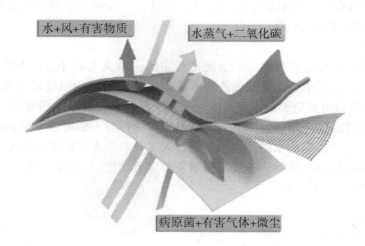

图 11-3　功能性膜结构

和含水率。同时为了使堆体具有合适孔隙度，需要对原料进行掺混，使堆料容重保持在 600~800 kg/m³，确保堆体气流通畅，便于好氧微生物生长繁殖。堆体的形状建议为三角形、拱形或者梯形，堆体宽 2 m 起步，最多可扩展至 8 m，堆高建议在 1.2~2.5 m。过高不利于堆体曝气，堆体厚度不够容易散热，不利于堆体保温升温。

（3）控制系统与覆膜　为确保膜下好氧发酵系统工艺运行参数符合要求，配备智能控制系统和温—氧—压传感器，可实现堆体内温度、压力、氧含量的在线监测，并通过定时、温度、压力对通风大小及方式进行反馈控制。为保证良性发酵的同时达到预期的减排效果，覆膜密封也是其中关键的一个环节。根据不同槽体基建状况，选用最经济合理的覆膜密封方案。一般可采用自动压膜密封机、绳索、重物、专用卡扣等多种方式进行密封以保证整系统的密封性。

具体结构见图 11-4。

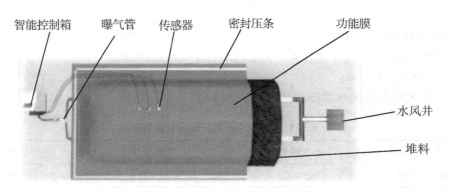

图 11-4　覆膜发酵工艺结构

11.1.2　覆膜存贮养殖废水处理技术

按照种养循环发展理念，养殖污染不再以达标排放为目的进行工艺治理，而是按照适度治理、降低成本的原则进行循环利用。不再采取降解 COD、去氮除磷等处理工艺手段，而是以无害化处理为标准，保留氮、磷等养分物质，灭活致病微生物、虫卵及杂草种子等，防止循环利用后产生二次环境污染风险。养殖废水中有机污染物浓度高，COD 浓度一般 3 000 mg/L 以上，尤其是水泡粪模式下的 COD 浓度高达30 000 mg/L，因此，一般需要采用厌氧工艺对废水进行无害化和稳定化处理，才能进行循环利用。

11.1.2.1 技术简介

该技术浮动膜和底膜设计将废水存贮空间进行密闭，形成厌氧环境，为厌氧处理奠定基础。经过一段时间存储后，在厌氧微生物代谢作用下进行生物分解，达到稳定化和无害化处理目的。如图 11-5 所示，存储塘由安全膜、报警系统、底膜及浮动膜（覆膜）等组成。固液分离后的液体部分存储在底膜和浮动膜之间的空间里，随着进入的粪污量不断增加，浮动膜会慢慢浮起。另外，在覆膜上设置有用于抽取雨水的排水泵，通过人工开启抽水泵能及时将雨水抽取出去。该工艺所设计的存储塘具有防雨、防渗、防臭、防蒸发等多重功能，且密闭存储阻止了氮素的挥发性损失，有利于肥水中养分的保持。

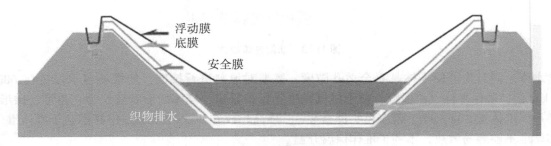

图 11-5　覆膜存储池

11.1.2.2 研究进展

（1）池容　池容大小应综合考虑养殖生产规模、生产工艺及后续利用情况等要素，池容体积大小一般按照一定存放周期内养殖粪污排放总体积的 1.5 倍进行设计。当采用粪尿分离方式，仅废水进入存储池时，按照式 11-1 计算养殖污水体积。

$$L_水 = N \cdot Q \cdot D \qquad (式 11-1)$$

式中：

N——动物的数量，百头；

Q——头均日排水量，m³/（百头·d）；

D——污水存贮时间，d。

不同生产工艺情况下废水量排放情况见表 11-1。

表 11-1　不同清粪工艺排水量情况

工艺类型	水冲清粪	水泡清粪	干式清粪
头均排水量（L/d）	35~40	20~25	10~15

当采用粪尿混合方式时，池容大小应将固体粪便体积纳入其中。粪便产生量体积计算按照式 11-2 计算。其中猪的每动物单位的动物产粪量为 84 kg/d，粪便密度为 990 kg/m³。

$$V_粪 = N \cdot Q_W \cdot D / \rho \qquad (式 11-2)$$

式中：

N——动物单位的数量，每 1 000 kg 为一个动物单位；

Q——每动物单位的动物每日产生的粪便量；

D——污水存贮时间，d；

ρ——粪便密度，kg/m^3。

（2）存贮周期 粪污存贮时间一般受气温和粪肥利用情况等因素决定。从饲养周期来看，国内规模养殖场从仔猪进栏到出栏一般饲养 150~180 d，对应的尿泡粪贮存时间为 5~6 个月。从粪肥利用时间来看，大田作物基肥施用时间以 9—10 月和 2—4 月为主，施肥间隔期为 4~6 个月。从病原菌去除效果来看，在不同环境温度、不同 pH 值等条件下所需的粪污贮存时间不同。Nicholson 等研究结果表明，在粪污存贮过程中大肠杆菌、沙门氏菌最多能存活 3 个月，李斯特菌最多能存活 6 个月。Placha 等以猪粪为原料进行存贮试验，结果表明粪便中的沙门氏菌在夏季存活了 26 d，在冬季存活了 85 d。养殖粪污经存贮后进行还田利用是欧盟国家普遍采用的方式，并有相应法律法规的支撑，其中针对存贮时间，一般规定存贮周期为 4~9 个月不等，如法国、意大利规定为 4 个月，德国、荷兰为 6 个月。参照欧盟国家相关标准，建议总的存贮时间不少于 4 个月。若采用尿泡粪生产工艺，则覆膜存贮时可适当减少存贮时间。经存贮处理后粪水中致病微生物等卫生学要求应满足《畜禽粪便无害化处理技术规范》（GB/T 36195—2018）。

（3）废气处理 厌氧发酵过程中会产生一定量的沼气，应采取收集或点燃等方式进行处理。

（4）技术特点 该工艺能够显著减少粪污中氨的挥发，同时保持粪污中氮含量，有效保留粪肥中氮肥的肥效。能够明显阻挡臭气物质的挥发扩散，显著改善周围环境。能将雨水和粪污有效隔离开，减少因大量雨水造成粪污水量增大的成本，符合减量化要求。

11.1.3 仿生携氧净水技术

"猪粮安天下"，生猪是关系到我们国家国计民生的重大问题，猪肉是我国居民膳食结构中不可或缺的重要组成部分。随着生猪养殖量增加，猪场污水的排放也越来越大，污水造成的环境污染就成为了现代生猪养殖场生死存亡的关键。"畜产品刚需"与"养殖污染"似乎是一对较难调和的矛盾，特别是在首都北京，由于土地资源的稀缺，决定了未来北京养猪业的发展方向必然是规模越来越"大"，但与之相伴的是控制"养殖污染"的要求也将越来越严格。面对"北京不可能没有养殖业"的现实，解决养殖带来的污染仍是必由之路。十多年来，北京不少养殖场先后进行了数轮投资不菲的技术改造，但效果多不理想，也说明了这一问题。解决"养殖污染"的本质就是要找到"既好又便宜"的污水处理技术，即污水处理效果好，投资及运行成本低。

11.1.3.1 技术简介

"流水不腐"，是因为在流动过程中水和空气在不断混合，增加了水中的溶氧量。氧气是水自净过程中的关键因子，很多情况下需要往水里补充氧气（曝气），如养鱼、污水净化、需氧微生物发酵等。然而，补充的氧气多数会以气泡的形式逸出，氧气的利用率不高，仅有 5%~25%，这不仅造成能源的浪费，净水效果也大打折扣。近些年出现的纳米曝气和中空膜无泡曝气技术能够缓解上述问题，但投资成本、运行费用较高，制约了其在市场上大范围推广和应用（图 11-6）。

目前所采用的曝气方法，氧气利用率都较低，如机械搅拌方法氧气的利用率只有 2%~5%；纳米微气泡曝气虽是目前效率最高的，但也不超过 30%。采用高压方法可以增加水的溶氧量，但高压条件撤出后，氧气会很快从水中溢出。水体的溶氧量受饱和溶氧量的限制，而饱和溶氧量又与温度、压力及水体的成分等因素相关。超饱和溶氧状态在一定条件下存在，但不稳定，很快回到饱和状态这个"平衡点"，这是造成曝气时氧气利用率低的主要原因。

污水处理的曝气费用占到整个污水处理费用的 50%~60%，提高曝气效率是降低污水处理费用的最关键一环（图 11-7）[1]。

自然界中有大量的携氧现象，且氧气利用率远远高于人工曝气方法。能否通过研究自然携氧

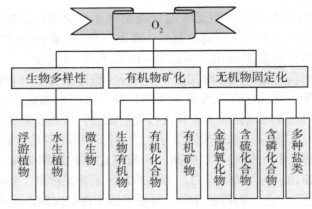

图 11-6 仿生携氧净水技术

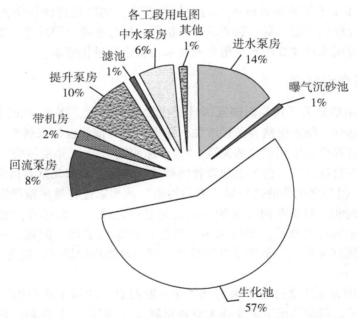

图 11-7 污水处理的用电情况

现象，研究出一种新型材料来提高曝气效率，以解决当今污水净化，特别是养殖污水净化中的技术难点。2016 年，团队首次提出了仿生携氧曝气技术的思路并开始进行了一系列研究。经过几年的研究，已取得了能够解决养殖污水处理净化的多项技术难题，在一些实际工程应用上取得了良好的应用效果，显示出了广阔的应用前景。

11.1.3.2 研究进展

（1）仿生携氧材料基础研究

① 仿生携氧材料的基本要求：仿生携氧材料研究的直接目的是提高污水曝气的效率，显然，液态材料不可能实现上述目标，液态材料可能随着水的流动而消耗，消耗不仅增加不可控费用，同时也可能影响出水指标。因此仿生携氧曝气材料必须是固态，能够携氧、释氧，同时具备重复

使用、自身不消耗、生物安全、耐候性强等特性。

②各型仿生携氧材料：仿生携氧材料必须产品形式多样、适合各种应用场所。迄今已成功研发了仿生携氧固体微粉、仿生携氧陶粒、仿生携氧海绵、仿生携氧玻璃纤维、仿生携氧不锈钢丝网、仿生携氧气浮剂、仿生携氧微生物复合载体等（图11-8）。

图11-8　各种仿生材料

③仿生携氧材料的携氧性能测定：仿生携氧材料研究及其产业化项目已经进入批量生产阶段。经过多年的研究试验，最终研发出的携氧新材料不仅具有极强的携氧能力，而且耐氧化分解，可以多次循环利用。大量的试验数据和试验结果显示，产品性能稳定、长效，与对照处理相比能够极显著提高污水处理效率，达到了预期效果（图11-9）。

④安全性研究：仿生携氧新材料的安全性研究也已经完成。仿生携氧新材料已经通过中国预防医学院的急性毒性安全试验，产品属于无毒级，是一种安全的材料。

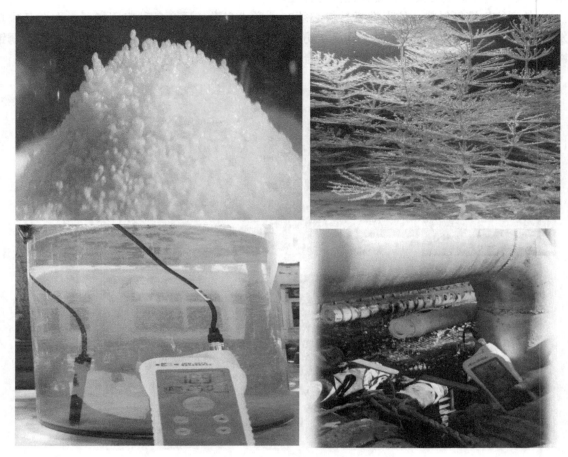

图 11-9　仿生材料性能测试

（2）仿生携氧污水处理相关产品与工艺研究

① 营养—微生物—携氧剂复合污泥添加剂：由多种负载了携氧剂、细菌、真菌和有机、无机营养剂的粉末状多孔吸附性材料组合而成。吸附性材料均为超细粉末状，根据负载的物质不同和设定的吸附对象不同选用多种不同吸附特性、表面电性、极性强弱、亲疏水性的多孔物质进行组合，其中，多种改性粉末活性炭占一定比例。粉末状载体组合的粒度、亲水性、水中密度可以使制剂投加到水中后形成比重与水相近的悬浮状态，在一定的搅拌强度下既不上浮也不下沉，使携氧材料、载体和微生物均匀分布在水中，形成一种类均相的生化反应体系，从而大大提高传质速率，同时也使此体系真正成为了携氧材料、活性污泥和生物膜工艺的结合体。本制剂为倾向于附着生长的微生物提供了悬浮态的、与菌胶团相近尺度的固体载体，使悬浮和附着两大类微生物共同存在于一个悬浮的类均相生化系统中，携氧材料提供有效的需氧环境，从而显著提高了生化系统的微生物多样性。对于新建污水处理生化系统，由于本制剂几乎含有微生物生化系统的所有要素（菌剂、营养剂、载体），所以可以完全或部分替代接种污泥，在短时间内建立起足够生物量的活性污泥生化系统，大大缩短驯化和适应期。同样的道理，本制剂也特别适用于由于冲击或突发事件造成的污水生化处理设施事故或崩溃的场合，只要投加量足够，几乎可以立即修复生化系统。

② 景观水体底层携氧剂：携氧材料可以暂时储存藻类、水生植物在有阳光时进行光合作用

释放的氧气，在没有阳光时则可以将氧气释放到水中，从而提高水体中的氧气含量，促进水体的自净能力，实现水体生态修复（图11-10）。

图11-10　携氧材料应用

③ 仿生携氧微生物载体：

a. 携氧材料与玻璃纤维、PE进行了有效结合，在此基础上研发出了一种新的毛球状产品，具有比表面积大、不消耗等优势，同时实现了规模化生产的自动化。

b. 携氧材料与生物载体耦合：携氧材料的目的是提高氧气的利用率，保障合适的溶氧浓度，为生物特别是微生物的生长繁殖创造条件。因此，携氧才与微生物的微环境耦合对水体的净化就尤为重要。本项目采用的玻璃纤维和PP纤维比表面积大，与携氧材料耦合后特别利于微生物的生长繁殖，使用效果良好。

④ 仿生携氧高效气浮助剂：携氧剂能够促进水中产生微气泡，而大量微气泡又是气浮分离的基础。微气泡的产生和释放，将有利于节约电耗（离心泵、空压机）或减少药耗（絮凝剂），为实际工程中气浮分离降低运行成本。

⑤ 单元式一体化污水净化机（图11-11）：该设备拥有经济和技术优势：建设成本少，占地面积小。日处理500 t污水的单元，建设投资仅150万元，主设备占地仅4~5 m²，可以实现污水的"就地净化，就地循环"，节省污水收集所需的管网系统费用（往往大大超过修建污水处理厂的费用）。

a. 运行费用低，污水处理效果好。采用新型携氧材料和微生物技术处理污水，可使氧气在水中充分溶解，无需进行强力空气鼓泡供氧，节省大量电力，管理方便。

b. 净水效果好。输出水质直接达到一级排放标准；同时，活性污泥产量低，大大降低了因活性污泥产生的劳动力成本和二次污染。

c. 适应性强，需求量大。既能对大型污水处理厂进行改造，又特别适应城乡小型居住区或畜禽饲养场就地污水处理，对水库、湖泊等重要水源周边生活乡镇、村民集聚点生活污水就地分散处理，避免了类似城市污水管网建设的海量投入，对保护水源地、湖泊的水体污染具有重要意义。而且处理规模可根据污染水源的出水量设置，灵活方便。

⑥ 仿生携氧高效湿地技术：植物湿地已广泛用于微污染污水体治理，缺点是容易发生堵塞短路，同时对高浓度有机污水的适应性较差。将携氧材料用于湿地的栽培基质，可以克服上述缺点，大大提升湿地的应用范围和应用效果。

表11-2是将含有携氧载体的材料用于经处理达到农业灌溉标准的废水尾水进行湿地进一步净化。结果湿地的生物量和水质净化效果均显著得到提高。

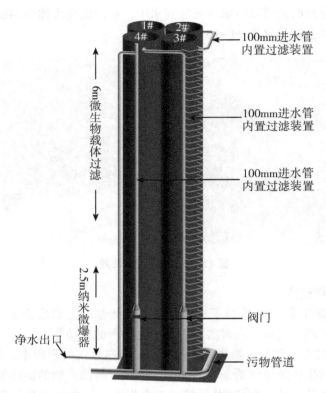

图 11-11 单元式一体化污水净化机

表 11-2 携氧载体材料处理比较

考核指标	常规组	携氧组
水生生物生物量	3 000 kg	4 500 kg
水体氨氮	20 mg/L	10 mg/L
水体 COD	60 mg/L	20 mg/L
吨水运行成本	1.8 元/t	0.6 元/t
运行时间	3 个月	3 个月

⑦ 池外仿生携氧曝气技术：在高出水面 30~50 cm 的水池上方铺放新型携氧材料改性的不锈钢丝网 3~5 cm，污水由生化池底部通过轴流泵提升 30~35 cm，再经布水管浇淋在携氧改性不锈钢丝网上，形成循环，达到曝气和脱氮的双重效果。经携氧钢丝网流下的水的溶氧量可以达到饱和。池内填装携氧微生物载体，将污水处理的各个流程，即生物选择、除碳、脱氮、除磷以及沉淀多个单元有机组合成一个单元，结构紧凑，有效节省了占地面积，简化了工艺流程。利用低扬程池外曝气技术净化养殖场粪污可以减少固定资产投资 30% 以上、运行成本 50% 以上。

⑧ 垃圾渗滤液处理上的应用：垃圾渗滤液为什么难处理？经长期厌氧生产的垃圾渗滤液成分复杂，生化性差。更大的问题是厌氧产生的各种腐殖酸类物质具有类似阴离子表面活性剂活性，各种成分高度乳化在一起，表面带相同电性，且有水膜层保护，目前的絮凝方法难以起到作用，沉淀、气浮、过滤等效果不好，所以生化前处理效果不理想。目前通常采用的方法是添加一定碳源后经过一定生化处理后再经纳滤、反渗透过滤，约有 30% 的残留浓缩液回到生化池或回

填垃圾场，长期的循环积累形成恶性循环。这是导致垃圾渗滤液的处理成本较高的主要原因。仿生携氧技术可以在垃圾渗滤液处理上发挥如下作用。

a. 前处理阶段：当纳米仿生携氧材料在液体中携氧后，其表面张力极低，能够对垃圾渗滤液的胶体产生破乳作用，同时能够吸附腐殖酸的疏水端，将难生物降解的腐殖酸类物质通过气浮带出液体。在此基础上，再通过加入氨氮类吸附树脂将氨氮带出液体。通过上述步骤将80%以上的负荷移除水体，为生化处理阶段"轻装上阵"打下基础。

b. 生化处理阶段：在生化阶段，采用仿生携氧技术，氧气的利用率比传统方法可以提高2~3倍，可以大大节省曝气所需的能源，达到高效与节能的目的。

c. 后处理阶段：在纳滤和反渗透过滤阶段，加入纳米仿生携氧材料后，能够产生大量的悬浮氧气泡，悬浮氧气泡具有不沾性，对过滤膜产生保护作用；同时悬浮氧气泡对滤膜有连续"洗刷效应"，降低堵塞概率，起到延长使用更换时间，提高过滤效率。

（3）仿生携氧技术在养殖粪污处理上的应用

① 基本工艺简介：

工艺包括：粪污收集与固液分离、厌氧发酵、生化前期处理、A/O生化处理、湿地净化等阶段。

a. 当纳米仿生携氧材料在液体中携氧后，其表面张力极低，能够对沼液的胶体产生破乳作用，同时能够吸附腐殖酸的疏水端，将难生物降解的腐殖酸类物质通过气浮带出液体。通过上述步骤将80%以上的负荷移除水体，为生化处理阶段"轻装上阵"打下基础。

b. 厌氧沼液或高浓度粪水直接种植植物。通过对浮床上的种植基质加入仿生携氧材料，以保障植物根部不缺氧，可以直接在沼液或高浓度粪水上直接种植植物，不仅可以降低COD等，同时起到改善污水加生化阶段的可生化性，也能改善环境。厌氧发酵：厌氧池的容积为30~45 d的储存处理量。COD降低到2 000~2 500 mg/L。

c. 生化前处理。污水在此的停留时间为2~3 d，COD降低到500~700 mg/L。

d. 生化处理阶段。采用仿生携氧技术，氧气的利用率比传统方法可以提高2~3倍，可以大大节省曝气所需的能源，达到高效与节能的目的。采用A/O工艺，污水停留时间为8~10 d，COD降低到80~100 mg/L。

e. 湿地处理阶段。经生化后的尾水进入湿地，在湿地中加入经仿生携氧材料处理的生物载体，可以显著提高湿地的污水净化效率。停留时间为3~5 d，COD降低到60 mg/L以下。

② 养殖污水净化应用实例：

a. 北京绿色园野养殖有限公司：该猪场每天产生粪污约50 m³，粪污经黑膜厌氧后的沼液COD约为2 000 mg/L，经植物直接净化后（停留时间48 h），COD降为500~700 mg/L。生化工艺采用A/O工艺，曝气池内填满仿生携氧改性的微生物载体，采用射流曝气间歇曝气。主要指标达到一级排放指标，处理费用低于3.0元/t。

生化处理后的尾水进入约600 m²的阳光大棚湿地，湿地水池中填满了经仿生携氧材料改性的生物载体，水体上方种植青绿饲料和蔬菜，出水达到养鱼的水质标准，每年产1万余千克青绿饲料，出水用于灌溉、冲洗猪舍，实现了"零排放"。

本猪场通过了北京市环评验收和北京市畜牧总站"规模化猪场废弃物资源化利用"项目验收。

b. 河北中保牧业公司奶牛场：该养牛场每天产生粪污和挤奶厅冲洗水共约150 m³，经干湿分离后，采用本项目研制的微扬程池外曝气工艺，出水达到了灌溉用水标准，用于场内300亩（1亩≈667 m²）青贮玉米和黑麦草的灌溉，实现循环再利用。污水处理成本约1.5元/t，低于传统其他处理方法所产生的费用。2020 年 6 月，项目顺利通过环保验收。

c. 杭州正平养猪场：该猪场每天产养猪污水约 500 m³，采用的工艺为 A/O 工艺，曝气池容积约为 3 000 m³，添加仿生携氧剂前生化池溶氧量 0.2~0.3 mg/L，添加后在同等曝气条件下，12 h 后即稳定在 3.0~4.0 mg/L，提高溶氧量 15~20 倍。污水经处理后进入市政污水管网。

（4）仿生携氧技术在水产养殖上的应用实例　保障水体的溶氧量是水产养殖的重要保障，溶氧量不仅是鱼的生存需要，也是水体净化、水体生态循环的先决条件。利用携氧材料为基础研发的"箱式养鱼"可以将鱼虾的养殖密度提高到传统鱼塘的 100~150 倍。

① 增氧：在湖北宜昌贵子湖渔场，传统方法是鼓风机曝气，耗能高，效果不理想，常因缺氧造成死鱼现象。改为携氧网曝气，用电节省了 70% 以上，并且能够保持水的溶氧量在饱和状态。

② 水净化：湖北宜都市某中华鲟养殖基地，每天有 300 m³ 养鱼尾水产生，不能直接排放。利用携氧微生物载体修建了一个循环湿地，实现了达标排放，同时净化后的水能够循环利用。

③ 高密度零排放养殖：北京门头沟水峪村农业观光基地地处永定河旁，离永定河道不到 300 m，属于生态敏感区域。园区通过仿生携氧技术建起了鱼菜共生系统，实现了台湾鲈鱼的高密生产，每个大棚（约 1 亩）年鱼产量高达 10 万 kg，产值 400 多万元。该系统完全实现了零排放。

（5）仿生携氧技术的其他潜能与应用

① 微生物发酵上的应用：在微生物的液体和固体培养基中加入携氧材料，能够大大提高需氧微生物的发酵效率，提高效果可以达到数十倍至数百倍。这将对发酵相关的抗生素、维生素、生物农药、酶制剂、活菌制剂、食品酿造等行业的技术升级具有重要价值（表 11-3）。

表 11-3　添加悬浮携氧剂对枯草芽孢杆菌培养的影响　　　　　（单位：CFU/g）

组别	培养 12 h	培养 24 h	培养 36 h
实验组	$2.3×10^9$	$1.9×10^{10}$	$1.7×10^{11}$
对照组	$3.8×10^7$	$6.7×10^8$	$3.7×10^9$

② "极限隔水效应"与应用：携氧材料介质可以阻断水及水蒸气的通过，实现"极限隔水效应"。将鸡蛋、板栗、甘薯、柑橘、苹果等包埋在经仿生携氧材料处理的石英砂里，放置在冰箱中，一年后水分损失率不明显；而对照组水分损失率达 15%~20%。"极限隔水效应"在建筑防水、水利设施防冻裂、文物保存等众多领域有潜在应用价值。

③ "空中取水"：仿生携氧技术不仅通过净水实现猪场水资源循环利用，而且可以分离空气中的水分，实现真正的"养猪之水天上来"的愿景，建立资源节约型、环境友好型的农业模式。

④ 空气净化：由于仿生携氧材料的超疏水性，其疏水夹角大于 150°，当与超亲水材料（亲水夹角小于 10°）结合时，将具有极强的水蒸气凝结功能，畜禽圈舍中的水分、亲水性氨氮、硫化氢、气溶胶等可以一并被凝结，从而达到净化空气的目的。研究显示，利用仿生携氧材料与超亲水材料组成的过滤装置在一猪场圈舍达到了以下净化效果：一是降低圈舍内空气水分 50% 以上；二是降低氨氮 50% 以上，降低臭味 60% 以上；三是减少圈舍气溶胶浓度 50% 以上。

⑤ 全新海水淡化技术：蒸馏法是海水淡化的方法之一，其主要成本是能耗。采用仿生携氧材料作为凝结介质，可以大大提高海水淡化效率。蒸发是耗能过程，蒸汽凝结是放能，如果能够将上述过程耦合，通过"热泵"工艺实现能源的循环利用，则可以大大节省能耗。

⑥ 畜禽液体饲喂系统改进：液态饲喂系统可以整合非常规饲料、微生态制剂、微生物发酵

脱毒、营养预消化、微量元素有机化、圈舍臭味控制、改善畜产品品质等多重目的。其面临的主要问题是残留在系统内的液态饲料导致发霉变质及相关次生危害。仿生携氧材料表面裹有一层氧气，可以避免液态饲料的残留，将有利于解决困扰当前液态饲喂系统难题。

⑦ 高浓度臭氧水与高级臭氧氧化净水技术：由于携氧材料也能够促进臭氧在水中的溶解，因此在目前臭氧应用的消毒灭菌、污水脱色、高级氧化、农产品农药残留清洗、土壤有害微生物控制等领域亦有潜在应用价值。

仿生携氧材料作为一种物理型的高新材料，具有亲氧、疏水、耐氧化、耐微生物分解等特质。在水体中它能够吸附大量的氧气分子，也可以提高氧气饱和度，大大提高水体中的氧气含量。而当其所携氧气被消耗利用后，还能够再次吸附新的氧分子，携氧环保材料不会被消耗。新材料可以改进目前污水处理系统中广泛应用的曝气工艺，提高曝气效果，氧气的利用率可以成倍提高，能够极大地降低污水处理能耗大的弊病。仿生携氧技术将开创一种全新的曝气技术，是一种新颖的供氧方式，其实质是利用材料的亲氧特性，将氧分子结合到材料表面，形成"富氧层"，增大氧与水接触面积，避免或减少气泡上浮逃逸，提高氧分子的利用率，具有传统曝气技术无法比拟的优势。仿生携氧曝气技术净化养殖污水可减少 20%~30% 的基础固定资产投资，运行费用减少 50%~80%。

仿生携氧技术在水产养殖、空气净化、空气取水、海水淡化、防水、保鲜等众多领域有潜在应用价值，有待于进一步深入研究。

11.2　臭气污染治理技术

畜禽养殖业臭气污染问题已成为一个日益严重的困扰京郊城乡居民生活的社会和环境问题，养殖场周边因为臭气污染而被周边居民投诉事件频频发生，在所有养殖场污染投诉问题中，臭气污染起诉案例占比达 62.5%。为贯彻落实《中华人民共和国大气污染防治法》，加强臭气污染监管，生态环境部于 2018 年组织了《恶臭污染物排放标准》（GB 14554—1993）的修订工作，其中一条修订原则就是针对主要的恶臭污染物的一次最大排放限值、复合恶臭物质的臭气浓度限值及无组织排放源厂界浓度限值提出更严格的要求。作为养殖业大国，臭气治理与减排已经成为当前畜牧业可持续发展的关键问题之一。

养殖场臭气主要来源畜禽消化系统及畜禽粪尿的代谢分解，臭气成分非常复杂，目前人体嗅觉器官能感知的恶臭物质有 4 000 多种。据报道，牛粪恶臭成分有 94 种，猪粪有 230 种，鸡粪有 150 种。恶臭物质主要包括 3 类：含硫的化合物，如硫化氢（H_2S）、甲硫醇、甲基硫醚等，含氮化合物如氨（NH_3）、三甲胺等，碳、氢、氧化合物，如低级醇、醛、脂肪酸等。H_2S 和 NH_3 是畜禽粪便恶臭的主要成分。Paulot、Clarisse 等报道全球氨排放检测结果，我国氨排放总量约 1 200 万 t/年，美国和欧盟总计约 716 万 t/年，其中全球畜禽粪便 NH_3 排放量约占大气中总排放量的 39%，我国畜禽养殖 NH_3 排放量占总排放量的 54.06%。据测定，年出栏 10 万头的规模猪场，NH_3 排放量可达 159 kg/h、H_2S 排放量可达 14.5 kg/h；存栏量 3 万只的蛋鸡场，NH_3 排放量达 1.8 kg/d。国内常用的估算数据为：仔猪 NH_3 的排放量为 0.6~0.8 g/（d·头），保育猪为 0.8~1.1 g/（d·头），中猪为 1.9~2.1 g/（d·头），大猪为 5.6~5.7 g/（d·头）。

臭气排放量除受养殖规模影响外，还受气候条件、饲养管理水平、生产工艺、粪污处理工艺等因素影响。当前也有很多研究者围绕饲料调控，通过在日粮中添加一种或多种饲料添加剂，利用吸附、降低 pH 值等物理方式或改善微生物菌群及调节肠道生态等微生物手段提高饲料消化率、减少臭气的源头排放的方法，受到了广泛的关注。此处重点针对畜禽粪尿产出及畜禽呼吸释放臭气的收集、净化两方面技术进行阐述。采用何种收集与净化技术，与臭气产生量及通风换气需求有着密切关系。

猪场臭气因为成分复杂、浓度频变、挥发面大、滞留长久（连续产出、不断腐败），难以密闭、难以集中、排气量难减、难以有组织排放。有研究表明，猪场臭气产生 65% 来源于养殖末端粪污的处理方面，25% 来源于猪舍，10% 来源于猪场饲料方面。一般来说，养殖场臭气污染治理是一项系统工程，只针对某个环节或用某一项技术是不能彻底解决全场的臭气污染问题的，需要从饲料、清粪、存贮、治理工艺等各个生产环节进行全过程治理控制。畜舍臭气利用喷雾吸附和滤墙过滤，在微生物分解代谢作用下，吸收和降解臭气分子，末端粪污处理环节采用密闭式堆肥臭气洗脱净化和覆膜堆肥技术，使得末端废气得到进一步的净化处理，构建起源头、中端、末端 3 道臭气污染防治屏障，将养殖场臭气无组织分散排放变为集中治理达标排放，减少了畜禽养殖场臭气产生，改善了农村人居环境。

11.2.1 滤墙除臭技术

11.2.1.1 技术简介

氨气是养殖场臭气的主要成分之一，它具有强烈的刺激性气味，且极易溶于水，其溶解度为1 : 700。一般来说，按照规模猪场环境参数及环境管理（GB/T 17824.3—2008）规定的通风要求，即使冬季低通风条件下，畜舍通风量也必须达到 0.3 m^3/（$h \cdot kg$）。按此计算，若一栋 500头存栏肥猪舍，则其日通风量约需 30 万 m^3。若采用管道集气系统及滤塔除臭技术，则存在通风系统改造成本提高、风阻增大而能耗增高、通风量大而配套设备负荷高等诸多不足。

由此，充分利用氨气的水溶性特点，设立水帘滤墙，对畜舍内臭气进行过滤除臭。滤墙设计具有接触面积大、风阻小、成本相对较低，以及适用于旧舍改造，不影响原有通风系统的技术优势，符合畜舍的大通风量需求。

11.2.1.2 研究进展

该技术主要是利用规模猪场通用的负压纵向通风系统，于通风出口处设计安装集气室。集气室主要包括水帘及布水系统、循环液监测系统。技术工艺结构见图 11-12。具体内容如下。

（1）集气室设计 集气室位置取决于畜舍通风系统与流向，适用于纵向负压通风模式。集气室安装于出风口山墙外，宽度 2~3 m，长度和高度均与山墙宽度等长、等高即可。墙体可采用砖墙或混凝土结构。

（2）水帘安装设计 水帘不能选用普通纸质材料，应选用 PVC 材质，必须具有防水、防腐、耐酸碱、防霉、防虫、易清洗等特点。接触面积与接触时间是影响吸收效果的主要因素，为增强吸收效果，水帘安装设计时应充分考虑水帘厚度、水帘网状结构。一般水帘厚度应大于 10 cm，同时也可设计多级湿帘来增加水帘个数与厚度，以此加大接触时间和接触面积。但是由于水帘安装会对风机产生一定风阻而影响通风效率，一般增装湿帘会导致通风效率降低 10%，滤墙越厚风阻越大。因此，水帘安装后通风管理时应通过适当增加风机数量或延长通风时间，以确保满足生产通风量需求。

（3）吸收液选择 养殖场臭气成分复杂，一般可多达几十种或上百种，氨气具有弱碱性，极易溶于水。鉴于臭气成分复杂，吸收液可根据条件进行选择。可以用普通水作为吸收液，也可以用微酸性液体（如柠檬酸）作为吸收液，pH 值一般为 6.0~6.5。

（4）循环液监测系统设计 对储液池内液体 pH 值进行连续自动监测，当 pH 值大于 8.5 时，应对储液池进行液体更换。

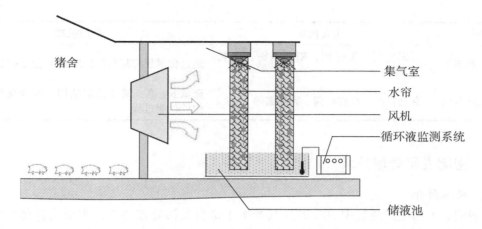

集气室

水帘

风机

循环液监测系统

储液池

猪舍

图 11-12　滤墙除臭工艺结构

11.2.2　舍内喷雾除臭技术

11.2.2.1　技术简介

集约化养殖模式下，养殖密度高，畜舍通常相对封闭，造成舍内空气质量较差。尤其是冬季时为满足畜舍保温需求而通风相对不足，会造成氨气、硫化氢等恶臭污染物显著聚集。《规模猪场环境参数及环境管理》（GB/T 17824.3—2008）、《畜禽环境质量标准》（NY/T 388—1999）等标准对猪舍内氨气、硫化氢、臭气等主要污染物进行了限值规定，其中氨气浓度 ≤20 mg/m^3、硫化氢浓度 ≤8 mg/m^3、恶臭 ≤70。曹进等研究表明，舍内氨气浓度会直接影响饲料转化率，浓度较高时可使动物表现出咳嗽、打喷嚏、流涎、分泌泪液、食欲不振、免疫力降低等临床症状。舍内臭气主要来自畜禽呼吸及粪尿代谢分解。舍内喷雾除臭技术就是利用特定喷雾系统将微生物除臭剂喷洒于畜舍空气中或粪污表面，抑制臭气释放或代谢分解臭气物质，达到除臭的目的。除臭过程就是功能性微生物的硝化、反硝化、氧化和还原等作用转换恶臭气体的过程。微生物除臭剂主要是通过筛选、驯化功能性微生物，将其固定在某一载体上而制成一定剂型进行应用。

11.2.2.2　研究进展

（1）喷雾系统设计与安装　喷雾系统主要包括配液箱、管道、喷头。配液箱大小根据生产需求而定，管道与喷头材质应选择耐腐蚀材料。喷头选择主要依据雾化粒径大小，一般要求雾化粒径为 40～60 μm。雾化粒径过大会让除臭物质在空气中停留时间过短，不利于与有害气体充分接触，弱化了除臭效果，同时粒径过大会加大喷雾用水量和舍内湿度。粒径过小容易通过呼吸系统进入畜禽体内，不利于健康生长。喷雾系统管道一般安装于猪群排便区地面上方 2.0～2.5 m 距离处。喷头安装间隔 1.5～2.0 m。该方法适用于带畜除臭。

（2）除臭剂选择　目前除臭剂类型大致分为物理除臭剂、化学除臭剂和微生物除臭剂 3 类。除臭剂分类及作用机理见下表。其中仅微生物除臭剂适用于舍内喷雾除臭技术，物理除臭剂和化学除臭剂均只能均匀撒在地面、投放入粪池等，不能于舍内空气中喷洒使用（表 11-4）。

表 11-4　除臭剂分类及作用机理

类别	主要代表	作用机理
物理除臭剂	活性炭、沸石粉、膨润土、麦饭石等	物理吸附作用

（续表）

类别	主要代表	作用机理
化学除臭剂	过氧化钙、氯化钙、硝酸氢钙、过氧化氢等	通过化学反应将臭味物质转化为无臭气体
微生物类除臭剂	芽孢杆菌、双歧杆菌、乳酸菌等	降低 pH 值，调节菌群结构，减少臭气物质产生的代谢过程

11.2.3 密闭发酵处理技术

11.2.3.1 技术简介

研究表明，养殖生产过程中 60%的臭气产生于畜禽粪污处理环节，主要是畜禽粪便代谢降解而产生。当前粪便发酵、污水处理等工艺多数处于开放性空间，臭气物质为无组织排放状态，不易收集。为此，针对固体粪便高温好氧发酵过程，改变条剁式、槽式等开放式工艺处理工艺设计，利用密闭发酵罐进行处理，通过罐体顶端安装负压集气系统，将好氧发酵产生的气体物质全部收集进入淋洗净化塔，实现发酵过程中释放气体的全量收集、净化处理与达标排放。该系统主要包括进料系统、搅拌系统、曝气系统、供热系统、集气净化系统等。罐体侧面安装升降机，堆料通过料斗提升至罐体顶部进料口。搅拌系统由主轴和搅拌扇叶组成，扇叶结构为空心，鼓风系统通过主轴和扇叶将空气送到每一个搅拌扇叶，再通过扇叶气孔将空气送到罐体内堆料的各个角落，搅拌与通风可以良好地控制物料水分与温度，同时在发酵的过程中自动解决物料移动及出料问题，最终达到缩短发酵周期、提高发酵速率、提高生产效率、实现机械化生产的目的。具体结构见图 11-13。

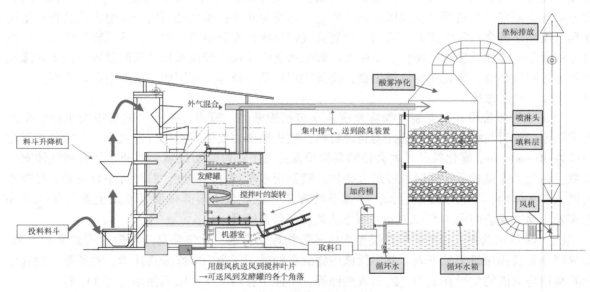

图 11-13 密闭发酵装置结构

11.2.3.2 研究进展

（1）菌床培养 设备运行前，需要进行菌群接种和优势菌群培养，适当接种复合微生物菌剂可加快物料升温与腐熟。菌床体积按照罐体体积的 80%准备，为后续堆料发酵腐熟提供良好的初始环境。

（2）辅料准备 一般情况下，高温好氧堆肥时应对堆料碳氮比、含水率进行适当控制，以碳氮比（20~25）∶1、含水率≤80%为宜。通常干清粪模式下清出的鲜猪粪含水率为80%~85%（固液分离后的粪渣其含水率更低），且该发酵工艺配套有加热和曝气装置，能快速蒸发堆料水分，因此一般无需再添加秸秆等辅料来调节水分，规模化猪场清出的固体粪便可直接通过料斗升降机连续进料。

（3）工艺流程与处理负荷 工艺流程与传统好氧堆肥工艺相似，分为主发酵与后腐熟两个阶段。主发酵阶段在密闭式发酵反应器中进行，在7~10 d的较短时间内快速实现畜禽粪便的高温分解和无害化，形成初级有机肥产品。一个85~100 m³的密闭发酵罐日处理量为15 m³，以年出栏10 000头规模的养猪场为例，年产粪便量3 000~4 000 m³，可配套选用一台容积为85~100 m³反应器。

（4）除臭系统 通过负压系统将罐体内气体送至除臭塔。除臭塔主要由喷淋系统、滤层及滤液循环系统组成。罐体尾气中氨气、硫化氢等臭气物质经喷淋、洗涤后被大量吸收去除，而使其达到达标排放的处理目标。

（5）肥料品质 因发酵过程不添加或少添加辅料，所以其堆肥产品中氮、磷、钾总养分含量明显高于常规工艺处理产品，总养分（$N+P_2O_5+K_2O$）可达9.1%~11.3%，超出标准规定的40%［《有机肥料》NY 525—2012规定总养分（$N+P_2O_5+K_2O$）≥5.0%］，属于优质有机肥产品。堆肥产品具体品质情况见表11-5。

（6）技术特点 密闭式发酵系统具备占地面积小、发酵生产周期短，降低处理场蚊蝇滋生、减少恶臭气体和有害气体排放等技术优势。研究监测表明，发酵周期短，在10~15 d的高温发酵周期内即可达到传统工艺30~40 d的水分控制和腐熟效果；除臭效果好，密闭发酵工艺可使堆肥过程因氨挥发等造成的总氮素损失减少23%以上。但相对其他工艺运行成本较高，100 m³容积的发酵罐年运行成本12万~15万元（表11-5）。

表11-5 猪粪密闭式发酵堆肥品质与有机肥料标准的比较

参数	数值范围	平均	中华人民共和国农业行业标准（NY 525—2012）
水分（%）	28.8~37.2	32.5	≤30
pH值	7.1~8.8	8.1	5.5~8.5
有机质（%）	50.8~72.8	62.4	≥45
全氮（%）	2.3~4.0	2.9	—
全磷（P_2O_5）（%）	3.9~5.3	4.0	—
全钾（K_2O）（%）	1.5~3.1	2.9	—
总养分（$N+P_2O_5+K_2O$）（%）	9.1~11.3	9.8	≥5.0
Cd（mg/kg）	0.17~2.81	0.99	≤3
Cr（mg/kg）	0.057~18.6	7.92	≤150
Pb（mg/kg）	0.28~2.41	1.74	≤50
As（mg/kg）	0.15~7.63	1.17	≤15
Hg（mg/kg）	0.00~1.06	0.22	≤2

11.3　资源化利用技术

畜禽养殖废弃物含有丰富的养分，适时适量还田利用具有提升土壤有机质含量、保障农田可持续生产能力、改善农产品质量的作用。但由于养殖业集约化和规模化水平的不断发展，造成养殖废弃物产生量高度集中，种养脱节的实际更是加重了养殖粪肥还田利用的压力。自党的十八大做出"五位一体"总体布局工作部署以来，生态文明建设就上升到了国家战略高度，牢固树立和全面落实创新、协调、绿色、开放、共享的新发展理念，坚持保供给与保环境并重，循环农业也随之全面推进。2017年6月，《关于加快推进畜禽养殖废弃物资源化利用意见》，明确提出全面构建种养循环发展机制。其后，农业农村部联合生态环境部等多部委陆续颁布了《关于促进畜禽粪污还田利用依法加强养殖污染治理的指导意见》等系列政策文件，标志着畜禽养殖粪污治理由"达标排放"到"以用促治"的根本性转变，发展种养循环、推进资源化利用成为养殖业可持续发展的关键举措。养殖粪污资源化利用的关键在于在降低处理成本的基础上进行"无害化处理"，通过"养分平衡"做好还田利用，从而达到"以用促治"的目标。

11.3.1　无害化处理技术

畜禽养殖废弃物中丰富的氮、磷等有机物是其资源化利用的基础，但废弃物经动物消化道排出体外时会携带大量微生物、杂草种子等，包括细菌、真菌、寄生虫卵及病毒。其中大肠杆菌、沙门氏菌、李斯特菌、马立克氏病毒、蛔虫卵等属于病原。如果处置不当会为后期利用带来污染风险。检测表明，养殖场排放的污水中平均每毫升含有33万个大肠杆菌和69万个大肠球菌，每1 000 mL沉淀池污水中含有190多个蛔虫卵和100多个线虫卵。且多数致病微生物及寄生虫卵在未经处理的畜禽粪便中可长期生存，如在自然堆肥条件下，大肠杆菌需要2~3个月才可以达到排放标准，沙门氏菌需要4~5个月，蛔虫卵死亡率达到90%则需要10个月。此外，养殖废弃物主要为有机污染物，养殖污水中COD浓度最高可达30 000 mg/L。如果直接施到田间地头会造成土壤缺氧、植物烧苗等影响。因此，养殖废弃物资源化利用前必须经过严格无害化处理达标后方可施用。

11.3.1.1　技术简介

无害化处理的目标是为了杀灭粪污中的病虫卵、致病微生物等，防止疾病传播而影响人类身体健康。同时需要进行稳定化处理降解大分子有机物，以利于作物吸收利用。固体粪便无害化处理通常可采用条垛式、槽式或反应器等好氧发酵工艺，通过翻堆或曝气等方式使堆体充分供氧，加速代谢分解使温度达到55 ℃以上，并保持一定时间以杀灭病原，达到无害化处理的目的。液体粪污的无害化处理通常采用沼气工程、黑膜存贮等厌氧工艺，在断绝与空气接触的条件下，依赖专性厌氧菌和兼性厌氧菌的生物化物学作用，对有机物进行生物降解，达到稳定化处理的目的。

11.3.1.2　研究进展

（1）工艺条件　好氧发酵工艺主要包括起始阶段、高温阶段和熟化阶段。不同阶段分别由不同微生物菌群发挥作用，对堆料进行代谢分解，同时释放热量使堆体温度上升。起始阶段时，不耐高温的细菌分解有机物中易降解的碳水化合物、脂肪等，使温度达到15~40 ℃。随着耐高温细菌迅速繁殖，在有氧条件下，大部较难降解的蛋白质、纤维等继续被氧化分解，同时放出大量热能，使温度上升至60~70 ℃，进入高温阶段。当有机物基本降解完，嗜热菌因缺乏养料而停止生长，产热随之停止。堆肥的温度逐渐下降，当温度稳定在40 ℃，堆肥基本达到稳定，形成腐殖质。冷却后的堆肥，一些新的微生物借助残余有机物（包括死后的细菌残体）而生长，将堆肥过程最终完成，即熟化阶段。如何选择和控制堆肥发酵条件，促使微生物降解的过程能快速顺利进行，一般来说重点应控制好含水率、碳氮比和供氧量。具体如下。

①含水率：在堆肥工艺中，堆肥原料的含水率对发酵过程影响很大，水的作用一是溶解有机物，参与微生物的新陈代谢；二是可以调节堆肥温度，当温度过高时可通过水分的蒸发，带走一部分热量。水分太低妨碍微生物的繁殖，使分解速度缓慢，甚至导致分解反应停止。水分过高则会导致原料内部空隙被水充满，使空气量减少，造成向有机物供氧不足，形成厌氧状态。同时因过多的水分蒸发，而带走大部分热量，使堆肥过程达不到要求的高温阶段，抑制了高温菌的降解活性，最终影响堆肥的效果。实践证明堆肥原料的水分在 50%~80% 为宜。

②碳氮比：有机物被微生物分解的速度随碳氮比变化，微生物自身的碳氮比为 4~30，因此用作其营养的有机物的碳氮比最好也在该范围内，当碳氮比在 10~25 时，有机物被生物分解速度最大。如果碳氮比过高，堆肥成品的比值也过高，即出现"氮饥饿"状态，施于土壤后，会夺取土壤中的氮，而影响作物生长。堆肥过程适宜的碳氮比应为（25~30）：1。

③供氧量：对于好氧堆肥而言，氧气是微生物赖以生存的物质条件，供氧不足会造成大量微生物死亡，使分解速度减慢；但供冷空气量过大又会使温度降低，尤其不利于耐高温菌的氧化分解过程，因此供氧量要适当，一般为 0.1~0.2 m³/（m³·min），供氧方式是靠强制通风，因此保持物料间一定的空隙率很重要，物料颗粒太大使空隙率减小，颗粒太小其结构强度小，一旦受压会发生倾塌压缩而导致实际空隙减小。因此颗粒大小要适当，可视物料组成性质而定。

（2）技术要求　固体粪便无害化处理后，其卫生学指标、有毒有害物质等应符合表 11-6 的要求，液体粪便厌氧发酵无害化处理后，其卫生学指标、有毒有害物质等应符合表 11-7 的要求。

表 11-6　堆肥无害化卫生学要求

项目		要求	说明
卫生学指标	蛔虫卵死亡率	95%~100%	引自《畜禽粪便无害化处理技术规范》（GB/T 36195—2018）
	粪大肠菌群数（个/g）	10^{-2}~10^{-1}	
	苍蝇	堆肥中及堆肥周围没有活的蛆、蛹或新孵化的成蝇	
	发芽率指数（GI）（%）	≥70	
有毒有害物质	总砷（As）（以烘干基计）（mg/kg）	≤15	引自《有机肥料》（NY/T 525—2021）
	总汞（Hg）（以烘干基计）（mg/kg）	≤2	
	总铅（Pb）（以烘干基计）（mg/kg）	≤50	
	总镉（Cd）（以烘干基计）（mg/kg）	≤3	
	总铬（Cr）（以烘干基计）（mg/kg）	≤150	

表 11-7　沼气肥或液态粪便无害化卫生学要求

项目	要求
蛔虫卵死亡率	≥95%
血吸虫卵和钩虫卵	在使用的沼液中不应有活的血吸虫卵和钩虫卵

（续表）

项目	要求
粪大肠菌值	$10^{-2} \sim 10^{-1}$
蚊子、苍蝇	有效地控制蚊蝇滋生，沼液中无孑孓，池的周边无活的蛆、蛹或新羽化的成蝇

注：引自 GB/T25246—2010《畜禽粪便还田技术规范》。

11.3.2　还田利用技术

11.3.2.1　技术简介

养分平衡是养殖粪肥还田利用的基础，主要是根据氮或磷等养分物质的供需需求进行还田施用。过量施用会造成氮、磷养分土壤累积与淋溶流失，产生土壤、地下水等面源污染问题，施用不足会影响作物生长。因此，科学定量、按需施用粪肥是做好畜禽粪肥还田利用的关键。养殖粪肥中养分含量受畜禽品种、清粪工艺、粪污处理工艺等多方面因素影响，种植生产过程中养分吸收量也因作物品种、土壤中养分本底含量等情况而不同。因此为确保定量科学，可以采取基于测土配方施肥的目标产量法或经验法等进行施肥量计算。

（1）目标产量法　施肥量计算公式：

$$N= \left[(A-S) / (d \times r) \right] \times f$$

式中：

N——一定土壤肥力和单位面积作物预期产量下需要投入的某种畜禽粪便的量，单位为 t/hm^2；

A——预期单位面积产量下作物需要吸收的营养元素的量，单位为 t/hm^2；

S——预期单位面积产量下作物从土壤中吸收的营养元素量（或称土壤供肥量），单位为 t/hm^2；

d——经无害化处理后粪肥中某种营养元素的含量，%；

r——畜禽粪便养分的当季利用率，%；

f——指施用粪肥提供的养分量占施肥总量的比例，%。

作物形成 100 kg 产量吸收的营养元素的量见表 11-8。

表 11-8　作物形成 100 kg 产量吸收的营养元素的量

作物种类		氮（kg）	磷（kg）	产量水平（t/hm²）
大田	小麦	3.00	1.25	4.5
	夏玉米	2.65	1.05	0.65
	春玉米	2.65	1.05	0.72
	水稻	2.20	0.08	6.0
蔬菜	黄瓜	0.28	0.09	75
	番茄	0.33	0.10	75
	青椒	0.51	0.107	45
	芹菜	0.20	0.09	8.00
	大白菜	0.15	0.07	90
	萝卜	0.26	0.135	4.25

（续表）

作物种类		氮（kg）	磷（kg）	产量水平（t/hm²）
果树	苹果	0.3	0.08	30
	梨	0.47	0.23	22.5

（2）经验值法　当进行某区域种养殖结构产业规划布局时，可根据《畜禽粪污土地承载力测算技术指南》进行确定。具体参照农业部办公厅关于印发《畜禽粪污土地承载力测算技术指南》的通知（农办牧〔2018〕1号）文件规定执行，不同植物土地承载力推荐值见表11-9和表11-10。

表 11-9　不同植物土地承载力推荐值

（土壤氮养分水平 II，粪肥比例 50%，当季利用率 25%，以氮为基础）

作物种类		目标产量（t/hm²）	土地承载力（猪当量/亩/当季）	
			粪肥全部就地利用	固体粪便堆肥外供+肥水就地利用
大田作物	小麦	4.5	1.2	2.3
	水稻	6	1.1	2.3
	玉米	6	1.2	2.4
	谷子	4.5	1.5	2.9
	大豆	3	1.9	3.7
	棉花	2.2	2.2	4.4
	马铃薯	20	0.9	1.7
蔬菜	黄瓜	75	1.8	3.6
	番茄	75	2.1	4.2
	青椒	45	2.0	3.9
	茄子	67.5	2.0	3.9
	大白菜	90	1.2	2.3
	萝卜	45	1.1	2.2
	大葱	55	0.9	1.8
	大蒜	26	1.8	3.7
果树	桃	30	0.5	1.1
	葡萄	25	1.6	3.2
	香蕉	60	3.8	7.5
	苹果	30	0.8	1.5
	梨	22.5	0.9	1.8
	柑橘	22.5	1.2	2.3

（续表）

作物种类		目标产量（t/hm²）	土地承载力（猪当量/亩/当季）	
			粪肥全部就地利用	固体粪便堆肥外供+肥水就地利用
经济作物	油料	2.0	1.2	2.5
	甘蔗	90	1.4	2.8
	甜菜	122	5.0	10.0
	烟叶	1.56	0.5	1.0
	茶叶	4.3	2.4	4.7
人工草地	苜蓿	20	0.3	0.7
	饲用燕麦	4.0	0.9	1.7
人工林地	桉树	30m³/hm²	0.9	1.7
	杨树	20m³/hm²	0.4	0.9

表 11-10 不同植物土地承载力推荐值

（土壤磷养分水平Ⅱ，粪肥比例50%，当季利用率30%，以磷为基础）

作物种类		目标产量（t/hm²）	土地承载力（猪当量/亩/当季）	
			粪肥全部就地利用	固体粪便堆肥外供+肥水就地利用
大田作物	小麦	4.5	1.9	4.7
	水稻	6	2.0	5.0
	玉米	6	0.8	1.9
	谷子	4.5	0.8	2.1
	大豆	3	0.9	2.3
	棉花	2.2	2.8	7.0
	马铃薯	20	0.7	1.8
蔬菜	黄瓜	75	2.8	7.0
	番茄	75	3.1	7.8
	青椒	45	2.0	5.0
	茄子	67.5	2.8	7.0
	大白菜	90	2.6	6.6
	萝卜	45	1.1	2.7
	大葱	55	0.8	2.1
	大蒜	26	1.6	4.0

（续表）

作物种类		目标产量（t/hm²）	土地承载力（猪当量/亩/当季）	
			粪肥全部就地利用	固体粪便堆肥外供+肥水就地利用
果树	桃	30	0.4	1.0
	葡萄	25	5.3	13.3
	香蕉	60	5.4	13.5
	苹果	30	1.0	2.5
	梨	22.5	2.2	5.4
	柑橘	22.5	1.0	2.6
经济作物	油料	2.0	0.7	1.8
	甘蔗	90	0.6	1.5
	甜菜	122	3.2	7.9
	烟叶	1.56	0.3	0.9
	茶叶	4.3	1.6	3.9
人工草地	苜蓿	20	1.7	4.2
	饲用燕麦	4.0	1.3	3.3
人工林地	桉树	30 m³/hm²	4.2	10.4
	杨树	20 m³/hm²	2.1	5.2

按照养分供需平衡原则，综合考虑土地承载力，因地制宜选择畜禽养殖粪肥还田利用模式进行就地就近利用。当消纳粪肥的土地充足时，宜采用"固体粪肥和液体粪肥全量利用"模式；当可消纳粪肥的土地不足时，宜采用"固体粪便生产商品有机肥+液体粪肥"模式，或"污水达标处理后排放+固体粪肥"模式。不同畜种及一定规模养殖场户所需的粪肥还田利用最小农田面积按照表11-11的规定执行。

表11-11　畜禽养殖粪肥还田利用最小农田面积　　　　　　　　（单位：亩）

养殖规模（存栏）	固体粪肥和液体粪肥全量利用			固体粪便生产商品有机肥+液体粪肥			污水达标处理后排放+固体粪肥		
	粮食作物	蔬菜瓜果	林木植物	粮食作物	蔬菜瓜果	林木植物	粮食作物	蔬菜瓜果	林木植物
肉猪（千头）	420	280	500	210	140	250	210	140	250
奶牛（百头）	280	190	340	140	90	170	140	90	170
肉牛（百头）	140	90	170	—	—	—	—	—	—
蛋鸡（万羽）	170	110	200	—	—	—	—	—	—
肉鸭（万羽）	170	110	200	—	—	—	—	—	—
羊（千只）	170	110	200	—	—	—	—	—	—

注：蛋鸡、肉牛、羊等无废水、液体粪肥产生。

11.3.2.2　研究进展

（1）适度处理　将畜禽粪污无害化处理后进行肥料化利用是推进畜禽废弃物资源化利用的主要途径。养殖粪污的肥料化利用关键在于养分管理，确保养分的供需平衡，避免过量施用造成养分流失而污染环境。养分需求量主要取决于匹配土地面积、作物种类及耕地本底肥力水平等因素，施肥时需要综合考虑。若施肥量超过作物营养元素需求量，则粪肥进入农田后就会通过地表径流、地下淋溶等方式污染地表水或地下水，这也是农业面源污染的主要原因之一。为此，以地定产、以产定肥，是种养结合、粪肥科学还田的前提。

全面推进资源化利用工作的指导思想之一就是要转变观念，不再以达标排放为目的，而是经无害化达标处理后科学合理地利用肥效资源，既节约了工艺处理的建设与运行成本，同时又有效保持了废弃物的肥效。从工艺处理对氮磷含量影响分析来看，厌氧好氧处理不仅可以显著降低污水 COD 浓度，氮、磷累计损失率高达 70% 以上。因此，养殖场户应优先考虑肥料化利用，在适当采取无害化处理措施后进行还田利用，不推荐采用好氧、脱氮除磷等深度处理技术。

（2）因地制宜　按照养分供需平衡原则，在充分考虑土地匹配情况计算养分需求总量的前提下科学选择配套模式。当粪肥供不应求时，可选择全量收集还田利用模式。当周边利用土地有限，养分供大于求时，建议前期收集采用干清粪技术进行固液分离，而后固体外运，肥水就近就地利用的方式。当没有相应的配套土地，无条件进行还田利用时，则必须采用达标排放技术模式。同时为降低处理成本，尽可能采用干清粪、节水饮水、雨污分离等节水减排生产工艺。

相对于大规模集中养殖方式，土地承载力是很有限的，按照《畜禽粪污土地承载力测算技术指南》推荐值，5 亩地只能承载出栏 50 头以下生猪产生的粪便养分。再加上我国种养脱节，尤其是小农户种植与规模化养殖脱节表现更为突出，造成还田途径受阻。同时，肥水利用相对于固体粪便而言存在输送不便的问题，由此而大大限制了利用辐射半径。因此，在综合考虑土地匹配情况的前提下，应科学选择粪肥前期的收集与处理方式，可参考 2017 年农业部印发《畜禽资源化利用行动方案（2017—2020）》中推荐的 7 种典型技术模式进行。土地匹配充分时可选择全量收集还田利用模式，土地匹配不充分时建议前期收集时采用人工干清，固体肥外运，液态肥就近利用。当没有相应的配套种植土地时，则必须采用达标排放模式。

（3）施用量确定　粪尿中养分分析表明，氮排放以尿液和污水形式为主，主要分布于养殖废水中，磷主要分布于固体粪便中，占总排放的 80% 以上。粪肥施用量通常以氮或磷需求进行核算。据统计，我国农业生产中磷肥用量从 1980 年 300 万 t 提高到 2009 年 1 647.1 万 t，增加了 4.5 倍，磷肥的大量施用，使土壤磷素水平有了大幅提高。第二次土壤普查结果显示当时 75% 土壤缺磷，土壤有效磷水平在 8.0 mg/kg 左右，而目前已提高到 15～35 mg/kg（河北省平均为 24.5 mg/kg），年增长 0.5~0.7 mg/kg。许多研究表明，土壤有效磷水平较高时，施用磷肥的增产效果和利用率逐渐降低，目前大田作物磷用量比实际需求量高 30%~50%，而磷肥利用率不足 10%，长期施用造成土壤磷累积。因此，粪肥还田利用时，固体还田利用要充分考虑土壤磷本底值及磷需求量，避免以氮需求计算而造成磷过量，而固液分离后的肥水还田利用可按氮需求计算。因粪肥中氮磷含量及作物对氮磷需求差异，还田利用时应科学平衡氮磷需求，避免氮磷过量施用。

当以施用畜禽养殖粪肥作为作物养分唯一来源时，中等土壤肥力农田的猪粪肥施用量可参照表 11-12 执行。当有条件进行土壤肥力测试时，施用量可按照不同土壤肥力水平进行适当调整。

表 11-12 猪粪肥施用量

作物类型		固体粪肥施用量 (t/亩)	液体粪肥施用量 (m³/亩)	
			干清粪模式	粪尿混合模式
大田（当季）	冬小麦	2.1~3.4	50~80	3.2~5.3
	夏玉米	2.7~4.4	70~100	4.1~6.8
	春玉米	3.0~4.9	80~110	4.5~7.5
蔬菜（当季）	黄瓜	3.0~4.9	60~90	4.5~7.5
	番茄	1.8~2.9	60~90	2.7~4.5
	青椒	2.0~3.2	90~140	3.0~4.9
	芹菜	2.9~4.7	60~90	4.3~7.2
	大白菜	2.4~3.9	60~80	3.6~6.0
	萝卜	2.3~3.7	40~70	3.4~5.7

（4）施用方法

① 安全利用：畜禽养殖废弃物经无害化处理变成粪肥进行资源化利用时，其卫生学指标、重金属含量应符合《畜禽粪便还田技术规范》（GB/T 25246—2010）的规定方可施用。畜禽养殖废弃物作为粪肥单独或与其他肥料配施时，应满足作物对营养元素的需要，适量施肥，以保持或提高土壤肥力或土壤活性。肥料的施用不应对环境和作物产生不良影响。

在饮用水源保护区不应施用畜禽粪肥。在农业区使用时应严格避开雨季，粪肥施入裸露农田后应在 24 h 内翻耕入土。

② 施用方法：

a. 固态肥料。可采用撒施、沟施、穴施、环状施肥等多种施肥方式，具体根据作物种类、生长阶段及需肥特点选择适当施肥方式和时间。施肥时应严格避开雨天、雨季等天气，施入农田后应及时进行覆土遮盖，有效缓解氨挥发损失和大气污染，同时减少引水灌溉时地表径流损失。

b. 液态肥料。应采用喷灌、沟灌、滴灌或其他节水型灌溉方式，严禁采用大水漫灌方式进行利用。液肥浓度应根据作物品种、生长期和气温而定，一般需要加清水稀释后再使用。尤其是在作物幼苗、嫩叶期和夏季高温期，应充分稀释，防止对植株造成危害。在水源保护区或地下水位较浅区域，不得使用养殖肥水进行灌溉利用。

③ 监测与评估：应对无害化处理的畜禽养殖粪肥及施用地块进行跟踪监测，以确保粪肥还田利用时符合相应规定和限量要求，避免过量施用造成环境污染和其他危害。重点监测内容包括：COD、大肠杆菌、蛔虫卵、总氮或氨氮、总磷、铜、锌、汞、镉、铬、铅、砷。监测工作建议委托具有向社会出具公正数据的第三方检测机构进行检测，并保存其提供的检测报告以备检查。及时关注土壤质量变化情况，评估环境变化趋势并预估风险。具体监测方法参考《土壤环境质量 农用地土壤污染风险管控标准（试行）》（GB 15618—2018）。依据下表进行环境污染风险评估。其中风险筛选值是指农用地土壤中污染物含量等于或低于该值时（表 11-13），对农产品质量安全、农作物生长或土壤生态环境的风险低，一般情况下可以忽略。超过该值时可能存在风险，应当加强土壤环境监测和农产品协同监测，原则上应当采取安全防护措施。风险管制值是指农用地土壤中污染物含量超过该值的，食用农产品不符合质量安全标准等，农用地土壤污染风险高，原则上应当采取严格管控措施。

表 11-13 农用土地土壤污染风险管制值

污染项目	风险筛选值			
	pH≤5.5	5.5<pH≤6.5	6.5<pH≤7.5	7.5<pH
镉	1.5	2.0	3.0	4.0
汞	2.0	2.5	4.0	6.0
砷	200	150	120	100
铅	400	500	700	1 000
铬	800	850	1 000	1 300

参考文献（略）

（吴迪梅团队、秦泽荣团队提供）

第五篇

产品加工与流通

12　肉制品加工技术

12.1　乳化肉制品稳定体系的建立及低脂乳化香肠的生产技术

12.1.1　技术简介

随着消费水平提高，肉类成为我国居民重要膳食组成。西式乳化肉品中的乳化香肠类产量最高，是我国第一大类加工肉品，较高的脂肪含量赋予产品细腻多汁特性，从而深受消费者喜爱。肉类是膳食中优质蛋白、脂肪、能量、血红素铁、B族维生素及锌等多种微量元素的良好来源。健康的成年人每日应当摄入 50~100 g 瘦肉。肉类及其制品的消费量近年不断增加，也在一定程度上改善了国民体质。乳化肉制品稳定体系的建立在其生产中占据重要地位，影响的因素主要有猪肉肌球蛋白的解离度、肌球蛋白凝胶性质及形成肉糜凝胶体系，该技术在研发和使用中，也是基于以上几点进行。

12.1.2　研究进展

12.1.2.1　猪肉肌球蛋白的有效解离

肌球蛋白是僵直前肌肉组织中含量最高的蛋白质，占到了总蛋白含量的约 1/3。已有研究通过对肌肉中三大类蛋白质凝胶特性进行对比研究，发现肌浆蛋白难以形成凝胶，并且会对肌球蛋白凝胶产生拮抗作用，胶原蛋白等基质蛋白在一定条件下拥有凝胶能力，但是其含量较低，在肉制品特性形成方面贡献很小，肌原纤维蛋白（主要是肌球蛋白）则拥有良好的凝胶能力，在肉制品品质特性方面贡献最大。因此，肌球蛋白不仅是肌肉中含量最高的蛋白质，也是肌肉中最重要的蛋白质，特别是在肉制品加工中，肌球蛋白的热诱导凝胶特性对肉制品水分的保持、质构的提高及风味的保留等具有重要影响。

在肉制品加工过程中，特别是在乳化类肉制品生产过程中，随着斩拌剪切的进行，肌纤维被斩断，在外界物理作用以及盐离子的作用下盐溶蛋白溶出（主要是肌球蛋白），之后经过热处理蛋白形成凝胶，使肉制品获得最终的产品特性。研究表明，斩拌过程中肌球蛋白的天然存在状态以及溶出率等因素会对肉制品持水性、质构等功能特性影响显著。肉制品生产过程中，当加入 2%~3% 氯化钠和 0.5% 多聚磷酸盐时，肌球蛋白可以被充分从肌肉组织中解离出来，从而使得产品特性显著提高。由此可见，肌球蛋白的充分解离，以及解离后存在的天然状态对凝胶的形成有显著的影响。

利用肌球蛋白凝胶构建肉制品模拟体系，需要首先将肌球蛋白从肌肉组织中充分解离，并去除其他种类蛋白质，但是此时制备肌球蛋白凝胶时肌球蛋白的解离与肉制品中肌球蛋白的解离存在一定差异，因为肉制品生产过程中，解离出的主要是肌球蛋白，但仍有其他蛋白同时被解离，肌球蛋白并非以单体形式存在。目前，国内外学者利用肌肉中不同种类蛋白质的不同性质，针对肌球蛋白凝胶制备过程中肌球蛋白的解离已开展大量研究。

利用肌肉中不同种类蛋白质的溶解性质不同，进行肌球蛋白的解离、纯化，是目前获得肌球蛋白的常用方式。研究表明，肌球蛋白可溶于浓盐溶液，而肌肉中的肌浆蛋白可溶于水或稀盐溶液，结缔组织蛋白和其他结构蛋白不溶于浓盐溶液。通过改变溶液体系的 pH 值与离子强度可以去除肌肉中的肌浆蛋白、结缔组织蛋白和其他结构蛋白，但是肌浆蛋白和结缔组织蛋白的去除以及最终肌球蛋白的解离效果受到肌肉类型的影响。在相同的溶液条件下，肌肉类型的不同会导致肌球蛋白的解离效果不同。在相同 pH 值与离子强度条件下分离鸡胸肉与鸡腿肉中的肌球蛋白，结果表明，红肌中肌球蛋白的解离率低于白肌中肌球蛋白的解离率。另有研究表明，相较于猪心肌，兔骨骼肌中的肌球蛋白更易于被解离。目前，导致不同类型肌肉中肌球蛋白解离效果不同的原因尚未明确。现有研究中，猪肉肌球蛋白的解离方法通常参照兔骨骼肌或牛骨骼肌中肌球蛋白的解离条件，不利于肌球蛋白从猪肉肌肉中充分解离。因此，明确猪肉肌球蛋白解离过程中蛋白的解离机制，优化猪肉肌球蛋白解离条件，有利于进一步提高肌浆蛋白等其他蛋白的去除效果以及肌球蛋白的解离效果。

以猪通脊肉为实验原料，以肌浆蛋白溶解率与肌球蛋白溶解率为评价指标，分别衡量不同 pH 值条件下肌浆蛋白的去除效果以及不同离子强度条件下肌球蛋白的解离效果，从而确定肌球蛋白的有效解离条件。同时，通过测定肌肉蛋白质解离过程中分子间作用力的变化，对肌肉蛋白质的解离机制进行探究。

以猪通脊肉为研究对象，对猪肉肌球蛋白进行解离，分别研究了肌球蛋白解离过程中 pH 值、氯化钾浓度及匀浆时间对肌浆蛋白去除效果与肌球蛋白解离效果的影响，利用 SDS-PAGE 电泳对蛋白解离过程中溶液中蛋白的构成进行分析，研究了肌球蛋白解离过程中制约肌浆蛋白解离与肌球蛋白解离的主要化学作用力的变化，最终实现了肌球蛋白有效解离，建立了肌球蛋白解离方法。结果显示如下。

（1）在 pH 值为 7 及匀浆时间 10 min 条件下，肌肉组织中肌浆蛋白溶解率达到 25.90%，肌浆蛋白溶解率最高，可以作为肌浆蛋白去除实验条件，氢键与疏水相互作用是制约肌浆蛋白去除的主要化学作用力。

（2）在氯化钾浓度为 0.4 mol/L 及匀浆时间 20 min 条件下，肌球蛋白溶解率达到 41.95%，肌球蛋白溶解率最高，解离效果最好，可以作为肌球蛋白解离实验条件，离子键是制约肌球蛋白解离的最主要化学作用力。

12.1.2.2 肌球蛋白凝胶特性的研究

对比研究了 Na^+、Ca^{2+} 及 pH 值对肌球蛋白热诱导凝胶特性的影响，对不同处理条件下凝胶网络进行观察，最终明确不同处理因素对热诱导凝胶中肌球蛋白结构变化的影响。

（1）0 mol/L Na^+ 浓度条件下，肌球蛋白无法形成完整的凝胶网络，以蛋白片段的形式存在，凝胶持水性差，凝胶强度低。随着 Na^+ 浓度的升高，肌球蛋白凝胶持水性与凝胶强度均逐渐提高，但是当 Na^+ 浓度大于 0.3 mol/L 后，凝胶持水性与凝胶强度无显著变化。进一步对蛋白二级结构进行测定发现，Na^+ 浓度的改变并未引起肌球蛋白二级结构的显著改变。

（2）低浓度 Ca^{2+} 的加入可以降低肌球蛋白变性温度，促进肌球蛋白中 α-螺旋结构向 β-折叠结构转变，形成无序的、粗糙的凝胶网络，但并未引起凝胶持水性的显著改变。高浓度的 Ca^{2+} 降低了 α-螺旋结构解螺旋的发生温度，促进了 α-螺旋结构解螺旋速率，说明尾部解折叠速率加快，尾部疏水基团暴露，促进了尾部之间通过疏水性相互作用进行结合，蛋白聚集程度加大，形成大的蛋白聚集体，使得蛋白凝胶网络束变粗，导致凝胶持水性下降，凝胶强度增大。

（3）pH 值为 5.5 条件下，肌球蛋白初始温度时 α-螺旋结构含量低，导致最终形成的凝胶持水性差、凝胶强度高，凝胶网络粗糙无序。随着 pH 值的升高，肌球蛋白初始温度时 α-螺旋结构含量逐渐升高，加热终点时 pH 值越高，α-螺旋结构含量越高，同时由于蛋白充分变性展开，聚集速率小于变性速率，有利于分子间疏水性相互作用，因此凝胶持水性高于低 pH 值处理组。

（4）通过优化肌球蛋白热聚集条件，当 NaCl 浓度为 0.3 mol/L、CaCl$_2$ 浓度为 0.1 mol/L、pH 值为 6.5 时，80 ℃时肌球蛋白热凝胶形成速率提高 10% 以上，形成的聚集体粒径由 700 nm 左右增加到 1 300～1 400 nm，试验结果将为低温乳化肉制品的品质提升提供理论依据。

12.1.2.3　多糖-肌肉肉糜凝胶体系

乳化型肉制品的稳定主要是依靠斩拌溶出的可溶性蛋白通过乳化作用稳定脂肪而形成产品结构。盐溶蛋白作为乳化型香肠的乳化剂，在一定乳化作用下乳化脂肪形成稳定的结构，使香肠制品获得良好的口感和稳定的品质。在影响产品结构稳定性的诸多因素中，最为主要的就是原料肉蛋白的可溶性蛋白可溶出量及其乳化能力的大小。可溶性蛋白可溶出量越多，乳化能力越强，所形成的肉糜乳化体系越稳定，这对于之后加热形成凝胶的过程有重要的意义，肉糜乳化体系越稳定，形成的凝胶结构越致密，产品汁液流失越少，质构特性和口感也越佳。

菊粉不仅具备一定的营养价值，还有改善肌肉蛋白乳化性的潜在能力。可溶性菊粉在加入肉糜体系后，能够引起肉糜体系 pH 值的改变，这个过程会影响到盐溶蛋白的析出，主要是肌原纤维蛋白的析出还有一个重要影响因素，即斩拌过程，菊粉的加入在某种程度上也会影响斩拌的进行，这种影响可以体现在盐溶蛋白析出量及乳化容量上。而肉糜乳化体系的稳定性与可溶性蛋白含量及乳化容量直接相关。另外菊粉在加入体系以后，与蛋白之间也会有一定的作用，这种蛋白—多糖复合物会影响蛋白的加工特性。

蛋白的乳化活力和乳化稳定性还可以在一定程度上被菊粉所提高，菊粉是一种多糖，其由果糖聚合而成，研究指出多糖可以增强蛋白的乳化活力和乳化稳定性，当水溶性强的多糖浓度较小时，可以形成较薄的乳化层，从而起到乳化剂的作用，促进了乳化和乳化稳定性。增大菊粉的浓度并超过一定量时，乳化膜的厚度不断增大直至成为整个溶液，在乳化液中不溶性的多糖可以使乳化微粒的距离变小从而使乳化活力和乳化稳定性降低。但在肉糜体系中，关于菊粉对乳化体系稳定性影响的研究还不多。

肌肉蛋白乳化性能的提高对乳化型肉制品而言具有相当重要的意义，不仅能减少产品出水、出油问题，而且能改善产品的质构。本章研究菊粉对猪肉肉糜蛋白提取物乳化性质的影响，包括可溶性蛋白含量及乳化容量，并进一步探究加入菊粉后肉糜乳化体系的稳定性能，得到如下结论。

（1）斩拌后肌肉可溶性蛋白的溶出受菊粉添加的影响，增加菊粉添加量，可溶性蛋白提取液中蛋白含量先增加后降低，且最大值出现在含 6% 菊粉处，与对照组相比有所增加。

（2）菊粉能显著改善可溶性蛋白的乳化容量，随着菊粉的添加，可溶性蛋白的乳化容量呈先增后减的趋势。含 10% 菊粉的样品蛋白质的乳化容量最大，比对照组都有明显的提高，但 12% 处蛋白乳化容量相对下降。

（3）菊粉能显著改善肉糜的持油能力，含 2%～10% 菊粉的样品持油能力比对照组都有明显的提高。

（4）菊粉能显著提高肉糜的稳定性，且随着菊粉添加量的增加，肉糜稳定性更好。

（5）菊粉能显著影响肉糜体系的黏度、弹性和流动性，且随着菊粉添加量的增加，影响程度也越大，并在一定程度上改善了肉糜体系乳化的稳定性。

12.1.2.4 黑猪肉—油乳化肉酱的开发

针对目前市场上猪肉酱产品种类单一、含油量高的问题，开发风味低油黑猪肉酱系列产品，完成前期市场调研及产品工艺设计，制定生产工艺一套，包括如下步骤（图12-1）。

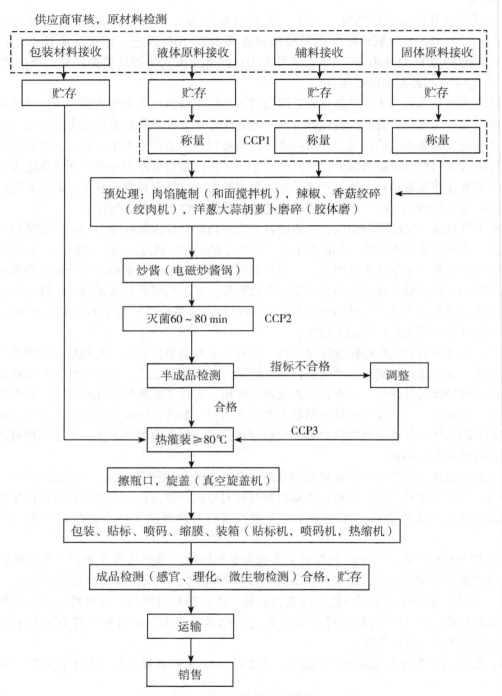

图 12-1 黑猪肉酱产品工艺流程图

（1）称量　根据生产投料单准确称量各个物料。

（2）前处理

猪肉：利用绞肉机搅碎成肉馅，加入生产投料单中的香辛料粉进行腌制 30 min 待用；

生鲜蔬菜：过胶体磨磨碎，粒度在 20 目以下即可；

干货：根据生产投料单提前对物料进行预浸泡处理，捞出后利用斩拌机斩碎至 3~5 mm 大小待用；

鲜辣椒、豆瓣酱等：利用绞肉机搅碎。

（3）炒制 将植物油投入夹层锅，开启搅拌，再将腌制好的肉馅投入夹层锅，开启温度开关，进行升温；

夹层锅温升至 100 ℃ 开始计时，保持 10 min 左右至锅内开始冒大泡，依次投入生鲜物料、干货碎、酱料、粉料、芝麻等；

继续搅拌升温至 96 ℃ 开始计时，控制温度在（98±2）℃，保持 30 min；

保持完后加入防腐剂、抗氧化剂、玫瑰风味加入玫瑰酱等，控温保持 10 min。

（4）冷却处理（袋装） 炒制完的酱及时通过管道输送至冷却罐中，开启冷却开关及搅拌按钮，边搅拌边降温；

冷却罐降温至 20 ℃ 左右时，保持搅拌开始灌装；

冷却完毕，若不能及时灌装，可停止搅拌，开始灌装提前 30 min 开启搅拌再灌装。

（5）灌装 根据包装规格，调整机器参数进行灌装，200 g 85 ℃ 以上热灌装，20 g 冷灌装；

生产日期根据第一个物料投料日期进行打印。

（6）包装入库 根据产品包装规格码箱，过包装机封口，码完栈板后进行入库处理。

在此基础上，开发香菇味、豆豉味与香辣味三种口味低油黑猪肉酱产品，使产品含油量降低10%，产品感官评价等指标评价不低于现有产品（图 12-2）。

12.1.2.5 低脂乳化肉制品稳定体系的建立及低脂乳化香肠的开发

随着消费水平提高，肉类成为我国居民重要膳食组成。西式乳化肉品中的乳化香肠类产量最高，是我国第一大类加工肉品，较高的脂肪含量赋予产品细腻多汁特性，从而深受消费者喜爱。近年来，由于膳食结构不合理导致慢性疾病发病率提高，人们认识到膳食中脂肪应摄入适量。低脂肉制品应运而生。然而，直接减少肉品中脂肪含量易导致产品质地和感官变差，脂肪替代物的开发成为热点。

近年来，随着乳化与微乳化技术发展，通过构造单重及多重乳液应用于食品中进行脂肪替代，具有比其他脂肪替代物更高的替代率。乳液类脂肪替代物在肉品中应用的报道多提到赋予产品较好的持水能力和较低的蒸煮损失率，但产品的质构特性尤其是硬度和黏着性不佳，甚至偏差50% 及以上，而质地和口感是这类食品更为重要的属性，因此应用受限。S/O/W 型乳状液通过内水相凝胶化，能够提高食品中凝胶体系的稳定性，其在乳化肉品中的应用研究尚未见报道。我国是猪油资源十分丰富的国家，消费者对猪油具有物质和文化消费基础。

长期的农牧生活和独特的膳食文化，使我国人民对猪油具有更复杂的文化与物质情感。如采用猪油作为蔬菜炒制等中式菜肴的烹饪用油，各地均有不同特色。中式糕点常用猪油作为起酥油，赋予糕点更好的层次和香酥口感。我国著名文化学者蔡澜也曾在著作中提到猪油，认为猪油拌饭是令人感动流泪的佳品，是值得生前必食的食物。由于盛产橄榄油等植物油的经济及文化因素，国外学者多采用植物油构造乳状液，开发脂肪替代物。我国居民素来喜爱猪油独特的香气、口感及香肠中由猪油带来的细腻多汁。随着人们生活水平的提高，感官的嗜好与接受性成为另一个重要的食品开发问题。

文献表明，基于猪油构造的多重乳液作为脂肪替代物具有更好的稳定性，更加接近原有体系

图12-2　风味黑猪肉酱系列产品图样

猪脂肪的脂肪颗粒大小等物化特性。加之丰富的产量，应成为我国此类研究与外国的不同之处，以猪油为基础构建脂肪替代物，无疑能够以更少的脂肪生产更多的乳化肉制品。在降低脂肪摄入占比的同时提供良好的感官分数，更好地满足消费者对口感和健康的双重需求。也为我国猪油综合利用和肉品开发提供新的思路，助推行业良性发展。

首先，确定以精炼猪油作为油相、超纯水作为水相，油水体积比为3:2，以聚甘油蓖麻醇酯作为油相中添加的亲脂性乳化剂，以结冷胶为水相添加的凝固剂、钙离子作为辅助离子。通过单因素试验优化PGPR和结冷胶的使用浓度。以高剪切均质机为均质方式，由于猪脂肪常温下易发生颗粒聚集和凝固现象，经预试验确定剪切温度为60℃。采取预剪切和正式剪切的方式，优化剪切速度和剪切时间。探索各单因素与S/O型乳状液颗粒粒径大小和形态之间的关系，并通过基于单因素试验的正交试验进行检验，确定合适的工艺参数，为S/O/W型乳状液的构建奠定基础。

其次，以超纯水为外水相，乳液与外水相比例为1:4。采取低速预剪切混合和正式均质的工艺。高压均质方式，均质温度为60℃。以酪蛋白酸钠为外水相亲水性乳化剂，并通过单因素试验，参照市售乳化香肠脂肪颗粒粒径与形态的观察结果，对酪蛋白酸钠浓度进行优化确定。并通过乳状液贮藏稳定性、加工热稳定性、加工剪切稳定性进行筛选和检验，确定最终制备参数。

12.2　食源高产细菌素菌株的筛选及细菌素产品的开发技术

12.2.1　技术简介

食品的安全问题日益受到当代社会的重视，其中高效的防腐方式是食品安全健康的重要前提，而现有的物理与化学防腐手段不同程度地会对食品甚至对人体的健康产生不利影响，因此食品天然防腐剂的开发便引起了人们的重视。细菌素由于其高效的抑菌能力、优良的理化性质及其蛋白质的本质被实践证明是一种最有潜力的食品防腐剂。

与国外对细菌素的研究相比，国内相对落后，虽然到目前为止已发现包括乳酸链球菌素、乳球菌素、片球菌素、明串珠菌素、肉食杆菌素、植物乳杆菌素、乳杆菌素、肠球菌素等八大类乳酸菌细菌素，但是除了 Nisin 外，其余细菌素的研究还不深入。而 Nisin 的应用也有其局限性，其中最主要的是 pH 对其溶解度和稳定性的影响，Nisin 在中性及碱性的环境中几乎不溶，而在酸性环境中随着 pH 值的升高也在逐渐降低，同时随着 pH 值的升高其稳定性也大大降低。另外，Nisin 在肉制品的应用受限制，研究表明参与新陈代谢中的一些重要化合物，如含巯基的酶、谷胱甘肽及辅酶 A 都可能与 Nisin 发生反应使其失去活性，另外，肉中的磷脂也是影响其活性的原因之一。同时发酵肉制品本身是细菌素的一个优质来源，其中很多菌株可以产细菌素并且所产细菌素大多为 Ⅱ 类细菌素，可以特异性地抑制单增李斯特菌并且具有良好的 pH 值和热稳定性。因此，从自身来源中筛选出来细菌素可以特异性地抑制肉制品环境中的腐败菌和致病菌，对于肉制品的防腐来说无疑是一个很好的选择。

12.2.2　研究进展

12.2.2.1　发酵肉制品产细菌素菌株的筛选及鉴定

实验室前期从发酵肉制品中筛选出对单增李斯特菌具有特异性抑菌作用的菌株，并进行了形态学鉴定、生理生化鉴定以及 16S rDNA 的鉴定。然而，将该菌株所产细菌素应用到食品防腐保鲜中，仍有大量工作值得研究。

从细菌素的分类学看，已发现的细菌素在其热敏感性、酸碱敏感性、酶敏感性、抑菌谱及其作用方式等方面都各有不同，因此每类细菌素都有其独特的结构、生物学特性及其合适的应用范围。为了找寻性质更加优良的新型细菌素并根据细菌素的生物学特性更好地对其进行分离纯化，细菌素的特性，包括热稳定性、酸碱稳定性、酶敏感性、变性剂及盐离子稳定性、作用方式及抑菌谱都是必须研究的内容。

细菌素是一种蛋白类物质，故而可以参照蛋白质分离纯化的经典方法来对细菌素进行提取纯化。对细菌素的纯化是建立在其阳离子性、高度疏水性、分子量较小等特征的基础上，通常的纯化步骤包括以下 3 步：首先对细菌素进行粗提，包括盐析、酸沉和有机溶剂等方法，并通过透析或者超滤去除目标蛋白中混有的杂蛋白及盐类物质；其次是对其进行中度纯化，包括一些层析的手段，如离子交换层析、凝胶层析或者疏水作用层析；接着采用高效液相色谱的方法对其进行微量的提纯。最后则通过 Tricine-SDS-PAGE 检测细菌素的纯度及分子量。本实验中采用的提取纯化手段依次为硫酸铵沉淀法粗提细菌素、阳离子交换层析法中度纯化细菌素、高效液相色谱微量提纯细菌素，同时用 Tricine-SDS-PAGE 检测纯度并通过质谱确定其相对分子质量。

12.2.2.2　细菌素在冷却肉防腐中的应用研究

乳酸菌素产量除了受到菌株本身的遗传特性（如启动子的强弱、基因的拷贝数等），产细菌素菌株的发酵条件对细菌素的产量有很大的影响。绝大多数细菌素属于初级代谢产物，其产量一般与菌体生长相关；细菌素的产量还受菌株的培养条件和培养基成分等多种因素影响；项目对产乳酸菌素的条件进行了优化。

细菌素的理化性质影响了其在食品防腐保鲜中的应用，目前广泛应用的细菌素 Nisin 因其只能在酸性条件下发挥抑菌活性，大大限制了其在碱性食品中的应用。因此开发一种耐酸碱和热稳定性好的细菌素可以弥补 Nisin 的工业应用局限，项目研究了乳酸菌素的酸碱和热稳定性。

前期研究表明，冷鲜猪肉在加工过程中，如在预冷前对胴体进行乳酸喷淋，可降低终产品表面的菌落总数和挥发性盐基氮含量，然而乳酸喷淋会造成冷鲜肉感官品质的裂变。因此开发一种有效的防腐剂用于冷鲜肉的防腐保鲜具有较好的前景，项目将乳酸菌发酵液直接喷洒至冷鲜肉表面，考察发酵液对冷鲜肉贮藏过程中微生物生长的影响。研究结果如下。

（1）优化得到产乳酸菌素的最佳培养条件为：额外添加葡萄糖 30 g/L，牛肉膏 10 g/L，胰蛋白胨 10 g/L，酵母浸粉 5 g/L 和吐温-80 4 mL/L 的 MRS 基础培养基，接种该乳酸菌后于 37 ℃培养 14 h，乳酸菌素效价达到 10 240 AU/mL，于 MRS 基础培养基相比，乳酸菌素效价提高了3 倍。

（2）该乳酸菌所产的细菌素在 pH 值 2~8 的时候抑菌效果均较优，而发酵液于 100 ℃热处理 90 min 后的抑菌圈大小仍为 14 mm，此乳酸菌素热稳定性好。

（3）利用此发酵液浸泡或喷洒处理冷鲜肉，均表现良好的抑菌效果，4 ℃存放 7 d，冷鲜肉细菌总数由 1.6×10^4 CFU/g 增加至 7.9×10^4 CFU/g，未达到指数级增长，且抑菌效果优于 0.5 g/kg 的 Nisin 溶液；猪胴体表面喷洒此发酵液，比未喷洒组冷却肉表面细菌总数降低 61.4% 以上，挥发性盐基氮含量降低了 39.2%。

12.3 防腐剂研制技术

12.3.1 技术简介

生物防腐剂指自然界中的某些微生物本身或其代谢产物具有抑菌防腐的功效，是一种安全无毒、天然高效的食品防腐剂。其中研究较多的有溶菌酶（Lysozyme）、乳酸链球菌素（Nisin）、聚赖氨酸（Poly-lysine）、曲酸（Ko-jic acid）、纳他霉素（Natamycin）。目前生物防腐剂以安全天然健康的特点而备受人们的关注，各国纷纷投入人力物力对其进行研发，生物防腐剂代替化学防腐剂已成为食品保藏技术的发展趋势。但是我国批准使用的天然微生物防腐剂只有纳他霉素（Natamycin）和乳链球菌素（Nisin）等少数几种，品种单一，因此应加快发展生物防腐剂的研究与开发以促进我国食品工业的健康发展。由于生物天然防腐剂正处于研究中，因而有许多问题亟待解决，如抑菌物质的鉴定分离、纯化抗菌谱等。此外，更要加强对抑菌物质的食品毒力学评价，确保生产安全无毒健康的天然防腐剂。

12.3.2 研究进展

12.3.2.1 丁香萃取物防腐剂的研制

低温肉制品为了保存好的风味，采用的杀菌温度低，导致货架期短，针对企业生产过程中这个关键技术问题，分析了北京市售的 8 种货架期短的低温肉制品腐败情况及腐败菌筛选，研制了丁香萃取物用于肉制品防腐。

（1）丁香萃取物天然防腐剂研制 采用超声波辅助提取，最佳提取条件是乙醇溶液体积分数为70%、料液比1:25、时间60 min、温度为45 ℃，选用NKA-9吸附树脂纯化，冻干制备成粉剂，丁香酚达90%。

（2）防腐剂应用效果（图12-3，图12-4）

①酱猪肝：货架期延长7 d。未加丁香酚的，贮藏4 d（A）；猪肝加0.2%，贮藏7 d（C）猪肝加0.4%，贮藏11 d（B）。

图12-3 酱猪肝菌落观察

A处理贮藏4 d，猪肝表面明显菌落生成；

B处理贮藏11 d，感官品质没有变化，检测指标符合产品标准；

C处理贮藏7 d，菌落生成。

②蒜肠：货架期延长7 d。未加丁香酚的，贮藏7 d（C）；加0.2%，贮藏9 d（A）；加0.4%，贮藏14 d（B）。

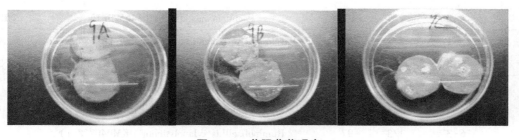

图12-4 蒜肠菌落观察

A处理贮藏9 d，表面少量菌落生成；

B处理贮藏14 d，感官品质没有变化；

C处理贮藏7 d，大量菌落生成。

12.3.2.2 天然香辛料在低温肉制品防腐应用技术

（1）腐败菌研究 关于低温肉制品腐败菌的菌相分析，选择了老北京肉肚。

将最新生产的老北京肉肚放于4 ℃贮藏条件下，观察其表面变化情况，待其腐败变质后，在表皮及中间部位分别取样25 g，加入225 mL 0.85%的无菌生理盐水后拍打至匀浆，10倍梯度稀释，分别吸取100 μL于营养琼脂培养基表面，用涂布棒涂布均匀，在37 ℃恒温培养箱培养24～48 h后观察。

将培养好的样品平皿取出，观察菌相分布，分析单个菌落的菌落形态，将具有不同形态特征的菌落用接菌针分别接到新的营养琼脂培养基中，划线培养，直至纯化完全。共纯化出单菌落4株，送至北京昊成铭泰科技有限公司进行16S rDNA菌种鉴定。

①鉴定结果：从老北京肉肚上初步分离鉴定到属的腐败菌有假单胞菌（*Pseudomonas* sp.）1株、葡萄球菌属（*Staphylococcus* sp.）1株、热环丝菌属（*Brochothrix* sp.）2株。

变性梯度凝胶电泳（PCR-DGGE）

② 方法：分析老北京肉肚在 4 ℃贮藏条件下其腐败微生物的菌相。

将最新生产的老北京肉肚放于 4 ℃贮藏条件下，观察其表面变化情况，待其腐败变质后，在表皮及中间部位分别取样，加入少量 0.85% 的无菌生理盐水后拍打至匀浆，装入无菌离心管中，于-80 ℃冰箱中冷冻 48 h 后，送至北京昊成铭泰科技有限公司进行 PCR-DGGE 菌相分析。

③ 鉴定结果：样品 16S rDNA 的 DGGE 图谱中不同位置的条带代表不同的优势细菌。送检肉样共测出 5 个明显条带和 1 个不明显条带，对 6 条带进行测序，所得序列片段在 GenBank 数据库中用 Blast 进行检索与同源性分析（表 12-1）。

表 12-1 同源性分析结果

条带编号	克隆子编号	比例	似性	NCBI 比对结果	灰度值
1	1-1	3/3	98	Carnobacterium sp. （KR023932.1）	14.64
2	2-1	2/3	99	Brochothrix sp. （KC618438.1）	16.68
	2-3	1/3	100	Allium sativum （JF719286.1）	8.34
3	3-1	1/3	97	Planomicrobium okeanokoites （HQ848127.1）	7.783
	3-2	1/3	96	Uncultured bacterium clone （KP151285.1）	7.783
	3-3	1/3	99	Acinetobacter sp. （HM209471.1）	7.783
4	4-1	1/3	100	Carnobacterium divergens （KP745596.1）	9.68
	4-2	2/3	100	Pseudomonas sp. （HF546529.1）	18.37
5	5-1	2/3	99	Psychrobacter jeotgali strain M5-5 （KP058428.1）	4.89
	5-3	1/3	100	Facklamia tabacinasalis strain Fse17 （KJ733869.1）	2.44
6	6-1	1/3	96	Clostridium sp. （HE862233.1）	1.02
	6-2	1/3	98	Thermomonospora sp. （AY525766.1）	
	6-3	1/3	97	Ruminobacillus xylanolyticum （KM040778.1）	

④ 结论：通过传统微生物培养法，分离鉴定出老北京肉肚中的优势腐败菌为假单胞菌属、葡萄球菌属、热死环丝菌属；通过 PCR-DGGE 对老北京肉肚进行菌相分析，得出其优势菌为假单胞菌属、热死环丝菌属，两种方法结果契合度高。

（2）复配抑菌剂研制　天然香辛料主要成分的提取：查阅文献资料，选取了 7 种有抑菌效果的天然香辛料，分别为：肉桂、迷迭香、肉豆蔻、丁香、甘草、八角茴香和百里香，采用超声波辅助提取法，溶剂为 65°的牛栏山二锅头，料液比为 1∶10，温度 60 ℃，提取时间 1 h。将提取液减压抽滤后旋蒸，定容至 10 mL 容量瓶（浓度为 1 g/mL），4 ℃冰箱保存备用。

牛津杯法测 7 种天然香辛料对 3 种腐败菌的抑菌效果：将天然香辛料提取物分别稀释为 1 g/mL、0.25 g/mL 和 0.0625 g/mL，比较同种浓度不同香辛料对 3 种腐败菌的抑菌效果。结果表明，肉桂、丁香、八角茴香这 3 种香辛料对 3 种腐败菌均有较好的抑制作用，甘草只对热死环丝菌有较明显的抑制。

微生物比浊法测 7 种天然香辛料对 3 种腐败菌的抑菌效果：将冷冻保藏的腐败菌活化后以 2% 的添加量加入到灭菌的牛肉膏蛋白胨液体培养基中，制成含菌量为 10^7 CFU/mL 的带菌培养基。向灭菌的比色杯中加入 10 mL 带菌培养基，用移液器取 100 μL 1g/mL 的天然香辛料提取物以及 100 μL 无菌水作为空白对照分别加入到比色杯中，将比色杯放于 WBS-100 微生物比浊法测定仪中 30 ℃ 培养 48 h，测定腐败菌在不同香辛料提取物中的生长曲线，仪器设定的参数为振摇间隔时间为 10 min，单次振摇时间为 30 s，监测间隔时间为 30 min。

结果表明，肉桂、八角茴香对 3 种腐败菌均有非常明显的抑制作用，肉豆蔻也有抑菌效果，但比肉桂、八角茴香弱。甘草只对热死环丝菌有抑制效果。可知，肉桂、肉豆蔻、丁香、甘草、八角茴香均有一定的抑菌效果，但相比较而言，肉桂、丁香、八角茴香的抑制作用更加明显，肉桂、八角茴香在高浓度时抑菌效果非常明显，而丁香在较低浓度时就能表现出一定的抑菌效果。

（3）效果与推广　香辛料复配防腐剂 2015 年已经过实验室的多批次实验，获得不同添加量延长猪肚货架期到 10 d 的结果，2016 年任务书的指标是完成这项技术的推广，现已在顺鑫农业鹏程食品公司做了 3 个批次的猪肚产品（3 月、4 月、5 月），猪肚产品货架期可由原来的 3 d 延长到 10 d。

复配防腐剂用于猪肚的制作技术参数如下（图 12-5）。

① 肉肚的制作工艺：原料肉馅选择→盐水制备→滚揉→灌装→热加工熏制→冷却→装袋。

选肉　　　　　滚揉　　　　　灌肠

热加工　　　　　包装

成品（1批次）　　成品（2批次）　　成品（3批次）

图 12-5　猪肚制作过程

原料、辅料的配比（以原料肉馅为基准）：猪肉（肥瘦比为 7∶3），白砂糖 5%，食盐 2%，三聚磷酸钠 0.13%，焦磷酸钠 0.13%，六偏磷酸钠 0.065%，亚硝酸钠 0.05%，抗坏血酸钠 0.02%，玉米粉 2%，大豆分离蛋白 2%。

② 复合防腐剂的添加量：复合防腐剂添加量为 1%（以原料肉馅为基准）。

③ 添加方法：将选修好的原料肉馅、辅料和复合防腐剂按规定比例添加到滚揉装置中，均质。

④ 货架期：根据 GB 2726 规定，肉肚中的菌落总数应 ≤50 000 CFU/g，大肠菌群数应 ≤30

MPN/100 g，至样品连续超标 2 d，停止测定。

3 个批次的肉肚微生物指标测定结果如下（表12-2 至表12-4）。

表 12-2　批次 1 样品的微生物指标测定结果

项目	第 0~10 天	第 11 天	第 12 天
菌落总数（CFU/g）	<10	6 200	75 000
大肠菌群数（MPN/100 g）	0	0	130

表 12-3　批次 2 样品的微生物指标测定结果

项目	第 0~10 天	第 11 天	第 12 天
菌落总数（CFU/g）	<10	7 800	55 000
大肠菌群数（MPN/100 g）	0	0	300

表 12-4　批次 3 样品的微生物指标测定结果

项目	第 0~10 天	第 11 天	第 12 天
菌落总数（CFU/g）	<10	9 000	65 000
大肠菌群数（MPN/100 g）	0	0	400

3 个批次的肉肚货架期都达到了 10 d。

⑤ 防腐剂成本核算：以产品 90% 的出品率计算复合防腐剂的添加成本，0.1% 使用量是 0.137 元，1% 使用量是 1.37 元（表 12-5）。

表 12-5　复合防腐剂成本核算情况

防腐剂名称	单价（元/g）	用量（g）	总成本（元）
肉桂	0.06	0.0336	
丁香	0.19	0.534	0.123
八角茴香	0.045	0.4325	

每千克成品增加成本 1.37 元。但防腐剂使用后，货架期延长了将近 2 倍多，由原来的 3 d，增加到 10 d。经济效益显著增加。

12.3.2.3　荷叶、竹叶以及石榴皮提取物防腐剂的研制

采用卤煮猪头肉做样品，先分析其腐败微生物菌群，再利用从荷叶、竹叶以及石榴皮提取的抑菌剂有效成分，抑制其微生物的生长，确定其具有抑菌效果。

结果表明：菌相分析，关于低温肉制品腐败菌的菌相分析，选择了酱猪头肉，做了腐败菌相分析的实验，确定了巨大球菌、甲基营养型芽孢杆菌、葡萄球菌、变形杆菌；利用牛津杯法比较 3 种天然香辛料对 4 种腐败菌的体外抑菌性能，可知，竹叶、荷叶、石榴皮均有一定的抑菌效果。

12.3.2.4　黄酮醇类植物防腐剂的研制

利用从侧柏叶和罗汉果中提取的抑菌剂有效成分，抑制低温肉制品中的腐败微生物，再应用

到酱猪头肉和酱猪肘产品中延长货架期，确定其具有抑菌效果（表12-6，表12-7）。结果表明：
侧柏叶和罗汉果有效成分是黄酮醇中的三奈酚，可以显著抑制优势菌，可以延长酱猪头肉和酱肘
子的货架期7 d（图12-6）。

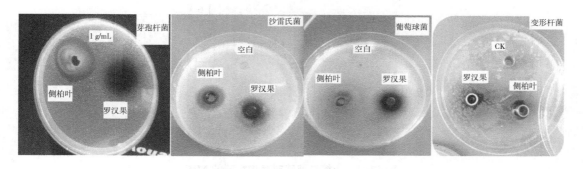

图12-6　两种抑菌剂抑菌效果

表12-6　罗汉果抑菌液不同浓度抑菌效果

罗汉果抑菌液浓度	抑菌圈直径（mm）					
	1.0 g/mL	0.5 g/mL	0.25 g/mL	0.125 g/mL	0.0625 g/mL	0.0313 g/mL
芽孢杆菌	19.6	16.7	13.0	7.6	N	N
变形杆菌	13.2	10.6	8.8	7.5	8.0	N
葡萄球菌	16.3	14.3	11.3	8.4	N	N
沙雷氏菌	12.0	10.0	9.6	8.0	6.9	N

表12-7　侧柏叶抑菌液不同浓度抑菌效果

侧柏叶抑菌液浓度	抑菌圈直径（mm）						
	1.0 g/mL	0.5 g/mL	0.25 g/mL	0.125 g/mL	0.0625 g/mL	0.0313 g/mL	0.0157 g/mL
芽孢杆菌	28.3	19.7	19.6	16.4	15.1	11.97	N
变形杆菌	13.5	11.0	—	—	—	—	—
葡萄球菌	10.7	10.1	N	N	N	N	—
沙雷氏菌	15.0	15.3	11.2	10.6	8.3	N	N

肉制品储存第2天起采用GB 4789.2和GB 4789.3检测菌落总数和大肠菌群；当菌落总数
≥80 000时，即视为货架期。

结果证明：不加抑菌剂的酱猪头肉和酱肘子货架期为8 d，添加侧柏叶黄酮醇提取物的酱猪
头肉和酱肘子的货架期为15 d，有效延长7 d货架期。

12.3.2.5　黄烷醇类植物防腐剂的研制

选定山楂，采用辅助超声波提取其有效成分黄烷醇，并用于低温肉制品腐败微生物抑菌。现
在通过提取有效成分，并通过抑菌实验，进一步应用于延长酱肘子和酱猪头肉产品的货架期，结
果证明：不加抑菌剂的酱猪头肉和酱肘子货架期为3 d，添加黄烷醇提取物的酱猪头肉和酱肘子
的货架期为10 d，有效延长7 d货架期（图12-7至图12-11）。

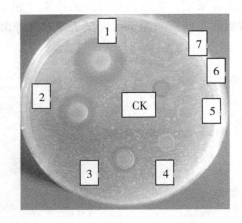

图 12-7　山楂提取液对芽孢杆菌的 MIC

注：山楂提取液 1 稀释 20 倍、2 稀释 21 倍、3 稀释 22 倍、4 稀释
23 倍、5 稀释 24 倍、6 解释 25 倍、7 稀释 26 倍。

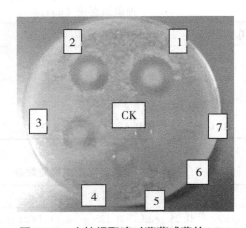

图 12-8　山楂提取液对葡萄球菌的 MIC

注：山楂提取液 1 稀释 20 倍、2 稀释 21 倍、3 稀释 22 倍、4 稀释
23 倍、5 稀释 24 倍、6 解释 25 倍、7 稀释 26 倍。

12.3.2.6　银杏萃取物防腐剂的研发

（1）通过银杏内生真菌的分离与纯化确定银杏内生真菌的种类　以银杏的枝、叶、根为实验材料，采用 75% 乙醇、3% 次氯酸钠和无菌水交替浸泡漂洗的方法去除植物组织表面的杂菌，确保分离所得菌株均为银杏内生真菌。采用组织培养法，最终获得银杏内生真菌 47 株。通过形态学初步鉴定 47 株内生真菌分属于 6 纲、6 目、8 科 16 属。

筛选产黄酮的银杏内生真菌：通过显色反应定性产黄酮菌株和氯化铝比色法测定产黄酮菌株发酵液中总黄酮含量，最终筛选出 4 株产黄酮量最高的菌株 Y6、Y8、Y10 和 G8 为目标菌株，其发酵液中总黄酮含量分别为：（25.33±1.29）mg/L、（32.04±1.38）mg/L、（20.48±0.83）mg/L 和（20.19±1.59）mg/L。经 ITS-5.8S rDNA 序列初步鉴定目标菌株 Y6、Y8、Y10 和 G8 为 *Penicillium* sp.、*Dothiorella gregaria* strain、*phoma* sp. 和 *Fusarium nematophilum* strain。

（2）确定了内生菌产黄酮的成分　采用高效液相色谱法，对目标菌株发酵液萃取物进行分析，结果表明：Y6（*Penicillium* sp.）菌株发酵液中含有槲皮素和异鼠李素；Y8（*Dothiorella gre-*

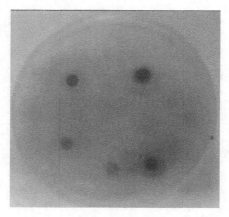

图 12-9　山楂提取液对变形杆菌的 MIC

注：山楂提取液 1 稀释 2^0 倍、2 稀释 2^1 倍、3 稀释 2^2 倍、4 稀释
2^3 倍、5 稀释 2^4 倍、6 解释 2^5 倍、7 稀释 2^6 倍。

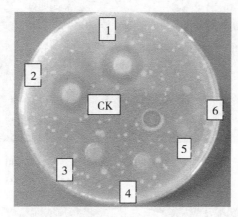

图 12-10　山楂提取液对沙雷氏菌的 MIC

注：山楂提取液 1 稀释 2^0 倍、2 稀释 2^1 倍、3 稀释 2^2 倍、4 稀释 2^3
倍、5 稀释 2^4 倍、6 解释 2^5 倍、7 稀释 2^6 倍。

garia strain）菌株的发酵液中含有异鼠李素；Y10（*Phoma* sp.）菌株发酵液中含有槲皮素。

（3）对发酵液萃取物进行了应用研究　根据 GB 2760—2014，确定其在低温肉制品中的添加量为 0.5 g/kg，将黄酮类生物防腐剂添加到肉中，测定其对熟肉制品货架期的影响。试验分为对照组和试验组，对照组第 5 天个别肉块出现绿色，菌落总数在第 8 天超标。试验组在第 10 天个别肉块出现绿色，菌落总数在第 14 天超标，未检出大肠杆菌。试验组货架期延长 5 d。

12.3.2.7　聚赖氨酸盐防腐剂的研发

（1）完成了 ε-聚赖氨酸对低温肉制品腐败菌的抑菌效果研究　选取 4 种腐败菌（沙雷氏菌、葡萄球菌、芽孢杆菌、变形杆菌）进行抑菌试验，结果表明：ε-PL 对 4 种腐败菌的最小抑菌浓度均为 500 μg/mL；芽孢杆菌达到最佳抑菌效果的抑菌条件是：ε-PL 浓度为 1.2 mg/mL，加热温度为 70 ℃，pH 值为 4，抑菌圈直径达到 24 mm；变形杆菌和葡萄球菌达到最佳抑菌效果的抑菌条件是：ε-PL 浓度为 1.2 mg/mL，加热温度为 90 ℃，pH 值为 3，抑菌圈直径分别达到 27 mm 和 26 mm；沙雷氏菌达到最佳抑菌效果的抑菌条件是：ε-PL 浓度为 1.4 mg/mL，加热温度为 70 ℃，pH 值为 5，抑菌圈直径达到 20 mm。

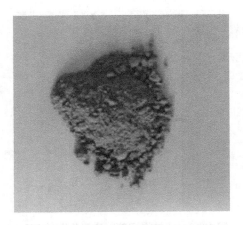

图 12-11　黄烷醇复合抑菌剂冻干粉

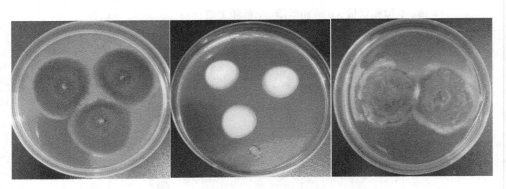

链格孢属菌落形态　　　　　镰刀菌属菌落形态　　　　　叶点霉属菌落形态

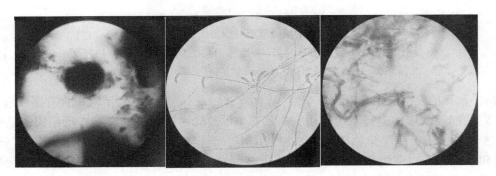

链格孢属显微形态　　　　　镰刀菌属显微形态　　　　　叶点霉属显微形态

图 12-12　抑菌效果观察

（2）完成了 ε-聚赖氨酸对低温肉制品货架期的影响研究　选用酱猪肘和酱猪头肉两种较为常见的低温肉制品，加入不同剂量的 ε-PL，探究其对 2 种肉制品货架期的影响。采用感官评定和微生物指标测定，探究 ε-PL 的最适添加量。通过试验和成本预估，得出 ε-PL 的最适添加量为 0.2 g/kg，在保证口感风味的同时，对照组酱猪肘的保质期是 7 d，试验组酱猪头肉添加 0.2 g/kg 的 ε-PL 后，保质期达到 14 d，延长了 7 d 的货架期。

12.4　降低酱卤猪肉制品杂环胺生成技术

12.4.1　技术简介

饮食是诱发癌症的一个重要因素，而杂环胺是肉品在高温加工过程中通过美拉德反应与自由基机制而形成的一类致癌致突变化合物。前期研究结果（2016 年）表明：不同加工方式的肉制品中杂环胺含量差异明显，杂环胺总量由高到低依次为腌腊肉制品、酱卤制品、干肉制品、熏烤焙烤肉制品、油炸制品、罐头肉制品、肠类肉制品和火腿肉制品。目前肉品加工过程形成的杂环胺已引起研究者的广泛关注。

12.4.2　研究进展

研究了酱卤过程中卤煮时间、卤煮次数以及脂肪含量对酱卤制品杂环胺生成影响以及卤煮配料对杂环胺生成影响和香辛料抑制杂环胺生成技术研究，采用液质方法可以准确测定熟肉制品的杂环胺含量，腊肉制品和酱卤制品杂环胺含量高，酱卤次数影响杂环胺生成，酱油和糖促进杂环胺生成，丁香（图 12-13）可以显著降低杂环胺生成，添加量 0.1%（W/W），可以降低杂环胺 36% 生成率。

图 12-13　丁香

12.5　亚硝酸盐替代技术

12.5.1　技术简介

亚硝酸盐作为一种发色、防腐的添加剂一直被广泛添加到肉制品中，肉制品中残留的大量亚硝酸盐食用后在体内生成致癌的亚硝胺，研究发现天然来源的富硝发酵蔬菜粉作为亚硝酸盐的替代物具有一定的潜力。本技术优化甜菜产亚硝酸盐的条件，研究了富硝发酵甜菜粉的性质和富硝发酵甜菜粉研制以及在肉制品中的应用效果及货架期。

12.5.2　研究进展

将甜菜洗净，用粉碎机粉碎，称取 2.2 g 甜菜匀浆溶于 4% 的葡萄糖溶液中，接种木糖葡萄球菌 7.8×10⁶ CFU/g 到发酵液中，置于 30 ℃的恒温培养箱中培养 27 h，将发酵液于真空旋转蒸发仪中于 55 ℃浓缩后离心，取上清液置于-40 ℃冰箱中预冻 12 h 后置于真空冷冻干燥机中冻干，获得发酵甜菜粉（图 12-14，表 12-8，表 12-9）。

图 12-14　发酵甜菜粉

表 12-8　发酵甜菜粉指标及结果

发酵甜菜粉指标	结果
发酵甜菜粉色度值	L：28.51，a 值：8.93，b 值：1.76
亚硝酸盐含量	1 200mg/kg

表 12-9　发酵甜菜粉理化指标

测定指标	测定结果（%）
灰分	2.5
还原糖	3.4
蛋白质	1.05
脂肪	0
含水量	5

（1）火腿肠应用研究　发酵甜菜粉应用到火腿肠中的最低添加量 70 mg/kg，其色泽均优于亚硝酸盐阳性 150 mg/kg 对照组，亚硝酸盐使用量分别比亚硝酸盐阳性对照组减少 54%，残留量减少 82%，均可比空白组延长一周的储藏时间。

（2）酱肉制品应用研究　在酱肉中添加 90 mg/kg 的发酵粉，其色泽均优于亚硝酸盐阳性 150 mg/kg 对照组，亚硝酸盐使用量分别比亚硝酸盐阳性对照组减少 40%，最低添加量发酵粉组均可比空白组延长一周的储藏时间。

参考文献（略）

（任发政团队、綦菁华团队提供）

13　猪肉产品质量安全可追溯技术

生鲜猪肉产品质量安全可追溯技术涵盖了从哺乳仔储到销售终端的全产业链条的管理，需要借助现代信息技术，运用全面质量管理的理念，将质量安全风险控制理念从加工环节向养殖环节延伸，进一步细化生产流程，完善生产规范，提升经营企业整体管理水平与产品质量安全水平。最后，还要将可追溯内容公示大众，以维护消费者利益，并提升消费者对生鲜猪肉产品质量安全的信心。

13.1　技术简介

生鲜猪肉质量安全可追溯系统建设的总体思路，是以代码化管理为基础，以批次管理为关键，以信息技术为依托，以可追溯标识为载体，来实现生鲜猪肉产品质量安全的全程可追溯管理。猪肉产品质量安全可追溯技术目标是实现每头猪二分体产品都可追溯，消费者可以通过网络平台了解所消费猪二分体的基本情况。一旦出现食品安全问题，能直接追查到责任环节和具体责任人。随着可追溯系统的不断升级与完善，追溯精度由最初确定的养殖场细化到每个养殖场的具体批次，使可追溯深度从饲养基地、屠宰加工、猪肉配送一直贯穿到销售终端的全程。

其中的主要管理措施如下。

（1）对有关设施、机构、人员、养殖场进行规范化、代码化管理。

（2）解决北京生鲜猪肉产品在经营实践中个体无法识别的矛盾，就要实现按批次管理。

（3）运用最新的信息技术是建立高效、具有可操作性可追溯系统的基础。

（4）可追溯标识是猪肉产品可追溯的标志，是跟踪与溯源管理的抓手，是连接生产与消费的纽带。

13.2　研究进展

13.2.1　各环节布局

鹏程食品公司生鲜猪肉质量安全追溯涉及仔猪出生、饲养管理、屠宰加工、配送、销售的全程。其生产布局情况如下。

13.2.1.1　种猪及商品猪环节的布局

中心下属的位于顺义区大孙各庄的北京畜禽良种场是农业农村部认定的国家核心育种猪场，年出栏量10万头种猪，负责向各个规模养殖场提供能繁种猪。

13.2.1.2　饲养环节的布局

鹏程食品公司目前在北京顺义、河北、山西共有14个自营的规模化养猪场（原本14个养猪场均在北京市，后来为了响应北京市政府的号召，将一部分养猪场迁往外地作为进京生猪核心养殖基地，其出栏生猪交由鹏程食品公司屠宰加工），在河北、辽宁、吉林、内蒙古等省（自治区）还有 169 家签约的合作养猪场。全部 183 个养猪场均参与鹏程食品公司的质量安全可追溯体系的建设中。

13.2.1.3 屠宰加工环节的布局

鹏程食品公司的屠宰场位于北京市顺义区，拥有年宰能力超过 300 万头的高水平生猪专业屠宰线。

13.2.1.4 配送环节

鹏程食品公司具备较为完备的销售渠道和销售网络，可以保证年出场生鲜猪肉产品的冷链配送，可以保证配送质量。鹏程食品公司总部与承担质量安全可追溯体系建设的直接职能部门，全程参与生产管理。公司的运营管理部门负责生产计划安排、生产管理工作指导、生产规范的培训和落实、生产过程的调度和调配、生产检查与监督考核；公司的疾病预防与品控部门负责卫生防疫与免疫规范的制定、培训、贯彻和落实，并对防疫和免疫工作进行指导、监督和考核；公司的科技项目部门负责全系统的科研管理和技术管理，以及项目的立项、实施和总结等；公司的综合办公室，主要是负责宣传工作以及网络建设和维护工作。

13.2.2 建设信息化网络系统

针对生猪养殖基地布局以及生猪可追溯产品销售管理和质量监管，公司投资建立了质量安全可追溯网络系统，实现了对生产经营过程的实时监控。在完善各相关环节纸质档案建设的同时，在各个信息采集点将相关信息输入计算机，并通过计算机网络将信息采集点的信息传到中心服务器。再经过中心服务器的汇总、整理，最后传输到公司服务器，并将其中关系到生鲜猪肉产品质量安全的信息发布到公众网络（比如，放心肉平台网络），以便最终消费者随时查询。

服务器设置在公司总部，种猪场（种猪养殖基地）、各个规模养猪场（生猪养殖基地）、配送中心根据实际需要配置 1~3 台电脑。结合二维条码猪耳标，各种猪基地、规模养猪基地、屠宰加工场均配备了相应扫描识读设备 1~2 台，屠宰加工场还配备了 RFID 电子标签平台 1 套、激光灼刻系统 4 套、采集数据电脑 9~12 台。

所有采集信息均以批次为单位、以环节交替为时间点，向公司服务器传输相关信息。消费者在购买鹏程食品公司的生鲜猪肉产品后，可以通过北京市商委设立的放心肉平台网络，查询到所消费猪肉产品的质量安全信息。这样，消费者就能真正做到"买得放心，吃得安全"，很好地维护了消费者的知情权和监督权。体系信息化网络系统建设的内容如下。

13.2.2.1 养殖环节的信息采集

规模养猪场配置电脑操作和信息采集员。他们负责记录每批次种猪入场情况、分配饲养情况；记录每批次仔猪饲养情况；记录每批次商品猪的出场情况；通过将信息输入电脑生成生猪饲养记录单，记录单由送货员交给屠宰场。

13.2.2.2 屠宰加工场的信息采集

（1）屠宰加工场在入厂验收区设电脑 1 台，记录生猪验收及产地、供应商等源头信息。

（2）生猪入圈待宰区设电脑 1 台并设 1 人专门负责记录信息，需要编制圈号，并记录生猪头数、总重、屠宰日期等相关信息。

（3）屠宰场为获取猪耳标信息，需要在猪耳标信息获取点配备 1 套工业电脑和猪耳标识读器，顺序采集每头猪耳标信息以及批次信息。

（4）在 RFID 电子标签绑定点（这是电子标签平台的起点），配置 1 套工业电脑和 RFID 电子标签识读器，需衔接源头、耳标等信息，并完成从整圈到单头屠体的信息匹配。

（5）在4个猪二分体销售发货口，均配备了高水平自动化猪二分体销售平台，每个销售平台包括自动称量系统1套、RFID识读器1台、激光灼刻系统1套。

（6）销售出场IC卡转载信息点，配备1台电脑、1个IC读写卡器。

13.2.2.3 销售终端的信息采集

每个销售终端设置专人1名、配置1台智能称量终端，记录销售时间、重量，同时打印终端销售票据。

13.2.2.4 公司总部的信息汇总和处理

公司总部配置中心服务器2套（包括服务器1台、路由器1台、机柜1组及相关配件），负责公司内部所有信息的汇总和处理，以及公共信息（发布给社会公众的信息）的整理和传输，公司的公共信息包括：每批次猪肉使用饲料情况、使用兽药情况、生猪防疫情况、生猪饲养情况、生猪屠宰加工情况等需要向社会公众公开的信息。

13.2.3 建设一体化信息平台

鹏程食品公司通过一体化信息平台，实现了生鲜猪肉产品的"三重递进式全程可追溯"，信息平台包括：猪二维码耳标追溯平台、RFID电子标签追溯平台、猪二分体激光灼刻一体化平台。三重递进式全程可追溯路径详见图13-1。

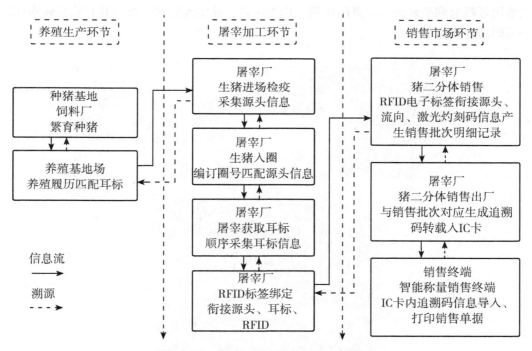

图13-1 三重递进式全程可追溯技术路线

13.2.3.1 猪二维码耳标追溯

依托2008年奥运会前建设的活猪二维码耳标追溯平台，鹏程食品公司实现了自有养猪基地以及合作养猪基地活猪的二维码耳标标识化，促进了生猪养殖环节全面信息化，也为实现生鲜猪肉产品全程可追溯奠定了基础。

在生猪养殖及活体运输环节，选择二维条码作为可追溯信息的载体，是因为二维条码相对于一维条码来说，有较好的抗毁坏、防污物遮挡性能，能有效提高识读率。另外，二维条码的信息容量也远远大于一维条码，而且其还有一大优势就是成本低廉（图13-2）。

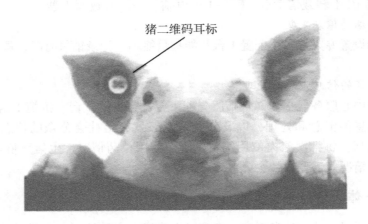

猪二维码耳标

图13-2　活猪二维码耳标示意图

13.2.3.2　RFID电子标签追溯平台

在屠宰加工场内，可追溯系统信息传递和个体追溯的核心是RFID电子标签平台，它起到了承接二维码耳标追溯平台源头信息的作用（图13-3），能实现将猪二维码耳标信息转换成屠宰加工场一维码芯片信息的作用。

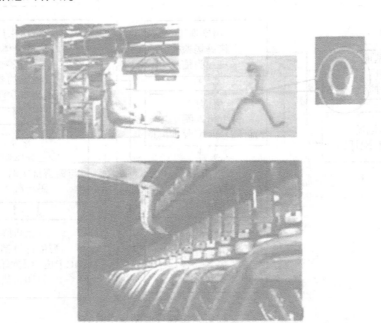

图13-3　二维码耳标信息转换成一维码芯片信息示意图

屠宰场加工车间内环境相对恶劣，湿度大、温差大、多油污、流水线挂钩需要抗坠落等，因此，为了抵抗这些不利因素，通常是选择电子芯片标签作为其信息载体，同时，针对屠宰场的特殊工况，还对电子芯片进行了全面的抗毁升级设计，以保障信息传输的稳定可靠。另外，电子芯片标签可以实现自动跟踪识别猪二分体（俗称白条猪），能避免条码技术需要人工定位扫描的缺陷，从而还降低了人工成本。

13.2.3.3　猪二分体激光灼刻一体化平台

在猪二分体激光灼刻一体化平台上（图13-4），其激光灼刻原理详见图13-5。

图 13-4　猪二分体激光灼刻一体化平台

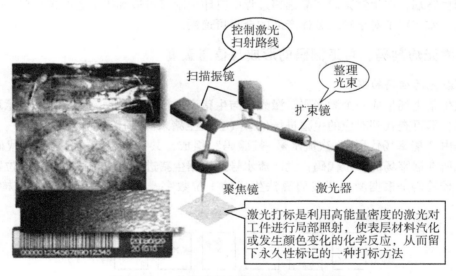

图 13-5　一体化平台上激光灼刻原理示意图

在猪二分体（白条猪）销售出场的节点，综合软件信息系统、RFID 电子标签平台、激光灼刻系统，建成了集信息采集、激光灼刻等功能于一身的猪二分体销售激光灼刻一体化平台。通过无重复可追溯编码和激光灼刻，实现了信息载体与猪肉产品的合二为一，真正做到了物码合一。

至此，通过从猪二维码耳标标识、RFID 电子标签，到激光灼刻码的追踪和信息传递、承接过程，可以有效追溯到每头猪二分体产品的源头信息，这是屠宰场内可追溯信息向场外延伸的有效途径。这就提供了一种针对以猪二分体产品为形式的生鲜猪肉产品较为可靠的质量安全监管措施。

13.2.3.4　IC 卡信息转载系统

为了便于市场销售环节的信息传递，系统根据激光灼刻码关联生成了可追溯码，并且转载入 IC 卡中。在实施过程中，发现某些市场没有可用的网络环境，这就限制了可追溯体系的覆盖范围，为了克服这一问题，专门设计了 IC 卡信息转载系统（图 13-6），使得信息不依赖于网络也能传递。

图 13-6　IC 卡信息转载系统

同时，这个系统也可以起到进行发货信息和收货信息核对的作用，IC 卡内的可追溯信息，最终转入销售终端，在生鲜猪肉产品销售过程中打印出附有可追溯码信息的销售单，并提供给消费者，至此，就实现了对于猪二分体产品的全程可追溯。

13.2.4　激光灼刻码、可追溯码的形成与信息查询

13.2.4.1　激光灼刻码的形成

一批次生猪进场生成一个激光码，激光码与生猪产地检疫证号一一对应。在任意环节，只需通过激光码，即可查找到对应的生猪进场信息（查到生猪来源责任主体，即货主）。

激光码由"屠宰场代码+批次流水号+校验码"组成，共 6 位。其中，屠宰场代码是指当前激光码生成所在屠宰场的 2 位代码；批次流水号是根据生猪进场批次顺序生成的 3 位数字，一般循环使用；校验码是根据激光码校验算法生成的 1 位数字。激光灼刻码的总体结构如图 13-7 所示。

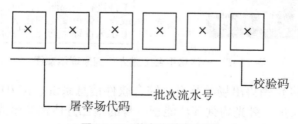

图 13-7　激光码编写规则

13.2.4.2　可追溯码的形成

可追溯码是按照统一编码规则自动生成的，标注于交易凭证或零售凭证上，用于查询肉类流通可追溯信息、合成可追溯信息链条的代码。可追溯码也被称为交易凭证号或零售凭证号，由一

组数字组成。

一般一次交易产生一个可追溯码，但零售环节不产生新编码，而是沿用其上一个环节产生的可追溯码。各环节肉类交易的可追溯码，都是由"经营者主体码+交易流水号"组成，共 20 位数字。其中，经营者主体码是指作为卖方的经营者的主体码，为 13 位数字；交易流水号是指按交易时间顺序生成的一段唯一的代码，为 7 位数字。可追溯码的总体结构如图 13-8 所示。

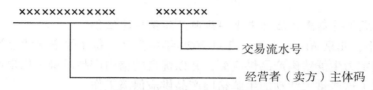

图 13-8 可追溯码编写规则

13.2.4.3 可追溯信息查询

北京市场的猪肉产品质量可追溯信息查询方式如下。

（1）登录商务部质量追溯网站（http：//mv.bjfxr.com）查询。

（2）登录北京市商委设立的放心肉平台网络查询。

除了可以查询到每批次猪肉使用饲料情况、使用兽药情况、生猪防疫情况、生猪饲养情况、生猪屠宰加工情况等之外，网上查询的内容还包括：屠宰加工场名称、经营企业的联系地址、经营企业的联系电话、经营企业的联系人、经营企业的网址、经营企业简介、经营企业产品认证材料等信息。

自从鹏程食品公司可追溯系统建立以来，企业服务器就可通过网络平台自动向商务部、北京市商委服务器上传信息数据，并自动形成可追溯编码。

13.2.5 宣传与培训

根据生鲜猪肉产品质量安全可追溯系统的运营需求，鹏程食品公司积极开展相关培训工作，通过实施培训，使全体员工的食品安全意识进一步加强，并且提升了生产人员对二维码耳标、RFID 电子标签、激光灼刻等信息追踪标识技术的理解能力与应用能力。

通过对信息采集员及网络管理、维护人员的培训，鹏程食品公司做到了可追溯系统运行稳定、信息记录完整且连续、信息内容传递及时。鹏程食品公司累计实施各层次人员培训 50 余次，人员累计参加培训 1 000 余人次。

13.2.6 经济和社会效益

13.2.6.1 带动生猪养殖者致富

鹏程食品公司一直致力于扶持农户养猪致富，并与适度规模养殖农户签订合作协议，采取"五统一"（统一供种、统一供料、统一管理、统一防疫、统一销售）的管理方针，并为各区域达到一定数量的养猪农户配置一名专职指导兽医进行对口支援，使农户养猪的疫病风险尽可能降低。鹏程食品公司在北京市的大兴、通州、房山、昌平等区，在河北、天津等省市，共帮扶近 1 800 多个养猪农户，带动养猪农户实现增收致富。

13.2.6.2 逐步实现规模化养猪、精细化管理

鹏程食品公司从养殖到屠宰加工全程可追溯系统建设，实现了屠宰猪肉产品（白条猪）全程可追溯，企业内部管理也伴随着可追溯体系建设越来越精细化了。鹏程食品公司连续数年保障了其出场生鲜猪肉产品的质量安全，为保障首都生鲜猪肉产品的市场供应做出了贡献。

13.2.6.3　提升了企业知名度和美誉度，增强了市场竞争力

伴随着猪肉产品质量安全可追溯技术的实施，不断完善各自的产品质量管理，对生产过程进行实时动态监管，使企业内部管理更加有序；对饲料、兽药等投入品的监管力度也不断加大，使猪肉产品安全质量进一步提升，使食品安全有了更好的保障。由于在全国率先实现猪肉产品质量安全全程可追溯，因而进一步提升了企业的知名度和美誉度，也增强了其生鲜猪肉产品的市场竞争力。

13.2.6.4　圆满完成了首都重大活动中生鲜猪肉产品供应的任务

在国庆70周年、北京APEC大会、北京2022年冬奥会、每年的全国两会等重大活动中，鹏程食品公司均被确定为生鲜猪肉产品供应商，并以优良的猪肉产品质量，稳定可靠的全程可追溯系统，圆满地完成了这些重大活动的生鲜猪肉产品供应保障工作。

参考文献（略）

（李文祥团队提供）

第六篇
产业经济

14 基于生态循环的生猪养殖废弃物治理研究

14.1 基于循环经济的生猪养殖模式研究

基于循环经济的生猪养殖模式研究在 2012—2015 年持续调研基础上，完成并提交多篇研究成果报告和相关政策建议，得到专家和相关部门领导认可。完成的主要研究成果参见《基于循环经济的生猪养殖模式研究》，并发表多篇相关学术论文。2016 年课题组系统全面修改补充完善该博士学位论文，并作为现代农业产业技术体系北京市生猪产业创新团队（BAIC02）产业经济研究项目和国家自然科学基金项目（70873124、70973123）的主要成果，出版著作《基于循环经济的生猪养殖模式研究》（张玉梅和乔娟，2016）。

14.1.1 研究意义

14.1.1.1 理论意义

从循环经济视角研究生猪养殖模式，是对畜牧业经济研究的一个拓展和充实，也有助于丰富区域经济和资源环境经济理论的研究内容。本研究主要从循环经济视角，以区域经济、生产者行为、产业共生、公共产品及外部性等经典理论为基础，对我国生猪养殖业面临的环境约束问题进行深入探讨，运用生产者行为理论分析养猪场户循环经济养殖技术模式选择的影响因素，从产业共生的角度深入剖析循环经济养殖模式运行的前提条件，以及分析政府行为在推动循环经济养殖模式中的作用，探求我国生猪养殖业如何既能满足消费者需要，又能实现物质的循环利用，满足可持续发展的需要。在资源与环境双重压力的背景下，对生猪养殖模式问题进行研究，从循环经济的视角发展畜牧业，将为我国循环经济发展及其相关知识的研究积累一定的文献资料，并提供重要的理论借鉴。

14.1.1.2 现实意义

在建立统一完善的猪肉供给大市场之前，面对人口众多、需求旺盛的发达城市，如何保障城市具有一定的控制率，满足应急保障需要，从循环经济的视角探求生猪养殖模式及其运行机理，力图为当前生猪养殖业所面临资源和环境的双重挑战，提供缓和乃至化解方案，为政府制定相关政策提供依据。由于北京、上海等大城市经济发展程度较高，其畜牧业发展也较早出现了由规模化、集约化带来的环境问题。尽管 2014 年北京市在农业产业结构调整中提出生猪养殖量要压缩，但已有生猪养殖量所带来的环境问题具有一定的代表性，因此选取北京地区进行实证研究。根据北京生猪养殖出现的问题，依据循环经济原则深入剖析养猪场户采纳循环经济养殖技术行为的影响因素，从关联产业的支持和政府的推动两方面分析循环经济养殖模式的实现，为循环经济养殖模式的推广奠定实践基础。从另一角度看，随着经济的发展，地方城市郊区也将会面临猪肉需求旺盛，生猪养殖量增加带来的环境问题，如何应对这些变化？从循环经济视角研究北京生猪养殖模式对其他地方具有一定的借鉴意义。

14.1.2　研究目标和研究内容

14.1.2.1　研究目标

本研究的总体目标是从循环经济视角出发，以生产者行为理论、产业共生理论、公共产品及外部性理论为基础，在减量化、再利用、资源化原则指导下探讨循环经济生猪养殖模式的技术行为选择以及影响因素的作用机理，为促进切合中国实际的循环经济养殖模式顺利运行的政策制定和行为选择提供依据。

本研究的具体目标可分为：

第一，在了解中国生猪养殖业发展历程及面临的资源环境问题的基础上，从循环经济养殖技术角度分析生猪养殖过程中减量化、再利用、资源化技术的采纳及效益情况，并寻找影响技术采纳的关键因素；

第二，从关联产业视角剖析，分析相关产业如何影响养猪场户采纳循环经济养殖模式，提出循环经济养殖模式顺利运行的产业组织模式；

第三，在公共产品和外部性理论基础上，分析政府在推动循环经济养殖模式中的行为，为顺利推动循环经济养殖模式的发展提供政策建议。

14.1.2.2　研究内容

基于以上研究目标，本研究的主要内容分为以下几个部分。

第一部分，理论基础与逻辑框架。首先，在阐述本研究选题的背景及意义和国内外相关研究成果及进展综述的基础上，明确本研究的具体问题、研究目标和研究范围；然后，从循环经济的理论渊源入手，在剖析循环经济、生态经济及低碳经济关系的基础上，基于外部性理论探讨生猪养殖业所产生的环境问题的外部性机理，基于生产者行为理论探讨养猪场户的循环经济养殖技术行为模式的选择以及影响因素作用机理，基于系统论和产业组织理论揭示生猪养殖业与相关产业耦合的机理；最后，在明确本研究的理论基础和研究思路的基础上，构建出本研究的逻辑框架和具体研究内容。

第二部分，生猪养殖业发展趋势及主要问题。采用统计描述的方法，对中国生猪养殖业的发展历程进行归纳总结，梳理其发展过程中的特点。选取北京市作为经济发达地区的代表，分析在最近一段时间内北京市生猪养殖业存在的必然性，重点对生猪养殖带来的资源环境问题进行归纳。

第三部分，基于循环经济养殖技术模式研究。基于循环经济的基本原则，结合生猪养殖的基本技术，从循环技术的视角对生猪养殖模式进行分析。循环经济的核心原则为减量化、资源化和再利用，生猪养殖过程中遵循循环经济的原则应采取相应的养殖模式技术以实现资源减量化使用，减量化产出废弃物，产出的废弃物实现再利用和资源化。本部分将依据循环经济的三大核心原则，归纳生猪养殖所需要的养殖技术，并对养殖场户选择循环经济养殖技术的行为进行分析。首先，对养殖场户的循环经济养殖技术的选择进行描述性统计分析，并对主要的技术进行效益分析；然后，选择主要技术为研究对象，运用二元 Logit 模型分析养猪场户技术选择的影响因素，以便深入分析循环经济养殖技术模式中某些技术理论上行得通，但实际推广中却遇到阻碍的原因；最后，通过多元有序 Logistic 模型分析养殖场户对选择循环经济养殖模式的行为意愿。

第四部分，基于产业共生的循环经济养殖模式研究。以养猪场户为核心，运用产业共生理论及交易费用理论分析养猪场户与上下游产业链条间的关系，通过价值在产业之间的合理流动分配，进而会促进循环经济养殖模式的顺利运行。本部分内容按照产业链的延伸、第三方废弃物处理及循环经济养殖园区三种类型进行描述性分析，了解每种模式的现状，进而从价值链的视角分析价值在产业间如何分配，最后以养猪场户与相关产业合作程度作为被解释变量，运用二元 Logit 模型分析影响相关产业合作的因素。

第五部分，基于市场失灵的政府规制研究。首先，通过对政府发布的环境政策法规的梳理，结合第三、第四部分的实证分析，厘清政策法规对生猪养殖业的影响；然后，基于循环经济养殖模式带来的正的外部性，分析政府对养猪场户的补贴；最后，分析政府主导下的公众参与对循环经济养殖模式顺利运行的推动作用。

第六部分，主要结论与政策建议。在总结本研究的主要观点和结论的基础上，提出循环经济养殖模式顺利推行的政策建议，并对有待进一步研究的问题进行探讨。

14.1.3 主要研究结论

14.1.3.1 循环经济养殖技术采纳程度不均衡，阻碍循环经济养殖模式顺利运行

循环经济养殖技术的采纳是循环经济养殖模式顺利运行的基础条件。从减量化、再利用、资源化角度对养猪场户采纳循环经济养殖技术情况分析得出，养猪场户的减量化技术采纳比例较高，再利用技术采纳比例较低，猪粪资源化比例较高，病死猪资源化技术采纳比例较低，总体上看，循环经济养殖技术采纳程度不均衡。

循环经济养殖减量化主要包括资源投入的减量化和废弃物排放的减量化。资源投入减量化技术采纳比例较高的是规模化养殖模式，规模化猪场土地利用率最高，自动喂料、自动饮水系统拥有比例也随着养殖规模的扩大而提高。废弃物的减量技术是从通过减少粪污、恶臭，降低病死猪产生量两方面体现。生物饲料的使用可提高饲料转化率，从而降低恶臭影响，52%的养猪场户采纳生物饲料。合理的清粪技术能有效地减少污水的排放，发酵床用水量和污水排放量最少，生态效益较好，干清粪次之，但综合经济效益和生态效益来看，干清粪技术较好，近九成养猪场户选择干清粪技术。

循环经济养殖再利用技术采纳比例普遍偏低。雨水再利用技术采纳比例仅为15.92%，雨污分离设施的拥有率为16.04%。污水处理后再利用的比例较低，约60%的养猪场户采取直接排放和污水池存放，粪污通过沼气设施实现沼气再利用的比例仅为21.39%，但随着养殖规模的扩大，再利用技术采纳的比例不断提高。

养猪场户对猪粪和病死猪采取资源化技术，猪粪资源化比例较高，病死猪资源化技术采纳比例较低。猪粪主要通过自家还田、免费送人及直接销售3种方式实现资源化，70%的养猪场户通过自然堆放发酵，很少有采纳加入菌类、垫料的发酵技术。随着养殖规模的扩大，养猪场户采取直接销售猪粪的比例也在提高。病死猪无害化处理比例较高，但采取资源化处理技术的比例不足10%。

减量化、再利用、资源化技术同时采纳，才能最大程度发挥循环经济养殖模式带来的效益，但通过研究发现，循环经济养殖技术采纳程度不均衡，导致循环经济养殖模式作用有限。循环经济养殖技术的采纳主要依赖技术的可操作性，以及养猪场户获得的收益情况，由于再利用和资源化技术带来的社会生态效益高于经济效益，导致主动采纳比例较低。

14.1.3.2 养猪场户追求经济利益最大化是循环经济养殖技术采纳比例较低的主要原因

减量化技术中的生物饲料是一种新技术产品，由于生物饲料比普通饲料价格高，需要增加调配饲料的劳动力和增加储藏成本，在饲喂效果不明显的情况下，养猪场户选择生物饲料的比例不高。无论是集雨再利用技术还是污水处理再利用技术，养猪场户采纳的前提是能够获得更多的经济效益，而集雨工程投资成本高于获得的经济效益，养猪场户没有积极采纳的主动性，污水处理程度越高，需要的投资成本、运行成本也高，作为理性经济人的养猪场户将选择成本小的污水处

理技术。政府对环境的监管力度影响养猪场户的污水处理程度，监管惩罚越严厉，养猪场户的违法成本越高，养猪场户处理行为越规范。

猪场附近的土地类型直接影响养猪场户猪粪的处理行为，养猪场户以经济利润最大化的目标决定了猪粪还田前无害化处理技术和病死猪的处理技术，资源化处理技术水平是病死猪能否实现资源化的技术前提，制度的完善是实现病死猪资源化的保障。

14.1.3.3 养猪场户循环经济养殖模式选择意愿是诸多因素共同作用的结果

生猪养殖从源头规范兽药、添加剂的使用，养殖过程采取先进的技术节省资源投入，减少废弃物的排放，粪便发酵后实现还田再利用，最终实现种养结合。作为追求利润最大化的养猪场户，缩短出栏时间、提高单位生猪出栏重量、增加出栏头数是猪场主营业务所关注的重点，因此养猪场户对饲料添加剂的认知反向显著影响循环养殖模式意愿；循环经济养殖模式能带来更好的经济效益的认知能刺激养殖场户选择循环经济养殖模式；养殖场户认为自己具有一定的经济条件，则选择循环养殖模式的意愿越强，若认为不具备经济条件，则选择意愿较弱；由于循环经济养殖模式的采纳能带来环境的改善，政府补贴一定程度上弥补了养猪场户私人成本高于社会成本的部分，因此政府补贴正向显著影响选择意愿；养殖场户受教育年限越长，其社会责任感越强，循环经济的养殖模式选择意愿越强烈。

14.1.3.4 生猪养殖业与相关产业的稳定合作是循环经济养殖模式顺利运行的保障

基于产业共生的循环经济养殖模式主要包括生猪养殖产业链延伸型、废弃物处理产业型及循环经济养殖园区型3类。生猪养殖业向前延伸与饲料加工企业形成长期稳定的合作关系，降低交易费用，便于饲料质量的监管，具有良好的生态和社会效益。生猪养殖业向后延伸与种植业形成长期稳定的合作关系，可及时有效地解决猪粪的处理，实现环境治理的内部化，生态效益和经济效益都得以改善。循环经济养殖园区的建立，实现了产业之间的有效耦合和产业之间的互赢。

生猪养殖业与相关产业稳定的合作关系的影响因素，从宏观方面看，区域产业结构的变化影响养殖业和种植业的合作，第三方废弃物再生利用产业的发展程度制约着循环经济养殖模式的运行；从微观角度看，受养殖规模、养殖年限及养殖场户的收入水平的影响、循环经济养殖园区运行的基础条件是产业生态化和规模化，运行的动力条件是链条中各行为主体均能获利，运行的保障条件是技术的创新。

14.1.3.5 政府制度保障和政策支持是循环经济养殖模式顺利运行的推动力

行政措施在产业合理规划、规范养猪场户养殖行为上起到重要作用，畜牧业法律法规不断完善，但具体实施细则仍有限，依然存在监管措施不健全和力度不大等问题。相比而言，补贴等经济措施发挥着积极的鼓励扶持作用，在推动技术推广实施、实现外部效应内部化、提高养猪场户环境保护意识等方面成果显著，但也存在"重投资轻运行"的政策不足。此外社会公众对养殖场户的监督也是生猪养殖场户发展循环经济养殖模式的重要推动力，所以政府应积极引导和鼓励社会公众的参与。

14.1.4 主要政策建议

14.1.4.1 鼓励适度规模养殖，提高养猪场户循环经济技术采纳率

规模化猪场采纳循环经济养殖技术比例较高，规模化猪场有利于相关产业形成长期稳定的合作关系，但盲目过度规模化带来的资源环境问题仍不能忽视，因此应采取适度规模的养殖模式，根据养猪场户不同的经济条件和猪场周边的土地情况，推行适度规模养殖。对于房前屋后的散养户应逐步退出生猪养殖业；对小规模养猪场户，应逐步采取"公司+养猪场户""合作社+养猪场户"形式，从资源投入—生产过程—废弃物处理各个环节实现减量化、再利用和资源化；对于

规模化养猪场，在发展适度规模的同时积极研发和推广适合的循环经济养殖技术，带动中小规模养猪场户采纳循环经济养殖技术。

14.1.4.2　合理产业布局，实现种养结合

循环经济养殖模式的落实在于种养结合，合理规划产业布局，按照当地耕地面积及种植品种衡量生猪的承载量，根据环境容量和载畜量确定合理的生产规模。猪场的建设规模要与周围农田粪污消纳能力相适应，根据猪场用地与农田之间的距离，选择科学的技术处理粪便和污水，处理后的污水可采取地下管道直接灌溉农田，推动循环经济养殖技术的采纳，促进生猪养殖业和种植业协调发展。

14.1.4.3　鼓励推行和大力发展第三方废弃物处理产业

养猪场户与关联产业的合作关系影响循环经济养殖模式的运行。猪粪和病死猪的资源化处理程度的提高需要发达的第三方废弃物处理产业，第三方废弃物处理产业在专业化分工越来越细的社会发展中发挥着重要作用。猪场产生的猪粪在无法实现自用和周边种植户使用时，发达的第三方废弃物处理产业可实现猪粪的再加工，实现价值增值，从而使得废弃物处理产业长期发展。病死猪资源化处理比例不高的主要原因在于没有有效的第三方废弃物处理产业。但由于猪粪和病死猪属性不同，相对病死猪而言，猪粪产生量稳定且易于实现价值的增值，所以处理猪粪的第三方废弃物产业可以由市场主导，政府实施政策支持引导；病死猪产生量不稳定且直接关系到食品质量安全问题等，因此需要通过政府监管的第三方废弃物处理产业，政府应引进和研究采纳先进的资源化处理技术，实现政府主导、大型企业牵头、养猪场户积极参与的病死猪资源化处理模式。

第三方废弃物处理产业得以发展的前提是在废弃物资源化的过程中实现增值，一方面，在第三方废弃物处理产业发展初期，需要政府的财政支持和政策的引导；另一方面，应优化废弃物资源化后的再生产品市场，提高市场竞争力，刺激再生产品市场需求从而带动第三方废弃物处理产业发展。

14.1.4.4　加大政府循环经济政策支持力度，完善制度供给

循环经济养殖模式具有外部性，单纯依靠市场无法激励养猪场户采纳循环经济养殖模式，因此应加大政府循环经济政策支持力度。在循环经济养殖模式发展初期，可借鉴国外发达国家经验，对于养猪场户因减少兽药、添加剂的使用而导致的收入减少给予一定的直接补贴；对相关利益主体提供促进循环经济养殖模式顺利运行的经济补贴、税收及信贷优惠政策，激励理性经济人的各利益主体积极推进循环经济养殖模式。由于补贴存在"重投资轻运行"的问题，因此经济激励手段的实施需要考虑循环经济技术的可操作性，同时考虑技术采纳的运行和维护成本以保障补贴的有效性。在循环经济养殖模式逐步发展成熟后，可采取政府补贴和市场交易排污权的形式保障顺利运行。

健全病死猪无害化、资源化处理制度。明确规定病死猪无害化、资源化处理基础设施的建设的主体和资金来源，完善病死猪收集系统，选择适宜的无害化、资源化处理技术，完善病死猪无害化、资源化处理制度，保障病死猪无害化、资源化处理的有效运行。

14.1.4.5　政府加强环境监管的同时引导公众参与监督

《中华人民共和国循环经济促进法》对循环经济养殖模式的运行提供了法律依据，但应逐步完善配套相应的法律法规，加强环境的监管。由于养猪场户多而猪场布局过于分散，政府监管无法面面俱到，导致养猪场户的违法成本较低，执行法律法规的意愿较弱，因此政府在完善法律法规，加强环境监管的同时，引导社会公众参与监督，实施举报奖励机制。

14.1.5 创新特色和研究展望

14.1.5.1 创新特色

第一，本研究基于循环经济减量化、再利用、资源化的三原则，系统归纳生猪养殖业的产前、产中、产后养殖技术，分析养猪场户技术选择行为的影响因素。本研究全面系统地从猪场规划建设、生产资料投入、养殖过程控制、产后废弃物治理多方面将循环经济养殖技术模式具体化，克服了循环经济研究的空泛化。

第二，本研究侧重以养猪场户为核心，归纳养猪场户与相关产业之间的合作类型，并实证分析养猪场户与相关产业之间合作程度的影响因素。

第三，本研究利用对北京市养猪场户调研获得的 201 份有效问卷数据进行了详尽的描述性统计分析和影响因素的计量模型分析，通过政府部门获得二手访谈资料的比较分析，系统研究并归纳出循环经济养殖模式需要技术的支持、相关产业的合作和政府的支持，系统全面地提出循环经济养殖模式运行的条件。

14.1.5.2 研究展望

本研究从循环经济视角研究生猪养殖模式，重点从物质流角度分析了养猪场户循环经济技术采纳情况，与相关产业的合作程度及政府行为对循环经济养殖模式的影响，对循环经济养殖模式顺利运行提供借鉴。但循环经济养殖模式的运行仍离不开价值的合理流动与分配，本研究虽在一定程度上对循环经济养殖技术模式、关联产业的循环模式进行了利润分配的研究，但由于养猪场户没有完备系统地进行成本收益的核算，调查过程中选取替代指标，由养猪场户根据养殖过程给出的成本收益的大约值，这在一定程度上制约了全面分析价值流，因此从价值分配角度深入分析循环经济养殖模式的顺利运行有待进一步研究。

本研究主要以养猪场户为核心研究对象，概括地分析了市场失灵下的政府规章制度、补贴及公众参与，但在推进循环经济养殖模式的运行过程中，政府补贴补给谁、补多少、如何补也有待进一步研究。

14.2 基于经济与生态耦合的生猪养殖废弃物治理机制研究

基于经济与生态耦合的生猪养殖废弃物治理机制研究在 2013—2017 年持续调研基础上，完成并提交多篇研究成果报告和相关政策建议，得到专家和相关部门领导认可。完成的主要研究成果参见《基于经济与生态耦合的畜禽养殖废弃物治理行为及机制研究》，并发表多篇相关学术论文。在其基础上乔娟成功申报到国家社会科学基金项目"基于循环经济视角的畜禽养殖废弃物治理模式与支持政策研究（18BGL169）"，2019 年课题组系统全面修改补充完善该博士学位论文，并作为国家社会科学基金项目（18BGL169）的重要成果和现代农业产业技术体系北京市生猪产业创新团队（BAIC02）产业经济研究项目的主要成果，出版著作《基于经济与生态耦合的畜禽养殖废弃物治理行为及机制研究》（舒畅和乔娟；2019）。

14.2.1 研究意义

14.2.1.1 理论意义

本研究有助于丰富畜牧经济管理和资源环境经济学理论。本研究基于经济与生态耦合的治理目标，对养殖场户畜禽养殖废弃物治理行为、减量化生产经营方养殖废弃物治理行为、资源化消纳方养殖废弃物治理行为，以及政府畜禽养殖废弃物治理行为进行理论探讨和实证分析，并在此基础上分析畜禽养殖废弃物治理责任主体和相关主体之间的制衡关系，即畜禽养殖废弃物治理机制运行情况，本研究一系列重要研究结论有助于丰富畜牧经济管理和资源环境经济学的理论。

14.2.1.2 现实意义

本研究将有助于为各相关主体采取更加科学有效的畜禽养殖废弃物治理措施提供实证借鉴。对于畜禽养殖废弃物的处理，各主体之间既具有独立性又具有经济利益相关性，因而对其治理技术模式与治理纵向关系的采纳需要各主体之间谋求合作共赢，同时也需要政府制定和实施更加科学有效的法律和法规，将畜禽养殖废弃物治理的正外部性收益和负外部性成本内部化，有助于促使相关主体采取更加主动的治理措施。本研究对畜禽养殖废弃物治理技术模式、纵向关系、法律法规、治理模式和治理机制等进行具体翔实的研究，有助于为畜禽养殖场户、饲料兽药生产企业、有机肥生产企业选择更加适合自己的治理模式和治理机制，为政府制定和完善相关的法律法规提供决策参考。

14.2.2 研究目标和研究内容

14.2.2.1 研究目标

本研究的总目标是：从实现既保障经济可行性又能维护生态可持续双重治理目标的角度出发，依据系统耦合和循环经济理论构建逻辑框架基础上，以利益相关者、行为经济学及市场失灵理论为基础，理论探讨并实证分析畜禽养殖废弃物治理行为及机制，最终提出改进治理行为及机制的优化路径或政策建议。

本研究的具体目标可分为以下几点。

第一，分析畜禽养殖废弃物形成及污染机理，理论探讨治理行为及机制内涵。

第二，揭示参与减量化、无害化、资源化治理的所有以盈利为目的生产经营主体采纳治理技术模式及选择纵向关系的行为特征、影响因素及经济生态效益。

第三，明确畜禽养殖废弃物治理中的政府职责，评价我国畜禽养殖废弃物治理的政策绩效。

第四，归纳现行治理模式和治理机制的类型，揭示其有效运行的约束因素和适用条件。

14.2.2.2 研究内容

基于以上研究目标，本研究的主要内容分为以下几个部分。

第一部分，理论基础与逻辑框架。本部分在归纳总结并借鉴支撑本研究的相关理论的基础上，分析畜禽养殖废弃物的形成及其污染机理，理论探讨畜禽养殖废弃物的治理行为及机制内涵，并构建本研究的逻辑框架。

第二部分，我国畜禽养殖废弃物污染形成及超载负荷。本部分从历史演进角度分析畜禽养殖废弃物形成及污染的演变历程，利用环境经济学方法分析我国畜禽养殖废弃物超载负荷现状，剖析畜禽养殖废弃物超载负荷与经济增长的关系及影响超负荷的宏观经济因素。

第三部分，畜禽养殖废弃物治理行为研究。本部分围绕畜禽养殖废弃物肥料化的治理技术路径，依据本研究的逻辑框架和实地调研数据，分析不同相关利益主体参与畜禽养殖废弃物治理的行为特征、影响因素及经济生态效益。

养殖场户废弃物治理的技术模式。理论探讨和实证分析养殖场户为实现经济与生态耦合目标需要选择什么样的治理技术模式，以及采纳这些治理技术模式的行为特征、影响因素与经济生态效益。

养殖场户废弃物治理的纵向关系。理论探讨和实证分析养殖场户为实现经济与生态耦合目标需要选择什么样的治理纵向关系与上下游合作，重点分析养殖场户与资源化消纳方之间选择不同治理纵向关系的行为特征、影响因素与经济生态效益。

减量化生产经营方的养殖废弃物治理行为。依据典型案例调研获取的数据资料，分析探讨饲料、兽药生产经营企业在减量化生产经营环节为实现经济与生态耦合目标，需要选择什么样的治理技术模式和治理纵向关系，并分析其行为特征、影响因素与经济生态效益。

资源化消纳方的养殖废弃物治理行为。以肥料化为例，依据典型案例调研和问卷调研获取的数据资料，分析探讨种植户、粪污经销商、有机肥生产经营企业等资源化消纳方为实现经济与生态耦合目标采取不同治理技术模式和治理纵向关系的行为特征、影响因素与经济生态效益；重点理论探讨和实证分析种植户在施用养殖污水、粪肥和商品有机肥的治理行为。

养殖废弃物治理中的政府职责及政策绩效。理论探讨政府在畜禽养殖废弃物治理中的职责，梳理我国政府开展畜禽养殖废弃物治理的政策手段，并评价治理政策绩效。

第四部分，畜禽养殖废弃物治理模式和治理机制研究。本部分主要依据文献及典型案例调研访谈结果，探讨国内外畜禽养殖废弃物治理模式和治理机制的经验借鉴。

我国畜禽养殖废弃物治理模式及治理机制分析。在典型案例及理论探讨养殖废弃物治理模式和治理机制的基础上，分析我国畜禽养殖废弃物治理模式和治理机制的类型、约束因素和适用条件。

发达国家养殖废弃物治理的经验借鉴。从治理政策角度出发，梳理美国、欧盟、日本等发达国家及地区畜禽养殖废弃物治理行为、模式及机制类型，并在总结与我国异同点的基础上，归纳有益于我国畜禽养殖废弃物治理模式和治理机制改进的经验借鉴。

第五部分，主要结论与政策建议。首先总结主要研究成果；然后依据主要研究成果并依据发达国家经验借鉴、我国现实国情提出切合实际、具有可行性、能够实现经济与生态耦合目标的政策建议。

14.2.3　主要研究结论

14.2.3.1　污染表象原因是种养脱离，治理效果受相关利益主体行为影响显著

我国养殖副产品从重要肥料资源、废弃物到污染源，从经济学本质而言是市场失灵中外部性的结果，但从表象来看是由于种养业在专业化、规模化、区域化发展过程中出现脱离状态，废弃物无法得到顺利消纳。表现特征之一是废弃物数量多，一时找不到消纳渠道，即使能实现肥料化还田也存在普遍超载现象，其中畜禽粪污超载负荷已呈现持续上升—急速下降—缓慢波动的变化趋势，尽管增长速度小于畜牧业产值增长速度，但脱钩状态不稳定；表现特征之二是废弃物中有害物质残留多，无害化处理难度大，容易带来二次污染。

要治理畜禽养殖废弃物污染，与种养业相关利益主体行为参与密不可分，需要对种养业相关利益主体的治理责任及行为进行界定或规范。其中相关利益主体主要是指治理主体，包括承担监管责任的政府和参与减量化、无害化、资源化治理链条中的所有以盈利为目的生产经营主体，其中承担主要治理责任的养殖场户和承担监管责任的政府是责任主体，承担减量化生产经营责任的饲料、兽药生产经营企业，和承担资源化消纳责任的种植户、粪污经销商及有机肥生产经营企业等，属于相关主体。除此之外，还有一些因治理主体的行为而影响到他们的利益或者效用的社会群体，如养殖场户周边居民、农产品消费者和社会媒体或公众，他们虽不承担治理责任，但发挥着反馈作用。

不同治理行为组成的治理运作流程形成不同类型的治理模式，而由治理行为体现出来的治理主体之间相互的制衡关系构成不同类型的治理机制，并作用于治理目标。所以，不同利益主体治理行为的参与程度和经济生态效益决定着治理模式和治理机制能否实现经济与生态耦合治理目标。

14.2.3.2　养殖场户采纳的废弃物治理技术模式以简易化为主，且影响因素各异

养殖场户普遍能够意识到并愿意参与废弃物治理，但对治理操作方法及经济效益的认知存在疑虑。在不同废弃物治理技术模式选择中，养殖场户已开始采纳使用生物饲料添加剂、合理规范使用兽药、不频繁使用抗生素等减量化投入技术，但存在生物饲料添加剂的价格高且效用不明显、加大用药剂量以规避疫病风险等问题；养殖场户普遍能配备并运行无害化处理设施，但以简易化为主；养殖场户基本能实现畜禽粪便肥料化还田，但养殖污水受运输半径限制无法全部还田，病死畜禽资源化利用技术因成本高而推行缓慢。养殖场户基于成本收益的考虑往往倾向于选择经济成本低、生态效益小的治理技术。

从影响因素分析来看，对养殖场户使用生物饲料添加剂有显著正向影响因素是对"您有经济条件治理养殖废弃物""您知道饲喂生物饲料添加剂可减少养殖废弃物排泄量"等观点认同度高、养殖规模在出栏1 000头及以上，而具有显著负向影响的因素是对"您了解达标排放养殖废弃物的技术方法"观点认同度高；对养殖场户减少兽药使用剂量有显著正向影响的因素有年龄大、对"您有经济条件治理养殖废弃物"观点认同度高，但具有显著负向影响的因素是养殖收入占总收入比例大；对养殖场户减少抗生素使用频率有显著正向影响的因素有年龄大、对"您有能力学会养殖废弃物治理技术"观点的认同度高，但具有显著负向影响的因素是对"您有经济条件治理养殖废弃物"观点认同度高；对养殖场户配备沼气池等高级粪污无害化处理设备配备有显著正向影响的因素是对"您有经济条件治理养殖废弃物"观点的认同度高、养殖规模在出栏500～999头以及1 000头及以上、获得过养殖粪污无害化处理设备配备补贴；对养殖场户资源化处理养殖污水有显著正向影响因素的是对"您有能力学会养殖废弃物治理技术"观点认同度高、养殖收入占总收入比例大、从事种植业生产和获得过养殖粪污无害化处理设备配备补贴，具有显著负向影响的因素是距周边农田距离远。

14.2.3.3　养殖场户废弃物治理纵向关系松散，交易链条不稳定

养殖场户畜禽粪便资源化治理纵向关系以和周边种植户或粪污经销商通过赠予或销售方式进行市场交易或口头协议为主，但能尽快实现生态效益、交易费用低、纵向关系紧密的自家还田或书面合同方式的比例并不高。此外，无论选择何种纵向关系，排放数量和质量是制约生态效益实现的重要因素；养殖场户在赠予或销售给周边种植户之间、赠予给周边种植户与销售给粪污经销商之间、销售给周边种植户与粪污经销商之间的选择行为均具有显著替代效应；加入农民专业合作社、参加养殖废弃物治理培训、养殖年限长、从事种植业生产、无害化处理设施配备等级高对养殖场户选择自家还田有显著正向影响，而政策感知强烈、养殖规模大则有显著负向影响；政策感知强烈、接受养殖废弃物治理补贴对养殖场户选择赠予给周边种植户有显著正向影响，而参加养殖废弃物治理培训、经济收入感知强、感知到的监管力度严厉、从事种植业生产则有显著负向影响；养殖场户的员工数多、距农田距离远、周边种植户施用粪肥积极性高对养殖场户选择销售给周边种植户具有显著正向影响，而从事种植业生产则有显著负向影响；养殖年限长、距周边农田距离远对养殖场户选择销售给粪污经销商具有显著正向影响，而年龄大、从事种植业生产、周边种植户施用粪肥积极性高则有显著负向影响。

养殖污水资源化治理纵向关系以自家还田或通过赠予方式与周边种植户进行市场交易或口头协议为主。从事种植业生产、自家农田面积与养殖污水排放量匹配、自家农田距养殖场户距离近有助于选择自家还田；不从事种植业生产、周边农田面积与养殖污水排放量匹配、周边农田距养殖场户距离近、周边种植品种为蔬菜或水果等经济作物、养殖污水无害化程度高有助于选择赠予给周边种植户。一旦这些因素缺失，养殖场户就可能将养殖污水部分甚至全部滞留在污水池或排入沟渠。

14.2.3.4 种植户废弃物治理技术以粪肥为主，纵向关系松散，影响因素各异

种植户在养殖废弃物治理中承担资源化的消纳的责任，但在实际消纳过程中多以购买粪肥为主，很少施用商品有机肥及养殖污水，选择的纵向关系以通过市场交易或口头协议方式从粪污经销商或周边养殖场户处购买为主，很少选择自家还田或书面合同。种植户施用的粪肥以有机质高的鸡粪和获取便利的猪粪为主，使用过程麻烦，加工方式多为简易还田，施用对象多是蔬菜或瓜果。

种植户施用粪肥与化肥之间、商品有机肥与化肥之间均具有明显替代效应；促使种植户施用粪肥的因素有对经济效益影响的感知越高、家庭成员有养殖场、农田总面积大、种植蔬菜或瓜果、农田土壤肥力等级高，而种植年限长、流转农田面积占总面积比例大、农田距离养殖场远则有显著负向影响；促使种植户施用商品有机肥的因素有种植蔬菜、农田距离养殖场远、获得有机肥补贴，而农产品商品率高则有显著负向影响。

14.2.3.5 减量化生产经营方和资源化中间商治理行为以基础性为主，参与动力不足

饲料、兽药生产经营企业等减量化生产经营方能够认识到饲料、兽药的负面环境影响和自身应该承担的减量化治理责任，采取的治理技术行为多样，但以遵循法律法规等基本行为为主，选择的治理纵向关系以与大中规模养殖场、养殖专业合作社或饲料和兽药中间商签订书面合同为主。

饲料、兽药生产经营企业治理行为的经济生态效益差异导致他们参与动力不足。由于存在环保饲料和兽药质量及环境影响评估标准缺少、研发成本高、科研人才少、饲喂效果不显著、饲喂配套设备及环境条件缺乏等问题，导致下游客户更愿意经营和饲喂药物饲料添加剂或抗菌药物。此外，尽管粪污经销商具有固定购销渠道，但兼职比重高、粪肥质量标准简易、贮存能力受限、组织化程度低、利润空间受季节影响大等因素导致该环节纵向关系链条稳定性差；有机肥生产经营企业的有机肥生产经营活动虽能带来较高的生态效益，但有机肥原料来源不稳定、有机肥产品质量差异大、种植户施用商品有机肥积极性低等因素仍是影响有机肥持续稳定生产的关键。

14.2.3.6 政府治理监管范围拓宽且强度加大，但政策手段不完善

由于市场失灵的存在，政府应该承担监管责任，以保障治理的全面性、具体性和可操作性。我国政府畜禽养殖废弃物治理主要集中在无害化处理环节，并意识到资源化利用的重要性且上升到国家层面，采取了法律手段、行政手段、经济手段等一系列政策措施，加大了治理力度，先后实施了粪污无害化处理设施补贴、病死畜禽无害化处理补贴、养殖保险与病死畜禽无害化处理挂钩、沼气工程项目等政策，并在个别区域推行有机肥施用补贴政策和病死畜禽集中无害化处理政策，取得了一定的效果。但还存在政府职能定位单一、经济激励手段仅限奖惩、减量化技术标准不完善、推广技术未顾及区域特殊性、消纳用地和承载力问题难以解决、项目扶持覆盖面小、执法力度弱、与部分法规相悖等问题。

14.2.3.7 种养脱离型治理模式和松散型治理机制在我国仍是主流，种养结合型治理模式和紧密型治理机制则是优化路径

依据种养结合紧密程度，我国畜禽养殖废弃物治理模式可区分为种养脱离型、种养结合型和介于两者之间型等3种主要治理模式。种养脱离型治理模式仍是我国畜禽养殖废弃物治理主体选择的主要模式。但是，随着新型农业经营主体的产生和发展，出现了温氏合同+养殖场户治理模式、温氏扩繁基地治理模式、松江治理模式和牧原治理模式等不同程度的种养结合治理模式，作为重要责任主体的养殖场户不仅能够提高治理技术模式采纳的等级，还能在不同治理环节与产业链上的其他主体构建紧密的纵向关系，降低了交易费用，提高了治理效率。

根据责任主体和相关主体之间不同的制衡关系可将畜禽养殖废弃物治理机制区分为松散型、

紧密型和一体化型 3 种。松散型治理机制是我国畜禽养殖废弃物治理的责任主体和相关主体之间的主要制衡关系。在松散型治理机制中，责任主体和相关主体属于松散型的制衡关系，约束因素表现为产业链上下游生产经营主体间的利益激励动力不足、政府的监管约束成本高且难度大、社会群体的负面反馈不足，使其在运作中呈现治理纵向关系松散、治理技术以简易化治理为主的特征，不利于保障治理效果的有效性和彻底性；在紧密型治理机制中，责任主体和相关主体属于紧密型的制衡关系，约束因素表现为利益激励明确化、政府监管成本降低和社会群体反馈作用被重视。在一体化型治理机制中，责任主体和相关主体之间的制衡关系最为紧密，约束因素表现为利益激励一体化、政府监管成本降低且多为正面激励、社会群体正面反馈增加。

无论是依据交易理论和科斯定理，还是国内外实践的经验都显示，尽管种养脱离型治理模式和松散型治理机制在我国仍是主流，但要兼顾经济效益与生态效益双重治理目标具有可行性的优化路径，应该是从实际出发构建不同程度的种养结合型治理模式和紧密型治理机制。

14.2.3.8　可借鉴治理模式和治理机制的有效实施存在适用条件

受产业链上以盈利为目的的生产经营主体间的利益激励程度、政府的监管约束程度以及社会群体的公众反馈程度的约束，不同类型的治理模式和治理机制的适用条件存在差异。在实施不同程度种养结合治理模式和紧密型治理机制中，温氏案例适用于有龙头企业带动的养殖密集区，松江案例适用于政府财政实力雄厚、监管能力强、生态农产品市场需求高的发达区域，牧原案例适用于有强大经济实力的养殖产业化龙头企业。

14.2.4　主要政策建议

14.2.4.1　基于种养品种和环境可承载能力优化种养产业布局

要实现种养结合治理模式和紧密型治理机制优化路径，首先要在遵循自然生态规律的前提下，从宏观层面上通过优化种养业的产业布局来实现种养业的治理主体间交易费用的降低。由于不同畜禽养殖废弃物含有的成分不同，不同种植作物所需的营养元素不同，不同生态环境下自然资源可承载养殖废弃物的能力不同，要实现种养结合、就近消纳，各区域相关政府部门应明确当地种养业种类分布和环境基础。在保障种养业发展的基础上，根据不同种植作物对营养物质的需求程度和环境可承载能力，推行适应不同区域特色的资源化利用模式，合理安排种养业的区域布局，重点将养殖产业带与蔬菜瓜果种植产业带进行交叉或近距离对接，促进种养结合。

14.2.4.2　在划定禁限养区的前提下稳步推进土地流转，保障消纳用地和基础设施供应

要优化种养产业布局，消纳用地供应问题是关键所在。首先，供应的消纳用地需要符合生态自然条件。要依照《畜禽规模养殖污染防治条例》《水污染防治行动计划》《畜禽养殖禁养区划定技术指南》等政策，积极贯彻落实畜禽养殖禁限养区的划定工作，规范养殖场户选址，尽快实现养殖场户远离水源、生活区等易污染区域；其次，保障符合条件的养殖场户能获得稳定的消纳用地。通过稳步推进土地经营权流转，优先审核安置消纳用地的土地流转申请，鼓励养殖场搬迁至有消纳用地的区域，确保搬迁后的养殖场户在配备养殖用地的同时兼顾消纳用地，降低资源化成本；最后，保障搬迁后的基础设施配备工作。在鼓励有一定规模和经济实力的养殖场户搬迁到村庄外、农田里重建养殖场的基础上，完善搬迁后的养殖场户的水、电等基础设施建设。

14.2.4.3　全面改进完善治理技术标准，并根据治理环节和治理程度推行不同技术

将现有零散的治理技术集成为全方位治理技术模式，根据不同区域的自然地理环境、不同畜禽品种养殖废弃物的处理难易程度和经营主体的经济实力制定经济上可行、生态上环保、技术上衔接紧密的全方位治理技术标准，以便保障资源化产品质量和经济价值。

在减量化环节，通过资金补贴或技术扶持的方式鼓励大中型饲料、兽药生产经营企业生产环

保、绿色饲料和兽药，积极研发抗生素替代品，鼓励小散户减少抗菌药物的投入。

在无害化和资源化环节，针对畜禽粪污，通过扶持和规制手段来保障中小散户全部配备化粪池、污水池等简易粪污无害化处理设备，鼓励大中型养殖场户配备沼气池、有机肥加工设备等资源化处理设备，并保证在无害化处理后能够安全排放或资源化利用；针对容易产生疫病危害的病死畜禽，保障所有养殖场户实现基本无害化处理：一是要尽快实行病死畜禽无害化处理等级与补贴水平挂钩，根据无害化处理和资源化利用程度细化病死畜禽处理等级，参照处理等级划分养殖场户的无害化处理设施扶持水平和无害化处理补贴标准；二是要尽快实现养殖保险政策全覆盖并强化养殖保险政策挂钩。鼓励或要求保险公司在农民专业合作社和村集体等的配合下将小规模养殖场户纳入保险范围，保险公司要严格执行任何养殖场户只有无害化处理病畜禽才能获得养殖保险赔偿的硬性规定。

14.2.4.4 根据种养结合程度加强治理纵向关系，发挥新型经营主体示范作用

发展种养结合型治理模式需要根据实际情况来实践。在种养严重脱离的区域，单凭养殖场户个人难以甚至无法获取消纳用地，政府应协助养殖场户与周边种植户签订养殖废弃物消纳的协议或土地租赁协议，积极构建区域养殖废弃物资源化购销信息交流平台、摸清粪肥和商品有机肥的购销区域，通过认证和培训周边粪污经销商、扶持监管有机肥生产经营企业等方式拓展畜禽养殖废弃物资源化市场，提高资源化专业程度和畜禽粪便远距离还田效率。

在种养结合相对容易实现的区域，可通过提供低息信贷、推动土地流转来鼓励养殖龙头企业、养殖专业合作社和家庭农场等新型经营主体以书面合同或一体化等紧密纵向关系，来明确经营主体治理责任和义务，以保障饲料和兽药的安全提供、无害化处理的实时监管和资源化的有效消纳。

在经济技术条件雄厚、政府治理能力强的发达区域，可优先试点通过公共服务购买方式，扶持小散养殖场户以农民专业合作社或村级单位为单元集中无害化处理病死畜禽，推行时还应避免二次污染，并构建合理的公私利益分配机制及监管机制。

以新型经营主体为依托，因地制宜地推进紧密型纵向关系治理机制试点工作，充分发挥新型经营主体的榜样示范作用。

14.2.4.5 依托约束因素构建治理主体间紧密的制衡关系

要通过建立紧密型治理机制来实现经济与生态耦合治理目标，必须构建治理主体间紧密的制衡关系。根据治理机制的约束因素，可从3个方面出发：一是明确产业链上生产经营者的利益激励关系，通过构建紧密纵向关系降低治理交易费用，通过推广资源化利用技术提高废弃物的经济价值；二是发挥政府监管力量，在重点监管养殖场户的基础上监管减量化生产经营方和资源化消纳方等相关主体；三是充分发挥社会群体的反馈作用，提高社会群体对畜禽养殖废弃物污染的关注度，继续加大对绿色农产品的宣传力度。

14.2.4.6 建立权威与明确、全面与合理的治理政策体系，提高废弃物经济价值

将畜禽养殖废弃物治理上升到法律层面，摒弃传统末端治理政策导向，向资源化综合利用方向转移，建立全面性、层次性的治理政策体系。

明确相关利益主体的治理责任，加大监管力度。将养殖场户作为关键治理主体，减量化生产经营方和资源化消纳方作为其他相关主体纳入监管范畴中来，界定不同治理主体参与各环节治理的行为规范，并采用法律手段、行政手段、经济手段、教育培训手段等多元化政策手段规范其参与行为。除此之外，要完善明确政府职能定位。划清农业和环保部门职能定位，构建财政部、发展改革委等相关部门有效协调机制，不断拓宽政府的监管职能，提高政府统筹规划、调控服务的治理能力和政策执行力。

丰富并保障政策手段的合理性。将事前补贴改为事后补贴，补贴范围向公共性设施设备转移，依据技术标准提供补贴扶持，保障经济手段的与时俱进性、合理性和可操作性，在政府财政实力和治理能力强的区域优先试点，推行构建生态补偿机制、创建宽松专业化治理市场、成立碳排放交易市场等市场手段。

不断提高废弃物经济价值。一是要补偿废弃物自身的经济价值。构建生态补偿机制，对参与治理的相关利益主体构建全方位的生态补偿机制，特别是针对废弃物资源化中间商和种植户。可通过实现商品有机肥在生产、运输、销售方面的优惠政策，对化肥施用超标征税，增加商品有机肥施用补贴对象（普惠制）及补贴品种（增加粪肥、沼肥）等措施来降低废弃物交易成本；二是要增加废弃物资源化后的生态农产品的经济价值。通过建立完善的农产品可追溯体系、规范农产品的绿色认证门槛等来提高消费者对农产品质量和生态价值的信任度，调动种植户施用养殖废弃物资源化产品和养殖场户无害化处理养殖废弃物的积极性。

14.2.5　创新特色和研究展望

14.2.5.1　创新特色

（1）从经济管理层面理论探讨了畜禽养殖废弃物形成及污染机理、治理行为及治理机制。本研究构建了基于经济与生态耦合的畜禽养殖废弃物治理行为及机制研究的逻辑框架和研究思路，理清了畜禽养殖废弃物形成及污染机理，明确界定了畜禽养殖废弃物治理主体的构成、应承担的治理责任、治理行为及治理机制，为畜禽养殖废弃物治理行为及机制的实证分析奠定了理论基础。

（2）以实现经济与生态耦合为治理目标，全面系统研究了以盈利为目的的治理主体的治理行为。本研究突破已有研究对象仅局限于养殖场户、治理行为仅局限于治理技术行为的研究现状，将治理主体研究范畴拓展到减量化生产经营方和资源化消纳方，治理行为研究范畴拓展到治理纵向关系，全面系统研究了以盈利为目的的生产经营主体采纳治理技术模式和选择治理纵向关系的行为特征、影响因素及生态经济效益，为我国畜禽养殖废弃物治理行为问题的研究积累了重要的文献资料。

（3）在研究我国畜禽养殖废弃物治理的政府职责及政策绩效基础上，提出应依据不同区域自身的生态环境承载能力及政府治理能力，提出切实可行的治理政策建议。

（4）揭示了畜禽养殖废弃物治理模式和治理机制的类型、约束因素和适用条件。本研究主要依据畜禽养殖废弃物治理主体行为研究结论，归纳总结出我国畜禽养殖废弃物治理模式和治理机制的类型，揭示出畜禽养殖废弃物治理模式和治理机制的约束因素和适用条件，提出不同区域应依据农业产业化发育程度、政府财政实力及治理水平的差异来选择治理模式和治理机制类型。

14.2.5.2　研究展望

由于受到研究时间、研究精力和课题组成员专业知识能力等因素的限制，本研究还存在一些不尽如人意之处，还应该在以下 3 个方面开展进一步的研究。

一是，测算不同区域、不同水土环境、不同种植品种对不同畜禽养殖废弃物的可承载能力，摸清各区域种养结合基本技术数据，以此提出适合不同区域的治理技术模式；二是，如何根据不同区域自然环境条件和政府治理能力选择适合本区域的、在经济上可行、在生态上环保的治理纵向关系和监管措施；三是，摸清养殖场户及资源化消纳方等相关利益主体参与治理的补偿意愿，以尽快在种养结合区域构建合理的生态补偿机制。

14.3 生猪养殖场户标准化行为研究

生猪养殖场户标准化行为研究在 2016—2020 年持续调研基础上，完成并提交多篇研究成果报告和相关政策建议，得到专家和相关部门领导认可。完成的主要研究成果参见《生猪养殖场户标准化养殖行为研究——基于经济效益、质量安全与生态环境视角》，并发表多篇相关学术论文。该篇博士学位论文研究成果作为国家社会科学基金项目（18BGL169）的重要成果和现代农业产业技术体系北京市生猪产业创新团队（BAIC02）产业经济研究项目的主要成果，并出版著作《生猪养殖场户标准化行为研究》（王欢和乔娟，2021）。

14.3.1 研究意义

14.3.1.1 理论意义

有助于丰富畜牧业经济管理和农业标准化理论。生猪养殖在畜牧业和农业生产中占据重要地位，但缺乏相应的养殖标准化理论研究。本研究综合运用农户行为理论、农业技术扩散理论、标准经济学理论和市场失灵理论，探索养殖场户标准化养殖的行为机理，并立足于生猪产业发展现状及趋势，运用科学的分析方法，深入研究养殖场户对不同目标的养殖标准采纳行为，并从内外部环境分析其影响因素。由此产生的一系列重要研究成果无疑会为中国生猪产业转型升级提供重要的理论借鉴，促进标准化理论在产业经济中的拓展和应用。

14.3.1.2 现实意义

有助于为养殖场户改善经营管理、开展标准化养殖和各级政府制定生猪产业政策提供决策依据。本研究将标准化养殖的目标设定为经济效益、质量安全与生态环境耦合，在此分析框架下考量养殖场户对标准化养殖的认知、意愿与采纳养殖标准的具体行为等，为养殖场户更加明晰标准化养殖的作用及实施路径提供翔实的数据、案例和经验借鉴，以便养殖场户结合自身生产经营实际，改进标准化养殖决策行为；并且将养殖场户采纳养殖标准的目标从获得经济效益拓展到保障生猪质量安全和保护生态环境，在一个更大范围内讨论养殖场户的标准化养殖行为，纳入政府主体，既可为生猪养殖业走可持续绿色发展之路提供现实依据，又能为政府部门在推动标准化养殖工作的同时，完善质量安全和生态环境社会治理的政策体系提供决策参考。

14.3.2 研究目标和研究内容

14.3.2.1 研究目标

本研究的总目标是：从经济效益、质量安全与生态环境目标耦合出发，以生猪养殖场户的标准化养殖行为为研究对象，在依据农户行为理论、农业技术扩散理论、标准经济学理论和市场失灵理论基础上，厘清养殖场户进行标准化养殖的行为机理，并结合实地调查数据探讨养殖场户标准化养殖的认知、意愿与行为特征及影响因素，为养殖场户持续绿色经营、生猪产业转型升级，以及政府开展质量安全与生态环境社会治理提供行为选择和政策制定的科学依据。

本研究的具体目标可分为：

（1）综合运用农户行为理论、农业技术扩散理论、标准经济学理论和市场失灵理论来明确本研究的基本理论观点，剖析养殖场户进行标准化养殖的行为机理；

（2）根据养殖场户采纳养殖标准过程的阶段划分，探讨养殖场户标准化养殖的认知、意愿与行为特征及影响因素，揭示养殖场户对不同目标养殖标准的采纳行为差异；

（3）测算并评价养殖场户标准化养殖行为的耦合协调水平，剖析耦合协调水平的影响因素，考察耦合协调水平对生产经营水平的效应；

（4）明确政府促进养殖场户标准化养殖的规制原因、责任和目标，总结和评价政府规制手段。

14.3.2.2 研究内容

基于以上研究目标，本研究的主要内容分为以下几个部分。

第一部分，养殖场户标准化养殖行为的理论分析。该部分在归纳总结并借鉴农户行为理论、农业技术扩散理论、标准经济学理论和市场失灵理论的基础上，从标准化养殖的经济效益、质量安全与生态环境目标耦合机理和养殖标准的采纳过程两方面探讨养殖场户标准化养殖的行为机理。

第二部分，中国生猪标准化养殖演变与现状分析。该部分利用宏观统计资料、公开数据以及实地调查数据，从宏观层面对中国生猪养殖业的发展现状和生猪产业标准化演变与发展情况进行总体概述，从微观层面对样本养殖场户的标准化养殖情况进行描述性统计分析。

第三部分，养殖场户养殖标准采纳行为分析。该部分利用实地调查数据，依据养殖场户养殖标准的采纳过程划分阶段，详细分析养殖场户在认知阶段、意愿阶段和采纳阶段的行为特征及影响因素。

（1）分析养殖场户对标准化养殖的认知情况。采用描述性统计分析方法，从了解和感知两方面分析养殖场户对养殖标准、标准化养殖场等标准化养殖内容的认知特点。

（2）分析养殖场户采纳养殖标准的意愿。依据解构的计划行为理论，以参与建设标准化养殖场为例，分析养殖场户采纳养殖标准的意愿特征及其关键影响因素。

（3）分析养殖场户采纳养殖标准的行为。构建一个养殖场户养殖标准的采纳模型，分别剖析养殖场户采纳经济效益目标养殖标准、质量安全目标养殖标准与生态环境目标养殖标准的行为特征及影响因素。

（4）分析养殖场户采纳养殖标准的耦合协调水平。作为养殖场户采纳养殖标准行为的延伸分析，本部分测算并评价养殖场户在经济效益、质量安全与生态环境目标方面的标准化养殖行为的耦合协调水平，据此剖析耦合协调水平的影响因素，最后给出不同耦合协调水平的养殖场户间生产经营水平的比较分析。

第四部分，养殖场户养殖标准采纳的政府规制分析。该部分根据市场失灵理论继续探讨政府规制养殖场户标准化养殖行为的原因与目标，以及政府规制的作用机制，并利用宏观统计资料、公开数据梳理和详细分析政府规制手段和效果，进一步采用实地调查数据，分析政府规制对养殖场户标准化养殖行为的影响。

第五部分，主要结论与政策建议。该部分在总结全文研究结论的基础上，结合生猪产业发展实际，提出可行的、能够促进养殖场户实现经济效益、质量安全与生态环境目标耦合的标准化养殖政策建议。

14.3.3 主要研究结论

14.3.3.1 标准化养殖的经济效益、质量安全与生态环境目标的实现过程存在差异，但能实现耦合

养殖场户作为理性经济人从事生猪养殖的根本目的是获得利润最大化，但由于存在市场失灵现象，养殖场户一般不愿主动遵守相关养殖标准以保障生猪质量安全和保护生态环境。实现经济效益是养殖场户追求的最重要目标，作为实现经济效益的核心主体，养殖场户主要通过市场机制采纳相关养殖标准来追求经济效益最大化。保障生猪质量安全是政府追求的社会效益目标，但养

殖场户作为保障生猪质量安全的重要责任主体，主要在政府规制作用下采纳保障生猪质量安全的养殖标准。保护生态环境是政府追求的生态效益目标，但养殖场户作为保护生态环境的重要责任主体，主要在政府规制作用下采纳保护生态环境的养殖标准。因此，经济效益、质量安全与生态环境目标的实现过程中养殖场户和政府扮演的角色不同，发挥作用的途径也存在差异。

容易被忽视的一点是获得经济效益与保障生猪质量安全、保护生态环境三者间并不是天然的矛盾体，养殖场户可以在市场机制、政府规制等内在动力和外部支持下，实现经济效益、质量安全与生态环境目标耦合。生猪产业链相关利益主体的责任是养殖场户实施标准化养殖行为的动力来源，养殖场户和政府是责任主体，养殖场户的交易对象和邻里、猪肉消费者、社会公众等社会群体是相关责任主体。责任主体的多元性带来标准化养殖行为动力来源的综合性。在不同动力共同驱使下，养殖场户作为养殖环节具体落实这些目标的唯一实施主体，通过采纳提高经济效益、保障生猪质量安全与保护生态环境的养殖标准，经依赖—反馈—促进的动态影响，最终实现经济效益、质量安全与生态环境的耦合，从而既能达到获得利润的目标，也能满足政府和社会对养殖环节提出的要求。

14.3.3.2 生猪产业快速发展、相关标准不断完善，但养殖场户标准化养殖程度普遍不高

中国生猪产业发展历程充满波动起伏，但总体是向上快速发展的，在不同时期社会经济特征和需求影响下，生猪产业发展目标的变化趋势大体分为4个阶段：追求增产增收、提高养殖效率时期（1949—1997年），注重疫病防控、突出质量安全时期（1998—2013年），将废弃物治理放在更加重要位置时期（2014—2017年），高标准严要求加快推进标准化养殖时期（2018年至今）。与此对应的是，自1980年以来，中国生猪出栏量、存栏量和猪肉产量保持持续强劲的增长势头，养殖规模不断扩大，养殖水平快速提高，生猪产业地位得到进一步巩固。而生猪产业标准化尽管起步较晚，十一届三中全会后才进入较快发展阶段，但目前已经形成较为完整的国家标准、行业标准、地方标准与企业标准构成的生猪产业标准体系，并且团体标准作为有益补充。

从微观层面来看，养殖场户在生猪良种化、养殖设施化、生产规范化等3个方面总体上遵循养殖标准要求的情况不好，只有防疫制度化和粪污无害化方面遵循养殖标准要求的情况较好。存在的问题主要是引进的生猪种源不规范、使用过程不合理，在场房选址布局、功能分区方面未达到相关养殖标准，在设施设备方面配置不足；养殖场户不规范使用药物和添加剂较为突出，对容易携带有害物质进入的外来人员、车辆、物资等所采取的措施和投入的精力明显不足。虽然在政府环保高压和社会舆论监督下，养殖场户对养殖废弃物处理采取了较多措施，但还对过期药品、剩余的药瓶等废弃物处理不规范。总体上，标准化养殖场户在生猪良种化、养殖设施化、生产规范化、防疫制度化和粪污无害化等5个方面遵循养殖标准要求的情况好于普通养殖场户，且养殖场户决策人年龄越小和受教育程度越高、养殖规模越大、组织化程度越高的养殖场户，在5个方面的得分越高。

14.3.3.3 养殖场户对标准化养殖内容的了解程度较低、感知情况较好

养殖场户对于生猪养殖标准，首先需要认知，对其进行了解和感知，才能有后续的采纳意愿及行为等活动。在对养殖标准的了解方面，养殖场户对标准化项目的了解较少，但听说过绿色农产品的最多，其次分别是无公害农产品、有机农产品、地理标准农产品、ISO 9000、GAP与HACCP。听说过标准化认证农产品的相关信息比标准化认证体系的多，但总体上了解到的种类数量和信息较少，对这些标准化认证体系或农产品的了解程度也较低。养殖场户对于标准化养殖场的了解程度不高，了解途径主要是电视或报纸、畜牧业技术推广机构和饲料兽药等企业。经信息强化后，养殖场户认为政府推动标准化养殖场建设的主要目的是保障生猪质量安全和稳定生猪产能，对于标准化养殖的主要内容，绝大部分养殖场户都认为是种源优良化、养殖设施化、生产

规范化、防疫制度化、粪污无害化等"五化"内容。

在对养殖标准的感知方面,养殖场户比较赞同标准化养殖能够带来经济效益、社会效益与生态效益改善的观点,其中赞同"提升质量安全"观点的最多,其次为"保护生态环境"和"更好控制疫病"等。在对标准化养殖前景的认知中,养殖场户赞同"未来养殖都会朝标准化生产发展"和"标准化养殖方式适合当地养殖"等观点,但对标准化养殖方式能在本地落地实施还存在疑虑。大部分养殖场户比较认同记录养殖档案带来的好处,认为其可以总结经验、提高生产水平,便于生产管理,以及利于保障质量安全。

14.3.3.4　养殖场户参与标准化养殖场建设的意愿较高,受多种因素影响

养殖场户在对养殖标准与标准化养殖场具备一定认知的基础上会结合自身资源禀赋与养殖条件形成采纳意愿。以参与建设标准化养殖场为例反映养殖场户采纳养殖标准的意愿问题,发现养殖场户参与标准化养殖场建设的意愿较高,而获得经济效益是愿意参与的第一驱动力,经济条件限制是不愿意参与的第一制约因素。从影响因素来看,养殖场户对标准化养殖场建设的参与态度、主观规范和感知行为控制均是直接影响他们参与标准化养殖场建设意愿的因素,如果养殖场户对建设标准化养殖场的参与态度越积极、主观规范的压力越大、感知行为控制越强烈,养殖场户参与意愿就越坚定;养殖场户的感知有用性、相容性、社会群体支持、自我效能和资源便利条件间接影响他们参与标准化养殖场建设的意愿。从影响效应分解看,参与态度的总效应和直接效应最大,相容性的间接效应最大,而感知易用性的影响不显著。

养殖场户决策人年龄和学历、养殖规模3个特征变量在部分路径中具有调节效应。决策人年龄低和学历低的养殖场户的主观规范以及决策人学历高的养殖场户的参与态度相比而言对其参与标准化养殖场建设意愿的影响更大。值得注意的是,尽管小规模养殖场户的感知行为控制较弱,但由于他们对标准化养殖场建设的感知有用性更高,使得感知行为控制促进小规模养殖场户参与标准化养殖场建设意愿的作用相比而言更大。

14.3.3.5　养殖场户对不同目标养殖标准的采纳程度不同,且影响因素各异

受养殖场户自身禀赋和外部环境等社会、经济和心理因素的不同影响,养殖场户对不同目标的养殖标准的采纳程度存在差异。大部分养殖场户能做到按说明书使用兽药剂量或减少用量,也能做到粪污全部或部分还田,但其余养殖场户的行为仍然值得重视,如果长期不合理用药和处理粪污,必然引起质量安全问题和环境污染问题。此外,养殖场户可能为规避引种带来的疫病风险和降低种源投入成本,全部采用和部分采用良种标准的相比兽药使用标准和粪污处理标准而言较少。在种源环节不能投入良种,势必会影响母猪繁殖性能和仔猪生长效率,在其他条件不变的情况下,会增加单位生猪成本支出。

从影响因素分析来看,参加过经济效益相关培训、家庭成员有社会职务、购买了养殖保险、周边有农业标准化生产基地、标准化养殖场认知强、认同标准化养殖提高生产效率作用和决策人年龄小的养殖场户,更倾向采纳良种使用标准。养殖规模小、养殖收入占比低、购买了养殖保险、认同标准化养殖保障生猪质量安全作用、参加过质量安全相关培训和周边有农业标准化生产基地的养殖场户,更倾向采纳兽药使用标准。参加过生态环境相关培训、家庭成员有社会职务、购买了养殖保险、受到过生态环境相关检查、周边有农业标准化生产基地和决策人为男性的养殖场户,更倾向采纳粪污处理标准。总体上看,养殖环境和行为认知特征是影响养殖场户养殖标准采纳行为的直接原因,决策人个人和生产经营特征是间接原因或根源原因,且后者需要借助前者发挥影响作用。

就政府规制措施而言,支持型政策比约束型政策对养殖场户养殖标准采纳行为的影响范围广,且支持型政策和约束型政策对不同目标的养殖标准采纳行为的影响存在明显差异。养殖保险

对 3 种养殖标准采纳行为均有显著影响，政府检查只对粪污处理标准采纳行为具有显著影响。

14.3.3.6 标准化养殖行为的耦合协调度总体较高，对生产经营水平具有显著促进作用

养殖场户标准化养殖的经济效益、质量安全与生态环境目标的实现水平整体较高，但相互之间差异明显。质量安全目标的实现水平指数平均值最大、差值最小，养殖场户在质量安全目标方面实现程度最好。生态环境目标的实现水平指数差值最大，养殖场户在生态环境目标方面养殖标准采纳程度差异较大。经济效益目标的实现水平指数平均值最小、差值较大，养殖场户在经济效益目标方面实现程度较差，且养殖标准采纳程度差异较大。同时，标准化养殖场户在经济效益、质量安全与生态环境目标实现水平均好于普通养殖场户。总体上，养殖场户经济效益、质量安全与生态环境 3 个目标之间标准化养殖行为的耦合度较高、处于磨合阶段，耦合协调度也较高、位于较高水平发展阶段。尽管养殖场户在经济效益、质量安全与生态环境目标方面的标准化养殖行为相互之间存在不匹配的情况，需要进一步磨合，但整体实现了比较良好的协调关系。地区层面上，养殖场户的标准化养殖行为可能会在一定程度上受到省份间的宏观因素影响，比如地区经济发展水平和生猪养殖规模、养殖历史等社会经济环境，因而耦合度和耦合协调度高低排序依次为北京市、四川省、山东省和河北省。

养殖场户经济效益、质量安全与生态环境目标之间标准化养殖行为的耦合协调度受到多方面因素影响。养殖规模大、参加过技术培训、家庭成员有社会职务、购买了养殖保险、加入了生产组织、接受过政府检查、标准化养殖场认知强、养殖年限长和年龄小的养殖场户，标准化养殖行为的耦合协调度更高。同时，养殖场户标准化养殖行为的耦合协调度与生产经营成效具有同向变化关系，随着耦合协调度增大，母猪生产效率也相应增大。

14.3.3.7 政府规制对养殖场户标准化养殖行为具有重要促进作用，但规制手段不完善

由于市场失灵中的外部性、信息不对称、公共物品性和生猪产业的弱质性存在，政府作为公共利益的代言人和促进者，是实施规制政策的主体，有责任促使养殖场户保障生猪质量安全和保护生态环境，并且养殖场户的增产增收和产业健康发展也需政府适当支持。社会效益目标和生态效益目标是政府追求的首要目标，政府应担负起主体责任，以支持型措施和约束型措施进行规制。经济效益目标是养殖场户的首要目标，但因与产业发展和社会稳定密切相关，所以需要政府在发挥市场机制的主要作用下实施支持型政策。总之，政府的规制目标是以最小的经济成本和行政管理成本促进养殖场户采纳养殖标准，使养殖场户在确保消费者有安全的猪肉和社会公众有舒适的环境基础上有稳定的收入。

政府制定了一系列政策措施，有力促进了养殖场户的标准化养殖行为。命令控制型手段中的综合性手段紧盯生猪产业发展紧迫性、关键性问题，但政策延续性不足；质量安全方面的手段偏重事前事后管理，养殖环节成为政策规制的薄弱环节；生态环境方面的手段注重治理措施忽视行为主体能力建设，对提高养殖场户合理处理和利用废弃物避免污染的内生动力和能力的关注明显不够；从数量和质量上看，促进生猪标准化养殖的整体性方案较少。

经济激励性手段中的补贴措施较多，基本覆盖到养殖的各个方面，惩罚措施主要集中在质量安全控制和防止生态环境污染两方面。养殖场户受到经济激励型手段的影响较大，标准化养殖场相关政策、养殖保险政策、强制免疫政策、养殖技术培训政策和政府部门日常监督检查政策可以驱动或督促养殖场户采纳养殖标准。生产组织、交易对象、社会舆论和养殖场户的邻里、朋友等社会群体对养殖场户改善养殖行为具有重要影响作用。但公众参与型手段总体较少，社会公众参与的环节不多，且主要集中在质量安全和生态环境保护两个方面，缺少直接推动标准化养殖的活动。

14.3.4　主要政策建议

14.3.4.1　普及标准化养殖知识，强化养殖场户认知

要提高养殖场户养殖标准采纳程度，增强标准化养殖认知是第一步。一是扩大宣传广度。中国生猪养殖场户数量众多、布局分散，难以依靠单一主体传播标准化养殖的相关技术、信息和知识，所以应紧密联系养殖场户的交易对象、邻里、同行与行业组织等主体，发挥他们的示范效应、纽带效应与网络效应，逐步形成以政府畜牧技术推广部门为主的"点—线—面"立体式的网络辐射，保证不同规模、不同类型的养殖场户都有获得信息的畅通渠道。二是挖掘宣传深度。养殖场户有获取信息的渠道并不意味着信息获取完全有效。所以应不断创新标准化养殖知识普及方式，在保证现有电视或报纸报道、畜牧业技术推广机构培训和饲料兽药企业培训等主要宣传手段的基础上，充分应用网络、自媒体、聊天工具等应用广泛的媒介手段，展开线上科普、培训与指导。这样可以节约资源投入、增强宣传效率，克服传统方式时间固定、场地受限、覆盖面狭窄等不足之处。当然，由于养殖场户科学文化水平有限，单一的发放资料、上课培训和知识灌输会降低信息接收有效性，应尽量根据不同群体采取线上与线下相结合的方式，加深养殖场户对标准化养殖知识的了解程度和直观感知。

14.3.4.2　创新集成养殖标准，满足养殖场户需求

充足和有效的养殖标准是养殖场户实施标准化养殖的基础。一是不断制定、修订和更新生猪养殖标准。养殖活动复杂多样、涉及面广，与之相关的养殖标准需及时反映先进技术水平、优秀实践管理经验和行业、社会对养殖环节的要求，所以应加大资源投入，增加养殖标准供应，构建更加完善的生猪产业标准体系。二是创新集成养殖标准。标准化养殖有"五化"内容，养殖标准有经济效益、质量安全与生态环境不同属性，如何用最小的采纳成本达到最大的养殖目标是下一步标准化养殖的重要突破方向。创新养殖标准构成内容，衔接法律法规和产业政策，按耦合协调关系将现有零散的养殖标准集成为全方位养殖技术模式，推行一套养殖标准解决经济效益、质量安全与生态环境多方面问题的实施方案，尤其是将提高经济效益的技术规范融入保障生猪质量安全和保护生态环境的养殖标准中。三是分类施策。根据不同养殖场户养殖规模、生产经营实力，以及决策人的年龄、学历等个人禀赋条件制定不同的养殖标准推荐策略，满足不同特征养殖场户的多样化需求。对基础条件较好、发展意愿较强的养殖场户，应优先满足合理需求，在资金、技术和用地等方面提供支持，加快标准化养殖进程；对基础条件欠佳、发展意愿不高的养殖场户，应加强养殖标准宣传推广，分步骤提供扶持措施。

14.3.4.3　完善示范推广体系，发挥生产组织作用

建立以畜牧技术推广部门为主导、养殖合作生产组织为基础，以标准化养殖场建设和示范创建为依托，集公益性、经营性、专项性和综合性为一体的标准化养殖技术服务体系。一是坚持政府主导生猪标准化养殖体系建设。依靠政府强大的资源调配能力和政策执行能力，抓住养殖过程中出现的养殖效率不高问题、质量安全问题和生态环境污染问题，依靠畜牧技术推广部门和相关机构，促进养殖场户优化养殖行为。二是加大标准化养殖场建设和示范创建活动力度。政府应加大人力、物力和财力支持力度，拓宽生猪标准化养殖场建设项目覆盖范围，并做好相应配套措施，使更多养殖场户，尤其是有意愿和潜力的养殖场户，经过标准化养殖场改扩建项目达到标准化养殖要求。同时，通过扩大标准化养殖示范场评选范围，总结更多优秀养殖经验，选出更多标杆养殖场户，并推动标准化养殖场户的示范工作和技术成果展示，让更多普通养殖场户有亲身体验的机会，增强其感知能力。三是充分发挥生产组织作用。提供政策条件促进养殖场户组建或加入养殖专业合作社、养殖技术协会、养殖小区或"公司+农户"等各类合作生产组织，并规范相

关组织运行机制，保证正常运转，从而利用生产组织内部协作机制传播和扩散标准化养殖技术和知识，发挥成员间相互监督关系约束养殖场户的不规范养殖行为。

14.3.4.4 注重养殖行为差异，促进目标耦合协调

针对养殖场户不同目标的养殖标准采纳行为，应采取不同的规制措施，考虑政策实施可能导致的相反效果，从而促进养殖场户补强目标实现的薄弱方面，实现标准化养殖行为整体耦合协调。

在经济效益目标方面，通过养殖保险、良种补贴、技术培训等支持型政策，推动推荐性养殖标准的采纳率，促进养殖场户提高养殖能力，稳定生产和收入，保持生猪产业稳步发展和农村社会稳定。

在质量安全目标方面，根据养殖活动的隐蔽性、复杂性和行为结果时滞性，识别支持型政策对不同养殖标准具体采纳行为的影响作用，对于那些与预期目标相悖的措施，要进行合理调整。着重使用检查、罚款、市场准入等约束型政策，全面监督养殖场户实施强制性养殖标准，鼓励采纳要求更高的推荐性养殖标准，确保质量安全。

在生态环境目标方面，与保障生猪质量安全相似，但结合养殖废弃物处理和利用行为显性、易于观察等特点，充分利用和设计如养殖保险与病死猪挂钩的政策措施，将约束性和支持型政策有机整合。在确保养殖场户实施强制性养殖标准、支持增强养殖废弃物处理能力基础上，推动采纳要求更高的推荐性养殖标准，探索建立资源化利用体系，实现"变废为宝"。

在经济效益、质量安全与生态环境目标耦合方面，相比质量安全与生态环境目标实现中政府规制的强制性、直接性带来的较高水平，经济效益目标的实现水平需要进一步提升。所以应加大支持养殖场户采纳提高经济效益的养殖标准力度，缓解良种使用、技术支撑、信贷约束、养殖用地、市场信息等方面制约养殖场户提高生产效率和技术水平、实现优质优价的限制。同时，促进养殖场户保障生猪质量安全和保护生态环境向更高标准要求发展，使三目标之间的养殖行为在高水平阶段耦合，形成较强的协同效应。

14.3.4.5 明确政府规制责任，优化完善规制手段

根据生猪产业链相关利益主体的责任和角色，加强政府规制的职能和作用。将养殖场户作为标准化养殖的关键实施主体，养殖场户的交易对象和邻里、猪肉消费者、社会公众等社会群体作为其他相关主体纳入规制范畴中来，界定不同主体在推动标准化养殖各个方面的行为规范，并基于政府规制目标综合运用命令控制型手段、经济激励型手段和公众参与型手段等多元化规制手段规范其参与行为。政府作为公共利益的代言人和促进者，是促进标准化养殖的关键责任主体，还需要进一步完善政府职责和调整职能定位。标准化养殖工作由农业农村部门负责，但需与环保、财政、质检、发改等部门构建工作协调机制，保证政府规制措施制定全面、执行有效，增强养殖场户对政府的信心和信任。

丰富政府规制手段，优化规制手段组合。注重政策的延续性，将质量安全事前事后管理推向养殖环节，加强养殖场户养殖废弃物处理和利用能力建设，增加标准化养殖整体性方案供给。在财政实力允许下，合理提高补贴标准和扩大补贴范围，加大处罚力度，严格执法行为。在政策制定和实施过程中，尽早吸纳和大力支持社会公众参与，培养社会公众参与意识，引导社区、生产组织与社会团体等组织社会公众宣传推广标准化养殖工作，监督养殖场户的不规范养殖行为和政府部门的履职情况。

14.3.5 创新特色和研究展望

14.3.5.1 创新特色

（1）从经济管理层面理论探讨了养殖场户标准化养殖行为机理。本研究在主要依据农户行

为理论、农业技术扩散理论、标准经济学理论和市场失灵理论基础上，从标准化养殖的经济效益、质量安全与生态环境之间的相互关系和养殖标准的采纳过程两方面厘清了养殖场户标准化养殖的行为机理，并运用农户技术采纳理论、耦合协调理论等剖析了养殖场户养殖标准的采纳行为，为养殖场户标准化养殖具体行为选择的实证分析提供了理论支撑。

（2）将经济效益、质量安全和生态环境目标纳入统一分析框架。本研究首次将养殖场户标准化养殖行为涉及目标划分为经济效益、质量安全和生态环境3类，并将三者纳入统一分析框架进行系统分析，厘清了三者间的耦合机理，在理论上回答了养殖场户能够通过标准化养殖兼顾经济效益、质量安全与生态环境目标的重要问题，并论证了3个目标间的相互关系对养殖场户标准化养殖行为具有促进作用。

（3）揭示了养殖场户标准化养殖行为的动态决策过程。本研究围绕养殖场户采纳养殖标准过程的认知阶段、意愿阶段和采纳阶段，分步骤通盘考虑养殖场户由认知到意愿再到行为，直至目标耦合实现的整个经济活动。在首先细致分析养殖场户采纳不同目标养殖标准的行为差异基础上，再基于标准化养殖行为耦合角度集中探析养殖场户在经济效益、质量安全与生态环境目标方面的养殖标准采纳行为的耦合协调水平，在最大程度上全面地展示养殖场户采纳养殖标准的行为特征。

14.3.5.2　研究展望

由于时间、经费和资料获取等因素限制，本研究还存在如下3个方面有待进一步研究提升。

第一，中国不同地区间自然和社会经济条件差异大，本研究尽管获取较多调查样本进行实证分析，但研究结果也未必能反映全国情况，因此可进一步扩大样本范围，使研究结论更具普适性。第二，全面精确测算养殖场户在经济效益、质量安全与生态环境目标的养殖标准采纳程度，摸清养殖场户对不同养殖标准的采纳行为特征，据此总结出完整的影响因素体系。第三，结合政府规制的具体措施，详细剖析和量化分析养殖场户标准化养殖过程中政府对经济效益、质量安全与生态环境目标耦合的影响作用。

参考文献（略）

（乔娟团队提供）

15　基于市场导向的生猪养殖效率研究

15.1　中国生猪良种繁育体系组织模式研究

中国生猪良种繁育体系组织模式研究在2013—2017年持续调研基础上，完成并提交多篇研究成果报告和相关政策建议，得到专家和相关部门领导认可。完成的主要研究成果参见《中国生猪良种繁育体系组织模式研究》，并发表多篇相关学术论文。2019年课题组系统全面修改补充完善该博士学位论文，并作为现代农业产业技术体系北京市生猪产业创新团队（BAIC02）产业经济研究项目的主要成果和国家自然科学基金项目（71573257）的重要成果，出版著作《中国生猪良种繁育体系组织模式研究》（季柯辛，乔娟，2019）。

15.1.1　研究意义

15.1.1.1　理论意义

有助于丰富畜牧经济管理特别是畜禽良种繁育体系的经济管理理论。畜禽良种繁育在畜禽综合生产率的提升中占有最重要地位，但缺乏相应的经济管理研究。本研究以国家创新系统理论、战略联盟理论、协同理论、交易成本理论和农户行为理论为基础，以大量深入调查所获得的数据和案例为依据，运用科学的分析方法，深入系统地研究生猪良种繁育体系组织模式的类型、运行方式以及影响因素，其研究成果有助于丰富畜牧业经济管理特别是畜禽良种繁育体系的经济管理理论。

15.1.1.2　现实意义

有助于促进我国生猪良种繁育体系的完善和健康发展。本研究紧扣我国生猪良种繁育体系的发展实际，对生猪良种繁育体系的运行机理和发展模式进行研究，首先有助于我国生猪良种繁育体系内相关主体优化组织模式，提供更加优质的种猪，并获得更高的盈利；其次有助于优化政府的相关支持政策，制定更加科学合理的政策体系；最终有助于促进我国生猪产业健康发展，提高我国生猪产业的市场竞争力。

15.1.2　研究目标和研究内容

15.1.2.1　研究目标

本研究的总目标是：以国家创新系统、协同论、战略联盟、交易成本和农户行为理论为基础，理论探讨并实证分析生猪良种繁育体系的核心组织模式的运行效应和影响因素，为优化中国生猪良种繁育体系的组织模式以提升体系发展水平提供理论和客观依据。

本研究的具体目标包括：

第一，明晰生猪良种繁育体系的运行机理；

第二，厘清生猪良种繁育体系的组织模式现状和优化方向；

第三，探讨生猪良种繁育体系核心组织模式的运行方式和模式效应；

第四，揭示生猪良种繁育体系核心组织模式优化发展的关键因素。

15.1.2.2　研究内容

基于以上研究目标，本研究的主要内容分为以下几个部分。

第一部分，理论基础和逻辑框架。本部分在对国家创新系统理论、协同学理论、战略联盟理论、交易成本理论和农户行为理论进行梳理的基础上，概述本研究的主要理论观点，构建本研究的逻辑框架。

第二部分，中国生猪良种繁育体系组织模式的理论分析。本部分在界定生猪良种繁育体系的概念和探讨其运行机理的基础上，界定中国生猪良种繁育体系组织模式的概念并归纳总结其主要类型和特征分析标准。

第三部分，中国生猪良种繁育体系的发展历程、现状与主要问题。本部分利用二手资料和宏观统计数据，分析我国生猪良种繁育体系的发展历程、运行现状和体系组织模式存在的问题。

第四部分，生猪育种环节的核心组织模式分析。本部分首先在概述生猪良种生产技术特征的基础上，比较分析生猪育种环节产学研合作模式的类型及其效应，并实证分析我国种猪企业选择不同产学研合作模式的影响因素。本部分然后在概述生猪联合育种的技术特征的基础上，分析生猪联合育种模式的主要类型及其效应，并运用数理和仿真方法重点分析政府主导型生猪联合育种的演进机制。

第五部分，生猪育繁环节纵向协作模式分析。本部分首先在明确生猪良种的质量构成和目标、质量形成机制和技术特征的基础上，分析生猪良种育繁环节纵向协作模式应具备的特征；本部分然后在比较分析我国现有生猪良种育繁环节纵向协作模式的运行方式和模式特征的基础上，分析可供选择的生猪良种育繁环节纵向协作模式的优化路径，探讨纵向战略联盟模式中的利益分配和合作伙伴选择。

第六部分，生猪良种扩散模式分析。本部分在厘清生猪良种使用的技术特征和商品场户生猪良种采纳障碍的基础上，基于交易成本理论比较分析现有生猪良种扩散模式，利用商品场户问卷数据实证检验生猪良种扩散模式的效应，并探讨商品场户参与生产合同模式的意愿。

第七部分，主要结论与政策建议。本部分首先总结主要研究成果，然后依据主要研究成果有针对性地提出我国生猪良种繁育体系的4类核心组织模式的优化建议。

15.1.3　主要研究结论

15.1.3.1　生猪良种繁育体系是多元主体参与的复杂运行系统

从经济管理的角度来看，生猪良种繁育体系可视为在一定的发展环境下产生并持续运行的开放系统。该系统以生猪品种创新和扩散的相关行为主体及其关系构成的网络为实体结构，以知识创新、技术创新和制度创新为核心功能，以创新成果的生产、扩散和应用为基本流程，以实现生猪生产率的提升为最终目标。

生猪良种繁育体系的组织模式是指以生猪品种创新和扩散为目的相关主体所形成的包括合作方式、交易方式和利益分配方式等在内的经济关系，其基本类型可分为纵向环节主体之间的组织模式和各环节内部不同主体之间的组织模式两类。其中产学研合作模式、生猪联合育种模式、育繁环节纵向协作模式和生猪良种扩散模式，由于在生猪良种繁育体系中占有十分重要的地位而被称为核心组织模式。评价这些组织模式是否有效或者选择什么样的组织模式的基本依据是：是否同时具备技术保障性、经济可行性和现状适应性。

15.1.3.2 生猪育种的产学研合作模式是不同主体之间目标与利益互补长期协作的结果

采取产学研合作模式进行生猪良种培育，需要企业、科研院所和政府共同参与，并长期合作。在生猪良种培育过程中，他们各自所追求的主要目标存在较大的差异。育种企业主要追求的是长期利益的最大化，科研人员追求的是人才的培养特别是科研成果的产出，而政府可以看作是社会效益最大化的追求者。企业有资本优势，但缺乏技术和人才；科研院所有技术和人才优势，但缺乏资本；政府可以通过制定政策、提供财政资金，支持企业和科研人员开展生猪良种繁育，但不能够亲力而为。在政府的支持下，采取产学研合作育种，可以更好地整合社会各种优势资源。但由于各自的条件、面对所要解决的问题不同，人们可能选择不同的产学研组织模式。对此，不同利益主体之间的目标协调、知识产权的处理、经济利益分配等问题对产学研模式的有效运行产生非常重要的影响。

15.1.3.3 生猪联合育种是企业长期竞争与合作的结果

生猪联合育种是育种企业实现开放式技术创新的一种组织模式，是在育种企业追求利润最大化目标驱动下形成的战略联盟（以下简称联盟）。联盟内的企业通过实现种质、数据、信息和科研投入等方面的资源共享，降低企业的育种成本或提升育种收益，从而获取超额利润，增加成员企业的市场竞争力。同时，合作企业均保持独立经营主体的地位，相互间属于竞争关系。因此，联合育种的企业间合作是一种以竞争为目的的合作，其竞争是一种建立在合作基础上的更高层次的竞争。

联合育种提供了一种资源共享的机制，使企业能够在不改变原有生产规模的前提下，获得生产规模扩大带来的好处，提高育种效益和企业竞争力，最终发挥提升我国核心群种质资源供给能力、保证生猪良种繁育体系结构完整的作用。联合育种能够发挥育种群利用的规模效应、技术投入和市场信息获取的规模效应及其降低生猪良种搜寻和确认成本的效应。

15.1.3.4 生猪良种育繁是产业链纵向主体之间协作逐渐紧密与利益逐步共享的结果

在我国生猪良种繁育体系中，育繁环节的纵向协作模式主要包括市场交易模式、合同订购模式、小规模一体化模式、纵向战略联盟模式和大规模一体化模式。随着生猪良种育繁环节组织化或一体化程度的提高，更好地发挥保障和提升生猪良种质量的功能，但对供种和用种双方的经营条件和经营水平，特别是合作机制提出了更高的要求。能否实现可持续的长期合作，特别是组织化水平的提高，关键要看能否实现利益共享。

纵向战略联盟模式既能够较充分保障和提升生猪良种质量，又可作为培育大规模育繁一体化种猪企业的起点，是优化育繁环节纵向协作模式的一种重要可选路径。

15.1.3.5 生猪良种扩散或采纳是相关主体组织化水平与交易成本比较的结果

生猪良种扩散或采纳有市场交易、生产合同和纵向一体化等模式，生猪良种扩散模式的不同首先反映出其组织化水平的不同，同时也表现为交易成本和组织成本的差异。应该说随着生猪良种扩散组织化程度的提高，其交易成本在下降，组织成本在提高，生猪良种扩散的效应在扩大，生猪良种供给方和需求方的经济剩余都在增加。各种生猪良种扩散模式的运行方式、适应条件和模式效应存在差异，采取什么样的模式，是供求双方根据各自条件平衡选择的结果。

15.1.4 基于研究结论的主要政策建议

15.1.4.1 进一步鼓励发展多样化的生猪育种的产学研合作模式

目前我国种猪企业普遍发展水平低、技术投入能力不足，大学和科研院所仍然是我国生猪育种知识与技术的主要供给者，这一现状无法在短时间内得到大幅度改善，因此利用产学研合作弥补我国种猪企业创新能力的缺陷、促进相关技术成果向种猪企业转化在现阶段具有重要意义。

第一，充分考虑不同类型企业的合作需求，有针对性地引导企业与学研方进行合作。对于有能力进行未知技术或成熟度较低技术的开发，以建立技术优势为发展战略的种猪企业，应鼓励其与大学和科研院所合作完成相关科研项目；对于以建立长期、持续技术优势，希望通过长期学习提升育种水平，资金充分且技术吸收能力强的企业，应鼓励其与学研方通过共建机构合作育种等方式开展产学研合作；对于一些技术需求不高且技术实力不足的扩繁企业，应鼓励其通过聘请技术顾问和进行技术咨询等方式参与产学研合作。

第二，进一步加强对生猪育种相关基础研究的支持，加强其对企业的技术供给能力。我国动物育种投资较少，例如 2013 年"973"计划、国家重大科学研究计划、"863"计划和国家科技支撑计划等 4 类项目的当年落实基金用于农作物种植及培育的资金总额为 69 033 万元，用于畜牧业的资金总额为 24 461 万元，占农作物的 35.43%。因此政府应考虑将进一步加强对生猪等动物育种的支持。

第三，注重提供完善的公共服务，为产学研合作营造良好的环境。加强成果转化信息平台建设、建立健全产学研合作管理相关规定，以促进科技应用信息的反馈与更新，加快科技成果的转化率，提升科技扩散的辐射面，同时降低产学研合作中的"摩擦力"，保证产学研合作有章可依。

第四，改革与完善科研管理体制。促进生猪良种生产产学研合作的问题与科研体制改革等问题结合起来考虑，避免出现科研院所的生猪育种科研与种猪企业的种猪繁育需求脱节，只追求科研成果、重视学术文章的数量和创新性等学术价值，忽视科研成果的实际应用价值的问题。

15.1.4.2 改进政府主导型联合育种，推进大企业联合育种模式发展

政府应采取资金补贴、政策支持等方式进一步支持大企业联合育种模式的发展。同时，政府主导型联合育种的作用不可或缺，但需进行如下改进。

第一，要注重提高成员企业同质性。目前我国政府主导型联合育种成员在规模和生产水平方面的异质性较高，导致联合育种稳定性下降，影响其正常运行，因此应注重提升成员企业的同质性。学习发达国家在这方面的经验。例如，为避免大企业因承担更高的资源溢出风险，美国国家种猪注册协会（NSR）在推行联合育种时较注重合作成员的同质性，尤其注重促进中小规模育种企业间的联合；加拿大的联合育种也依托加拿大种猪育种改育计划（CCSI）建立起来的中小型种猪企业俱乐部。因此我国政府主导型联合育种也应根据种猪企业的发展水平，更有针对性地开展联合育种。同时也应注意保证育种群体的质量，杜绝低水平种质资源的简单重复，从而充分发挥联合育种的正向效应。

第二，要注重联合育种的区域性。从技术上讲，虽然联合育种不要求在育种目标的内容和权重方面完全相同，但也要求具备一定的一致性。不同于欧洲一些国家，我国地域广阔，气候条件和饲料、劳动力等生猪生产要素的禀赋差异较大，因此在全国范围内根据统一的育种目标进行联合育种，不能满足不同地区对种猪性能的要求，不利于联合育种正向效应的发挥。因此，我国应注重开展多中心的区域性联合育种。

第三，健全监管机制并严格执行。针对我国政府主导型联合育种中举证及赔偿发生概率较低、投机行为举证成本高和投机企业赔偿金额低等问题，应做到提供技术与设备帮助合作企业完成举证、完善制度或法规、完善职能机构建设以及增强监督机构的检测技术水平，进一步完善种猪质量监控和检测体系并及时向企业提供全面的质量监测信息。

第四，选择条件成熟的地区优先开展、逐步推进。根据联合育种的演进机制，企业初始合作比例对联合育种的最终演进结果有较大影响。但强制参与很容易导致企业提供虚假数据和应付了事，造成较低的初始合作比例。因此，应因势利导，选择生产规模大、合作意愿强烈的区域进行

试点，试点成功后逐步推进。

第五，进一步降低企业的专用性资产投入。政府应首先完善种猪性能测定中心、遗传评估中心和种公猪站的建设。在此基础上，鉴于我国多数企业硬件设施较落后、测定体系不甚完善，政府还可通过财政补贴与政策支持等方式，为企业参与联合育种提供必要的设施设备与技术培训，降低企业更新性能测定体系的成本。此外，政府还应重点加强成员企业的疫病监控工作，最大限度地降低企业为建立遗传联系而交换遗传材料过程中发生的疫病传播风险。

第六，加强技术投入和信息获取方面的支持。联合育种能够充分发挥正向效应的前提是育种目标符合市场需要，但我国多数种猪企业缺乏根据目标市场的需求制定育种目标的意识，更缺乏开展大规模市场调研的能力，同时其技术投入能力也普遍不足。因此，应在充分进行市场调研的基础上，科学计算各性状的经济权重，然后据此制定育种计划和技术选择。

15.1.4.3　促进建立紧密的育繁环节纵向协作关系，优先发展纵向战略联盟模式

第一，进一步加强生猪良种质量监管。我国多数企业在引种时仍选择采用单纯的市场交易模式，因此在短期内通过优化组织模式保障生猪良种质量的效果有限，须依靠政府对企业生产行为及其产品质量进行监管和引导。从对种猪企业的监管来讲，目前政府主要在引种、种猪质量和市场准入等方面对种猪企业进行规制，但存在一定程度的规制内容老化、标准过低与对象范围不全面等问题。因此应进一步改进并注重加强对市售生猪良种的质量认定和信息发布，促进供种方和引种方的信息对称。同时还应以公共服务的方式帮助扩繁企业提高扩繁技术，以弥补因一次性交易导致扩繁场无法掌握扩繁方案所造成的生猪良种质量损失。

第二，促进建立紧密的育繁环节纵向协作关系。由研究结论可知，合同订购模式、小规模一体化模式、纵向战略联盟模式和大规模一体化模式均能够发挥一定的质量保障作用。应引导企业根据自身情况选择参与适合的纵向协作关系，通过宣传强化引种企业对生猪良种质量的关注以及用种方案重要性的认识，增强其法律意识和谈判能力，利用合同保障自身权益和获取来自供种方的扩繁技术支持，通过提供资金、技术和政策支持等方式，扶持技术投入水平高、管理先进的扩繁场向大型一体化种猪生产企业发展。

第三，优先促进发展育繁环节的纵向战略联盟模式。纵向战略联盟模式不仅在保障和提升生猪良种生产质量方面能够发挥巨大作用，而且还可作为培育我国大型种猪生产企业的关键一步，因此应优先大力发展。政府应重视对战略联盟中育种企业的培育，注重创造良好的信息交互平台并完善相关法律法规，降低企业在合作过程中因沟通不畅和管理纠纷等问题发生的合作交易成本，为企业营造良好的合作环境。联盟中的合作育种企业应注重提升自身发展水平、选择合适的合作伙伴和对战略联盟的领导能力，制定科学合理的利益分配机制，保证联盟较高的盈利水平，从而形成良性循环，强化与扩繁场的合作关系。联盟中的合作扩繁场应科学合理地选择合作育种企业，严格履行合作协议，与育种企业实现互利共赢。

15.1.4.4　进一步完善生猪良种推广政策，优化"公司+农户"模式

第一，进一步完善生猪良种补贴政策。生猪良种精液补贴政策已经取得了较好的效果，但应注意尽量在不干预市场机制的前提下赋予商品场户更多的选择权利，防止因指定供精单位引发的市场垄断效应。如可以直接向商品场户发放市场通用的抵价券，使其根据需要进行选择，这样有利于充分发挥市场机制的调节作用，实现真正的良种低价采纳。同时，作为生猪良种补贴政策的重要补充，政府还应通过畜牧兽医站等职能部门向商品场户普及科学的选种方法，加强生猪良种质量监管并提供技术指导，帮助商品场户规范用种，降低生猪良种采纳的交易成本。

第二，进一步提高生猪良种扩散的组织化程度。鉴于社会网络在生猪良种扩散中的重要作用，应继续重视农村中"示范户"和"养猪能手"等对周边商品场户的带动效果，实行"以点

带面"的生猪良种推广对策。通过优化大企业集团的"公司+农户"模式以及合作社与生产合同等方式提高商品场户的组织化程度，提高生猪良种的推广效率。

15.1.5　创新特色和研究展望

15.1.5.1　创新特色

（1）依据生猪良种生产活动的技术特征，分析育种环节产业产学研合作模式的类型及其效应，并根据问卷调查数据资料，运用灰色关联分析法，分析企业参与各类产学研合作模式的影响因素排序。

（2）依据生猪联合育种的技术路径，分析生猪联合育种的3种模式及其正负效应，运用演进博弈论分析我国生猪联合育种的演进机制，并进行数值仿真实验，进而提出优化我国政府主导型生猪联合育种的基本思路。

（3）在生猪良种育繁环节，通过构建生猪良种的质量体系和目标体系，分析生猪良种质量的形成机制，比较纵向协作模式的特征和适宜条件；通过案例分析、博弈分析和指标体系构建，探讨优化生猪良种育繁环节纵向协作模式的路径及其利益分配机制和合作伙伴选择。

（4）依据生猪良种使用的技术特征和商品场户采纳生猪良种障碍，构建商品场户生猪良种采纳行为的分析框架，分析3种生猪良种扩散模式的效应，并利用问卷调研数据进行实证检验。

15.1.5.2　研究展望

由于时间、篇幅、资料获取和作者能力的限制，仍存在如下两方面有待进一步提升。

第一，本研究梳理并分析了我国主要的生猪良种繁育体系组织模式的类型、运行方式和模式效应并对具体模式进行对比分析，但由于不同地区或企业的具体情况差异较大，无法选择出一种普遍适用的组织模式，为政府和具体企业选择组织模式类型提供建议时，需要结合模式特征和主客观条件进行具体选择，并利用本研究提供的思路和分析结论对现实中的组织模式优化问题进行剖析，以提升本研究的实践价值。

第二，本研究的实证分析多以北京市为例对分析结论进行说明和验证。北京市生猪良种繁育体系的发展现状与全国很多地区具有相似之处，因此本研究结论对其他很多地区也具有很强的借鉴意义。但由于不同地区的生猪良种繁育体系建设情况终究存在一定的差异性，因此本研究的结论有待在其他地区做进一步验证。

15.2　中国生猪养殖业生产效率及其影响因素研究

中国生猪养殖业生产效率及其影响因素研究在2015—2020年持续调研基础上，完成并提交多篇研究成果报告和相关政策建议，得到专家和相关部门领导认可。完成的主要研究成果参见《中国生猪养殖业生产效率及其影响因素研究——基于不同养殖阶段视角》，并发表多篇相关学术论文。该篇博士学位论文研究成果作为国家社会科学基金项目（18BGL169）的重要成果和现代农业产业技术体系北京市生猪产业创新团队（BAIC02）产业经济研究项目的主要成果，并出版著作《中国生猪养殖业生产效率及其影响因素研究——基于不同养殖阶段视角》（沈鑫琪和乔娟，2021）。

15.2.1　研究意义

15.2.1.1　理论意义

鉴于我国生猪养殖业在保障国计民生中的重要地位，学术界关于其生产效率问题的研究也较多，但基本都是集中在效率测算方面，较少对生产效率的影响因素进行系统研究，且仅关注生猪育肥阶段的生产效率，未对养殖实践中的主要养殖模式自繁自养的生产效率进行分析。本研究立足于产业发展实际，对我国生猪养殖业中各养殖阶段的生产效率及其影响因素进行全面分析，将为本领域研究提供全新的研究视角和分析框架，丰富相关研究成果，还将为其他畜牧产业研究提供重要的理论借鉴和文献资料，从而有助于我国畜牧业生产效率问题的深入研究。

15.2.1.2 现实意义

生猪养殖业发展不仅涉及养猪场户和产业链上相关主体的利益，还关系到国内居民的猪肉消费保障问题，在资源环境约束日益趋紧和非洲猪瘟等重大疫病影响并存的背景下，如何提高生猪养殖效率、保障产业稳定供给是养殖场户、社会和政府共同面对的重大课题。本研究对我国生猪养殖业生产效率及其影响因素的研究成果不但可以使社会各界准确把握我国生猪养殖业生产效率现状及其制约因素所在，还可以为产业实践提供切实指导，为政府制定相关产业政策、引导产业发展提供客观依据。此外，本研究还有助于为其他畜牧产业的生产效率提升提供经验借鉴，保障相关产业持续稳定健康发展，进而增进社会各界的福利水平。

15.2.2 研究目标和研究内容

15.2.2.1 研究目标

本研究的总目标是对我国生猪养殖业中不同养殖阶段的生产效率进行全面测评，并系统分析影响各养殖阶段生产效率的因素，以期识别出提升生猪养殖业生产效率的有效路径，提出更有针对性的政策建议。具体目标可分为以下几点。

第一，探究生产效率在生猪生产增长中的贡献作用和潜力空间，明确提升生猪养殖业生产效率的重要性和紧迫性。

第二，对各省域生猪育肥阶段技术效率和全要素生产率进行测评和剖析，识别出提升生猪育肥阶段生产效率的可行路径。

第三，对养殖实践中的主要养殖模式——自繁自养模式中的种猪繁育阶段和自繁自养全程生产效率及其影响因素进行研究，明晰生产效率提升的有效路径，并对其中的关键路径——良种技术采纳进行进一步探究。

15.2.2.2 研究内容

基于以上研究目标，本研究的主要内容分为以下几个部分。

第一部分，概念界定、理论基础与逻辑框架。对研究所涉及的相关概念进行界定，包括生猪养殖业、养殖模式、生产效率和生猪养殖业生产效率，以明确研究范畴和对象；对研究所涉及的相关理论进行梳理，并结合生猪养殖实际进行分析，包括经济增长理论、生产效率测度理论、人力资本理论、委托代理理论、农户行为理论和计划行为理论；最后对研究思路和逻辑框架进行说明。

第二部分，生猪生产效率的重要性分析。从总量层面和个量层面分析我国生猪生产增长及分解因素的演变趋势，基于 LMDI 模型对各分解因素的贡献度进行测算，探究生产效率在生猪生产增长中的贡献作用，并通过与世界生猪养殖大国对比，明确我国生猪生产效率的提升空间。

第三部分，生猪育肥阶段生产效率分析。采用非径向、非导向 SE-SBM 模型、全局参比 Malmquist 生产率指数，从静态和动态视角对我国不同规模生猪育肥阶段技术效率和全要素生产率进行测算；基于核密度估计等统计分析技术效率及其分解的损失大小、区域比较优势和空间分布特征，全要素生产率增长及其分解的年际变化趋势、地区比较优势、空间分布和动态演变特征；从技术无效和规模无效两方面深入分析技术效率损失来源；将规模效应从全要素生产率增长及其分解中分离，深入分析全要素生产率增长的动力来源。

第四部分，种猪繁育阶段生产效率分析。首先对种猪繁育阶段的关键要素生产率——母猪生产率进行研究，依据人力资本理论、委托代理理论、动物科学和经济管理领域的相关研究成果，构建影响因素框架并分析作用机理；利用核密度估计考察母猪生产率的分布特征；采用稳健 OLS 回归和分位数回归识别母猪生产率的显著影响因素，并结合生猪养殖特征和产业实际对不显著影响因素的原因进行剖析。

进一步对效率提升的关键路径——良种技术采纳行为进行探究，阐明我国生猪良种繁育体系的运行机理与养猪场户良种技术采纳内涵；依据农户行为理论、计划行为理论以及农户技术采纳相关研究成果，构建养猪场户良种技术采纳行为的影响因素框架并分析作用机理；统计分析养猪场户良种技术采纳行为特征及经济效果；采用 Heckman Probit 选择模型对养猪场户良种技术采纳行为的驱动因素进行实证检验。

第五部分，生猪自繁自养全程生产效率分析。依据技术效率理论、人力资本理论、委托代理理论、动物科学和经济管理领域的相关研究成果，构建生猪自繁自养全程技术效率的影响因素框架并分析作用机理；基于非径向、非导向 SE-SBM 模型测算养猪场户自繁自养全程技术效率，利用核密度估计考察技术效率的分布特征，从技术无效和规模无效两方面剖析技术效率的损失来源；采用稳健 OLS 回归和分位数回归识别生猪自繁自养全程技术效率的有效提升路径。

第六部分，主要结论与政策建议。在总结本研究的主要观点和结论的基础上，提出促进提升中国生猪养殖业生产效率的政策建议，并对有待进一步研究的问题进行探讨。

15.2.3　主要研究结论

15.2.3.1　我国生猪生产增长主要来源于母猪生产率、劳动生产率和生猪生长速度的快速提升，尚未摆脱对饲料投入的高度依赖，散养尤其如此，且生产效率远低于发达国家

改革开放以来，我国生猪养殖业快速发展，生猪出栏量和猪肉产量大幅提高，其中出栏率、母猪生产率的快速提升起主要推动作用，胴体重、生猪存栏和母猪存栏量增速相对较慢，累计贡献较小。同时，生猪出栏重量和净增重也稳步增长，其主要动力来源是劳动生产率、日增重的大幅提升和饲料投入的增加，饲料生产率、饲养时间贡献较小，甚至产生负向作用，劳动投入趋于下降，贡献为负。散养生猪劳动生产率、日增重增速和对产出增长的贡献率高于规模养殖，但各生产率水平相对较低，且对饲料投入的依赖度更高，饲料生产率对产出增长贡献为负，而规模养殖饲料生产率提升明显。与世界生猪生产大国相比，我国生猪生产效率水平明显较低，还有很大上升空间。

15.2.3.2　生猪育肥阶段技术效率损失较大，养殖技术应用和管理水平有待提升，散养尤其如此，劳动用工和其他费用投入冗余过多是效率损失的根源

我国生猪育肥阶段的规模效率损失较小，纯技术效率损失较多，综合技术效率损失主要来源于技术无效，即来源于养殖技术应用和管理水平不足造成的资源浪费，散养尤其如此，技术效率损失严重。除个别例外，全国东、中、西部生猪散养综合技术效率及分解效率损失均高于规模养殖，而东北生猪散养综合技术效率及分解效率损失低于规模养殖。生猪育肥阶段的技术无效主要来源于投入无效率，即生产投入存在过多冗余，而产出不足造成的效率损失较低，其中，劳动用工和其他费用投入冗余较多，精饲料投入冗余较少，部分省域不存在精饲料冗余。技术无效的最主要来源因规模而异，除西部散养、中部小规模外，全国及各区域生猪散养技术无效的最主要来源是其他费用冗余过多，而规模养殖使劳动用工冗余过多，东北尤其如此。

15.2.3.3 生猪育肥阶段技术效率存在明显规模差异和地区差异，西部散养、东北规模养殖全国垫底，随养殖规模提高，省域技术效率趋于向高水平集中，呈两极分化趋势

生猪育肥阶段综合技术效率及分解效率的地区比较优势因规模而异。生猪散养中，东北综合技术效率优势明显，西部全国垫底；规模养殖中，东北综合技术效率全国垫底，东部小规模、西部中、大规模效率优势明显。纯技术效率的区域比较优势与综合技术效率基本一致。规模效率中，东北散养、小、中规模的区域效率优势明显，大规模全国垫底；东部散养、中部小规模、西部中规模全国垫底，中部大规模区域效率优势明显。综合技术效率及分解效率的空间差距因规模而异，散养的空间差距明显大于规模养殖，随养殖规模提高，部分省域综合技术效率和纯技术效率开始向高水平集中，表现出两极分化趋势，大规模养殖中聚集在高效率水平的省域更多，两极分化特征更明显，省域规模效率也从离散趋于集中，从两极分化向高水平聚集。

15.2.3.4 生猪育肥阶段全要素生产率呈波动增长态势，技术进步是主要动力，技术效率贡献很小，甚至起负向作用，是全要素生产率增长的潜在动力，散养尤其如此

2008—2017年，我国不同规模生猪育肥阶段全要素生产率、技术水平在大多数年份均呈增长态势，年际增长率波动变化，而技术效率负增长年数较多、幅度较大，尤其是散养技术效率累计降幅达10%以上，波动幅度也明显大于规模养殖。从考虑规模效应的全要素生产率增长源泉来看，纯技术效率提高是生猪规模养殖技术效率增长的主要动力，但在散养中起负向作用，直接拉低了散养技术效率水平，规模效率增长率相对较小，中规模中甚至为负，导致其技术效率也趋于下降。不同规模生猪育肥阶段纯技术进步率均明显高于规模技术进步率，也高于纯技术效率和规模效率，是技术进步和全要素生产率增长的主要动力，除个别例外，规模技术进步率也普遍高于纯技术效率和规模效率增长，是全要素生产率增长的重要动力。

15.2.3.5 生猪育肥阶段全要素生产率增长存在明显地区差异，不同规模中西部、东北多处于全国落后甚至垫底地位，省域全要素生产率增长趋于收敛，向更高水平集中

不同规模生猪育肥阶段全要素生产率增长中，东、中部多处于全国上游或领先地位，西部、东北多处于全国落后甚至垫底地位；技术进步中，东北、中部多处于全国上游或领先地位，西部多处于全国垫底地位，东部散养、大规模处于全国落后甚至垫底地位；各地区不同规模技术效率多是负增长，东北负增长程度最高，全国垫底，中部相对较低且规模养殖均是正增长。从空间分布演变趋势来看，我国各省域不同规模生猪育肥阶段全要素生产率增长率均趋于向高水平集中，省域差距趋于缩小，散养缩减幅度大于规模养殖；不同规模技术效率变化率和技术进步率的省域差距、省域集聚的增长率水平多呈波动变化特征，散养波动幅度大于规模养殖；除个别例外，技术效率变化率的空间演变特征与全要素生产率一致，不同规模技术进步率的空间差距多趋于增大，但总体向高水平聚集。

15.2.3.6 种猪繁育阶段母猪生产率水平呈两极分化特征，促进母猪生产率提升的有效路径因生产率水平而异，采纳良种技术、加强养殖技术培训是共同的有效路径

养猪场户种猪繁育阶段母猪生产率分布不均衡，呈两极分化特征，30%的养猪场户集中在20头，35%的养猪场户集中在16~18头，多数养猪场户高于平均水平。总体来看，采纳母本良种和全价饲料技术、配备专业兽医、提高清粪频率、加强学历教育和养殖技术培训、提高专业化养殖程度和养殖规模、降低雇工比例能显著提升母猪生产率。对于不同母猪生产率水平的养猪场户，生产率提升路径存在差异，当母猪生产率较低时，采纳父本良种和全价饲料技术、配备专业兽医、提高清粪频率、加强养殖技术培训、提高专业化养殖程度、降低雇工比例可有效提高母猪生产率；当母猪生产率较高时，采纳母本良种、加强学历教育、干中学和养殖技术培训可促进母猪生产率进一步提升。母猪生产率较低的养猪场户因技术管理水平偏低使得母本良种技术效果无

法有效发挥；母猪生产率较高的养猪场户因技术水平较高，疫病防控、环境控制工作到位，专业化程度较高，职能分工合理，雇工激励措施完善等优势，使得对母猪生产率较低养猪场户的有效路径对其作用不明显。此外，生猪养殖专业合作社发展仍处于初级阶段，社会化服务体系构建尚不健全，难以有效发挥积极作用。

15.2.3.7　生猪良种繁育体系的建设运行有效促进了良种技术扩散和良种化养殖程度提升，尤其是父本良种技术，母本良种技术采纳率还有待提高

在生猪养殖实践中，绝大多数养猪场户均已通过从种猪场或种公猪站购买良种公猪或精液的方式采纳生猪良种繁育体系的父本良种技术，多数养猪场户也已通过从种猪场购买父母代母猪或按照良种繁育体系的杂交组合自繁父母代母猪的方式采纳母本良种技术，我国生猪良种繁育体系的建设运行，有效促进了生猪良种技术扩散，母猪生产率水平明显提升。但仍存在将近一半养猪场户未采纳或未全部采纳母本良种技术，通过轮回杂交、甚至育肥猪留作种用等不符合生猪良种繁育体系要求的方式生产，母本良种技术采纳率还有待进一步提高。

15.2.3.8　通过信息化建设推广良种技术、推进养殖规模化、优化政策制度环境是促进养猪场户母本良种技术采纳行为选择和技术采纳程度提升的有效路径

降低良种技术交易成本、技术使用风险和生猪养殖风险对养猪场户采纳良种技术具有驱动效应，同时养猪场户家庭禀赋特征和宏观政策制度环境也是影响良种技术采纳的重要因素。通过技术培训、技术示范和信息化建设推广良种技术，提高养猪场户环境控制水平和养殖规模，减轻养猪场户环保压力，优化政策制度环境会显著促进养猪场户良种技术采纳行为选择。通过信息化建设推广良种技术，降低良种运输应激风险，提高养猪场户疫病防控水平、受教育水平和养殖规模，推进生猪养殖保险，优化政策制度环境可进一步促进养猪场户良种技术采纳程度提升。

15.2.3.9　生猪自繁自养全程技术效率普遍损失较多，养殖技术和管理水平不足是主因，技术效率的有效提升路径因效率水平而异，提高养殖规模是共同的有效路径

养猪场户生猪自繁自养全程技术效率较低，平均仅0.65，60%以上的养猪场户集中在0.5～0.7，0.9及以上的养猪场户不足8%，效率损失普遍较大，其主要原因是养猪场户的养殖技术和管理水平普遍偏低，劳动力和其他费用投入冗余过多，母猪投入冗余也是重要来源，而饲料投入冗余和产出不足率很低，对效率损失影响很小。养猪场户规模效率损失较小，规模无效的原因多是生产处于规模报酬递增阶段，养殖规模普遍偏小。总体来看，提高清粪频率和养殖规模、降低雇工比例可显著提升生猪自繁自养全程技术效率水平。对于不同技术效率水平的养猪场户，技术效率提升路径存在差异，当生猪自繁自养全程技术效率较低时，提高养殖规模、饲喂母猪全价饲料、降低雇工比例可有效提高技术效率，当生猪自繁自养全程技术效率较高时，通过干中学积累经验、提高养殖规模可促进技术效率进一步提升。

15.2.4　主要政策建议

15.2.4.1　加大养殖培训力度，构建职业教育体系，多渠道提高养猪场户人力资本水平

研究发现，养猪场户养殖技术和管理水平普遍较低是造成效率损失较多的根源，通过技术培训等方式加大人力资本投资是促进我国生猪生产效率提升的关键路径。因此，应在继续推进基层畜牧兽医养殖技术培训服务工作的基础上，加大养殖培训力度和深度，整合养猪场户技术需求，精准、高效开展养殖技术培训，并及时推广最新养殖技术。养殖技术信息供给除了利用线下培训方式，还应加强网络平台等线上渠道的利用，通过信息化建设，提高养殖技术信息输送效率。整合利用农广校、中专、高职或高校等教育资源，加快建立以职业学历教育为主、技术培训为辅的现代化生猪产业职业教育体系，加强养猪场户职业教育，培育新型职业养殖人员。鼓励支持养猪场户通过技术培训、职业教育、网络媒体等多渠道持续学习养殖新技术，提升专业技术能力和经营管理能力。

15.2.4.2 健全完善金字塔形生猪良种繁育体系，加大良种技术推广应用

良种是生猪产业发展的基础，推进养殖良种化是加快我国生猪生产效率提升的重要路径，研究发现，我国生猪良种繁育体系的建设运行，有效促进了生猪良种技术扩散，尤其是父本良种，但母本良种采纳率还有待提高，有近一半的养猪场户存在不符合我国生猪良种繁育体系的生产方式，严重制约了我国生猪生产效率水平提升。因此，应进一步推进完善生猪良种繁育体系建设，强化政府监督与奖励，加大对国家生猪核心育种场、种猪扩繁场和种公猪站的建设扶持力度，提高我国原种猪选育和祖代、父母代种猪扩繁能力，扩大种猪产品的市场供应范围，同时加强对种猪企业规范化建设和标准化生产的监管检查，保证投入市场的种猪产品质量安全水平。优化完善公益性生猪良种技术推广体系，在继续推进生猪良种补贴项目促进良种公猪精液普及应用的同时，通过技术培训、技术示范和信息化建设等途径加大对父母代良种母猪技术的推广应用力度，增强规避引种风险、良种技术使用过程中的配套技术服务供给和技能培训，鼓励支持养猪场户积极采纳良种繁育体系的遗传改良成果，提升良种技术扩散广度与深度，依靠技术进步提升我国生猪生产效率。

15.2.4.3 在加快推进生猪规模化、专业化养殖进程中，鼓励引导中小养殖户向适度规模家庭农场模式转变是效率较优的一种途径

研究证实，提高生猪规模化、专业化养殖水平是促进我国生猪生产效率提升的有效路径，而且推进规模化和专业化同时也是防控非洲猪瘟等重大动物疫病和缓解生猪市场价格波动的有效手段，是我国生猪养殖业发展的必然趋势。但研究发现，家庭劳动力和雇工具有异质性，在雇工激励机制不健全的情况下，雇工增多会产生较多效率损失，发展以家庭劳动力为主、养殖专业化程度较高的适度规模经营的家庭农场，能在充分发挥规模经济和专业化效率优势的同时避免过多雇工效率损失。因此，加快推进生猪规模化、专业化养殖进程应"两条腿走路"，鼓励引导中小养殖户向适度规模的家庭农场模式转变也是效率较优的一种途径。

15.2.4.4 针对养殖关键环节修订完善标准化技术规范，提高养殖标准化水平

研究发现在我国生猪养殖实践中，养猪场户的技术应用和管理水平普遍偏低，专业育肥阶段和自繁自养全程的技术效率都损失严重。生猪规模化养殖推进过程不可能一蹴而就，过渡期内实现我国生猪生产效率提升的有效办法是，通过提高养殖标准化水平的方式弥补养猪场户技术管理水平的不足。针对种猪繁育、饲料配制、养殖环境控制和疫病防控等关键环节应修订完善行业技术规范或技术指南，并通过技术培训、网络媒体等多渠道向养猪场户普及，通过提高养殖标准化水平可以减少养猪场户在养殖过程中因技术、管理水平偏低造成的投入要素效率损失。

15.2.4.5 加快推进生猪产业社会化服务体系建设，提高养殖组织化水平

研究发现，我国养猪场户的组织化程度普遍较低，通过"公司+农户"等模式与龙头企业建立紧密协作关系的专业育肥型养猪场户只占少数，更多的自繁自养型养猪场户是处于无组织状态，参加养殖专业合作社的较少，且当前生猪养殖专业合作社的发展还处于初级阶段，其社会化服务体系的构建尚不健全，技术服务的有效供给仍处于缺位状态，难以有效发挥积极作用，同时也严重影响了养猪场户的参与积极性。因此，应加快推进生猪产业社会化服务体系建设，加强对社会化服务组织的运行监管，保证技术服务有效供给，鼓励支持养猪场户与种猪企业或合作社等产业组织建立紧密的纵向协作关系，通过提高养殖组织化水平进而促进生产效率提升。

15.2.5　创新特色和研究展望

15.2.5.1　创新特色

与已有生猪养殖业生产效率相关的研究成果相比，本研究存在如下几点创新。

第一，突破已有研究仅关注生猪育肥单一阶段的局限，构建了包含不同养殖阶段更加契合产业实际的生猪生产效率分析框架。已有研究关注的都是生猪育肥阶段的生产效率，但我国生猪养殖实践中的主要养殖模式是自繁自养，其中的种猪繁育阶段和自繁自养全程生产效率也至关重要，已有研究还尚未关注。本研究根据生猪产业实际，除生猪育肥阶段外，将种猪繁育阶段和自繁自养全程都纳入研究范畴，构建了包含不同养殖阶段的更切合产业实际的系统性分析框架，研究结论适用性更强。

第二，从微观养猪场户层面，系统研究了生猪生产效率提升的有效路径。已有相关研究多在测度生猪生产技术效率或全要素生产率的基础上，从效率分解视角对生猪生产效率提升路径进行探究，本研究除此之外，还着重从微观养猪场户层面构建生产效率影响因素的系统性框架，实证检验促进生猪生产效率提升的有效路径，同时考察了不同生产效率水平养猪场户的效率提升路径差异，还进一步研究了种猪繁育阶段效率提升的关键路径——生猪良种技术采纳的影响因素，研究成果更加系统完整。

第三，采用可以弥补传统模型缺陷的研究方法，测算了生猪生产效率。本研究测算生猪生产技术效率时采用非径向、非导向 SE-SBM 模型，不仅可以弥补传统 DEA 模型仅考虑等比例改进而忽视松弛改进的缺陷，还可以避免选择投入或产出单一角度带来的测量误差，同时可实现对有效决策单元效率值的进一步区分。测算生猪生产全要素生产率时采用的全局参比 Malmquist 生产率指数，可以同时解决传统 Malmquist 生产率指数无可行解和不可累乘的问题，而且通过增加参考集中决策单元的数量，可有效提高参考前沿的精度和效率测量结果的准确性。采用考虑规模技术变化的 Malmquist 生产率指数分解法，可以更深入探究全要素生产率的增长来源。

15.2.5.2　研究展望

研究需要获取的一手数据资料涉及较多专业术语，为保证微观调研数据质量，实地调研工作仅由熟知生猪养殖业生产特征的几位课题组成员与养猪场户一对一访谈进行，同时生猪养殖分布分散、受动物防疫约束非猪场工作人员很难进入等也给实地调研造成诸多困难，受时间、人力、经费、资源等因素的限制，无法获得更多省域和年份的数据，尤其是四川、湖南等南方养殖大省的样本，在研究自繁自养全程生猪生产效率时，无法对更多省域生产效率的年际变化特征进行全面分析，研究结论仍存在一定局限性。自繁自养模式在我国生猪养殖业中占较多份额，其中种猪繁育阶段的母猪生产率对产业发展至关重要，也是我国与世界生猪生产大国相比最大的短板，关于自繁自养模式生猪生产效率的相关研究还有待进一步加深。

参考文献（略）

（乔娟团队提供）

16 基于质量安全的猪肉可追溯体系建设研究

16.1 基于质量安全的猪肉可追溯体系运行机制研究

基于质量安全的猪肉可追溯体系运行机制研究在 2012—2015 年持续调研基础上，完成并提交多篇研究成果报告和相关政策建议，得到专家和相关部门领导认可。完成的主要研究成果参见《基于质量安全的中国猪肉可追溯体系运行机制研究》，并发表多篇相关学术论文。2017 年课题组系统全面修改补充完善该博士学位论文，并作为现代农业产业技术体系北京市生猪产业创新团队（BAIC02）产业经济研究项目的主要成果和国家自然科学基金项目（70873124、70973123）的部分成果，出版著作《基于质量安全的中国猪肉可追溯体系运行机制研究》（乔娟，刘增金，2017）。

16.1.1 研究意义

16.1.1.1 理论意义

本研究提出了全新的研究视角，并构造了全新的研究思路。本研究拟对基于质量安全的中国猪肉可追溯体系运行机制进行全新且系统全面的研究，并基于这一研究视角，主要以信息不对称理论、供应链管理理论、产业组织理论和利益相关者理论为理论基础，构造基于质量安全的中国猪肉可追溯体系运行机制研究的全新逻辑框架和研究思路。由于本研究所要进行的理论探讨和实证分析都是开拓性的，研究思路和研究内容缺少可供借鉴的数据资料或研究成果，更多的研究工作需要在问卷调查和典型调查的基础上进行。因此，本研究所获得的研究成果可填补本领域国内外研究的空白，将为中国猪肉可追溯体系和猪肉质量安全等相关问题研究积累重要的文献资料并提供重要的理论借鉴，从而有助于中国食品质量安全等问题更为深入地研究。

16.1.1.2 现实意义

本研究成果将为选择既能全面考虑不同行为主体的利益关系、又比较切合中国实际的猪肉可追溯体系提供理论和客观依据。具体表现为：有助于更好地满足社会经济发展和人们生活水平提高对质量安全猪肉的需求，有助于提高中国生猪产业链管理效率和效益、全面提升中国猪肉及其产品的国际市场竞争力，有助于为其他食用农产品尤其是食用畜产品可追溯体系建设提供经验借鉴，有助于中国食品安全问题的解决乃至整个社会经济的持续稳定发展。

16.1.2 研究目标和研究内容

16.1.2.1 研究目标

本研究的总目标是：以信息不对称理论、供应链管理理论、产业组织理论、利益相关者理论等为主要理论基础，在厘清北京市猪肉可追溯体系发展历程和现状以及生猪产业发展现状的基础上，构建基于质量安全的猪肉可追溯体系运行机制研究的逻辑框架，明确相关研究方法，利用实地调查获得的数据资料，实证研究猪肉可追溯体系运行机制的构成及运行机理，基于保障猪肉质量安全的目的深入探讨实现猪肉可追溯体系运行机制的优化，最终提出如何建设符合中国国情的猪肉可追溯体系的政策建议。

本研究的具体目标可分为：

第一，在厘清中国猪肉可追溯体系发展现状和生猪产业发展现状的基础上，依据相关理论，构建基于质量安全的中国猪肉可追溯体系运行机制研究的逻辑框架，明确研究内容和研究方法；

第二，实证分析猪肉可追溯体系运行机制的构成及运行机理，具体包括评价反馈机制、信息传递机制、监督管理机制的运行现状，运行中存在的问题及其原因；

第三，在弄清猪肉可追溯体系运行机制的构成及运行机理的基础上，实证分析生猪产业链利益主体参与猪肉可追溯体系的积极性及其原因，尤其关注猪肉可追溯体系运行中存在的问题产生的影响；

第四，实证分析猪肉可追溯体系建设对于保障猪肉质量安全的实质作用，深入探讨如何实现猪肉可追溯体系运行机制的优化；

第五，在全部研究结论的基础上，提出如何建设符合中国国情的猪肉可追溯体系的政策建议。

16.1.2.2　研究内容

基于以上研究目标，本研究的主要内容分为以下几个部分。

第一部分，中国猪肉可追溯体系发展历程与现状。该部分首先介绍中国猪肉可追溯体系建设的背景，并分别阐述政府主导模式和企业主导模式猪肉可追溯体系的发展历程及现状。其次介绍北京市猪肉可追溯体系建设的背景，并分别阐述政府主导模式和企业主导模式猪肉可追溯体系的发展历程及现状。通过对中国和北京市猪肉可追溯体系发展历程与现状的梳理，从而对中国和北京市猪肉可追溯体系的发展脉络有一个清晰的认识。

第二部分，基于质量安全的中国猪肉可追溯体系运行机制研究逻辑框架的构建。该部分首先对本研究需要的理论基础进行简要介绍，包括信息不对称理论、供应链管理理论、产业组织理论、利益相关者理论以及其他相关理论。其次，介绍北京市生猪产业链现状，并立足于第一部分内容，厘清北京市猪肉可追溯体系的运行动力、利益相关者及其相互关系。最后，依据本研究理论基础，构建基于质量安全的中国猪肉可追溯体系运行机制研究的逻辑框架。

第三部分，猪肉可追溯体系运行机制的构成及运行机理分析。该部分主要就构成猪肉可追溯体系运行机制的几个子机制（包括评价反馈机制、信息传递机制、监督管理机制）实证分析北京市猪肉可追溯体系的运行机理。

（1）基于市场需求的评价反馈机制分析，消费者对可追溯猪肉的需求和评价如何决定了猪肉可追溯体系能否实现可持续发展，因此该章利用实地调研数据，实证分析消费者对可追溯猪肉的需求和评价情况。首先通过描述性分析从数量和质量角度分析消费者对猪肉的消费习惯和购买行为，重点关注消费者对质量安全猪肉的需求。其次分析消费者对可追溯食品的认知和可追溯猪肉购买行为，并选用双变量 Probit 模型重点分析偏好异质性约束下可追溯猪肉质量安全评价对消费者购买行为的影响。最后是探讨在假想市场情境下，基于已有支付意愿研究无法回答消费者"买多少"的问题，运用结构方程模型从数量接受视角分析消费者对可追溯猪肉的购买意愿及其影响因素。

（2）基于纵向协作的信息传递机制分析，猪肉可追溯体系能否实现有效溯源以及哪些因素影响了溯源的实现，这是关系猪肉可追溯体系建设是否成功的核心和关键问题，该章利用实地调研数据，实证分析生猪产业链各环节猪肉可追溯体系的建设现状，具体包括生猪养殖和流通环节、生猪屠宰加工环节、猪肉销售环节，重点分析影响猪肉溯源实现的关键节点及其影响因素。

（3）基于政府干预视角的监督管理机制分析，猪肉可追溯体系建设离不开政府的推动，为了实现猪肉可追溯体系的良好运行，政府有责任进行监管。该章主要包括以下内容：首先实证分析猪肉可追溯体系的监管模式；其次从理论和实证两方面分析政府干预猪肉可追溯体系建设的目标及原因；最后实证分析政府干预猪肉可追溯体系建设的手段与效果。

（4）生猪产业链利益主体参与猪肉可追溯体系的意愿分析，即第七章的内容。生猪产业链各环节利益主体是猪肉可追溯体系的实际参与者，他们的参与积极性对猪肉可追溯体系建设的成功具有直接影响甚至可以说是决定性作用，因此该部分主要利用实地调研数据，实证分析生猪产业链利益主体参与猪肉可追溯体系的意愿及其影响因素，具体包括：首先运用有序 Logistic 模型分析生猪养殖场户参与猪肉可追溯体系的意愿及其影响因素；其次从成本收益角度对生猪屠宰企业参与猪肉可追溯体系的意愿及其原因进行典型案例分析；最后运用有序 Logistic 模型分析猪肉销售商参与猪肉可追溯体系的意愿及其影响因素。

第五部分，猪肉可追溯体系质量安全保障作用机理分析，也可称为猪肉可追溯体系的质量安全效应分析。政府主导模式猪肉可追溯体系最终目的在于保障猪肉质量安全，这对于实现猪肉可追溯体系的可持续发展具有重大意义。通过对前几部分内容的研究，可以对中国尤其是北京市猪肉可追溯体系运行的现状有清晰深刻的认识，但显然这无法回答猪肉可追溯体系建设是否具有质量安全效应以及还应该做出哪些努力。猪肉可追溯体系的质量安全效应主要通过生猪产业链各环节利益主体的质量安全行为体现出来。猪肉可追溯体系建设带来的作用或许并不仅仅是有助于"召回"，还在于给生猪产业链各环节利益主体带来观念上的转变，比如提高各利益主体对溯源能力的信任水平，这很可能有助于各环节利益主体质量安全行为的改进，从而有助于提升猪肉质量安全水平。基于此，该部分利用调研数据实证分析猪肉可追溯体系对保障猪肉质量安全的作用，主要包括以下内容：首先，描述性分析猪肉可追溯体系建设给生猪养殖场户的猪肉可追溯体系认知、猪肉溯源能力信任带来的改变，然后利用联立方程模型分析这种改变对生猪养殖场户质量安全行为的影响；其次，通过典型案例分析这种改变对生猪屠宰加工企业质量安全行为的影响；最后，描述性分析猪肉可追溯体系建设给猪肉销售商的猪肉可追溯体系认知、猪肉溯源能力评价带来的改变，然后利用联立方程模型分析这种改变对猪肉销售商质量安全行为的影响。

第六部分，主要结论与政策建议。该部分在总结上述各部分研究主要观点与结论的基础上，提出促进中国猪肉可追溯体系有效运行的政策建议，并探讨有待进一步研究的问题。

16.1.3　主要研究结论

16.1.3.1　中国的猪肉可追溯体系建设以政府主导模式发展更为迅猛，猪肉可追溯体系建设在取得较大成绩的同时也存在一系列问题

中国猪肉可追溯体系存在政府主导的猪肉可追溯体系和企业主导的猪肉可追溯体系两种运行模式，相比企业主导模式，政府主导模式的猪肉可追溯体系更能满足大众需求。政府主导模式的猪肉可追溯体系主要包括由农业农村部推动的农垦农产品质量追溯系统建设和由商务部推动的肉类蔬菜流通追溯体系建设，二者在建设目标和最终目的上是一致的，都是为了实现溯源和保障猪肉质量安全，商务部的猪肉可追溯体系发展势头更为迅猛；企业主导模式的猪肉可追溯体系发展较慢，只有吉林精气神有机农业股份有限公司和山东徒河黑猪食品有限公司等部分企业开发出自己的猪肉可追溯系统。北京市猪肉可追溯体系建设同样以政府主导模式为主，大致经历了 2008 年北京奥运会以前的探索阶段和 2009 年至今的快速发展阶段，作为商务部"放心肉"服务体系试点地区和商务部第三批肉类蔬菜流通追溯体系试点建设城市，北京市猪肉可追溯体系取得了较

大成果，但也面临着追溯信息不可查、不全面、不可靠等问题。

16.1.3.2 构建了基于质量安全的猪肉可追溯体系运行机制研究的逻辑框架，为实证研究部分提供了严密的逻辑思路

在明确中国猪肉可追溯体系发展历程与现状的基础上，依据信息不对称理论、供应链管理理论、产业组织理论、利益相关者理论的基本原理和思想，构建了基于质量安全的猪肉可追溯体系运行机制研究的逻辑框架。信息不对称被认为是猪肉质量安全问题的根本原因，建立猪肉可追溯体系有助于消除信息不对称，从而有助于解决猪肉质量安全问题；生猪产业链条长加剧了信息不对称程度，加强供应链管理同样有助于消除信息不对称，而猪肉可追溯体系建设则有助于加强猪肉供应链管理；信息不对称理论和供应链管理理论为本研究确定猪肉可追溯体系研究这样一个重要选题提供了理论支撑。借鉴波特钻石模型的思想，北京市猪肉可追溯体系发展动力来源可归结为需求拉动、政府推动、产业链利益主体的竞争与协作、要素投入、相关技术支持、机遇刺激六大因素，利用利益相关者理论的二维矩阵图，确定猪肉可追溯体系涉及的利益相关主体包括政府、消费者、生猪产业链利益主体，根据彼此之间的利益关系确定猪肉可追溯体系运行机制所包含的子机制，具体包括评价反馈机制、信息传递机制和监督管理机制。最后依据产业组织理论的结构—行为—绩效分析范式，确定本研究的逻辑框架。

16.1.3.3 可追溯猪肉并未很好地满足消费者对猪肉质量安全方面的需求，消费者对可追溯猪肉的认知有待进一步加深

作为北京市绝大多数消费者家庭的生活必需品，市场上猪肉的质量安全并未让所有消费者放心，可追溯猪肉在满足消费者对猪肉质量安全的需求方面贡献相对有限，很少有消费者主要依据可追溯标签判定猪肉质量安全状况。消费者对可追溯食品的认知水平整体不高，更少有人见过可追溯食品标签，电视、食品标签、网络是人们了解可追溯食品的三种最主要渠道。不同个人和家庭基本特征的消费者在可追溯食品认知方面呈现出差异，具体而言，男性、年轻、高中/中专及以上学历、公务员、北京户籍、非单身居住、家庭中有 60 周岁及以上的长辈、家庭月收入在10 000元及以上、家庭中非主要猪肉购买成员、知道"放心肉"的消费者群体知道可追溯食品的比例更大。在知道可追溯食品的消费者中，购买可追溯食品的人不多，其中以购买过可追溯猪肉的消费者最多，绝大多数消费者还是出于质量安全更有保障考虑而购买可追溯猪肉，大多数消费者所购买的可追溯猪肉价位偏高，但购买量有限，很少有人只选择购买可追溯猪肉，也很少有人查询过猪肉追溯信息，大多数可追溯猪肉购买者表示以后的可追溯猪肉购买量不变或增加。大多数知道可追溯食品的消费者还是比较认可带有追溯标签的猪肉比不带追溯标签的同类型猪肉的质量安全更有保障，其中，对于质量安全偏好型消费者，质量安全评价正向影响消费者的可追溯猪肉购买行为，即对可追溯猪肉质量安全评价高的消费者购买可追溯猪肉的可能性越大，而对于其他偏好类型消费者，质量安全评价并不显著影响消费者的可追溯猪肉购买行为。在假设市场上的猪肉全部实施可追溯的情境下，若猪肉价格不变，大多数消费者的猪肉购买量不会发生变化，但若猪肉价格提高，较大比例的消费者表示猪肉购买量会减少，权益保障因素和外界刺激因素显著影响消费者对可追溯猪肉的购买意愿。

16.1.3.4 猪肉可追溯体系建设实现有效溯源的难点依然存在，并且广泛存在于生猪养殖、生猪屠宰加工以及猪肉销售等生猪产业链各个环节

生猪养殖环节的耳标佩戴、养殖档案或防疫档案建立、动物检疫合格证获取以及每次生猪出栏量情况对猪肉溯源实现具有基础性作用；大多数养猪场户的耳标佩戴、档案建立以及动物检疫合格证获取工作开展较好，但部分未佩戴耳标、未建立档案以及未获得动物检疫合格证并交给生猪收购商的情况还是给猪肉溯源实现和猪肉质量安全带来一定困难和隐患；猪场平均每次的生猪

出栏量普遍过少也给猪肉溯源实现带来困难，而这主要因为养猪场户生猪养殖规模和养殖方式的差异。生猪屠宰加工环节的生猪入厂验收、录入内部系统、生猪胴体标识以及猪肉分级、分割情况对猪肉溯源实现具有关键作用；查验生猪检疫合格证与耳标相符工作量大以及一个车次的生猪很可能来自好几家养猪场户增大了生猪入场验收工作的难度，这需要官方检疫人员有较强的责任心和耐心；北京市猪肉可追溯体系建设所规定采用的激光灼刻技术因设备操作烦琐、灼刻效率低导致应用还不普遍，影响了溯源的效果；生猪屠宰加工过程中猪肉分级、分割的存在使得溯源难度大大增加，尤其增加了大型生猪加工企业溯源实现的难度。猪肉销售环节各种销售业态的检疫合格证索取、购物小票提供以及猪肉品牌选择情况直接关系到猪肉溯源的可查性和准确性；不管是批发市场，还是农贸市场、超市和专营店，猪肉销售商一般都会主动向上一级经销商索要猪肉检疫合格证；不同销售业态在购物小票提供方面则呈现较大差异，其中批发市场和超市的购物小票提供情况较好，农贸市场和专营店中的加盟店往往出于成本和个人隐私考虑而选择不配置可以打印购物小票的电子秤；同时销售两种及以上品牌的猪肉很可能导致白条在分割时或分割之后的销售时无法区分销售的到底是哪一家生猪屠宰加工企业的猪肉，从而给溯源带来困难，而这种情况主要存在于批发市场、农贸市场以及自营模式的超市中，其中年龄是影响批发市场和农贸市场猪肉销售摊主猪肉品牌选择行为的主要因素。

16.1.3.5　政府干预对猪肉可追溯建设的顺利推进起到重要作用，但干预的效果有待进一步提高

在猪肉可追溯体系监管模式中，相比较消费者、媒体、第三方机构，政府对生猪产业链各环节利益主体的监管对于猪肉可追溯体系建设具有更关键的作用，政府既是猪肉可追溯体系的发起者和推动者，也是监管者。政府干预猪肉可追溯体系建设的手段主要包括法律手段、行政手段和经济手段，政府干预猪肉可追溯体系的效果主要体现在能有效激励相关企业积极参与可追溯体系且不存在机会主义行为，政府监管力度和监管效率的提高有助于遏制猪肉可追溯体系中的道德风险事件和机会主义行为；在猪肉可追溯体系建设过程中，影响政府干预效果的因素主要包括政府干预的成本、政府能力的局限性以及利益相关者的行为选择等，其中，政府行为的成本包括立法成本、执行成本和寻租成本，政府决策的有限理性、政府决策的沉没成本以及中央与地方政府之间的利益冲突这三个方面是导致政府能力局限性的主要原因，产业链利益主体、消费者以及第三方机构等利益相关者的行为选择也会影响政府干预的效果。

16.1.3.6　产业链利益主体普遍倾向于愿意参与猪肉可追溯体系建设，但缺乏主动深化猪肉可追溯体系建设的动力

养猪场户对猪肉可追溯体系的认知水平和参与意愿都较高，其中，养猪场户参与猪肉可追溯体系的意愿受到生猪销售、时间精力、养殖监控、政府号召、收购商要求、追溯认知、年龄、养殖年限、养殖规模等因素的影响。政府统一配置的设备、品牌知名度的提高、较强的社会责任感以及其他生猪屠宰加工企业的竞争是大型生猪屠宰加工企业参与猪肉可追溯体系中的主要原因，而不能获得明显的猪肉销量和价格提升、政府配置的设备不能满足生产要求、生产线改造成本高以及猪肉销售环节溯源实现的难度则是阻碍大型生猪屠宰加工企业继续深化猪肉可追溯体系建设的主要原因；政府统一配置的设备、品牌知名度的提高、有助于获得更高的猪肉销售价格以及较强的社会责任感是小型屠宰加工企业参与到猪肉可追溯体系中并且愿意继续进一步深化猪肉可追溯体系建设的主要原因。批发市场和农贸市场的猪肉销售摊主对猪肉可追溯体系的认知水平整体不高，但对猪肉可追溯体系的参与意愿较高，并且受到销售促进、实施难度和追溯认知等因素的影响。

16.1.3.7　猪肉可追溯体系建设确实起到保障猪肉质量安全的作用，但作用的发挥受到一定局限

猪肉可追溯体系建设有助于提升生猪养殖环节质量安全水平，具体表现在，生猪养殖场户对

猪肉可追溯体系的认知正向影响其对溯源能力信任水平，生猪养殖场户对溯源能力的信任水平又正向影响其兽药使用行为规范程度从而使得生猪养殖场户对猪肉可追溯体系的认知间接影响其兽药使用行为规范程度。另外，猪肉可追溯体系建设通过加强监控力度和声誉机制也起到了规范生猪屠宰加工企业质量安全行为的作用，但声誉机制对生猪屠宰加工企业质量安全行为的规范作用的发挥受到猪肉溯源水平的影响，如果不能保证猪肉销售环节猪肉溯源的有效实现，将大大降低猪肉可追溯体系声誉机制对生猪屠宰加工企业质量安全行为的规范作用。猪肉可追溯体系建设对于猪肉销售环节质量安全水平的提升受到较大局限，虽然对于那些认为应该为出售问题猪肉负责的猪肉销售商，溯源能力评价起到规范注水肉销售行为的作用，但猪肉销售商对猪肉可追溯体系的认知并不显著影响其对猪肉溯源能力的评价。

16.1.4　主要政策建议

16.1.4.1　长远来看，生猪规模化和标准化养殖是中国实现猪肉有效溯源的必由之路

猪场每次生猪出栏量不高、生猪和猪肉分级分割的存在、摊位同时出售两种及以上企业品牌的猪肉等情况的普遍存在成为阻碍中国猪肉可追溯体系溯源实现的潜在绊脚石，也影响到产业链利益主体参与猪肉可追溯体系的积极性和保障猪肉质量安全作用，而导致上述问题产生的一个主要原因即是生猪规模化和标准化养殖发展力度不够。北京市还存在不少生猪散养户，即便是规模猪场，由于部分猪场并非采用全进全出养殖方式，每次的生猪出栏量也并不高，并且由于管理水平的差异，生猪体型、肥瘦、含水量等的差异必然存在，这也导致生猪屠宰加工企业不得不对生猪和猪肉分级，并进一步导致猪肉销售商因只需求某一等级的猪肉而出现同时出售多个屠宰加工企业品牌猪肉的情况。因此，政府应该在充分考虑生猪规模化养殖可能产生的环境问题前提下，尽可能鼓励生猪规模化、标准化养殖，这也是发达国家猪肉可追溯体系建设的经验。

16.1.4.2　政府应鼓励加强生猪屠宰加工与猪肉销售环节利益主体之间的纵向协作，建立健全不同销售业态溯源管理方面的制度体系

生猪屠宰加工企业对于猪肉可追溯体系建设溯源的实现具有全局性关键作用，但其参与猪肉可追溯体系的积极性受到产业链上游养猪场户和产业链下游猪肉销售商行为的影响，尤其是猪肉销售商行为的影响。如果猪肉销售环节不能保证猪肉溯源的实现，那么猪肉可追溯体系建设可能给生猪屠宰加工企业带来的声誉提高等益处将成为空谈。影响猪肉销售环节不能保证猪肉溯源实现的主要原因可归结为，生猪屠宰加工企业与猪肉销售商之间较为松散的纵向协作关系以及对猪肉销售环节溯源管理缺乏有效的监管。因此，政府一方面应鼓励猪肉销售商发展与生猪屠宰加工企业之间的紧密型纵向协作模式，另一方面在建立健全猪肉销售环节不同销售业态猪肉溯源管理制度体系的同时，加强对猪肉销售环节溯源管理的监管力度，加强对猪肉销售场所的购销台账建立、购物小票提供以及猪肉分割情况的监管，并将上述各项工作上升到制度规范。

16.1.4.3　政府应在继续加强政府猪肉可追溯系统平台建设的前提下，鼓励部分猪肉生产经营者积极探索适合企业自身的猪肉溯源管理模式

现阶段，政府将所有参与猪肉可追溯体系的猪肉生产经营者统一纳入政府猪肉可追溯系统平台并实现对外追溯信息查询，但由于猪肉生产经营者之间的猪肉溯源建设水平呈现差异，而政府"一视同仁"的结果是消费者无法察觉到不同生产经营者猪肉溯源水平方面的差异，从而使得溯源水平高的猪肉生产经营者无法获得应有的声誉提高，更无法提高猪肉销售价格和销量，使其缺乏继续深化猪肉可追溯体系建设的动力。因此，政府应借鉴"先富带动后富"的思路，在继续完善猪肉可追溯系统平台建设的前提下，鼓励猪肉生产经营者积极探索适合企业自身的猪肉溯源管理模式，从政策资金上予以支持，同时承认猪肉生产经营者在猪肉溯源建设水平上的差异，并

使这种差异在政府猪肉可追溯系统平台对外追溯信息查询中得以体现。

16.1.4.4 明确政府监管职能，加强政府部门之间的协调与合作

政府作为猪肉可追溯体系建设的发起者和推动者，加强政府对猪肉可追溯体系的监管是必要的，但政府在猪肉可追溯体系建设过程中应明确监管职能，明确各政府部门职能分工，加强政府部门之间的协调与合作，确定权责利，尽可能降低决策失误的沉没成本和危机事件之后的责任逃避。同时从发达国家的监管经验来看，设立统一的监管机构是比较行之有效的措施，这也应该是未来中国猪肉可追溯体系建设的发展方向，可在北京率先试点，确定一个主要负责猪肉可追溯体系建设的部门，明确权责，划拨必要的人财物力，并要求其他相关部门给予积极配合，从而实现猪肉可追溯体系建设上资源的优化配置，达到建设效果和目标。另外，政府在具体干预手段的运用上应该更加灵活，在不降低对参与企业支持力度的同时，允许企业积极探索适合自身的猪肉溯源管理模式，在资金利用方面应给予企业较大的自主选择权，比如在溯源管理设备配置方面，广泛听取企业意见，同时也应加强设备使用监管。

16.1.4.5 政府应加强对消费者关于猪肉可追溯体系的宣传力度，提高消费者的溯源意识

消费者对可追溯猪肉的认知水平普遍不高，追溯查询意识和习惯更是有待提高，猪肉溯源意识的缺失不利于可追溯猪肉的价值体现。若消费者仅是将猪肉可追溯体系建设看成政府提供的一种质量安全认证，盲目地相信或不相信而不去选择查询相关追溯信息，那么猪肉生产经营者的声誉将无法得到提高，尤其是生猪屠宰加工企业声誉的提高，这显然不利于猪肉可追溯体系建设的深入推进。因此，政府应该充分利用电视、网络、食品标签等各种信息渠道加强猪肉可追溯体系宣传力度，尽可能提高消费者的追溯查询意识和习惯，这将有利于实现猪肉可追溯体系建设的良性循环。

16.1.4.6 政府应对猪肉可追溯体系建设适时进行评估，鼓励公众参与，提高全民猪肉溯源信任

猪肉可追溯体系建设的直接目标在于实现猪肉溯源，最终目的则是保障猪肉质量安全，政府在猪肉可追溯体系建设方面投入了大量财政资金。因此，政府有必要适时对猪肉可追溯体系建设进行绩效评估。考虑到政府能力的局限性，政府应该充分调动公众参与猪肉可追溯体系建设和评估的积极性，搭建政府与公众之间的信息交流平台，对公众反馈的问题积极给予回应和解决，不断增强公众对猪肉可追溯体系建设的信心和对猪肉溯源能力的信任，这不仅有利于猪肉可追溯体系建设的顺利推进，更具有稳定社会和经济秩序的深远意义。

16.1.5 创新特色和研究展望

16.1.5.1 创新特色

本研究的创新和特色主要表现在以下几个方面。

第一，构建了基于质量安全的中国猪肉可追溯体系运行机制研究的逻辑框架和研究思路。本研究认为中国这样的发展中国家应建设怎样的符合本国国情的猪肉可追溯体系，需要建立在从经济管理层面探讨猪肉可追溯体系的运行机制基础之上，以此为切入点，主要依据信息不对称理论、供应链管理理论、产业组织理论和利益相关者理论等相关理论，构建本研究的逻辑框架和研究思路，并在此基础上，对中国猪肉可追溯体系运行机理、产业链利益主体参与猪肉可追溯体系的积极性、猪肉可追溯体系质量安全保障作用机理进行了全面系统的理论探讨和实证分析。

第二，通过对生猪产业链各环节利益主体的全面调研，系统深入地实证研究了政府主导模式猪肉可追溯体系的运行机制。本研究所进行的理论探讨和实证分析的内容都是开拓性的，逻辑框架和研究内容都没有可供借鉴的已有数据资料或研究成果，更多的研究工作是依托生猪产业技术体系北京市创新团队产业经济研究岗位项目和在大量问卷调研和典型案例调研的基础上进行的。

因此，本研究的主要结论和成果为建设既能保障猪肉质量安全、又能全面考虑不同利益主体利益关系的具有中国特色的猪肉可追溯体系提供了重要的理论参考和借鉴，为中国食品质量安全等有关问题研究积累了重要的文献资料。

第三，系统地实证研究了政府主导模式猪肉可追溯体系运行机制的构成及运行机理。本研究把猪肉可追溯体系的运行机制拆分为包括评价反馈机制、信息传递机制、监督管理机制在内的3个子机制的组合，并利用实地调查资料和相关理论，从市场需求视角研究了猪肉可追溯体系的评价反馈机制，从纵向协作视角研究了猪肉可追溯体系的信息传递机制，从政府干预视角研究了猪肉可追溯体系的监督管理机制，厘清并揭示出猪肉可追溯体系运行中的关键点和存在的主要问题。

第四，全面地实证研究了生猪产业链利益主体参与政府主导模式猪肉可追溯体系的积极性。养猪场户、生猪屠宰加工企业、猪肉销售商是政府模式猪肉可追溯体系的主要利益相关者，对猪肉可追溯体系建设起到重要作用。因此，本研究利用实地调查的数据资料，分别实证研究了养猪场户、生猪屠宰加工企业、猪肉销售商参与猪肉可追溯体系的意愿及其影响因素，揭示了猪肉可追溯体系运行中的问题对产业链利益主体参与猪肉可追溯体系积极性产生的影响。

第五，实证研究了政府主导模式猪肉可追溯体系的质量安全保障作用。中国猪肉可追溯体系已建设多年，政府主导模式猪肉可追溯体系建设的最终目的在于保障猪肉质量安全，本研究利用实地调查数据资料，从猪肉可追溯体系建设对养猪场户、生猪屠宰加工企业、猪肉销售商质量安全行为影响的视角实证研究了猪肉可追溯体系的质量安全保障作用，在厘清猪肉可追溯体系质量安全保障作用机理的同时，评估了政府主导模式猪肉可追溯体系的建设效果。

16.1.5.2　研究展望

本研究以北京市为例，利用实地调查的一手资料以及网络获得的相关资料，运用相关理论和方法对中国猪肉可追溯体系运行机制的运行机理、产业链利益主体参与意愿、猪肉质量安全保障作用进行了系统全面的研究，为建设符合中国国情的猪肉可追溯体系提出了针对性的对策建议，具有重大的理论意义和现实意义。然而，审视全文内容，还有以下两个方面内容可以做更深入的研究和探讨，也是本研究接下来继续关注和研究的问题。

其一，中国以政府为主导的猪肉可追溯体系建设多年，但始终未有研究对猪肉可追溯体系建设的绩效进行系统全面的评估，本研究根据研究需要对猪肉可追溯体系的猪肉质量安全保障作用进行了实证分析，算是在绩效评估方面做出了一些努力，但还远远不够，猪肉可追溯体系在国家层面上对提高生猪产业国际竞争力的作用、在产业层面上对提高猪肉供应链管理效率的作用到底如何，这些都是有必要进行系统研究的问题。

其二，北京市的生猪产业发展现状和猪肉可追溯体系建设情况与全国很多地区具有相似之处，本研究的研究结论和对策建议除了对北京市猪肉可追溯体系建设具有很好的借鉴意义，对其他很多地区也具有很强的可借鉴性，但由于不同地区的生猪产业发展现状和猪肉可追溯体系建设情况还是会呈现出一些差异，本研究的研究结论和对策建议有待在其他地区做进一步验证，并且随着猪肉可追溯体系建设的不断推进，猪肉可追溯体系的运行又会出现新的问题，本研究的结论和对策建议同样有待在其他发展阶段做进一步验证。

16.2　基于质量安全的政府主导型猪肉可追溯体系运行绩效研究

基于质量安全的政府主导型猪肉可追溯体系运行绩效研究在2015—2020年持续调研基础上，完成并提交多篇研究成果报告和相关政策建议，得到专家和相关部门领导认可。完成的主要研究成果参见《基于质量安全的政府主导型猪肉可追溯体系运行绩效研究》，发表多篇相关学术论文。

16.2.1 研究意义

16.2.1.1 理论意义

本研究基于运行绩效这一研究视角，借鉴信息不对称、产业组织、交易成本、农户行为和消费者选择等理论，构建了全新的基于质量安全的中国政府主导型猪肉可追溯体系运行绩效研究的逻辑框架和研究思路。由于本研究所要进行的研究具有开拓性的，可供借鉴的数据资料或研究成果都相当不足，需要重新设计调查问卷并通过实地调研获得数据才能展开相关研究。因此，本研究所获得的研究成果有助于丰富完善相关研究，为中国政府主导型猪肉可追溯体系的运行发展和猪肉质量安全有效保障等相关问题研究积累重要的文献资料，最终帮助中国食品安全问题相关研究得以提升。

16.2.1.2 现实意义

本研究获取的成果不仅是正确认识猪肉可追溯体系运行情况的必要前提，更是促进追溯体系运行机制优化提升，实现猪肉质量安全有效保障的关键依据。具体表现为：有助于产业生产经营主体更好地把握消费需求变化，抓住经营机遇；有助于满足消费者对质量安全猪肉日益增长的需求；有助于各级政府厘清政府主导型猪肉可追溯体系的实际运行情况，以猪肉可追溯体系运行绩效提高为核心，制定相关监管政策；有助于实现生猪产业乃至整个畜牧产业更好地实施追溯体系从而保证产业稳定有序发展，最终为解决我国食品安全问题和维护社会经济持续稳定发展作出贡献。

16.2.2 研究目标和研究内容

16.2.2.1 研究目标

本研究的总目标是以信息不对称理论、产业组织理论、交易成本理论、农户行为理论、消费者行为理论等为主要理论基础，立足包括产业主体、消费者和政府等利益相关主体参与追溯的利益目标满足，以绩效为导向科学评价猪肉可追溯体系运行情况，并通过供给、消费和政府视角对其影响因素进行分析。

本研究的具体目标可分为：

第一，依托实地调研数据，对猪肉可追溯体系运行绩效的实现情况进行实证分析，并且侧重从产业主体特征、行为等方面分析猪肉可追溯体系运行绩效的影响因素。

第二，依托对北京市猪肉消费者调研，对消费者的可追溯猪肉满意度及实际选择行为进行实证分析，实现从需求角度对猪肉可追溯体系运行绩效影响因素的研究。通过消费者对可追溯猪肉的属性偏好和支付意愿的研究，从需求角度指出猪肉可追溯体系运行绩效的提升方向。

第三，实证分析政府监管猪肉可追溯体系的原因、目标、手段和有效性条件，实现从政府角度对猪肉可追溯体系运行绩效影响因素的研究。

16.2.2.2 研究内容

基于以上研究目标，本研究的主要内容分为以下几个部分。

第一部分，猪肉可追溯体系运行绩效的经济理论分析。该部分在借鉴经典理论的基础上，厘清利益相关主体参与追溯的利益目标，由此推导出猪肉可追溯体系运行绩效包含内容及实现机理，从而构建基于质量安全的猪肉可追溯体系运行绩效研究的逻辑框架。

第二部分，国内外肉类食品可追溯体系建设与运行。该部分基于网络公开数据，先对欧盟、美国的食品可追溯体系发展情况进行介绍，以实现国际经验的借鉴，然后系统分析中国政府主导型猪肉可追溯体系的建设情况，最后以北京市为例，考察猪肉可追溯体系运行情况。后文的研究都是建立在本章内容所介绍的现实背景上。

第三部分，基于产业主体的猪肉可追溯体系运行绩效实现及影响因素分析。该部分利用实地调研数据、宏观统计资料、公开数据，详细分析猪肉可追溯体系质量安全绩效及经济绩效的实现情况与影响因素。① 利用实地调研数据，从信息传递和政策认知两个视角实证分析参与猪肉可追溯体系对养猪场户用药行为的影响；通过案例分析的方式实证分析参与猪肉可追溯体系对屠宰加工企业质量安全行为的影响；从信息传递和政策认知两个视角实证分析参与猪肉可追溯体系对猪肉经销商注水肉出售行为的影响。② 利用实地调研数据，对养猪场户、屠宰加工企业和猪肉销售商等产业主体的猪肉可追溯体系参与行为的具体情况，参与行为的影响因素展开分析，从供给角度考察猪肉可追溯体系运行绩效的促进及制约因素。同时，对产业主体参与追溯的成本收益展开分析，实现对猪肉可追溯体系经济绩效实现情况的考察。

第四部分，消费需求对猪肉可追溯体系运行绩效的影响分析。该部分利用实地调研数据，从满足消费需求的角度对猪肉可追溯体系运行绩效的影响因素及改进方向进行综合分析。① 利用实地调研数据，在描述性分析消费者猪肉消费情况的基础上，对消费者可追溯猪肉满意度和实际选择行为进行研究。从而实现消费需求角度对猪肉可追溯体系运行绩效的影响研究。② 利用实地调研数据，实证研究消费者对可追溯猪肉属性偏好及支付意愿，以期获得一些有价值的判断。

第五部分，政府监管对猪肉可追溯体系运行绩效的影响分析。该部分依据市场失灵理论探讨政府对猪肉可追溯体系运行监管的原因、目标，利用公开资料归纳政府监管手段，构建进化博弈模型分析政府监管效果及有效性条件。

第六部分，主要结论与政策建议。该部分在总结上述各部分研究主要观点与结论的基础上，提出促进中国猪肉可追溯体系有效运行的政策建议，并探讨有待进一步研究的问题。

16.2.3 主要研究结论

16.2.3.1 猪肉可追溯体系运行绩效可被划分为存在具有互动关系的经济绩效和质量安全绩效，产业主体、消费者和政府秉持不同利益目标参与追溯并推动运行绩效实现

根据绩效理论，猪肉可追溯体系运行绩效可被划分为经济绩效和质量安全绩效。经济绩效是指猪肉可追溯体系运行过程中形成的可追溯猪肉价格、产业主体参与成本、收益等一系列经济成果，质量绩效是指猪肉可追溯体系运行后，猪肉质量安全得到有效保障的效应。产业主体、消费者和政府是猪肉可追溯体系的主要利益相关者，他们基于不同的利益目标参与猪肉可追溯体系运行，推动追溯体系经济绩效和质量安全绩效的实现。其中，产业主体是猪肉可追溯体系运行绩效实现的唯一直接主体，其追溯参与行为是影响追溯体系运行绩效实现的最直接因素，政府监管和消费需求是间接重要因素。经济绩效与质量安全绩效有着互动关系，二者相互影响。

16.2.3.2 中国猪肉可追溯体系溯源能力仍有改善空间，着力点应放在提升产业主体追溯参与行为上

目前政府主导型猪肉可追溯体系的信息深度指标表现一般，未能实现全产业链环节的有效追溯；信息宽度指标表现较差，消费者只能查询到生猪产地、屠宰加工企业和猪肉销售商等有限的基本追溯信息；养猪场户耳标佩戴情况不理想和生猪按批次追溯导致混乱的现状侧面反映了信息精度指标表现很差；信息可得性指标表现较好，体现在查询追溯信息的手段丰富、便利性强。影响猪肉可追溯体系溯源能力最直接的因素是产业主体的追溯参与行为，应当作为改善猪肉可追溯体系溯源能力的着力点。

养猪场户能够为溯源提供基础性信息，其参与行为主要为生猪佩戴动物耳标和记录养殖档案，但并非所有养猪场户都执行合乎标准的参与行为。实证研究发现，与企业交易、养殖年限、养殖规模、参与合作社、专业化水平、认知水平、政府监管等是参与行为的促进因素；与购销商交易和年龄是制约因素。屠宰加工企业追溯参与行为主要为收集从生猪进厂到肉品出厂整改过程中的所有相关信息，其中的工作关键是确保相关信息与原料（生猪）和产品（猪肉）的一一对应。预期成本收益、市场需求、外部环境、政府监管等因素对屠宰加工企业追溯参与行为有深刻影响。猪肉销售商参与行为主要为猪肉检疫合格证索取和购物小票提供，绝大多数销售商都能做到主动索要猪肉检疫合格证。超市是一种更为先进的零售业态，注重自身声誉建设，在猪肉检疫合格证索取和购物小票提供方面更为规范。预期收益、销售交易关系、受教育程度、销售数量是猪肉销售商追溯参与行为的促进因素；预期成本、家庭人口数、经营品牌数量是制约因素。

16.2.3.3 猪肉可追溯体系经济绩效在供给端整体显现，但不同产业主体的直接经济收益存在显著差异

养猪场户参与追溯的经济收益较差。养猪场户直接参与成本为执行追溯行为所引致的人工成本。在合理假设基础上，发现参与成本最高为 0.16 元/斤（1 斤 = 500 g），与已有研究结论极为相近，可信度很大。直接收益方面，未发现参与追溯体系生猪价格和销量提升的证据。不同屠宰加工企业参与追溯的经济收益存在差异，其中，鹏程参与猪肉可追溯体系的经济收益不明显；郎中参与猪肉可追溯体系的经济收益较为明显；而福润参与猪肉可追溯体系却处于"亏本"状态。猪肉流通环节参与追溯的经济收益非常明显，其中，猪肉批发商参与追溯无须付出相应成本，但无论是猪肉价格还是销量都未获得提升；超市参与追溯同样无须付出成本，但却能获得显著收益。通过价格观察法，在 15 天的观察期内，发现北京市海淀区某物美超市出售的可追溯猪肉价格显著高于普通猪肉，平均溢价为 4.29 元/斤。考虑其中包括了对其他不可观测质量属性的支付，经过调整，超市参与追溯收益为 0~2.29 元/斤。可以说，猪肉可追溯体系的绝大部分经济收益被零售环节所瓜分。这说明，在没有适当政策干预的前提下，生猪产业实施猪肉可追溯体系的成本大部分将被生猪养殖环节承担，收益大部分将被猪肉流通环节，尤其是零售环节瓜分，这样的利益分配格局显然是不合理、难以为继的。造成猪肉可追溯体系经济绩效现状的宏观原因是市场力量不均衡、产业链纵向关系松散，微观原因是养猪场户出栏规模小且未执行标准化养殖行为、追溯参与情况不理想、屠宰加工企业微利经营且不注重打造追溯卖点等。

16.2.3.4 猪肉可追溯体系对产业主体质量安全行为产生正向影响，进而表现出显著的质量安全绩效

养殖环节存在质量安全隐患，最为突出的问题表现为养猪场户过量使用兽药、不执行停药期、使用禁用药等不规范用药行为。猪肉可追溯体系通过信息传递、政策认知机制打破信息不对称，实现下游环节和政府对养猪场户用药行为的有效规制。实证结果证实了这两种机制的作用，但目前政策机制发挥主导性作用。除此之外，养猪场户的个人特征、家庭经营特征、外部环境和用药认知等也会对其用药行为产生影响。猪肉可追溯体系对屠宰加工企业质量安全行为有优化提升作用。通过猪肉可追溯体系可实时、动态监控企业的生产行为，政府随时可以检查相关视频资料，这有效规制了企业的质量安全行为；同时，猪肉可追溯体系帮助企业获得了声誉提升，激励企业进一步加大在质量安全控制方面的投资。但猪肉产品高度同质化、缺乏紧密纵向合作关系制约了企业进一步深化参与猪肉可追溯体系和加强质量安全行为的积极性。猪肉销售环节的质量安全隐患主要表现为猪肉批发商出售质量安全风险猪肉，具体包括销售未取得猪肉检疫合格证的猪肉、销售注水猪肉和销售不新鲜猪肉。其中，销售注水猪肉是最突出的问题，因此作为本研究最为关注的猪肉销售商质量安全行为。猪肉可追溯体系同样通过信息传递、政策认知机制实现

对注水肉销售行为的影响，实证结果证实了这两种机制都起到了重要作用。除此之外，猪肉销售商的个人及家庭特征、经营特征、外部监管等也对其质量安全行为产生影响。

16.2.3.5 消费者对可追溯猪肉大部分属性满意度较高，可追溯猪肉市场具有很大潜力

对比课题组前期研究成果，目前可追溯猪肉市场普及度得到进一步提升，选择可追溯猪肉的消费者大幅增加。大部分消费者对可追溯猪肉的价格、质量安全水平，追溯信息的充足性、丰富性和溯源性满意程度较高，但对追溯信息真实性和可查性满意程度较低。566 个有效样本家庭的猪肉消费中，普通猪肉消费占比平均为 81.13%，可追溯猪肉消费占比平均为 18.87%；只消费普通猪肉的占 61.66%，只消费可追溯猪肉的占 5.65%。分城乡样本来看，城市户籍家庭的可追溯猪肉消费占比达到 23.45%，农村户籍家庭仅为 8.31%，但无论城市还是农村户籍家庭随着收入水平提高，可追溯猪肉在家庭猪肉消费中的占比都随之攀升。同时，在有 6 岁及以下儿童的 322 个有效样本家庭中，消费可追溯猪肉的样本有 143 个（占比为 44.41%），可追溯猪肉消费占比平均为 20.95%；而在有 60 岁及以上老人的 311 个有效样本家庭中，仅有 107 个家庭消费可追溯猪肉（占比为 34.41%），可追溯猪肉消费占比平均为 15.73%。用最近半年消费者消费全部猪肉中的可追溯猪肉占比作为其实际选择行为，发现消费者认知，尤其是对可追溯猪肉溯源能力、质量安全水平等相关属性的信任程度对其可追溯猪肉实际选择行为具有显著拉动作用，而可追溯食品消费经历能通过正向调节效应进一步增强消费者认知的拉动作用；家庭人均年可支配收入、城乡身份、家庭人口结构中的儿童人数均会对消费者可追溯猪肉实际选择行为产生显著锚定作用，表现在收入水平越高、家庭儿童人数越多的城市消费者，越倾向增加可追溯猪肉消费。

16.2.3.6 消费者对可追溯猪肉不同属性存在支付意愿，从需求角度指明了猪肉可追溯体系运行绩效的提升路径

消费者在选择可追溯猪肉时，实际上是选择满足自己偏好的属性组合。追溯信息质量等级、可追溯体系建设主导主体、品牌、质量认证、价格等属性都对消费者选择可追溯猪肉产生影响。计算各属性的相对重要性指标发现，除价格属性外，消费者对追溯信息质量等级、可追溯体系建设主导主体这两个与猪肉可追溯体系建设息息相关的属性更为重视。不同学历水平、收入阶层、猪肉质量安全风险感知水平的消费者，其支付意愿存在较大差异。追溯信息质量等级属性中，不同学历水平、收入阶层的消费者对质量高等追溯信息的支付意愿最高。同一学历水平、收入阶层下，消费者质量安全风险感知水平越高越愿意为追溯信息质量等级属性支付高溢价。同一质量等级的追溯信息，消费者的支付意愿随学历水平和收入阶层的下降而减少；相较于企业主导建设的可追溯体系，消费者更愿意为政府主导建设追溯体系的可追溯猪肉支付溢价。并且，学历、收入和质量安全风险感知都影响了消费者对这一属性的支付意愿；品牌属性中，相比屠宰加工企业品牌，高学历、高收入和中等学历、中等收入的消费者为肉类企业品牌支付的溢价更高。低学历、低收入的消费者则更愿意为屠宰加工企业品牌的猪肉支付高溢价。同一学历水平、收入阶层下，消费者质量安全风险感知水平越高，对品牌属性的支付意愿也就越高。

16.2.3.7 政府监管猪肉可追溯体系运行手段丰富，但必须满足一定条件才能发挥作用

猪肉可追溯体系建设运行中存在市场失灵问题是政府进行规制的主要原因。具体来讲，猪肉可追溯体系"建设"过程中，存在自然垄断、公共物品等市场失灵现象；"运行"过程中，存在外部性和信息不对称等市场失灵现象。这都使得无法单靠市场机制实现猪肉可追溯体系的有效建设运行，必须依赖政府监管力量才能实现资源的有效配置。政府监管猪肉可追溯体系的目标主要表现出公共利益特征，但也表现出一定的部门利益倾向。政府主要通过强制命令手段、经济鼓励手段和社会引导手段解决猪肉可追溯体系建设运行中的市场失灵问题。在满足降低政府监管成本、政府对企业的支持要遵循竞争原则、科学合理设置对猪肉可追溯体系运行的考察指标、提高

惩罚力度和注重建设与社会公众交流机制等条件时，这些手段才能使企业选择违规策略导致的不良市场锁定状态（即所有企业选择违规，政府选择规制），逐渐向有序良好的市场状态转变（即所有企业选择合规，政府选择不监管）。

16.2.4 主要政策建议

16.2.4.1 猪肉可追溯体系运行绩效能够实现，政府应坚定信心扩大试点范围

对猪肉可追溯体系运行绩效进行分析，可以发现，产业主体参与猪肉可追溯体系整体有利可图，质量安全行为也得到优化提升；消费者对可追溯猪肉满意度较高，并且有持续消费的欲望和能力。这证明猪肉可追溯体系运行绩效在一定程度得到实现，产业主体和消费者的利益诉求均得到满足。实证分析发现，收入、城市户籍和家庭孩子数量对消费者的可追溯猪肉实际选择行为影响显著，这意味着随着经济不断发展、城镇化水平不断提高、二胎化政策的推进，未来可追溯猪肉必然有着非常大的市场潜力，这又能转化为产业主体参与追溯强劲的内生动力。政府应当看到可追溯猪肉在供需两端的发展趋势，抓住市场机遇，大力推进可追溯猪肉的市场普及。这要求政府要坚定信心，对已取得的运行成绩要充分肯定。总结相关经验教训，积极扩大试点范围，引导具备相当条件的城市加入试点。

16.2.4.2 促进养殖规模化、标准化和生猪产业纵向协作，是溯源实现和猪肉可追溯体系运行绩效提升的总抓手

养猪场户对于猪肉可追溯体系溯源能力提升具有基础性作用，但其追溯参与行为受自身禀赋因素和参与收益的影响。推进养殖规模化一方面可以改善养猪场户的禀赋条件，提升猪场管理能力，从而增强养殖者参与追溯和加强质量安全管理的责任意识；另一方面规模化可以带来养殖环节集中度的提升，帮助养殖者在生猪交易中获得与下游收购商的谈判话语权，从而获得相应的追溯参与收益。同时规模化猪场出栏头数较多，降低了按批次进行追溯造成混淆的概率。养殖标准化可以降低不同猪场管理差异，从而使得猪肉质量属性保持相对稳定，屠宰加工企业也无须对猪肉分级出售，大大降低屠宰加工环节的溯源难度。通过备案制度加强对生猪收购商的准入管理，鼓励企业直接与养猪场户进行交易。支持有条件的企业采取全产业链纵向一体化经营行为，促进养殖环节、屠宰加工环节与猪肉销售环节由松散的纵向协作关系向紧密的关系发展。从而帮助产业主体组成利益联盟，形成合理的利益分配机制，运用市场机制解决养猪场户追溯参与行为与质量安全行为不足的问题。

16.2.4.3 注重对养殖环节的引导与监管，以保证基础溯源信息的真实可靠

溯源信息不全面、不可查、不可信的现状很大程度上是因为在养殖源头未把溯源工作做扎实。这一方面是由于养猪场户参与溯源时未能得到显著的经济回报，生产成本却得到明显提升；另一方面则是由于政府对养猪场户耳标佩戴和养殖档案记录行为监管不严造成的。养殖业的弱质性、完全竞争性和追溯信息的公共物品性决定了只依靠市场机制，养猪场户无法提供社会需要的追溯信息，必须要依靠政府监管力量纠正这一市场失灵问题。目前政府对猪肉可追溯体系建设的扶持集中在流通领域，忽视了对养殖环节的关注。养猪场户难以从猪肉可追溯性提高带来的产业总体利润中分一杯羹，政府就要及时给予相应补贴。考虑补贴效率的前提下，政府可以先对养殖规模较大、参与合作组织、与企业签订契约的养猪场户进行补贴。在尚不具备补贴条件的地区，可以通过加强对养猪场户追溯相关政策的宣传，强化他们的责任意识，从而增加其追溯参与行为符合规范的概率。同时，要完善法律法规，对不执行参与行为的养猪场户依法处罚。

16.2.4.4 鼓励企业发挥主观能动性，以市场需求为导向探索个性化追溯体系管理模式从而获得猪肉可追溯体系运行绩效提升的内生能力

目前，消费者通过政府统一运行的猪肉追溯平台查询相关追溯信息，这些信息同质化程度较

高，无法满足消费者对追溯信息的特异性需求。同质化的追溯信息导致企业按照同一标准进行追溯管理，使得企业无法发挥自身禀赋优势，通过提供具有差异性的猪肉建立声誉，更无法获得销量和价格上的提高，从而制约了企业深化追溯的意愿。根据研究结果，消费者对于不同信息质量等级的偏好及支付意愿存在差异，这为企业进行差异化经营从而提升消费者福利水平提供了相应证据。政府应在继续完善追溯查询平台的前提下，鼓励企业着眼市场探索适合自身需求的猪肉追溯管理制度，支持政策上也要满足企业的个性化需求。适度放开猪肉价格，用经营收益刺激企业提供种类丰富的可追溯猪肉。

16.2.4.5　规范可追溯食品消费环境，帮助消费者认知转化为对可追溯猪肉的实际消费

良好的消费经历可以强化消费者对于可追溯食品相关优势属性的认知，从而转化为实际的消费行为。目前，可追溯食品市场存在一些乱象，比如打着可追溯食品的名号，经营的却并不是可追溯食品。政府需要重视对消费者的引导，加强对追溯相关知识的普及，但也要注意到，通过打造良好的可追溯食品消费环境，能够使其对消费者引导工作达到事半功倍的效果。这就要求政府加大对食品流通环节的监管，重点打击假冒产品。企业也可以借鉴营销学相关研究成果，注重品牌建设，通过提升品牌美誉度和认知度，形成良好的口碑效应，帮助消费者形成对可追溯猪肉的认知和偏好。同时要注重广告和体验等营销传播方式，给消费者留下良好的可追溯食品消费体验，培养消费者对可追溯食品的购买习惯。

16.2.4.6　在注重政府监管有效性条件的基础上，因时制宜地运用相关监管手段

强制命令手段属于直接规制手段，具有强制性、普遍约束性和宏观调控性等特点，可以起到立竿见影的规制效果，但有可能忽视客观社会经济条件和参与主体的主观能动性造成规制低效，同时规制成本也较高。经济鼓励手段是在尊重经济规律，注重发挥市场机制主体作用的基础上，对市场活动的间接调控，但经济鼓励手段往往具有滞后性，并且由于政府部门的非理性因素，容易造成财政资金补贴不到位、针对性不强、浪费等情况。社会引导手段同属间接调控手段，如果能有效调动第三方力量，容易形成可追溯食品需求增长，进而刺激供给增长的正反馈效应，但这一手段发挥作用的前提是社会公众文化素质的提升，需要政府形成良好的引导机制。不同发展时期，上述3种手段发挥作用大小也不同。在猪肉可追溯体系推广阶段，应以强制命令和经济鼓励手段为主，社会引导手段为辅，吸纳尽可能多的城市或产业主体参与追溯，以获得猪肉可追溯体系建设的"规模优势"，政府对企业支持要有选择性，不搞大水漫灌的普惠制；猪肉可追溯体系建设成熟阶段，要逐步减少对城市和产业主体的经济支持，发挥市场在资源配置中的主导作用，与此同时要加大监管力度，树立规则权威，引导公众消费参与，即采取社会引导和强制命令手段为主，经济鼓励手段为辅的规制方式。此时要设置科学合理的考核指标，加强对违规企业的惩罚力度，同时注重建设与社会公众顺畅交流的通道。

16.2.5　创新特色和研究展望

16.2.5.1　创新特色

本研究的创新和特色主要表现在以下几个方面。

第一，研究对象较以往存在创新。已有研究对食品可追溯体系关注充足，但对猪肉可追溯体系尤其是政府主导模式的相关考察还十分不足。猪肉虽然也是一种食品，但其生产过程涉及产业环节复杂、产业主体众多，政府主导型猪肉可追溯体系要实现的是产业链级别的溯源，视角要更为宏观。因此，以往基于供应链级别的研究经验在移植或借鉴时会存在不适应的地方。本研究着眼于政府主导型猪肉可追溯体系，能够丰富食品可追溯体系相关研究。

第二，立足于现实情境对猪肉可追溯体系利益相关主体的实际行为进行研究，较以往研究是

提升与创新。前人多是基于假想情境对食品可追溯体系参与主体相关行为进行考察，例如对生产经营主体的参与意愿、对消费者的可追溯食品选择意愿等进行研究。在食品可追溯体系推广初期，这样的研究具有探索性，研究意义深远。但随着研究的深入，需要考察相关主体的实际行为，才能实现对猪肉可追溯体系运行绩效的分析。

第三，构建了涵盖产业主体、政府和消费者三方的完整分析框架来对政府主导型猪肉可追溯体系运行绩效进行研究。已有研究虽然涉及了对食品可追溯体系经济绩效和质量安全绩效的考察，但基本都是分开研究，且多从企业角度切入，研究视角相对孤立。本研究从不同产业生产经营主体的相关行为入手分别研究猪肉可追溯体系运行绩效的现实情况与影响因素；立足可追溯猪肉的需求视角，从消费者对可追溯猪肉的实际选择行为入手分析猪肉可追溯体系运行绩效的影响因素；从政府监管视角研究政府相关行为对猪肉可追溯体系运行绩效的影响，框架更为科学合理，从而也可以看作较以往研究的提升与创新。

16.2.5.2 研究展望

由于时间、经费和其他客观条件的限制，本研究还存在以下 3 个方面的有待进一步提升。

第一，中国不同地区间存在着相异的自然和社会经济条件，本研究尽可能获取相对较多且具代表性的样本进行实证分析，但研究结果需要谨慎推广至全国。未来可以更大范围地进行抽样，使相关研究果更具普适性。

第二，由于生猪产业发育程度不够，松散的交易方式仍然占据主体地位，这使得本研究无法精确匹配养猪场户、屠宰加工企业和猪肉销售商，从而在对这些主体参与追溯利益分配关系进行研究时，显得不够直观和精确。随着未来生猪产业不断发展，有理由相信一些有实力的企业会采取紧密纵向合作的经营方式，这为直接研究产业主体参与追溯的利益分配创造了条件。

第三，通过与相关科研单位或政府部门合作，获得真实的猪肉质量安全检测数据，从而能够直接考察猪肉可追溯体系的质量安全绩效。

参考文献（略）

（乔娟团队提供）

17 中国生猪价格波动机理与生猪期货市场发育研究

17.1 中国生猪价格波动机理研究

中国生猪价格波动机理研究在 2009—2015 年持续调研基础上，完成并提交多篇研究成果报告和相关政策建议，得到专家和相关部门领导认可。完成的主要研究成果参见《中国生猪价格波动机理研究 (2000—2014)》，并发表多篇相关学术论文。2018 年课题组系统全面修改补充完善该博士学位论文，并作为现代农业产业技术体系北京市生猪产业创新团队 (BAIC02) 产业经济研究项目和国家自然科学基金项目 (71573257) 的主要研究成果，成为出版著作《中国生猪价格波动机理与生猪期货市场发育研究》(乔娟，孙秀玲，黄文君，2018) 的上篇内容。

17.1.1 研究意义

加强对于生猪价格周期波动规律的研究，探究生猪价格周期性波动的原因，研究有效缓解波动的市场机制，改进和完善《缓解生猪市场价格周期性波动调控预案》，对于稳定中国生猪生产，促进农业乃至国民经济的发展具有非常重要的意义。

17.1.1.1 理论意义

本研究以经济周期理论、供需理论、价格理论为主要理论基础，结合市场失灵、宏观调控理论构建研究框架，综合分析生猪价格波动原因及特征，预期研究成果可推进大宗畜产品价格形成和波动机理的研究进展，为中国生猪价格波动机理研究积累文献资料并提供重要的理论借鉴。

17.1.1.2 实际意义

基于实证研究的周期性波动机理，能解释中国生猪价格周期性波动的主要影响因素以及作用机理，为改进完善调控预案等提供理论依据；为生猪产业链各经营主体增强纵向协作关系，促进全产业的稳定发展提供决策依据。

17.1.2 研究目标和研究内容

17.1.2.1 研究目标

本研究的总目标是：首先以生猪价格为研究对象，以经济波动周期理论、供求理论和价格传导理论为基础，应用时间序列分解方法分析中国生猪价格波动的趋势特征、周期特点、季节波动和随机波动特征，并通过分析生猪价格在产业链纵向关联市场和横向区域市场间的传递特征，分别揭示生猪价格在产业链各环节的传导机理和不同区域空间市场的价格引导关系；然后根据供求理论探讨影响生猪价格波动的多重因素和深层原因；最后在梳理国内生猪产业政策和国外经验借鉴的基础上，总结相关结论并提出合理的政策建议。

本研究的具体目标包括：

(1) 总结 2000 年以来中国生猪价格波动特征，揭示周期波动规律及变异情况；

（2）从供需角度探讨中国生猪价格波动的影响因素及其影响程度；

（3）在分析生猪产业链价格传导机制和空间区域价格传导基础上，揭示生猪价格传导机理；

（4）分析中国生猪产业支持政策，总结发达国家可供借鉴的经验；

（5）基于上述研究结论，提出切合实际的相关政策建议。

17.1.2.2　研究内容

基于以上研究目标，本研究的主要内容分为以下几个部分。

第一部分，理论基础与逻辑框架。本部分基于确定的研究目标，借鉴前人的相关理论，构建本研究的理论基础和具体研究框架，为研究顺利进行提供保障。

第二部分，基于时间序列分解的生猪价格波动特征分析。本部分基于时间序列周期分解后的各波动成分特征，总结周期波动特征及不同周期价格波动特征，并对比分析中美生猪价格周期的异同及仔猪价格、猪肉价格和生猪价格周期的波动关系。

第三部分，基于供求理论的生猪价格波动因素分析。本部分从供给和需求层面探讨中国生猪价格波动的影响因素及其影响程度，进一步分析本轮周期生猪价格大幅异常波动的直接和深层原因。

第四部分，基于供求格局的生猪价格区域传导分析。本部分基于生猪养殖格局及其成本变化，重点研究生猪价格主产区间的价格传导特征和引导关系。

第五部分，基于产业链特征的生猪价格传导机理分析。本部分分析生猪产业链特征及不同生猪产品价格在产业链传导过程中相互影响、相互作用的机理，探讨生猪养殖环节、生猪屠宰加工环节和猪肉流通环节对生猪价格波动的影响机理。

第六部分，中国生猪产业支持政策分析及国际经验借鉴。本部分梳理国内生猪产业政策及其实施效果，借鉴市场经济发达的猪肉生产大国的美国、德国和丹麦在生猪市场的一些经验，获得进一步完善中国生猪产业发展政策和稳定生猪价格在调控目标内上下波动的启示。

第七部分，主要结论及政策建议。

17.1.3　主要研究结论

17.1.3.1　长期来看中国生猪价格呈现周期性波动

在2000—2014年，中国生猪价格经历4轮周期波动，但周期波动呈不规则特点，波峰、波谷周期长度差异较大，但其周期性的间隔时间、波动幅度、上升与下跌阶段更迭等都没有严格的规律性可遵循，其周期波动更多呈现出了随机性和不规则性。生猪价格在剔除通货膨胀因素后，周期性、季节性和随机性等因素成为中国生猪价格波动变化的主要因素，其对价格波动的贡献率依次为61%、26%和13%。中国与美国的生猪价格波动相比较，波动周期长于美国，波动幅度大于美国，变异系数高于美国。在仔猪、生猪、猪肉价格波动幅度及其关联中，仔猪价格的波动幅度最大，生猪价格次之，猪肉价格波动幅度最小；生猪和猪肉价格一致性较高，仔猪和生猪价格一致性较低，仔猪和猪肉价格一致性也较低；生猪和猪肉价格保持一个稳步提升的价格差。

17.1.3.2　影响中国生猪价格波动的因素主要来自供给

中国生猪价格周期性波动的影响因素包括供给和需求两个方面。从供给层面看，生猪自身生长发育规律导致其一定的生产周期，生产成本的不断推高，包括仔猪费用和玉米价格的持续上涨，以及生猪的养殖结构、疫病的冲击和宏观政策的多重影响；从需求层面看，收入和猪肉替代品都是影响消费的主要因素。从实证结果看，加工与流通成本、仔猪价格和替代品活鸡价格是影响生猪价格波动的最显著因素。生猪生产经营主体难以预测生猪价格变动趋势的主要原因是缺乏宏观、准确的总量预测和信息引导机制。

17.1.3.3 中国生猪价格区域间传导特征明显

中国生猪价格区域间整合程度高，传导特征明显。从全国生猪养殖区域市场空间变化来看，生猪传统主产区的资源要素成本上升、生猪养殖向新兴产区加速转移。2009—2013 年，生猪养殖的各项费用增速和比重发生了明显变化，总费用平均增速略有下降，仔猪费、饲料费、医疗防疫费及死亡损失费增速下降，但人工费用和水费、燃料动力费增速均大幅上涨，涨幅超过 5 个百分点。生猪价格在区域间表现出了相对稳定的函数关系，山东、四川、河南发挥着较为明显的价格主导作用，各个省份生猪价格波动的方差分解中，自身价格扰动是导致价格波动的重要因素。

17.1.3.4 生猪产业链不同环节价格传导的非对称性特征突出

生猪产业链各环节不同的产业特征和市场结构导致其市场定价能力的差别，从而使产业链各环节价格传导的非对称性特征突出。各生产环节中，屠宰加工环节集中度较高，存在明显的进入壁垒，企业市场势力最强；其次是饲料供应和种猪繁育环节，饲料企业和种猪场提供的产品具有一定的差异性；再次是生猪养殖环节，养猪场户数量众多，规模偏低，几乎没有进入和退出壁垒，彼此之间处于充分竞争状态，其市场势力最弱。在生猪和猪肉流通中，生猪和猪肉经销商数量众多，组织化程度低，不具有高度流动性。生猪产业链中不同要素的价格传导方向、作用强度与因果关系存在差异。长期传导分析中，生猪产业链的价格传导基本上呈现了由上游到下游的传导，仔猪价格波动对生猪价格的影响会比玉米价格波动对生猪价格的影响更大，而猪肉的价格波动对生猪价格的波动影响不显著；短期传导分析中，短期价格传导中生猪价格受自身滞后 1 期的影响，而产业链中其他环节对生猪价格的波动影响主要是在 2 期以后；除了仔猪价格和玉米价格、仔猪价格和猪肉价格之外，其余价格之间的关系都是从产业上游到下游的单向因果关系。生猪产业链各环节之间经济利益分配不均的原因多样，改变困难。其主要原因在于：纵向利益协作关系松散，产加销一体化经营模式缺乏；小规模散养结构，生产缺乏规模效应；产业链各环节节点之间信息不对称，生猪养殖环节在市场交易中处于弱势地位。

17.1.3.5 弱势的生猪产业需要国家科学合理的发展政策支持

在市场经济条件下，生猪价格波动是市场机制配置的客观反映。但生猪价格的大幅波动不仅会影响到生产经营者，而且也会影响到消费者，特别会影响到生猪产业的健康发展和社会的和谐稳定。10 余年来中国政府已经出台了多项促进生猪产业发展，特别是稳定生猪价格的政策。但促进生猪产业发展的诸多政策从长期来看可能会出现激励悖论，即刺激生猪生产的政策在产量增加以后可能会造成价格的大幅度下跌，反而使农民的利益遭受损失。因此，认真考虑中国生猪产业发展的自身特点，借鉴发达国家支持生猪产业发展的基本经验，在充分发挥市场机制作用的基础上，建立和完善科学合理的中国生猪产业发展政策是十分必要的。

17.1.4 主要政策建议

17.1.4.1 建立健全价格预警机制

完善价格预警机制，首先要建立健全政府公共信息平台。通过公共信息平台实时发布信息，包括价格的周、月度数据以及生产、消费等宏观数据，有助于生猪养猪场户及时了解市场行情，科学合理调整各种猪群的存栏水平，以稳定生产，提高抵抗市场变动风险的能力。当前，关于生猪及猪肉价格信息监测和发布渠道很多，农业农村部、畜牧业信息网、商务部等政府部门网站均有公开发布，且价格变动的周、月数据都有，信息的获取相对容易。但关于各类猪群的存栏变动情况、居民消费意愿等涵盖生产、消费及猪肉库存等信息数据很少，并且已有的数据发布和预测主体水平参差不齐，使得养猪场户很难全面分析市场行情变化，做出合理决策。因此，进一步整合农业农村部、商务部、发改委等部门的信息资源，构建一个综合权威的信息平台非常必要。对生产引导，仅靠"猪粮比"或"猪料比"单一指标略显简单，政府部门应该结合科研机构进一步完善生猪市场预警系统，采取生产景气指数类似的综合预警方法（张富，2012），市场行情分析和预测要具有合理的前瞻性，关键时点提前做出预警。

17.1.4.2　完善疫病监管防控机制

建立重大动物疫病预警预报监测体系，严格实施疫情监测报告制度，掌握疫情发生发展趋势。加强兽药疫苗生产、供应和监督管理。提高养猪场户的饲养管理水平，增强疫病防控意识，消灭生猪疫病。进一步健全基层畜牧防疫公共服务体系，提高基层防疫工作人员经费待遇，加强生猪防疫知识培训，提高专业技能，增强管理，分片负责，责任落实。对于需要防疫扑杀的养殖场户按规定及时给予补贴，简化程序。鉴于生猪疫病时有发生，并且一旦发生将对养猪场户造成巨大影响的现实，还要进一步健全完善政策性生猪保险的支持和补贴政策，并尽可能覆盖到所有养猪场户和所有养猪环节。进一步健全完善生猪疫病防控体系和相关疫病防控的政策性保险体系。

17.1.4.3　健全风险防范机制

推进生猪保险的发展。首先要培育发展畜牧保险市场组织体系，引进管理规范、经验丰富和实力雄厚的保险公司，创新畜牧保险品种，引导畜牧保险公司延伸保险服务地区，关注基层养殖户的保险保障需求，提高保险市场运行效率。其次要积极开展政策性畜牧保险的试点工作，扩大畜牧业保险产品，化解农民低收入和高保费的矛盾。可成立生产风险基金，由政府和养猪者共同出资建立，适当选择政策出台时机，逆周期平抑周期性的暴涨和暴跌。

完善冻猪肉储备制度。由于生猪产业面临着生产、市场和疫病等多重风险，所以需要建立相应的储备体系以防范价格波动、稳定市场供应。从中国的实际需要看，需要健全完善三级储备体系即战略储备、调控市场储备和商业储备。战略储备是针对重大自然灾害、战争、突发公共事件而建立的储备；市场调控是针对市场价格波动时收储或抛售调节市场供应以平抑价格的过多波动；商业储备是政府提供无息或低息贷款鼓励企业在生猪价格过低时收储的政策。但是，需要注意的是，由于中国生猪产业规模巨大，猪肉只能冷冻，短期储存的成本很高，导致猪肉收储政策应对生猪市场价格周期波动的功效有限。通常在小幅度短时间生猪供过于求时，猪肉收储政策能较好发挥作用，当出现大幅度长时间生猪供过于求时，猪肉收储政策将难以发挥期望的作用。

17.1.4.4　建立养殖户激励机制

建立对养殖户的生产激励机制是各国农业体系中的常见政策，其目的是以财政补贴的形式帮助养猪者降低成本或增加收入或降低风险，以达到稳定生产的目的。常采用的有价格补贴和生产补贴。价格补贴可对生产者发放，以稳定信心，促进市场平衡；也可对消费者补贴，当肉类等消费品价格大幅上升时，对低收入人群启动价格补贴机制，可保障市场需求。产业补贴对养猪户的激励效用较大，近几年，政府对生猪产业已进行了大量补贴，但补贴应更注重提升养殖效率和养殖技术，以达到产业政策的补贴效果。

17.1.4.5　建立科学的生产经营体系，提高生产经营者的组织化程度

生猪产业的生产经营体系主要由家庭经营、合作社和股份制以及他们不同的结合模式而构成。总体而言，3种经营组织模式没有高低贵贱之分，只有是否适合当地的自然经济条件以及经营主体的能力和偏好，他们都有自己的适应条件和空间。随着生猪产业的进步，3种基本组织模式将互为条件，在各自适合的领域和环节发展，并组成紧密程度不同的经济利益共同体。生产经营者特别是生猪养殖者通过合作社或股份制提高组织化程度，有利于提高生猪及其产品的话语权，进而有助于生猪产业的稳定健康发展。

家庭养殖是生猪产业发展的基础。这是由生猪产业的特性、社会分工、技术进步和农民家庭的社会经济特性所决定的。生猪生产的自然再生产与经济再生产相交织，很难像工业产品生产那样实行精细的劳动分工，平时的劳动最好与最终的劳动成果特别是劳动报酬挂起钩来；生猪产业社会分工和相关育种、饲料、设施、兽药等方面的技术进步，可以使农户实行较大规模的养殖；而农户自身的社会经济特性，使得家庭劳动的激励多样，管理成本最小，责任心最强，各种劳动力资源和农业资源可以得到充分利用。因此，要巩固和完善生猪产业的家庭经营。

当生猪产业发展到一定规模以后，因为资金需求、种猪和饲料购买或因为育肥猪销售或者因为废弃物处理等问题而产生合作的需求，因而相关的合作社应运而生。生猪产业合作社的产生和发展不是对家庭经营的否定，而是建立在家庭经营的基础上，根据家庭经营的需求，办理哪些由农民家庭经营办不好、办不了的经营环节和经营项目，例如资金互助、种猪繁育、饲料采购、育肥猪销售、屠宰加工、品牌塑造等。因此，支持发展与生猪产业相关的合作社成为各级政府的重要责任。

股份制企业在生猪产业发展过程中也占有十分重要的地位。股份制企业在资本、技术和管理等方面具有优势，可以在育种、饲料生产、设施设备生产、屠宰加工、品牌塑造等方面发挥十分重要的作用。但公司制容易形成产业垄断，使养殖场户处于不利地位，所以，如果养殖场户能够成为公司的股东，或者在合作社的基础上建立股份制企业，将有助于建立经济利益共同体。因此，以公司为龙头的生猪产业一体化的发展，将有助于促进生猪产业的稳定发展。

17.1.4.6 合理布局规划生猪养殖区域，提高资源利用率

中国地域广阔，各地区之间的基础设施建设与经济发展情况差异较大，生猪养殖成本费用差异也较大，尤其是在人工成本、土地和饲料成本越来越推高的条件下，养殖场户获得利润必须考虑成本因素。由于东部地区经济发达，人均年收入达到 9 000 美元，西部地区人均年收入只有4 000 美元，尤其是贵州地区只有 2 000 美元。与之对应的生猪养殖业呈现出东部地区密集，并且已超出土地的承载能力。而西部地区养殖较少，有大量土地和资源没有开发利用，这种经济发展的不平衡性对养殖业的直接影响是成本增加和环境影响。

从国土面积上分析，根据 2013 年出栏猪的数量和国土面积资料计算，传统养猪大省如河南、山东、江苏、湖南、湖北、广东和重庆，还包括上海和天津等共 19 个省市的养猪饲养密度每平方千米都在 200 头以上，上海市达到 692 头/km²，广东省 333 头/km²（丹麦 465.12 头/km²）；相比之下，吉林省养殖密度不到 200 头/km²，黑龙江、山西、陕西、云南等省的养殖密度仅仅几十头。国土面积广阔为生猪产业调整布局留有空间，适当调整生产布局可以减轻环境和资源压力。

根据耕地面积和分布确定生猪养殖区是个比较好的选择。按照全国生猪养殖规划布局，对生猪养殖密集区要做适当控制，以防区域性过度饲养对环境和社会带来的不利影响。如东南部地区，养殖企业密集，且龙头企业还在扩张，建议根据区域土地面积和养猪数量制定合理发展规划，控制养殖企业数量。在西部地区，土地多、人口少，国家应给予政策支持，鼓励发展生猪养殖基地。同时，根据养殖量布局屠宰加工企业和相关的配套服务企业或机构来科学合理安排生猪养殖，原则上尽量减少生猪的活体运输，减少疫病的传播途径，降低成本。

调控政策可以向西部倾斜，鼓励企业从东向西转移，从而整体上调整养殖布局，减轻东部区域环保压力，逐步实现区域经济和养殖业的均衡发展。

17.1.4.7 引导养猪场户发展适度规模化标准化养殖

适度规模化养殖是在生态环境可承载的情况下，在一定的技术条件下，合理地配置各种生产要素，使养殖场户取得最大经济效益的养殖规模。适度规模化养殖是标准化养殖的基础，而标准化养殖更加有助于生猪产业的可持续发展。生猪产业标准化对于提高生猪生产效率、保证猪肉产

品质量安全、增加生产经营者收入和保护与改善生态环境具有重要意义。生猪标准化养殖就是在场址布局、栏舍建设、生产设施配备、良种选择、投入品使用、卫生防疫、粪污处理等方面严格执行法律法规和相关标准的规定，并按程序组织生产的过程，即实现生猪良种化，养殖设施化，生产规范化，防疫制度化，粪污处理无害化和监管常态化。要建立健全生猪标准化生产体系，加强关键技术培训与指导，加快相关标准的推广应用步伐，着力提升生猪标准化生产水平。

17.1.4.8 进一步完善生猪市场体系，加快推出生猪期货

从理论上讲，成功发育且有效运行的生猪期货市场将具有价格发现和回避现货市场价格波动风险的功能，从而有助于生猪养殖者降低市场风险，减轻生猪生产和生猪价格的周期性大幅度波动，有利于稳定生猪生产者的盈利能力。但是，成功发育且有效运行的生猪期货市场需要生猪现货市场具备两个条件：一是生猪现货市场接近完全竞争，二是生猪现货市场发达完善（完善的信息体系是生猪现货市场发展完善的重要内容）。虽然中国生猪期货市场成功发育的第一个现货市场条件已经基本具备，但第二个条件还有较大差距，不完善的生猪生产预警系统就是重要的制约。也就是说，健全完善的生猪生产预警系统，是中国生猪期货市场能否成功发育的重要前提。因此加强生猪产业物流体系基础设施建设，完善信息体系建设，健全生猪生产预警系统，提高生猪现货市场交易主体规模化经营程度，提高主产区和主销区市场整合水平，形成统一的大市场。在此基础上推出生猪期货市场，为养猪场户提供远期权威价格，并可据此提前或及时调整生产，稳定供求，实现价格正常波动。

17.1.4.9 恰当选择应对价格波动政策的出台时机

生猪市场的大幅起落对生猪生产者和消费者影响不同，政府在选择调控政策时，要针对不同情况适时干预。当价格高位运行时，政策重点应放在低收入群体的消费补贴上；当价格低位运行时，政策应加强养殖者的利益保护，政策要有稳定性和可预见性以形成合理预期，引导生产和消费。

17.1.4.10 加强对养殖场户的技术与经营管理培训

目前我国生猪产业的生产经营者的文化水平特别是养殖的技术水平还比较低，难以满足现代生猪产业发展的要求。因此，各级政府应该加强对养殖者的技术培训，使他们能够掌握更多的繁育与养殖、饲料与营养、疫病防控、废弃物治理等方面的专业知识与技能，通过苦练内功，降低成本，提高效率，提高抵抗价格波动风险的能力。同时，加强对养殖者经营管理知识的培训，使他们不仅有能力管理好自己的猪场，而且能够掌握一定的市场供求特别是生猪价格变动的知识，学会预判生猪市场价格走势，以便抓住市场有利时机，并规避市场价格风险。

17.1.5 创新特色

生猪价格波动一直是政府、学者及业界关注的热点问题，但是对于 2000 年以来生猪价格的大幅周期波动特征及机理分析研究并不是很多，本研究可能的主要创新之处有 3 个方面。

（1）本研究对 2000—2014 年生猪价格月度数据周期分解，总结四轮周期波动的共同规律及各自特征，特别是对生猪价格新一轮周期的波动特征呈现的新动向与新特征进行比较总结，得出本轮生猪价格波动不同于以往周期波动的特征。

（2）本研究在观点结论上有所创新。本研究通过研究分析，全面、细致地揭示了当前中国生猪价格波动原因更具复杂性，生猪市场在养殖区域及市场结构都发生阶段性变化，生猪价格的周期波动和异常波动更具复杂性。一是揭示生猪价格异常波动的直接原因是仔猪费用、流通成本的增加，而仔猪费用的增加意味着能繁母猪的生产力较低，与此相关涉及生猪养殖的经营管理方式、技术的采用、生猪疫病的防控成为生猪价格大幅波动的深层原因。二是产业链不同环节的价

格传导非对称意味着均衡利益分配机制的缺失，建立利益共享和风险共担的共同经营体制是未来生猪产业的经验模式。

（3）研究思路的创新，本研究旨在分析生猪价格波动特征及机理的目的下，以经济周期与波动理论、价格传导和整合、供求理论为基础，从时间维度、空间维度和纵向产业链维度探究影响生猪价格波动的各种因素及其相互作用的机制来构建研究思路和逻辑框架，研究较为全面充分。

17.2 中国生猪期货市场发育研究

中国生猪期货市场发育研究在2009—2015年持续调研基础上，完成并提交多篇研究成果报告和相关政策建议，得到专家和相关部门领导认可。完成的主要研究成果参见《基于现货市场条件的中国生猪期货市场发育研究》和《中国生猪期货上市的市场条件研究》，并发表多篇修改学术论文。2018年课题组系统全面修改补充完善黄文君的硕士学位论文，并作为现代农业产业技术体系北京市生猪产业创新团队（BAIC02）产业经济研究项目和国家自然科学基金项目（71573257）的主要研究成果，成为出版著作《中国生猪价格波动机理与生猪期货市场发育研究》（乔娟，孙秀玲，黄文君；2018）的下篇内容。

17.2.1 研究意义

本研究以"中国生猪期货市场发育研究"为题，在着重考察生猪期货市场功能发挥所需要的现货市场条件的基础上，借鉴美国生猪期货市场发展经验，研究基于现货市场条件的中国生猪期货市场发育问题。这将具有十分重要的理论意义和现实意义。

17.2.1.1 理论意义

自2009年以来，较少有文献对中国生猪期货市场发育的现货市场条件进行研究，本研究在已有研究成果的基础上，实证研究中国生猪期货市场功能发挥所需要的现货市场条件，总结美国生猪期货市场发展的经验，探究影响中国生猪期货市场成功发育的现货市场因素。其研究成果将为成功发育中国生猪期货市场提供重要的理论借鉴和客观依据，并可为相关研究提供重要的文献积累。

17.2.1.2 现实意义

中国生猪价格波动剧烈频繁以及对中国经济产生的巨大影响，引起了政府、民众的广泛关注。由于成功发育并有效运行的期货市场将有助于缓解生猪价格的剧烈频繁波动，所以探讨生猪期货市场发育的现货市场条件及其影响因素，借鉴美国生猪期货市场发展的经验，不仅有助于对中国建立生猪期货市场从现货市场角度进行可行性分析，而且相关结论及政策建议，也能为健全完善中国生猪现货市场，乃至保证中国畜牧业健康运行有重要指导意义。

17.2.2 研究目标和研究内容

17.2.2.1 研究目标

本研究的总目标是：以期货市场功能与现货市场关系为理论指导，实证研究基于现货市场条件的中国生猪期货市场发育问题，借鉴美国生猪期货市场发展经验，为推进中国生猪期货市场的成功发育提供理论和客观依据。

本研究的具体目标如下。

（1）探讨并实证研究中国生猪期货市场发育的两个现货市场条件——竞争程度和完善程度，

以及是否有利于发育期货市场。

（2）总结美国生猪期货市场的发展经验，为中国成功发育生猪期货市场提供借鉴。

（3）从完善现货市场条件方面，提出推进中国生猪期货市场成功发育的对策建议。

17.2.2.2 研究内容

基于以上研究目标，本研究的主要内容分为以下几个部分。

第一部分，理论基础和逻辑框架。基于期货市场功能与现货市场关系的相关理论，确定本研究的理论基础，并构建本研究的逻辑框架。

第二部分，分析基于现货市场条件的中国生猪期货市场发育问题。该部分是本研究的核心内容，首先是中国生猪现货市场竞争程度分析。主要采用协整检验法、格兰杰因果检验法、向量误差修正模型等，从市场规模、替代品、市场整合三方面分析中国生猪现货市场竞争程度，以及是否有利于发育期货市场。然后是中国生猪现货市场发育完善程度分析。主要采用描述性统计分析法、时间序列分析法等，从价格波动、交易主体独立性、物流信息体系建设三方面，分析中国生猪现货市场的完善程度，以及是否有利于发育期货市场。

第三部分，美国生猪期货市场发展过程的经验借鉴。该部分依据期货市场功能与现货市场关系，阐述美国生猪期货市场的发展阶段，主要采用描述性统计分析法、时间序列分析法，分析总结美国生猪期货市场的发展经验，为中国成功发育生猪期货市场提供借鉴。

第四部分，主要结论和政策建议。在概述本研究主要研究结论的基础上，从完善现货市场条件方面，提出推进中国生猪期货市场成功发育的对策建议。

17.2.3 主要研究结论

17.2.3.1 中国生猪现货市场总体上有利于生猪期货市场的成功发育

中国生猪现货市场接近完全竞争，现货价格波动频繁，现货市场发育逐步完善，这使得试图套期保值者和投机者有进入期货市场的动力和兴趣，总体上有利于生猪期货市场的成功发育。具体结论如下。

第一，生猪产品市场规模庞大。庞大的现货市场规模有利于增强现货市场的竞争性，如果能够上市生猪期货，将有助于提高期货合约交易的活跃程度，从而有利于中国生猪期货市场的成功发育。

第二，替代品市场变化不能对生猪现货市场造成显著影响。生猪产品价格波动风险并不能通过替代品价格波动或其他相关预测手段来得到有效规避，生猪产业链条中各交易方会更加关注价格波动，这样会有利于生猪期货市场的成功发育。

第三，中国生猪饲养行业和屠宰加工行业中的市场集中度较低，他们没有操纵市场价格的能力，相关交易各方都有动力去规避价格波动风险，进而有利于生猪期货市场的成功发育。

第四，生猪现货市场价格长期波动与短期波动均较为频繁，这使得生猪产业链条交易各方客观上有回避现货市场价格波动风险的需要，也使得投机者具备利用价格波动进行投机获利的可能，因此有利于生猪期货市场的成功发育。

第五，由于生猪饲养环节和屠宰加工环节的交易者具有较强的交易独立性，这些交易者为了自身利益，会积极应对现货市场价格波动，并试图主动规避现货价格波动风险，生猪产业交易方有进入期货市场进行套期保值的动力和兴趣，当然会有利于中国生猪期货市场的成功发育。

17.2.3.2 中国生猪现货市场尚有不利于成功发育期货市场的因素存在

中国生猪现货市场发育还不够完善，尚有不利于成功发育期货市场的因素存在。如果建立生猪期货市场，即便交易者有动力和兴趣利用期货市场进行套期保值，部分交易者也没有能力进入期货市场进行避险操作或投机获利。具体结论如下。

第一，中国生猪产业物流体系市场基础设施建设、相关法律法规依然不够完善。虽然物流体系建设逐步发展，但依然有提升空间。同时，信息体系建设已经开始起步并逐渐规范，但信息发布的数量、渠道、频率等与生猪市场发育完善的美国相比仍有一定差距。不完善的物流体系不能够保障期货合约的顺利交割。不完善的信息体系不利于发现远期价格信号，不利于期货市场发现价格功能的发挥。在这种情况下，并不利于中国生猪期货市场的成功发育。

第二，中国生猪现货市场交易主体规模化经营程度普遍不高，期货合约规定最小交易单位的限制，导致经营规模较小的套期保值者不能直接利用期货市场进行避险操作。在此背景下，不利于生猪期货市场的成功发育。

第三，中国生猪现货市场总体上已经实现了一定程度的整合，具备一定发育生猪期货市场的条件。但不同区域市场间整合水平仍然有高有低，某些主产区与主销区市场间整合程度依然不高，尚未整合成统一的大市场。这将不利于现货市场中权威价格信号的形成，不利于生猪期货市场的成功发育。

17.2.3.3　期货市场与现货市场的协调发展有利于期货市场功能有效发挥

通过借鉴美国生猪期货市场的发展经验可得知：只有当期货市场与现货市场协调发展时，期货市场才能更好地发挥其发现价格、回避风险等功能。具体结论如下。

期货市场的发展必须以发育成熟的现货市场为前提。如果没有一定现货市场基础，即如果现货市场竞争程度不高，市场发育不够完善，那么期货市场就不会得到很好的发展，也不能充分发挥其应有功能。较高竞争程度的现货市场是期货市场能够存在的前提，逐步发育完善的现货市场使得交易者具备了参与期货市场的兴趣和能力。具备以上两个条件，生猪期货市场才能够被成功地培育出来。

期货市场的发展必须与现货市场的发展相适应。当现货市场出现一定变化时，期货市场需要进行相应调整。比如，当某些期货合约的设计不适宜于现货市场的变化时，为了使生猪期货市场与生猪现货市场能够协调发展，就需要对期货合约进行修改完善，或者考虑上市期货新品种。否则，期货市场的功能发挥将会受到影响。

17.2.4　主要政策建议

本研究针对不同利益主体——饲养环节、流通环节、政府三方面分别提出如下政策建议，以期进一步发展完善生猪现货市场，为推进中国生猪期货市场的成功发育创造更好的现货市场条件。

17.2.4.1　支持并鼓励生猪规模化养殖

尽管近年来中国生猪饲养开始从分散式向规模化转变，但生猪散养比例依然偏高。养猪散户饲养模式较为粗放，多数散户并不注重科学饲养，这使得生猪质量不能得到有效保证。应多提倡规模化养殖模式，对规模化养猪农户提供防疫等服务，以确保规模化饲养生猪的质量。这样不仅能有效提高生猪饲养质量，实现生猪标准化生产，还能减少由于小规模饲养而导致的交易双方信息不对称，有助于价格信号的有效传导，有助于提高市场运行效率。

借鉴美国生猪期货市场的发展经验，生猪规模化养殖水平的提高不仅有助于有效整合现货市场，而且也有助于期货市场发现价格功能的充分发挥。若想使现货市场与质量标准化、交割程序规范的期货市场实现良好衔接，就必须大力推进生猪规模化养殖水平，加快生猪现货市场的发展步伐。

17.2.4.2 支持并鼓励成立生猪养殖合作社以及生猪行业协会等中介组织

由于生猪期货合约最小交易单位的限制，处于产业链条中间的广大生猪饲养散户无法获得直接进入期货市场进行避险操作的资格。仅有套期保值的需求还远远不够，还需要更多交易者真正有能力参与期货市场进行交易。以美国为例，虽然生猪规模化养殖水平较高，但也有一部分中小农场主从事生猪散养。虽然有一些大型肉类加工企业，但也有数量可观的中小型企业。他们之所以也能参与到期货市场中，是因为美国有较为完善的生猪产业中介组织。比如专业合作社或行业协会等中介组织可牵头广大生猪饲养散户与大型屠宰加工企业签订远期合同，大型企业再利用期货市场进行套期保值。通过这种方式，生猪产业链条上有更多交易主体获得了利用期货市场避险的资格。更多套期保值者的参与有助于保证期货市场远期价格信号的权威性，进而促使期货市场更好地发挥功能。

这就需要我们多发展一些产业中介组织。比如生猪行业协会、生猪养殖专业合作社等，争取更多散户加入中介组织。中介组织不仅可以通过提供一定的技术性服务，提高生猪饲养品级，而且还可通过与大型屠宰加工企业签订销售合同等多种方法与途径，争取更多的生猪饲养户参与期货市场，通过积极撮合养猪散户和大型屠宰加工企业使其形成利益链条，尝试采用"期货+订单"生产模式，在活跃市场交易气氛的同时，也能促使期货市场避险功能发挥得更为充分。

17.2.4.3 尽快完善生猪产业物流和信息体系建设

中国物流体系建设尚不完善，不利于国内不同区域市场间的整合，也不利于现货市场价格信号的传递。在这种情况下即便上市了生猪期货，期货市场也不能充分发挥价格发现的功能，这必然会影响市场运行效率。以美国为例：美国正是由于具有完善的物流体系，运输、仓储都较为方便，才使得生猪期货合约的实物交割能够顺利实现，进而为期货合约的顺利交易奠定良好基础。应该向美国学习这方面的经验，努力完善物流体系，提高运输、仓储服务水平，在不同区域市场建立大型批发市场，进一步提高区域间市场的整合程度。

中国现货市场统计资料并不完备，虽然在农业农村部等权威网站上定期公布生猪产业数据，但目前并没有详细、全面公布生猪产业综合数据的信息平台。由不同网站公布不同的数据，不利于交易者快速查询相关数据，影响了信息的普及程度，也不利于交易者对数据进行有效分析，影响了信息的利用程度。仍以美国为例，美国农业部还在其官方网站上发布了每日猪价，猪价预测等信息，还发布了生猪不同饲养环节的相关数据，有利于交易者合理预期未来市场行情变化。交易所还以生猪期货价格为依据编制了一系列指数，以供交易者参考。完善的信息体系不仅有助于完善生猪现货市场，也有助于生猪期货市场发现价格功能的充分发挥。因此应借鉴美国的经验，完善生猪产业信息发布平台，拓展信息发布渠道，增大发布信息的普及程度，以翔实的统计资料为依托。通过采取上述措施，促进现货市场权威价格信号的形成，为将来期货市场成功发育打下良好基础。

17.2.5 创新特色

前期有学者进行过农产品期货市场功能与现货市场关系的相关研究（乔娟，2008、2009；王倩，2008），并得出了许多有价值的研究成果。其中王倩（2008）正是研究了生猪期货市场发育的现货市场条件。其得出的具体研究结论为：生猪产品价格长期和短期波动频繁；生猪现货市场结构接近于完全竞争状态；影响价格波动的因素主要为供给和需求，其次还包括政策和疾病因素的影响；从竞争程度上看，中国推出生猪产品期货的现货市场条件已经具备。

本研究结论与主要前期研究成果相比，从现货市场竞争程度和市场完善程度两个层面出发，采用多种研究方法实证分析了生猪期货市场发育的现货市场条件是否具备。通过分析得出了中国生猪现货市场竞争程度较高、市场发育趋于完善但还不够完善、具备了一定发育生猪期货市场的条件但还有一些不利因素等结论。同时本研究通过借鉴美国生猪期货市场发展经验，得出期货市场与现货市场需协调发展等结论。

因此，本研究可能的创新点是：利用最新数据采用多种实证方法、从市场竞争程度和市场完善程度两个层面来分析中国生猪期货市场发育的现货市场条件，并且分析了美国生猪期货市场的发展过程，从其发展经验中得出对于我国发育生猪期货市场的经验借鉴。

参考文献（略）

（乔娟团队提供）